ENCYCLOPÉDIE AGRICOLE
Publiée sous la direction de G. WÉRY

RAOUL GOUIN

ALIMENTATION

RATIONNELLE

DES ANIMAUX DOMESTIQUES

LIBRAIRIE J.-B. BAILLIÈRE ET FILS

ENCYCLOPÉDIE AGRICOLE

PUBLIÉE SOUS LA DIRECTION DE

G. WÉRY, Sous-directeur de l'Institut national agronomique

Introduction par le Dr P. REGNARD

Directeur de l'Institut national agronomique

40 volumes in-18 de chacun 400 à 500 pages, illustrés de nombreuses figures.

Chaque volume : broché, 5 fr. ; cartonné, 6 fr.

Agriculture générale........... M. P. DIFFLOTH, professeur spécial d'agriculture.

Drainage et Irrigations......... M. RISLER, directeur hon. de l'Institut agronomique.
M. WÉRY, s.-directeur de l'Institut agronomique.

Engrais...................... M. GAROLA, professeur départemental d'agriculture
Plantes fourragères............ à Chartres.

Plantes industrielles........... M. HITIER, maître de conférences à l'Institut agronomique.

Céréales...................... M. GAROLA.

Culture potagère.............. M. Léon BUSSARD, chef des travaux à l'Institut
Arboriculture.................. agronomique, professeur à l'École d'horticulture de Versailles.

Sylviculture................... M. FRON, professeur à l'École forestière des Barres.

Viticulture.................... M. PACOTTET, chef de laboratoire à l'Institut agro-
Vinification................... nomique.

Entomologie et Parasitologie agricoles.................. M. G. GUÉNAUX, répétiteur à l'Institut agronomique.
Zoologie agricole..............

Zootechnie générale et Zootechnie du Cheval...............

Zootechnie des Bovidés........ M. P. DIFFLOTH, professeur spécial d'agriculture.

Zootechnie (Mouton, Chèvre, Porc)......................

Machines agricoles............ M. G. COUPAN, répétiteur à l'Institut agronomique.
Moteurs agricoles..............

Constructions rurales.......... M. DANGUY, directeur des études à l'École d'agriculture de Grignon.

Économie rurale............... M. JOUZIER, professeur à l'École d'agriculture de
Législation rurale............. Rennes.

Comptabilité agricole.......... M. CONVERT, professeur à l'Institut agronomique.

Technologie agricole.......... M. SAILLARD, professeur à l'École des industries agricoles de Douai.

Industries agricoles de fermentation...................... M. BOULLANGER, chef de Laboratoire à l'Institut Pasteur de Lille.

Laiterie...................... M. MARTIN, ancien directeur de l'École d'industrie laitière de Mamirolle.

Aquiculture................... M. DELONCLE, inspecteur général de la pisciculture.
Apiculture.................... M. HOMMELL, professeur régional d'apiculture.
Aviculture.................... M. VOITELLIER, profes. départemental d'agriculture.
Sériciculture.... .... M. VEIL, directeur de la station séricicole du Rousset.

Hygiène de la ferme........... M. P. REGNARD, directeur de l'Institut agronomique.
M. PORTIER, répétiteur à l'Institut agronomique.

Cultures méridionales......... M. LECQ, inspecteur général d'agriculture à Alger.
M. RIVIÈRE, directeur du Jardin d'essais à Alger.

Associations agricoles......... M. TARDY, ingénieur agronome.
Maladies des plantes cultivées. M. DELACROIX, maître de conférences à l'Institut agronomique.

Chasse, Élevage du gibier..... M. DE LESSE, ingénieur agronome.
Alimentation des Animaux...... M. GOUIN, ingénieur agronome.
Le Livre de la Fermière........ Mme BUSSARD.

CORBEIL. Imprimerie ÉD. CRÉTÉ.

ENCYCLOPÉDIE AGRICOLE
Publiée par une réunion d'Ingénieurs agronomes
SOUS LA DIRECTION DE G. WERY

ALIMENTATION

RATIONNELLE

DES

ANIMAUX DOMESTIQUES

PAR

Raoul GOUIN

INGÉNIEUR AGRONOME, PROPRIÉTAIRE AGRICULTEUR

Avec tables relatives à la composition chimique des aliments
et au rationnement des animaux domestiques

Introduction par le Dr P. REGNARD
DIRECTEUR DE L'INSTITUT NATIONAL AGRONOMIQUE

PARIS

LIBRAIRIE J.-B. BAILLIÈRE ET FILS

19, rue Hautefeuille, près du Boulevard Saint-Germain

1905

INTRODUCTION

Si les choses se passaient en toute justice, ce n'est pas moi qui devrais signer cette préface.

L'honneur en reviendrait bien plus naturellement à l'un de mes deux éminents prédécesseurs :

A Eugène TISSERAND, que nous devons considérer comme le véritable créateur en France de l'enseignement supérieur de l'agriculture : n'est-ce pas lui qui, pendant de longues années, a pesé de toute sa valeur scientifique sur nos gouvernements, et obtenu qu'il fût créé à Paris un Institut agronomique comparable à ceux dont nos voisins se montraient fiers depuis déjà longtemps ?

Eugène RISLER, lui aussi, aurait dû plutôt que moi présenter au public agricole ses anciens élèves devenus des maîtres. Près de douze cents Ingénieurs agronomes, répandus sur le territoire français, ont été façonnés par lui : il est aujourd'hui notre vénéré doyen, et je me souviens toujours avec une douce reconnaissance du jour où j'ai débuté sous ses ordres et de celui,

a.

proche encore, où il m'a désigné pour être son successeur.

Mais, puisque les éditeurs de cette collection ont voulu que ce fût le directeur en exercice de l'Institut agronomique qui présentât aux lecteurs la nouvelle *Encyclopédie*, je vais tâcher de dire brièvement dans quel esprit elle a été conçue.

Des Ingénieurs agronomes, presque tous professeurs d'agriculture, tous anciens élèves de l'Institut national agronomique, se sont donné la mission de résumer, dans une série de volumes, les connaissances pratiques absolument nécessaires aujourd'hui pour la culture rationnelle du sol. Ils ont choisi pour distribuer, régler et diriger la besogne de chacun, Georges WÉRY, que j'ai le plaisir et la chance d'avoir pour collaborateur et pour ami.

L'idée directrice de l'œuvre commune a été celle-ci : extraire de notre enseignement supérieur la partie immédiatement utilisable par l'exploitant du domaine rural et faire connaitre du même coup à celui-ci les données scientifiques définitivement acquises sur lesquelles la pratique actuelle est basée.

Ce ne sont donc pas de simples Manuels, des Formulaires irraisonnés que nous offrons aux cultivateurs; ce sont de brefs Traités, dans lesquels les résultats incontestables sont mis en évidence, à côté des bases scientifiques qui ont permis de les assurer.

Je voudrais qu'on puisse dire qu'ils représentent le véritable esprit de notre Institut, avec cette restriction qu'ils ne doivent ni ne peuvent contenir les discussions, les erreurs de route, les rectifications qui ont fini par établir la vérité telle qu'elle est, toutes choses que l'on développe longuement dans notre enseignement, puisque nous ne devons pas seulement faire des praticiens, mais former aussi des intelligences élevées, capables de faire avancer la science au laboratoire et sur le domaine.

Je conseille donc la lecture de ces petits volumes à nos anciens élèves, qui y retrouveront la trace de leur première éducation agricole.

Je la conseille aussi à leurs jeunes camarades actuels, qui trouveront là, condensées en un court espace, bien des notions qui pourront leur servir dans leurs études.

J'imagine que les élèves de nos Écoles nationales d'agriculture pourront y trouver quelque profit, et que ceux des Écoles pratiques devront aussi les consulter utilement.

Enfin, c'est au grand public agricole, aux cultivateurs que je les offre avec confiance. Ils nous diront, après les avoir parcourus, si, comme on l'a quelquefois prétendu, l'enseignement supérieur agronomique est exclusif de tout esprit pratique. Cette critique, usée, disparaîtra définitivement, je l'espère. Elle n'a d'ailleurs jamais été accueillie par nos rivaux d'Allemagne et d'Angleterre, qui ont si magnifiquement développé chez eux l'enseignement supérieur de l'agriculture.

Successivement, nous mettons sous les yeux du lecteur des volumes qui traitent du sol et des façons qu'il doit subir, de sa nature chimique, de la manière de la corriger ou de la compléter, des plantes comestibles ou industrielles qu'on peut lui faire produire, des animaux qu'il peut nourrir, de ceux qui lui nuisent.

Nous étudions les manipulations et les transformations que subissent, par notre industrie, les produits de la terre ; la vinification, la distillerie, la panification, la fabrication des sucres, des beurres, des fromages.

Nous terminons en nous occupant des lois sociales qui régissent la possession et l'exploitation de la propriété rurale.

Nous avons le ferme espoir que les agriculteurs feront un bon accueil à l'œuvre que nous leur offrons.

Dʳ Paul Regnard,

Membre de la Société nationale
d'Agriculture de France,
Directeur de l'Institut national
agronomique.

PRÉFACE

L'exploitation agricole trouve dans le bétail une source importante de profits ; c'est un moyen, c'est un but.

C'est un moyen, puisqu'il fournit la force nécessaire pour effectuer les transports et les travaux de culture et qu'il donne les fumiers qui sont la base de la fertilisation des terres.

C'est un but, car il devra consommer les plantes fourragères, changer ces matières brutes en produits directement utilisables pour satisfaire aux besoins de l'homme.

Cette fonction, qui permet au bétail de transformer les substances nutritives, constitue l'alimentation dont nous nous proposons de rechercher les règles.

L'étude des dépenses vitales de l'animal, des organes qui lui permettent d'y satisfaire, est de date toute récente. Sans doute, depuis les temps les plus reculés on sait trouver les aliments qui conviennent le mieux à nos espèces domestiques, qui assurent l'accroissement et la régénération des éléments de leur organisme. Mais jusqu'ici on n'avait pu établir une balance entre la production demandée et les aliments fournis, en un mot entre les pertes et les profits de la machine animale. Ceci constitue le côté économique de la question.

Ce point de vue prend tous les jours une importance plus grande ; les moyens de communication, en se multipliant, généralisent la lutte entre les producteurs, et le succès est toujours assuré à ceux qui ont su réduire les frais d'exploitation.

Il est vrai que, dans l'état actuel de nos connaissances, on n'est pas parvenu à dégager des règles mathématiques d'une application rigoureuse; tout au plus est-il permis d'entrevoir leur possibilité dans un avenir plus ou moins éloigné.

L'individualité reste un facteur important et variable, et, comme conséquence immédiate, la sagacité et l'esprit d'observation de l'éleveur sont encore appelés à jouer un grand rôle dans le mode d'alimentation du bétail.

Nous nous sommes proposé, dans le présent ouvrage, de grouper les connaissances acquises, et d'en dégager les enseignements qui peuvent être utilisés dès maintenant par la pratique pour obtenir les résultats les meilleurs avec la dépense la plus réduite.

Si les méthodes d'alimentation rationnelle, telles que déjà nous pouvons les fixer, se propageaient, si elles étaient appliquées par les populations agricoles, elles auraient pour conséquence une grande amélioration de la production zootechnique se traduisant à la fois par des économies et un accroissement du bétail. Il n'est pas possible, d'après M. Tisserand, de figurer par des chiffres le nombre de millions de francs qui, pour notre pays seulement, feraient ainsi retour annuellement à l'épargne.

Notre but est de présenter un ouvrage pouvant servir de guide aux agriculteurs et d'enseignement aux élèves de nos écoles. Les uns et les autres y puiseront les connaissances nécessaires pour mettre en pratique les découvertes de la science, utiliser toutes les ressources dont ils disposent, et leur permettre de poursuivre personnellement les recherches destinées à faire progresser ces études.

Nous avons consacré la PREMIÈRE PARTIE de cet ouvrage à la *théorie de l'alimentation*, après avoir montré le rôle prépondérant de cette fonction dans le développement du règne animal et fait connaître sommairement les travaux des savants qui ont contribué aux progrès réalisés.

Dans la SECONDE PARTIE, nous avons examiné successivement chacun des *fourrages*, que l'agriculture produit actuellement suivant les modes rationnels d'exploitation développés par M. Garola dans son remarquable ouvrage : *les Plantes fourragères*. Les différentes *matières utilisées à l'alimentation du bétail* ont été ensuite considérées au point de vue des avantages, des inconvénients de leur consommation, des quantités pouvant entrer dans la ration suivant les conditions de production.

Notre TROISIÈME PARTIE est consacrée tout entière aux *rapports étroits qui existent entre le but de l'exploitation zootechnique et l'alimentation des animaux.*

En résumé, nous avons fait connaître de la théorie ce qui est nécessaire pour l'application des méthodes et l'interprétation des résultats, mais nous avons réservé une large part à la pratique elle-même et à l'étude de ses procédés.

Parmi les documents que nous avons utilisés, nous devons une mention spéciale aux tables dressées par M. Mallèvre et publiées par la Société d'Alimentation rationnelle du bétail, présentant la composition chimique des aliments et le rationnement des animaux domestiques.

Nous remercions M. Mir, sénateur, président de cette société, de l'obligeance avec laquelle il a bien voulu autoriser cette publication.

Nous serons récompensé de nos efforts si le présent ouvrage contribue à propager l'emploi des moyens économiques d'alimentation, et ainsi à accroître la puissance de production de notre agriculture.

RAOUL GOUIN.

Le Mans, Décembre 1904.

L'ALIMENTATION RATIONNELLE
DU BÉTAIL

I. — GÉNÉRALITÉS.

I. — RÔLE DE L'ALIMENTATION DANS LA FORMATION DES ÊTRES.

En même temps que la vie apparaissait sur la terre, aux premiers âges de notre globe, la nécessité d'aliments se révélait comme conséquence immédiate. En effet, l'existence se manifeste, chez un être quelconque, par un mouvement continuel de la matière qu'il assimile à son organisme pour l'accroître, ou lui fournir l'énergie, la chaleur dont il a besoin pour accomplir ses fonctions vitales.

C'est au sein des océans primitifs, dans le mystère le plus absolu, que se sont formées les premières masses protoplasmiques, origine à la fois du règne végétal et du règne animal. Ces êtres si simples au début s'entourèrent de membranes protectrices, des noyaux apparurent, ils devinrent des cellules. Puis, le perfectionnement faisant un nouveau pas, ces cellules vécurent en colonies et les premières spécialisations en furent la conséquence.

Jusqu'alors la masse entière avait puisé ses aliments parmi les substances minérales en solution dans le liquide nourricier au milieu duquel elle vivait, transformant ces matières en corps albuminoïdes sous l'influence de la chaleur et de la lumière. C'est un phénomène auquel nous assistons encore tous les jours. Les végétaux vont chercher dans le sol les eaux chargées de sels minéraux, les élèvent dans leurs canaux par l'évaporation continuelle des organes aériens, et dans les feuilles, en présence de l'oxygène et de l'acide carbonique de l'air, par l'action des rayons solaires, la chlorophylle élabore les principes immédiats qui serviront à l'accroissement de la plante et à assurer sa reproduction.

Pour un groupe de ces êtres primitifs, les moyens d'alimentation devinrent tout autres; les cellules perdirent cette propriété d'assimilation des corps minéraux, elles s'adaptèrent à une existence dépendante du développement des végétaux, se nourrissant des substances déjà élaborées par ceux-ci. Ainsi apparurent les premiers animaux, bien rudimentaires sans doute, mais qui se compliquèrent peu à peu, avec cette lenteur que la longueur énorme des périodes géologiques permet de concevoir. Si nous suivons leur développement à travers les âges, nous voyons le nombre des cellules primitives se multiplier, leurs fonctions se spécialiser.

Dès la période carbonifère, la végétation a pu envahir les parties émergées de notre globe, la vie animale sort des eaux océaniques, et les premiers amphibiens font leur apparition dans les forêts marécageuses de cette époque. Ce n'est que dans les premiers étages du jurassique que nous trouvons des traces de l'importante classe des mammifères, à laquelle devait appartenir plus tard l'homme, et qui comprend les animaux de l'alimentation desquels nous avons à nous occuper.

Toujours les moyens d'existence ont dû précéder un peu l'apparition des animaux qui pouvaient s'y adapter. De plantureuses prairies se sont évidemment créées avant que les herbivores puissent se multiplier.

Le développement du règne végétal semble donc avoir été le grand régulateur auquel la vie animale a été contrainte de se conformer. Et celui-ci, par un admirable enchaînement, dépendait à la fois des formations géologiques et des conditions climatériques.

Nous assistons perpétuellement à ce même cycle fermé de phénomènes se déroulant toujours dans le même ordre depuis les premiers âges du monde : la matière arrachée au sol et à l'atmosphère est organisée par les végétaux, détruite par les animaux, qui la rendent après leur mort à l'atmosphère et au sol, leurs premières origines.

Cette cellule végétale est un merveilleux laboratoire ; elle réalise des combinaisons compliquées, que nous sommes non seulement impuissants à reproduire, mais dont nous sommes encore loin d'apprécier et *a fortiori* d'expliquer les subtilités. Elle puise en général dans l'atmosphère l'oxygène et le carbone, dans le sol l'azote, l'hydrogène et quelques corps minéraux ; elle crée une infinité de composés qui emmagasinent l'énergie potentielle que la plante reçoit des rayons solaires. Cette énergie pourra être dégagée ultérieurement lorsqu'une combustion quelconque déterminera la dissociation des éléments primitifs.

Ainsi la houille, résultant de végétaux enfouis en masse dans les profondeurs du sol sous des couches sédimentaires qui se sont superposées, brûlée dans nos foyers, produit une chaleur venant des rayons solaires de l'âge carbonifère et qui était emmagasinée dans les tissus des plantes.

C'est par un phénomène analogue que les aliments apportent aux animaux l'énergie potentielle qui se manifeste ensuite sous forme de travail et de chaleur.

II. — INFLUENCE DE L'ALIMENTATION
SUR LA CRÉATION DES RACES.

La cause première du développement d'un organisme réside essentiellement dans la facilité avec laquelle il

peut satisfaire aux besoins de son existence, et notamment
à son alimentation complète. Ce principe est fondamental pour tout ce qui vit ; sans doute il joue un grand rôle
dans les transformations que subirent les êtres organisés
pendant les périodes géologiques. Son action n'est pas
moins importante de nos jours dans l'industrie de la
production animale.

Aucune plante ne peut vivre dans un milieu où une
seule de ses conditions d'existence vient à manquer et,
partout où la végétation fait défaut, toute manifestation
vitale disparaît : tels sont les déserts de glace et les
déserts de sable.

C'est le sol qui fournit aux plantes une partie des
éléments dont elles ont besoin pour se développer : il leur
sert non seulement de support, mais de réserve alimentaire, et comme la plante naît, vit et meurt sur le même
terrain, celui-ci, suivant sa composition chimique, offre
une alimentation plus ou moins riche à son parasite. La
croissance, la vigueur du végétal sont fonction de la
substance qu'il rencontre en moindre quantité dans le
sol ; sa composition élémentaire en sera modifiée, et
l'animal qui en fait sa nourriture ressentira par contre-
coup l'influence de la richesse en matériaux utiles.

Pendant la vie sauvage, la conformation de nos mammifères se ressentit peu de la pauvreté de leur alimentation,
parce que, comme ils pouvaient se déplacer, parcourir de
grandes surfaces, ils réparaient le lendemain les pertes
de la veille. D'ailleurs, l'instinct les dirigeait toujours
vers les milieux plantureux, dont ils ne se trouvaient
chassés que par la rapide multiplication des êtres à ces
endroits favorisés.

Il n'en fut plus de même lorsque l'homme domestiqua
quelques espèces, et surtout quand, abandonnant la vie
errante et pastorale, il devint sédentaire et agriculteur.
Il se créa un foyer et demanda au sol avoisinant de quoi
satisfaire aux besoins de sa famille et de ses troupeaux.

Les animaux durent se conformer aux conditions du milieu dans lequel ils vivaient, conditions toujours les mêmes, dont les effets se manifestèrent dans leurs descendances multipliés par l'ancienneté des hérédités accumulées; ainsi se créèrent les races.

Sur les terrains granitiques où la chaux et l'acide phosphorique manquent, le bétail ne peut recevoir du sol qui le nourrit les éléments nécessaires à l'édification de sa charpente osseuse en suffisante abondance; dans ces conditions, la taille est restée petite et le squelette réduit; telles sont les races bovines bretonne et jersiaise entre autres. Dans les pays calcaires, au contraire, le squelette prend du développement et la corpulence s'accroît, comme dans la race charolaise.

Mais déjà les causes qui ont présidé à la formation de ces populations distinctes vont en s'atténuant. Pendant de longs siècles les agriculteurs ont vécu isolés pour ainsi dire, ne pouvant compter pour alimenter leur bétail que sur les produits qu'à force de labeurs ils arrachaient au sol plus ou moins ingrat. De nos jours les moyens de communication se sont multipliés avec une incroyable rapidité, les routes d'abord, puis les canaux, enfin les chemins de fer qui, depuis cinquante ans à peine, ont fait leur apparition et qui déjà rayonnent sur le monde en tous sens. Grâce aux transports faciles et rapides, il est possible d'accroître les récoltes en quantité et en qualité en donnant au terrain les principes minéraux qui lui manquent. Il en résulte pour le bétail une amélioration de l'alimentation qui se répercute immédiatement sur la conformation des animaux et de leurs descendants. Par les mêmes moyens, on peut se procurer des substances nutritives riches, provenant de contrées plus ou moins lointaines, où elles sont obtenues comme sous-produits d'industries, et agir ainsi plus directement sur la nutrition du bétail.

Un exemple frappant des modifications dont il s'agit nous est donné par le Limousin. Au commencement du dernier siècle, Olivier Texier, dans sa statistique agricole de 1808, fixait entre 300 et 350 kilos le poids des bœufs gras de cette région ; aujourd'hui ces mêmes bœufs pèsent fréquemment 800 et même 1000 kilos. Cette transformation, ce sont les phosphates, la chaux et les irrigations qui l'ont déterminée.

Pour perfectionner un bétail, il n'y a qu'une seule méthode : c'est d'assurer une large alimentation aux animaux à toutes les périodes de leur existence et surtout dans le jeune âge, lorsque l'organisme se forme. Le croisement, la sélection interviendront seulement en seconde ligne, comme auxiliaires. Toutes les fois que l'on a méconnu ce principe, que l'on a voulu intervertir l'ordre des facteurs (et le fait s'est produit trop souvent), on a échoué complètement.

Nous citerons à ce propos l'opinion d'un illustre agronome, le marquis de Dampierre, au sujet de l'amélioration de la race bovine du Cantal :

« Partout elle reflète la valeur même du sol qui la nourrit. Belle et forte là où la végétation est active et vigoureuse, elle perd la plupart de ses avantages du côté de Murat et dans la Lozère, où elle foule un sol formé de sable, de débris de roches schisteuses ou granitiques, pauvres et arides. Le même fait se reproduit partout sous les mêmes influences : ce qui étonne à bon droit, c'est qu'il ait pendant si longtemps échappé à l'observation, nous nous trompons, à l'attention de ceux qui aiment et recommandent les croisements entre tous les systèmes d'amélioration ou de perfectionnement des races. »

Lorsqu'on demande à des reproducteurs perfectionnés de communiquer leurs qualités acquises aux descendants que l'on obtient en les croisant avec le bétail commun de la région, il ne faut pas perdre de vue que s'ils donnent leur conformation meilleure, leurs aptitudes plus développées, ils donnent aussi inévitablement leurs exigences, leurs susceptibilités ; si l'on ne peut satisfaire entièrement aux nouveaux besoins, les produits périclitent et souvent sont inférieurs à ceux que l'on aurait obtenus en se contentant de faire un bon choix parmi les animaux du pays et en améliorant leurs conditions d'existence dans la mesure des moyens dont on dispose.

III. — IMPORTANCE ÉCONOMIQUE DE L'ALIMENTATION.

La spécialisation des fonctions zootechniques a suivi la formation des races. Les éleveurs ont pu accroître les prédispositions résultant du sol et du climat par une sélection bien entendue, par la gymnastique fonctionnelle et en réglant l'alimentation suivant le but économique à atteindre.

La division du travail, qui a produit des résultats si remarquables dans l'industrie, a été appliquée aux productions animales. Les Anglais, Bakewell, les frères Colling, etc., furent les premiers à entrer dans cette voie, qui fut préconisée en France par Baudement (1). On s'est efforcé d'obtenir du lait, du travail, de la viande de boucherie ou des animaux d'élevage suivant les conditions de l'exploitation et la nature des matières premières que l'on avait à transformer, de manière à obtenir la meilleure utilisation et le maximum de bénéfices.

Les éleveurs ont été arrêtés dans le but idéal de spécialisation qu'ils s'efforçaient d'atteindre par une loi physiologique, énoncée par Geoffroy Saint-Hilaire sous le nom de *principe du balancement des organes*. Toute fonction qui acquiert une intensité plus grande se développe au détriment des autres fonctions du même organisme.

(1) Voy. le livre de **L. Léouzon**, *Agronomes et éleveurs*, Paris, 1904, qui contient une analyse fort intéressante des expériences de Bakewell, des frères Colling et de Baudement.

On s'est aperçu, en effet, qu'en augmentant la précocité, la facilité à l'engraissement dans une race, on diminuait parallèlement ses facultés reproductrices ; la rusticité, la vigueur étaient également atteintes, et comme conséquence les nouveaux sujets étaient prédisposés à acquérir des maladies contagieuses ou organiques. L'écueil était grave.

Ensuite, quelles que soient les fonctions exploitées pendant la vie de nos animaux domestiques, presque tous vont finir leur carrière à l'abattoir ; il importait donc de ménager chez eux leur faculté d'engraissement.

Comme exemple, nous citerons la petite race bovine jersiaise sélectionnée depuis longtemps dans le but unique de la production beurrière. Chez ces animaux, toute la graisse produite est éliminée et se retrouve dans le lait pour les femelles en lactation. Le plus grand éloge qu'un éleveur de ce pays puisse faire d'une vache est d'affirmer qu'elle n'engraissera jamais. Il en résulte comme conséquence que lorsqu'un sujet de cette race est arrivé au terme de sa carrière il a perdu toute valeur. Quand on utilise une machine animale dont l'exploitation a été poursuivie dans un but unique, il faut faire intervenir dans ses calculs un fort amortissement du capital engagé. On devra se rendre compte si le produit obtenu peut payer les frais nécessités par sa fabrication.

Les progrès des études sur l'alimentation qui ont été réalisés dans les trente dernières années ont permis de réduire les frais d'entretien du bétail par la comparaison de la valeur marchande des aliments. Si nous considérons un fourrage ou une substance nutritive quelconque, nous devrons l'apprécier à deux points de vue absolument distincts. Nous établirons d'abord son prix, soit que, l'ayant récolté, nous puissions le vendre, soit que nous devions l'acquérir sur le marché au cours du moment. Ensuite nous examinerons sa valeur alimentaire, c'est-à-dire la quantité que l'on devra faire absorber pour déter-

miner une production ou un accroissement de poids.
A égalité d'effet produit, nous devrons donner la préférence
à l'aliment le plus économique.

Pour montrer l'importance que peuvent avoir ces
substitutions alimentaires, rappelons notamment que,
d'après M. Lavalard, le remplacement, dans la ration
des chevaux d'omnibus de Paris, d'une partie de l'avoine
par du maïs, s'est traduite de 1872 à 1900 par un bénéfice
de plus de 30 millions de francs.

Il n'est pas moins avantageux de régler aussi exactement que possible la ration d'après la faculté digestive
de l'animal auquel elle est destinée, et aussi d'après les
dépenses d'énergie qu'il est appelé à faire. Tout excès
de nourriture constitue une perte de matière première
qui traverse l'organisme sans être utilisée et se retrouve
dans le fumier. Quelle que soit la substance ainsi employée
en excédent, l'exploitation est en déficit : s'il s'agit de
principes albuminoïdes, l'azote aliment est d'un prix
plus élevé que l'azote engrais; si ce sont d'autres principes organiques, ils n'accroissent pas la richesse du
fumier; donc perte dans les deux cas.

Ces excès d'alimentation peuvent aussi avoir une
influence néfaste sur la santé des individus. Combien de
fois n'avons-nous pas vu dans nos campagnes des cultivateurs peu éclairés remplacer le tourteau de lin, à l'usage
duquel ils étaient habitués depuis longtemps, par des
tourteaux de coton décortiqués d'Amérique nouvellement
importés dans le pays! A égalité de volume, ils doublaient
et au delà la richesse alimentaire de la ration, remplaçant les propriétés émollientes du lin par celles
astringentes du cotonnier. Il en résultait fréquemment
des entérites graves.

Butel, vétérinaire à Meaux, rapportait au Congrès
de la Société rationnelle d'alimentation du bétail en 1897
qu'il avait souvent observé dans sa clientèle, après un ou
deux jours de fêtes, des cas de paralysie chez les che-

1.

vaux. Ces accidents étaient dus certainement à ce que la ration n'avait pas été réduite pendant le repos. M. Lavalard confirmait cette opinion et rappelait qu'à son entrée à la Compagnie générale des omnibus de Paris une centaine de chevaux au moins par an étaient atteints de cette maladie, dont il a eu complètement raison depuis, en tenant énergiquement la main à ce que le personnel réduise la ration des chevaux qui ne sortaient pas.

On voit par ce qui précède combien, au point de vue pratique, une étude approfondie de l'alimentation peut rendre de services. Sans doute cette science, née d'hier, dépendant de tant de facteurs ayant une variabilité individuelle, puisque les aliments, pas plus que les animaux, ne sont identiques entre eux, ne peut encore résoudre tous les problèmes qui se posent. Mais cependant nous verrons par la suite que, dans l'état actuel de nos connaissances, il est possible de donner au moins des solutions très approchées.

II. — HISTORIQUE.

I. — ORIGINES.

Les études sur l'alimentation se divisent en deux parties bien distinctes : ce qui se rapporte d'une part à la substance nutritive, et d'autre part à l'animal qui la consomme. L'industrie zootechnique, comme l'industrie manufacturière, nécessite la connaissance de la matière première et de la machine à transformation qui l'utilise. Nous devrons donc d'abord rechercher la valeur, la composition des aliments du bétail ; tous appartiennent au règne végétal ou en dérivent. C'est l'analyse chimique qui nous guidera dans la détermination des principes nutritifs et leur proportion dans la substance considérée ; nous demanderons ensuite à la physiologie végétale d'expliquer leur formation, leur rôle au sein des tissus,

afin de choisir les parties de la plante où ils s'accumulent
et l'époque de la végétation où ils sont le plus abondants.
C'est à une date relativement récente que les progrès de
la chimie ont permis de tenter la différenciation et l'iso-
lement des principes immédiats; à la fin du xviiie siècle,
on commençait à pouvoir faire les analyses élémentaires,
c'est-à-dire à déterminer les corps simples qui composaient la totalité des tissus de la plante.

A cette époque, les connaissances sur l'organisme animal et ses fonctions n'étaient pas plus avancées, la
physiologie expérimentale devait naître bientôt avec
Bichat, Magendie et Claude Bernard. On ne savait rien
sur les phénomènes de la digestion, de l'assimilation, de
la production de la force et de la chaleur animales.

Tout le savoir des Anciens se résumait dans la phrase
de l'*Avare* de Molière :

Il faut manger pour vivre.

Paracelse, qui occupa à Bâle, en 1527, la première
chaire de chimie qui ait été créée, imagina une théorie
de la digestion, toute spéculative d'ailleurs. Il supposait
la présence dans l'estomac d'un principe, l'*archée*, dont
le rôle était d'extraire des aliments l'essence, qui était
assimilée, tandis que les parties non utilisées étaient
rejetées de l'organisme sous forme de fèces et d'urine.

II. — LAVOISIER.

En réalité, il faut attendre l'apparition de notre grand
chimiste Lavoisier pour constater un progrès sensible
dans les sciences sur lesquelles s'appuiera plus tard
l'étude de l'alimentation. Mais avec lui les progrès sont
rapides ; il applique la balance à toutes ses recherches,
il montre les causes des combustions, et la nutrition en
est une. Il démontra que l'oxygène, qui venait d'être
découvert à la fois par Priestley en Angleterre et par

Scheele en Suède (1774), entrait dans la composition de l'air que jusqu'alors on avait considéré comme un corps simple, l'un des quatre éléments de la nature. On a attribué à Lavoisier l'aphorisme célèbre :

« Rien ne se perd, rien ne se crée. »

Cependant le principe ainsi exprimé était depuis long-temps enseigné dans la philosophie ancienne, puisque Lucrèce lui-même l'a énoncé :

« Rien ne vient de rien, rien ne retourne à rien ».

Lavoisier fit l'analyse de nombreuses substances animales et végétales, montrant que toujours elles contiennent de l'oxygène, de l'hydrogène, du carbone et de l'azote, joints à une petite quantité de matières minérales formant les cendres par incinération.

Ce qui est remarquable, c'est que, dès cette époque, cet illustre savant avait eu une conception géniale du mouvement de la matière dans le monde. Il avait exposé d'une plume magistrale un programme, qui malheureusement resta ignoré jusqu'en 1860 ; il fut alors trouvé par Dumas dans des papiers de Lavoisier, et communiqué dans une leçon professée à la Société chimique de Paris.

Les découvertes des savants qui ont suivi la voie que le premier il avait tracée sont venues confirmer tout ce qu'il avait prévu. Nous croyons devoir rendre un hommage à la mémoire de ce grand homme, victime en 1794 de la férocité aveugle des passions politiques, en reproduisant quelques lignes de ce remarquable travail :

« Les végétaux puisent dans l'air qui les environne, dans l'eau et, en général, dans le règne minéral, les matériaux nécessaires à leur organisation.

« Les animaux se nourrissent de végétaux ou d'autres animaux qui ont été eux-mêmes nourris de végétaux, en sorte que les matières qui les forment sont toujours en dernier résultat tirées de l'air ou du règne minéral.

« Enfin la fermentation, la putréfaction et la combustion rendent perpétuellement à l'air de l'atmosphère et au règne minéral les principes que les végétaux et les animaux leur ont empruntés.

« Par quels procédés la nature opère-t-elle cette merveilleuse circulation entre les deux règnes ? Comment parvient-elle à former des substances combustibles, fermentescibles et putrescibles avec des combinaisons qui n'avaient aucune de ces propriétés ? Ce sont des mystères impénétrables. On entrevoit cependant que, puisque la combustion et la putréfaction sont les moyens que la nature emploie pour rendre au règne minéral les matériaux qu'elle en a tirés pour former des végétaux et des animaux, la végétation et l'animalisation doivent être des opérations inverses de la combustion et de la putréfaction...

« C'est donc sur l'animalisation, sur la nutrition des animaux que l'Académie appelle l'attention des savants de toutes les nations. Elle ne se dissimule pas que le problème qu'elle propose de résoudre embrasse une immense étendue ; qu'il suppose la connaissance analytique des substances qui servent à la nourriture des animaux, des altérations qu'elles éprouvent successivement dans le canal qui les reçoit, d'abord par le mélange du suc salivaire, deuxièmement par le mélange du suc gastrique, troisièmement par le mélange de la bile ; qu'il suppose même jusqu'à un certain point la connaissance analytique de ces différents sucs et de ces différentes humeurs.

« Il suppose surtout la connaissance des gaz qui se dégagent dans le cours de la digestion, de la manière dont la digestion rend au sang ce qui lui est continuellement enlevé par la respiration. Enfin comment les animaux, dans l'état de santé, et lorsqu'ils ont pris leur croissance, reviennent chaque jour, à de légères différences près, au même poids qu'ils avaient la veille ; il en résulte que la recette est égale à la dépense, et qu'on peut rendre, par conséquent, exactement compte de l'emploi des aliments que les animaux consomment chaque jour. »

III. — THAËR.

Au commencement du XIXe siècle une célèbre école d'agriculture fut créée à Möglin, en Allemagne, par Thaër; cet agronome, convaincu des avantages que la pratique agricole retirerait d'une connaissance plus exacte de la valeur nutritive des aliments et de leur substitution les uns aux autres, entreprit d'établir des tables d'équivalence en prenant comme point de comparaison 100 livres de foin de prairie de bonne qualité. En dehors de quelques expériences directes, il se basa surtout pour cette classification sur les analyses encore très rudimentaires d'Einhoff, professeur de chimie à l'Institut de Möglin. On dosait les matières solubles dans l'eau chaude et la potasse étendue, et l'on en concluait que celles-ci représentaient la partie assimilable du fourrage.

Par ce procédé, Thaër avait été amené à considérer que la moitié en poids du foin sec était employée par l'animal pour sa nutrition, tandis que le quart seulement de la pomme de terre était utilisable. On voit *a priori* que ces chiffres ne présentaient aucune valeur réelle et que fatalement ils devaient conduire à des erreurs grossières. Cependant à cette époque les tables d'équivalence en foin se répandirent très rapidement en Allemagne, et il faut reconnaître que leur usage nuisit beaucoup au développement de l'élevage du bétail dans ce pays. A la même époque les Anglais, se basant sur le principe de l'alimentation maxima, créaient ces races améliorées qui pendant un siècle ont servi à perfectionner tant d'autres populations et sont encore de nos jours un modèle pour les éleveurs.

Les agronomes les plus célèbres du temps adoptèrent les vues de Thaër, chacun modifiant suivant sa propre expérience les équivalents en foin indiqués dans les premières tables; Block, Schwerz, Mathieu de Dombasle, Pabst, etc., publièrent leurs corrections et il en résulta une divergence de chiffres dont le tableau suivant peut donner une idée :

Nom de l'auteur.	100 kilos de foin avaient pour équivalent les quantités suivantes de betteraves :
Thaër..............	460 kilogrammes.
Pabst..............	275 à 300 —
Block.............	200 —
Schwerz..........	400 —
Heuzé.	331 —

Il est facile d'expliquer ces différences d'appréciation : quelles que soient la conscience et la capacité des expérimentateurs, les moyens dont ils disposaient étaient tout à fait insuffisants. La base choisie était extrèmement variable suivant les sols, les climats, les conditions de récolte, la composition botanique, la durée et la perfection de la conservation, la situation de la prairie, en plaine, en vallée ou en coteau. D'autre part, on ignorait les conditions de digestibilité et les variations qui en résultent suivant les proportions relatives des aliments dans la ration.

On s'est trouvé contraint par l'extension de ce système à comparer des substances qui, de toute évidence, ne pouvaient être substituées les unes aux autres. Il était par exemple impossible de comparer dans une ration la valeur nutritive de la paille de froment avec celle d'un aliment concentré comme un tourteau de lin, par exemple. Cependant on trouve dans ces tables qu'il faut 300 kilos de la première substance et 45 kilos seulement de la seconde pour équivaloir à 100 kilos de foin.

L'animal aurait rempli son estomac de paille avant d'avoir reçu la quantité de principes nutritifs nécessaire à son entretien, et avec le tourteau la masse absorbée serait insuffisante pour amener l'apaisement de l'appétit et le fonctionnement de la rumination.

On en était même arrivé à voir figurer sur certaines tables les équivalents de substances qui ne peuvent être considérées comme alimentaires ; le sel, entre autres, était évalué à dix fois son poids de foin.

Si nous insistons tout particulièrement sur les équivalents nutritifs, c'est que pendant la première moitié du xixe siècle cette méthode jouissait d'un grand crédit auprès des agriculteurs en Allemagne et même en France ; elle s'était répandue à cause de l'autorité de ceux qui l'avaient préconisée, et aussi parce que l'on ressentait le besoin de régler rationnellement la nourriture du bétail.

IV. — MAGENDIE.

Pendant ce commencement de siècle la physiologie avait fait de grands progrès, qui allaient bientôt permettre d'envisager l'alimentation du bétail à un tout autre point de vue, et d'abandonner définitivement ces méthodes incertaines de tâtonnements.

En 1816, Magendie avait fait une expérience qui mettait en lumière l'importance prépondérante de l'azote dans la nutrition des animaux : trois lots de chiens furent nourris exclusivement l'un avec du sucre, le second avec de l'huile, le troisième avec de la gomme. Pour tous ces animaux rien ne sembla changé dans leur état de santé pendant les quinze premiers jours ; mais ensuite l'amaigrissement s'accentua de plus en plus, divers accidents morbides apparurent, enfin tous périrent entre le trente-deuxième et le trente-sixième jour de régime.

V. — MACAIRE ET MARCET.

Seize ans plus tard, Macaire et Marcet publiaient à Genève un mémoire sur le même sujet, mais basé sur les analyses du chyle et des excréments chez le cheval et le chien.

Il s'agissait de répondre aux trois questions que l'on se posait alors sur l'origine de l'azote :

1º Était-il emprunté aux aliments ?

2º Était-il puisé dans l'air par l'acte de la respiration ?

3º Était-il fabriqué de toutes pièces par l'animal, qui devenait ainsi le pourvoyeur en azote de l'atmosphère ?

L'expérience de Magendie avait répondu affirmativement à la première question.

Les deux expérimentateurs genevois, dosant l'azote dans le sang artériel et dans le sang veineux chez divers animaux, avaient cru pouvoir conclure des chiffres suivants que l'acte de la respiration enrichissait le sang en azote :

	Sang artériel (p. 100).	Sang veineux (p. 100).
Carbone	50,2	55,7
Azote....................	16,3	16,2
Oxygène.................	26,3	21,7
Hydrogène..............	6,6	6,4

On voit par ces chiffres qu'il a pour effet d'augmenter la quantité de l'oxygène et de diminuer celle du carbone.

Enfin, il est facile de répondre que si les animaux sont producteurs d'azote on ne comprend pas qu'ils succombent lorsque ce gaz est éliminé de leur alimentation.

Ils renouvellent d'ailleurs l'expérience de Magendie sur un mouton pesant 42 livres et nourri exclusivement de sucre et d'eau pure ; le onzième jour il ne pèse plus que 37 livres et meurt le vingtième jour pesant 31 livres.

VI. — BOUSSINGAULT.

Boussingault, en 1836, s'appuyant sur les expériences qui précèdent, pensa que l'azote contenu dans les aliments jouait un rôle prépondérant dans la nutrition ; il conclut donc que l'on pourrait se servir de la proportion de ce corps dans les fourrages pour évaluer leur valeur alimentaire et il dressa des tables sur cette nouvelle base. Voici quelques-uns des chiffres qu'il obtint :

Fourrages.	Azote p. 100.	Équivalent en foin.
Foin de prairie............	0,01	100
Trèfle	0,0176	60
Luzerne	0,0138	75
Paille de froment.........	0,002	520
— d'avoine............	0,0019	547
Pommes de terre..........	0,0037	281
Betteraves..............	0,0026	400
Tourteaux de colza........	0,0492	21
Froment.................	0,0213	49
Avoine.................	0,0192	54

Un sensible progrès était réalisé en ce sens que l'unité d'évaluation était invariable et correspondait à 1 p. 100 d'azote; d'autre part, les matières azotées sont l'un des facteurs les plus importants de la nutrition, mais on négligeait ainsi d'apprécier la valeur des matières hydrocarbonées, qui, comme l'amidon, le sucre, la graisse, jouent un rôle important ; ainsi les pommes de terre, qui, d'après cette table, sont estimées à un peu moins de leur tiers en poids de foin, les betteraves au quart, se trouvent au-dessous de leur valeur réelle, parce qu'elles contiennent de l'amidon, du sucre qui interviennent dans l'alimentation.

Pour appuyer cette méthode, Boussingault entreprit deux expériences. Il soumit une vache pendant un mois au régime suivant : 7^{kg},500 de regain de foin, 16 kilogrammes de pommes de terre, 60 litres d'eau. Pendant un mois son poids ne varia pas.

D'autre part, un cheval reçut par jour pendant trois mois 7^{kg},500 de foin, 2^{kg},270 d'avoine et 16 litres d'eau. Dans les deux expériences, pendant les trois derniers jours on analysa tous les aliments et toutes les matières excrétées. On obtint les chiffres suivants :

		POIDS.	CARBONE.	HYDROGÈNE.	OXYGÈNE.	AZOTE.	SELS.
Vache.	Aliments ...	82,500	4813,4	595,5	4034,6	201,5	889,0
	Excréments et lait....	45,152	2601,6	332,0	2082,7	174,5	920,6
	Différence.	37,348	2211,8	263,5	1951,9	27,0	+31,6
Cheval.	Aliments ...	25,770	3938,0	446,5	3209,2	139,4	672,2
	Excréments.	15,580	1472,9	191,3	1363,0	115,4	684,5
	Différence.	10,190	2465,1	255,2	1846,2	24,0	+12,3

Boussingault tira de ces expériences la conclusion que l'azote de l'air n'était pas absorbé par la respiration et il pensa attribuer à une perte pendant la digestion les 27 grammes constatés manquant chez la vache et les 24 grammes chez le cheval. Nous verrons plus tard que cette manière de voir n'est pas exacte, et que ces résultats sont dus à un manque de précision dans l'expérience, facile à expliquer à cette époque.

Cependant il crut pouvoir confirmer cette opinion en recommençant une autre expérience d'après la même méthode sur des tourterelles.

C'est alors qu'il énonça pour la première fois cette loi de la statique chimique de la nutrition : chez un animal en bon état d'entretien, le total des principes absorbés doit être égal à celui des principes éliminés.

Nous avons vu que Lavoisier avait formulé la même opinion ; mais à l'époque dont nous parlons son mémoire, mis en lumière par Dumas, n'était pas encore connu.

Boussingault se rendit compte des imperfections des tables qu'il avait publiées, et dont nous avons donné plus haut quelques chiffres ; aussi écrivit-il vingt ans après les

lignes qui vont suivre. Elles donnent une idée exacte de
l'état des connaissances sur l'alimentation vers 1860, au
moment où, par les travaux de Lawes et Gilbert, de
Henneberg et Stohmann, les études sur la nutrition vont
entrer dans une voie nouvelle.

« Cette incertitude dans laquelle laisse la théorie, lorsqu'il s'agit de fixer l'équivalent d'un aliment, n'a rien de
surprenant; la valeur alimentaire varie nécessairement
suivant les conditions dans lesquelles la nourriture est
administrée; et l'on a constaté qu'il n'est pas indifférent
de donner seul un aliment ou de l'associer à tel ou tel
autre.

« Ce que la science indique, c'est que, pour qu'une ration
soit aussi équivalente que possible à une autre, il faut
que, dans les deux rations, il y ait non seulement les
mêmes proportions de principes azotés, mais encore les
mêmes proportions de principes analogues à l'amidon ou
au sucre, et, de plus, la même proportion de matières
grasses. En connaissant la constitution des substances
alimentaires, on peut composer, avec des aliments
d'ailleurs fort divers, des rations à peu près identiques,
puisqu'elles renfermeront la même quantité et la même
nature de matières digestibles.

« Dans le but de faciliter la solution des questions
relatives à la nourriture du bétail, j'ai rassemblé dans un
tableau les données qu'il m'a été possible de recueillir
sur la composition des principales substances végétales
alimentaires.

« Ainsi, dans les premières colonnes de ce tableau, on
trouve les proportions de ligneux non digestibles, de
sels, d'albumine, de graisse et de matières digestibles non
azotées, analogues à l'amidon, au sucre, à la pectine, etc.
Viennent ensuite les équivalents nutritifs des aliments,
rapportés à 100 kilos de foin de prairie, équivalents
déduits de la proportion d'azote; puis, dans les colonnes
suivantes, on a indiqué la matière nutritive non azotée

DÉSIGNATION.	EAU.	PHOSPHATES et AUTRES SELS.	LIGNEUX et CELLULOSE.	MATIÈRES GRASSES.	AMIDON, SUCRE ou analogues.	ALBUMINE, LÉGU-MINE, CASÉINE.	AZOTE.	ÉQUIVALENTS nutritifs déduits de l'azote.	MATIÈRES non azotées. En excès dans l'équi-valent.	MATIÈRES non azotées. Manquant dans l'équi-valent.	PAILLE A AJOUTER pour compléter l'équivalent.
Foin de prairie.........	13,0	7,6	24,4	3,80	44,4	7,2	1,15	100	»	»	»
Regain.................	14,1	8,0	21,5	3,50	40,5	12,4	1,98	58	»	23	51
Trèfle fané............	20,0	5,0	22,0	3,20	39,2	10,6	1,70	67	»	26	44
Luzerne fanée..........	15,0	5,7	22,0	3,50	41,8	12,0	1,92	60	»	21	47
Paille de céréales (moy.).	17,4	4,3	32,9	2,96	40,2	2,1	0,34	357	106	»	»
Betteraves champêtres ..	87,8	0,7	2,2	0,10	7,9	1,3	0,21	548	»	4	9
— rouges à sucre.	82,0	1,0	2,5	0,10	11,6	2,8	0,45	256	»	18	40
Carottes...............	87,6	0,6	0,7	0,20	9,0	1,9	0,30	383	»	13	29
Pommes de terre rouges.	70,0	0,9	0,6	0,20	25,2	3,4	0,50	230	10	»	»
Topinambour...........	79,2	1,1	4,2	0,30	16,1	2,4	0,33	348	9	»	»
Navet blanc	92,5	0,5	0,3	0,20	5,7	0,8	0,13	884	4	»	»
Balle de froment........	11,5	9,3	20,3	1,40	52,3	5,2	0,83	139	26	»	»
Seigle.................	15,3	2,0	3,1	2,00	66,9	10,7	1,71	69	»	1	2
Avoine................	14,0	3,9	4,1	5,50	61,5	11,9	1,90	61	»	7	15
Sarrasin...............	13,0	2,5	3,5	3,90	64,0	13,1	2,00	58	»	9	20
Féveroles	12,5	3,0	2,9	2,60	47,7	31,9	5,11	23	»	37	82
Tourteau de lin........	13,4	8,3	5,1	6,00	33,2	32,7	5,20	22	»	40	89
— de colza.......	10,5	7,7	9,4	10,00	32,5	30,7	4,92	23	»	38	84
— de pavot......	6,8	8,8	11,7	8,40	30,8	33,5	5,36	21	»	40	89

qui manque, ou bien celle qui est en excès dans ces mêmes équivalents.

« J'ajouterai une dernière observation : c'est que les équivalents déduits de l'azote doivent être considérés comme entièrement satisfaisants quand il s'agit d'aliments de même nature, aliments qu'on peut classer ainsi :

« 1° Foins et pailles ;

« 2° Racines et tubercules ;

« 3° Graines oléagineuses ;

« 4° Graines de céréales et de légumineuses ; tourteaux. »

VII. — DUMAS.

Vers 1840 deux hommes de génie : Dumas en France, Liebig en Allemagne, firent progresser rapidement les sciences qui se rattachent à l'étude de l'alimentation. Aux qualités de l'expérimentation, ils joignirent l'un et l'autre l'esprit de généralisation d'où naissent les vastes conceptions.

Dumas exposa, dans une mémorable leçon sur la statique chimique des êtres organisés, ses théories sur les transformations de la matière, sur la nutrition des plantes et des animaux. Ce travail a été publié (1) ; malheureusement, il n'en est pas de même des leçons que ce savant fit à la Faculté de médecine.

VIII. — LIEBIG.

Liebig, dans sa *Chimie organique appliquée à la physiologie animale*, parue en 1842, divise pour la première fois les principes alimentaires en deux groupes, et voici comment il s'exprime :

« Il résulte de ce qui précède que les substances alimen-

(1) Dumas et Boussingault, *La statique chimique des êtres organisés*, 1841.

taires peuvent se diviser en deux classes : en aliments
azotés et en aliments non azotés; la première classe
possède seule la propriété de se convertir en sang.

« Les substances alimentaires propres à la sanguifica-
tion donnent naissance aux principes des organes ; les
autres servent, dans l'état de santé, à l'entretien de
l'acte respiratoire. Nous désignerons les substances
azotées sous le nom d'*aliments plastiques* et les substances non azotées sous celui d'*aliments respiratoires*.
Les aliments plastiques sont : la fibrine végétale, l'albumine végétale, la caséine végétale, la chair et le sang des
animaux.

« Les aliments respiratoires comprennent : la graisse,
l'amidon, la gomme, les sucres, la pectine, la bassorine,
la bière, le vin, l'eau-de-vie, etc.

« Un fait général, démontré par l'expérience, c'est que
tous les principes nutritifs et azotés des plantes ont la
même composition que les principes essentiels du sang.

« Aucun corps azoté dont la composition diffère de
celle de la fibrine, de l'albumine et de la caséine n'est
propre à entretenir la vie des animaux. »

Cette division des principes alimentaires en éléments
plastiques et en éléments respiratoires est depuis tombée
en désuétude, remplacée en partie par la conception de
la relation nutritive. Il faut y voir surtout un changement de mots, les faits restant les mêmes. Cependant
on sait, depuis la découverte de la fonction glycogénique
du foie, que les substances albuminoïdes peuvent suppléer
les aliments respiratoires, lorsque ceux-ci se trouvent en
proportion insuffisante.

IX. — CLAUDE BERNARD.

C'est en 1853 que Claude Bernard soutint en Sorbonne
sa thèse sur la fonction glycogénique du foie, dont il
avait commencé l'étude en 1848.

Depuis dix ans il poursuivait ses recherches sur la nutrition des animaux ; son premier travail sur ce sujet fut sa thèse de doctorat en médecine, consacrée à l'assimilation et à la destruction du sucre de canne dans l'organisme vivant ; elle date de 1843.

Puis il étudia l'action du suc gastrique, celle du suc pancréatique. C'est à son génie, qui lui permettait à la fois de concevoir la méthode expérimentale la plus sûre et de tirer des résultats obtenus les déductions les plus étendues, que nous devons la théorie de la digestion pour ainsi dire entière, telle qu'elle sera exposée plus loin. Quelque importants et décisifs que soient les travaux de Claude Bernard, nous n'insisterons pas davantage sur son œuvre, puisque nous serons obligé d'y revenir fréquemment en nous référant à l'autorité de ce grand nom.

X. — LAWES ET GILBERT.

Lawes, qui avait commencé dans son domaine de Rothamsted, dès 1837, des recherches sur la végétation, s'adjoignit en 1843 un chimiste, le Dr Gilbert, avec la collaboration duquel il entreprit de longues et minutieuses expériences pour connaître la composition chimique du corps des animaux de la ferme.

Ils déterminèrent la proportion en poids des différents organes et tissus chez les bovidés, les ovidés et les porcins ; ils firent les analyses élémentaires de chaque partie, recherchant notamment leur richesse en graisse et en azote suivant l'espèce, l'âge et l'état d'engraissement de l'animal.

Un premier mémoire a été présenté à la Société royale d'Agriculture d'Angleterre en 1858 ; d'autres ont paru successivement depuis.

Il est impossible de résumer cet énorme travail, qui se présente principalement sous forme de tableaux dans lesquels les auteurs ont réuni les résultats obtenus dans

un nombre considérable d'analyses faites sur plusieurs
centaines d'animaux.

C'est une source de documents à laquelle nous devrons
avoir recours dans la suite.

XI. — HENNEBERG.

Henneberg, qui fut nommé quelques années plus tard,
en 1865, professeur à l'Université de Gœttingue, résolut
de démontrer définitivement par des expériences directes
que les équivalents en foin donnés par Thaër et ses suc-
cesseurs n'avaient aucune valeur réelle. Nous avons vu
que cette théorie avait été acceptée d'une façon générale
en Allemagne; en France, Mathieu de Dombasle l'avait
préconisée et Heuzé, alors professeur à Grignon, avait
publié des tables empruntées pour la plus grande partie
à celles de Pabst.

Pour cette démonstration, Henneberg prit quatre
moutons pesant entre 38 et 40 kilogrammes, il les divisa
en deux lots aussi semblables que possible. Pendant
plusieurs semaines, il les soumit chacun à un régime
de même valeur alimentaire, d'après les tables d'équivalents les mieux établies. Le premier groupe recevait par
jour 1 100 grammes de foin de luzerne et 1 650 grammes
de pommes de terre : le poids des animaux s'accrut en
moyenne de 525 grammes par semaine et par tête.
Pour le second groupe, alimenté exclusivement avec
1 750 grammes de foin de luzerne, les résultats furent
tout différents : les moutons perdaient dans les mêmes
conditions 375 grammes de leur poids.

Haubner reprit cette expérience, mais en effectuant la
substitution complète du foin par des pommes de terre.
Bien que ces tubercules fussent donnés à discrétion à deux
moutons, leur poids diminua en quinze jours de 9^{kg},500.

Enfin, Henneberg et Stohmann entreprirent une série de
recherches avec une précision qui n'avait pas encore été

réalisée jusqu'alors. Deux bœufs furent soumis à une série de régimes d'entretien bien étudiés au préalable; ils étaient tenus dans des stalles aménagées spécialement. Les aliments et les déjections étaient pesés et analysés. Pendant cette expérience, qui dura du 28 janvier 1858 au 15 juillet de la même année, on essaya les six rations suivantes :

Aliments.	Ration journalière.	Quantités équivalant à 100 k. de foin de trèfle.	Valeur correspondante en foin de trèfle.	
	kil.	kil.	kil.	
1º Foin de trèfle.....	17,500	100	17,5	
2º Paille d'avoine....	11,400	200	5,77	18,0
Betteraves........	43,0	350	12,23	
3º Paille d'avoine....	12,6	200	6,30	16,1
Betteraves........	25,6	350	7,3	
Tourteau de colza,	1,0	40	2,5	
4º Paille d'avoine....	13,0	200	6,5	11,7
Foin de trèfle.....	3,7	100	3,7	
Tourteau de colza.	0,6	40	1,5	
5º Paille d'avoine....	14,2	200	7,1	11,2
Foin de trèfle.....	2,6	100	2,6	
Tourteau de colza.	0,6	40	1,5	
6º Paille de seigle....	13,3	300	4,4	9,7
Foin de trèfle.....	3,8	100	3,8	
Tourteau de colza.	0,6	40	1,5	

On voit que ces régimes, équivalents en fait, variaient du simple au double, si on les appréciait d'après les chiffres fournis par les tables en usage à cette époque.

XII. — WOLFF.

Cependant E. Wolff, directeur de la Station agronomique de Möckern, avait essayé de donner plus de précision aux tables d'équivalents en foin. Il déterminait d'abord la richesse en matières azotées, puis la quantité de principes solubles dans les dissolvants faibles; enfin la partie non attaquée, composée surtout de cellulose brute, était considérée par lui comme totalement inassimilable. C'est alors que, pour la première fois, on voit intervenir la *relation nutritive*, rapport ayant comme numérateur le poids des matières azotées contenues dans le fourrage considéré pris comme unité, et comme dénominateur la somme des principes solubles ; on supposait ces deux quantités complètement digestibles.

Wolff calcula ces premières tables pour les trois rapports 1/3, 1/5 et 1/7.

Nous n'insisterons pas davantage sur cette tentative qui ne présente plus qu'un intérêt historique ; à la suite des expériences de Henneberg et Stohmann dont nous venons de parler, Wolff lui-même l'abandonna, attendant que la science ait avancé encore ; il ne se décida que vers 1870 à publier une étude sur l'alimentation rationnelle des animaux domestiques, qui fut traduite en français par Damseaux, professeur à Gembloux. Cet ouvrage contenait des tables donnant les résultats des analyses chimiques de nombreux fourrages. La proportion de la partie digestible de chacun des principes alimentaires était indiquée dans trois colonnes distinctes.

Enfin, comme dernière trace des équivalents, l'auteur compare la valeur en argent de chacun des fourrages à celle du foin pris comme unité. Ces tables rendirent les plus grands services ; elles furent modifiées à plusieurs reprises par Lehmann et par Wolff lui-même ; ce sont elles qui ont servi de base à l'établissement de celles qui se trouvent à la fin de cet ouvrage.

XIII. — JULIUS KÜHN.

En 1857, la Société nationale d'agriculture de la Silésie, disposant d'un legs du baron Max von Speck-Sternburg, mit au concours « l'alimentation rationnelle de la bête bovine, envisagée au point de vue scientifique et au point de vue pratique ». Le prix fut décerné l'année suivante à Julius Kühn, qui, peu après, était appelé à organiser et diriger l'Institut agricole de Halle (1).

A la fin du travail de Kühn on trouve également une série de tables qui diffèrent essentiellement de celles de Wolff, parce qu'elles donnent les dosages maxima et minima des principes alimentaires bruts contenus dans les fourrages, au lieu de se contenter des moyennes. Au point de vue pratique, elles présentent l'inconvénient de nécessiter des calculs assez longs pour faire intervenir les coefficients de digestibilité.

XIV. — L'ALIMENTATION EN FRANCE.

Tandis qu'en Allemagne ces études prenaient, comme nous venons de le voir, un grand essor, en France les travaux sur ce sujet étaient peu nombreux.

L'Institut agronomique de Versailles, qui aurait pu donner une impulsion dans cette voie, à peine installé était supprimé, et nos stations agronomiques n'étaient pas organisées ni dotées pour entreprendre ces coûteuses expériences.

Cependant deux grandes sociétés de transport entreprirent d'étudier les conditions les plus économiques d'alimentation de leur nombreuse cavalerie. M. Lavalard, directeur de la Compagnie générale des omnibus de Paris, confia ces recherches à MM. Müntz et Girard; tandis que M. Bixio, directeur de la Compagnie des petites voitures, s'adressait à MM. Grandeau et Leclerc. Nous aurons l'occasion d'envisager les résultats obtenus par ces chimistes lorsque nous étudierons l'alimentation du cheval considéré comme moteur animé.

Enfin, tout récemment, en 1897, une Société d'alimen-

(1) L'ouvrage de Kühn eut un succès considérable, et en 1901 paraissait une nouvelle traduction française de la onzième édition.

tation rationnelle du bétail se créa à Paris, sous les auspices de M. le sénateur Le Mire. Dans ses congrès annuels, de nombreuses questions théoriques et pratiques sont discutées. Nous ne doutons pas que dans l'avenir cette société ne rende de grands services à l'agriculture, soit en propageant les meilleures méthodes, soit en dirigeant et aidant les recherches des savants et des praticiens.

III. — PRINCIPES ALIMENTAIRES VÉGÉTAUX.

I. — FORMATION ET NATURE DE CES PRINCIPES.

La plante puise dans le sol les minéraux nécessaires à sa végétation : par sa respiration elle emprunte à l'atmosphère l'oxygène et l'acide carbonique, qui entrent comme éléments constituants des composés organiques qu'elle élabore ; de récentes expériences ont montré que certaines plantes pouvaient aussi prendre dans l'air une partie de l'azote dont elles ont besoin. Les combinaisons de ces divers corps se forment dans les cellules sous l'influence de la chaleur et de la lumière solaires. Il y a donc ainsi un emmagasinement d'énergie, qui se dégagera postérieurement, lorsque ces produits de la végétation seront ensuite dissociés plus ou moins complètement en leurs éléments primitifs. Ces décompositions résulteront de combustions et de fermentations, qui suivront la mort de l'organisme végétal. L'alimentation des animaux est l'un de ces phénomènes réducteurs. Les principes végétaux assimilés sont brûlés dans les cellules animales, et leur énergie potentielle se dégage sous forme de chaleur, de travail, de fluide nerveux ; ou bien ils sont accumulés, et dans ce cas cette dernière reste à l'état latent jusqu'à son utilisation ou jusqu'à la mort de l'être.

Les substances organiques créées par les plantes sont

de constitution très variable ; elles se composent essentiellement d'oxygène, d'hydrogène, de carbone et d'azote, diversement groupés. On y trouve également des corps minéraux en faible quantité, de l'acide phosphorique, de la potasse, de la soude, de la magnésie, du fer, etc. Les procédés d'analyse chimique jusqu'alors employés pour isoler ces principes sont encore très incomplets. Nous verrons toutefois par la suite que, malgré leurs imperfections, on obtient déjà, au point de vue de l'alimentation du bétail, des renseignements très précieux qui peuvent être avantageusement utilisés dans la pratique.

II. — EAU.

La première détermination que fasse le chimiste lorsqu'il analyse un fourrage quelconque est celle de l'eau qu'il contient. Au point de vue spécial qui nous occupe, plus la proportion de ce liquide est élevée, plus la valeur nutritive de l'aliment est réduite. Lorsqu'au contraire il y a insuffisance, il est toujours facile d'y remédier sans frais par des boissons plus copieuses.

La quantité d'eau qui se trouve dans les substances alimentaires est extrêmement variable : elle peut atteindre 91 p. 100 du poids total, comme dans le navet, ou bien s'abaisser, pour les grains d'arachide par exemple, à 6 p. 100.

On voit l'importance de la détermination exacte du degré d'humidité d'un fourrage ; aussi le premier chiffre qui figure dans les tables de rationnement indique-t-il la quantité de matières sèches contenue dans des conditions normales.

III. — PRINCIPES AZOTÉS.

Pendant longtemps on a confondu dans un même groupement tous les principes azotés contenus dans les ·

plantes. Muller en 1837 avait proposé de les désigner sous le nom générique de *protéine* (1).

Depuis quelques années, on a été amené à différencier toute une classe de corps non albuminoïdes, surtout composée d'amides, qui diffèrent beaucoup des autres par leur moindre valeur alimentaire, et qui, bien qu'en quantité généralement plus faible dans les organes végétatifs, peuvent déprécier le produit dans une proportion qui n'est pas négligeable.

Matières albuminoïdes. — Ces substances présentent toutes une composition très analogue. Leur richesse en azote varie entre 14,7 et 18,4, soit en moyenne 16,25. Cette constance permet, connaissant le poids d'azote (P_{az}), d'en déduire la quantité totale de protéine (MA) brute contenue dans l'aliment, en multipliant le premier par le coefficient 6,25, ainsi qu'il résulte des équations suivantes :

$$\frac{MA}{P_{az}} = \frac{100}{16}, \qquad MA = \frac{100}{16} P_{az}, \qquad MA = 6,25 \, P_{az}.$$

Le dosage de l'azote total se fait au moyen de la chaux sodée.

Wolff conseille pour les graines des céréales, les fruits des légumineuses et les semences oléagineuses, de réduire ce coefficient à 6 ; il le fait même descendre à 5,5 pour les amandes et les graines de lupin jaune.

M. Garola faisait remarquer, au Congrès de la Société d'alimentation rationnelle du bétail en 1901, qu'en se basant sur les analyses de Ritthausen et de Osborne le coefficient 6,25 donnait toujours des chiffres trop élevés. Il produisait à l'appui de cette opinion le tableau suivant :

(1) Mot venant du grec πρωτειω : j'occupe la première place.

		Azote p. 100 de la protéine.	Multiplicateur probable.
Céréales......	Froment.........	17,39	5,75
	Seigle...........	17,16	5,82
	Orge............	16,72	5,98
	Avoine..........	17,07	5,85
	Maïs............	16,57	6,035
	Sarrasin.........	16,48	6,068
Moyenne des céréales.......		16,896	5,917
Légumineuses.	Pois............	17,62	5,675
	Vesce...........	18,03	5,54
	Féverole.........	17,47	5,73
	Gesse...........	16,93	5,96
	Soja............	16,82	5,945
	Haricot..........	16,40	6,09
	Lupin jaune......	18,08	5,53
	Lupin bleu.......	17,87	5,596
Moyenne des légumineuses.		17,40	5,757
Plantes oléagineuses.......	Tourteau de colza..	16,91	5,91
	— d'arachide...	17,83	5,61
	— de soleil.....	18,10	5,52
	— de sésame...	17,67	5,65
	— de coton....	18,47	5,41
	— de chènevis.	18,49	5,41
	— de graine de courge....	18,38	5,44
	— de coprah...	17,52	5,71
	— de lin.......	18,27	5,47
	Graines de ricin ...	18,00	5,55
Moyenne des plantes oléagineuses.		17,96	5,558
Tubercules de pommes de terre.....		15,98	6,25

Cette erreur résultant du coefficient se trouve encore augmentée par la présence des amides. M. Garola montra que pour un tourteau de sésame la méthode ordinaire l'avait amené à conclure à une exagération de 6,46 p. 100 de protéine brute.

Méthode usuelle.

Dosage de l'azote total .... $5,77 \times 6,25 =$ 36,06

Méthode rectifiée.

Dosage de l'azote albuminoïde.. $5,24 \times 5,65 =$ 29,60

Différence.............   6,46

Les différences qui résulteraient de l'adoption de facteurs variables ne correspondent pas aux difficultés qui en seraient la conséquence, étant donnée surtout l'adoption très générale du coefficient 6,25. Le Congrès a donc pensé qu'il n'y avait pas lieu de modifier la méthode suivie jusqu'ici ; mais nous croyons utile d'appeler tout particulièrement l'attention sur ces faits, pour qu'on en puisse tenir compte en calculant plus largement les rations.

Les substances azotées sont les principes alimentaires ayant le plus de valeur ; leur proportion plus ou moins grande dans les fourrages sera donc la principale cause de variation de leur prix. Leur formation dans les tissus des plantes dépend de la richesse du sol, de l'abondance des fumures, des soins apportés dans la culture, la récolte et la conservation. Plus la croissance sera rapide, moins la lignification sera développée et plus la proportion de protéine assimilable sera considérable.

Gluten. — Le gluten se trouve surtout dans les graines des céréales ; ce n'est en réalité qu'un mélange de deux substances azotées étudiées récemment par M. Fleurent, la *gliadine* et la *gluténine.*

Leur proportion respective dans la farine fait varier la valeur de celle-ci au point de vue de la panification. A l'état pur le gluten est entièrement digéré par les animaux, mais il est souvent emprisonné dans des enveloppes de cellulose qui le protègent contre l'action des sucs digestifs.

Albumine. — L'albumine végétale est soluble dans l'eau ; elle constitue la matière protoplasmique des cellules. On la rencontre en abondance dans tous les organes actifs de la plante, et particulièrement dans les jeunes tissus Elle est plus rare au contraire dans les parties lignifiées, soit que celles-ci servent de charpente, soit qu'elles forment des enveloppes protectrices. Les albuminoïdes contenus dans les organes verts des végétaux n'ont pas encore été étudiés; sans doute, quand la science aura fait de nouveaux progrès, pourra-t-on les différencier davantage.

Légumine. — On appelle ainsi la substance azotée contenue dans les graines des légumineuses; elle a été signalée par Braconnot en 1826. Ses propriétés chimiques l'ont fait souvent désigner sous le nom de *caséine végétale.*

Elle est plus riche en azote que l'albumine, ainsi qu'il résulte des analyses suivantes de Dumas et Cahours :

	Légumine des pois.	Légumine des lentilles.	Légumine des haricots.
Carbone............	50,53	50,46	50,69
Hydrogène	6,91	6,65	6,81
Azote.............	18,15	18,19	17,58
Oxygène	24,41	24,70	28,92

Ritthausen en a distingué une variété sous le nom de *conglutine* dans les graines de lupin. On trouve un peu de légumine dans l'avoine, tandis que le froment, l'orge et le seigle en sont complètement dépourvus.

Peptones. — Les peptones sont le résultat de l'action d'un ferment diastasique sur l'albumine; elles en diffèrent par un plus grand degré d'hydratation. On ne les trouve guère que dans les graines, et notamment dans les germes d'orge.

Aleurone. — Lorsque la cellule végétale passe de la vie active à la vie latente, on voit se former dans la masse protoplasmique des grains que les botanistes appellent *leucites* : c'est l'aleurone, qui joue un rôle très important dans la végétation, constituant une réserve qui se redissoudra lorsque la cellule reprendra son activité première. La composition chimique de cette substance est identique à celle de l'albumine, dont elle ne semble différer que par une évaporation progressive de l'eau de constitution. Ces grains sont parfois solubles. Il y a donc lieu de penser qu'au point de vue alimentaire l'aleurone est équivalente à l'albumine.

Cristalloïdes protéiques. — On trouve enfin dans les cellules des corps ayant la forme de cristaux et qui jouissent de toutes les propriétés de l'albumine ; ils sont encore assez peu connus pour ne pas avoir été autrement différenciés.

Corps azotés non albuminoïdes. — Nous avons dit précédemment que cette catégorie est formée de corps très divers, que l'on différencie depuis peu de la protéine brute. On obtient leur proportion en dosant les matières albuminoïdes seules par une méthode indiquée par Ritthausen et modifiée plus tard par Stutzer ; elle est basée sur la précipitation de ces corps par l'hydrate d'oxyde de cuivre.

Connaissant le poids total d'azote d'une part, d'autre part celui qui entre dans la constitution des albuminoïdes, on en déduit par différence l'azote non albuminoïde. Mais, à cause des variations de la composition chimique de cette catégorie de corps, il ne sera pas possible de déduire leur poids par le calcul.

On désigne sous le nom d'*amides* en chimie des corps azotés résultant de l'union de l'ammoniaque, moins de l'eau, avec les aldéhydes. On rencontre un certain nombre de ces substances en solution dans le liquide cellulaire des plantes. Le rôle des amides dans la végétation n'est pas encore bien établi ; elles ne s'accumulent pas en général dans les tissus et semblent être surtout des produits de transformation. Sans doute elles sont des termes de réduction des corps albuminoïdes ; lorsqu'on les rencontre dans l'organisme animal, elles sont des intermédiaires entre ceux-ci et l'urée ; mais nous ne savons pas si, dans la cellule animale comme dans la cellule végétale, elles peuvent, en présence de corps ternaires, régénérer l'albumine dont sans doute elles ont dérivé.

Au point de vue de l'alimentation des animaux, ces substances ont été étudiées par le Dr Chomsky, et il est permis de déduire de ses recherches que les amides ne peuvent pas remplacer les corps albuminoïdes ; elles ne jouent même pas vis-à-vis de ceux-ci le rôle d'aliments d'épargne ; toutefois, lorsque la ration est très pauvre en protéine, elles semblent y suppléer en partie, sans toutefois que leur effet nutritif soit à beaucoup près proportionnel à leur richesse en azote.

On avait proposé de réunir dans le calcul de la ration ces principes aux matières hydrocarbonées ; mais les expériences qui ont été faites jusqu'à ce jour sont encore trop incomplètes pour qu'une détermination puisse être prise à cet égard. Il convient d'ajouter que la plupart des tables de composition des fourrages dont on se sert de nos jours confondent dans une même évaluation tous les principes azotés. Cependant cette différenciation a été établie pour le plus grand nombre des aliments dans les tables contenues dans le présent ouvrage.

Asparagine. — Parmi les amides, la plus répandue dans les végétaux est l'asparagine. Elle a été découverte par Vauquelin et Robiquet, en 1805, dans les pousses des plantes étiolées. On la rencontre surtout dans les organes en voie de développement ; son existence est éphémère, car, aussitôt formée, elle entre dans une nouvelle série de combinaisons et de transformations. Elle paraît provenir d'une insuffisance des substances ternaires ; dès que celles-ci deviennent plus abondantes, on la voit disparaître et régénérer la matière albuminoïde.

En dehors de son rôle dans l'alimentation, sur lequel on n'est pas bien fixé, elle semble favoriser la production du lait et avoir une action excitante dans la nutrition.

Glutamine. — *Leucine.* — *Tyrosine.* — On trouve éga-

lement dans les végétaux, mais en plus faible proportion, de la glutamine, de la leucine et de la tyrosine ; on
peut d'ailleurs, par la réduction des albuminoïdes par
l'hydrate de baryte, obtenir la même série de composés,
l'expérience de laboratoire se rapprochant ainsi de ce qui
se passe dans la cellule vivante.

La glutamine a une composition semblable à celle de
l'asparagine ; elle renferme environ 18 p. 100 d'azote ; elle
forme 2 p. 100 de la substance sèche des plantules de
courge ; on la trouve également dans les racines de betteraves.

La leucine se rencontre surtout dans les jeunes plantes
de légumineuses et notamment dans la vesce ; elle ne
renferme que 10 p. 100 d'azote.

La tyrosine est encore plus pauvre : elle ne dose que
7 p. 100, et se trouve aussi en très faible quantité dans
les végétaux, comme la *xanthine* (36 p. 100 azote) et la
vernine (24 p. 100 azote). Ces deux dernières substances
sont plus fréquentes dans les divers organes des animaux.

Alcaloïdes végétaux. — La bétaïne (12 p. 100 azote)
est un alcali végétal que l'on trouve dans la betterave
à sucre et dans la betterave fourragère ; elle se rapproche des amides par sa composition, et sans doute aussi
pour sa valeur alimentaire. Les autres alcaloïdes ne
jouent aucun rôle dans l'alimentation du bétail, les
fourrages en sont en général dépourvus. Lorsque les
plantes qui en contiennent sont fortuitement ingérées
par les animaux, elles peuvent déterminer des accidents
plus ou moins graves, suivant les quantités consommées
et l'intensité de leurs propriétés nocives.

Nitrates. — Les nitrates sont en assez grande quantité dans les organes de certains végétaux, et
notamment dans les racines de betteraves. On comprend
leur présence, puisque ce sont les aliments azotés de la
plante, mais ils n'ont aucune valeur pour la nutrition
animale. Ils se trouvent réunis aux corps azotés non

albuminoïdes dont ils viennent encore diminuer la valeur. A faible dose ils produisent des effets purgatifs, et peuvent devenir toxiques si leur proportion est plus élevée.

IV. — PRINCIPES HYDROCARBONÉS.

Les substances ternaires contenues dans les végétaux sont très nombreuses. Le nom générique sous lequel nous les désignons indique que, par l'analyse élémentaire, elles se réduisent à trois corps simples : carbone, hydrogène et oxygène. Nous les diviserons en trois classes suivant les méthodes d'analyse adoptées par les chimistes pour en fournir les dosages :

1° Les extractifs non azotés, comprenant surtout l'amidon et les sucres. On soumet le fourrage à un ferment diastasique qui saccharifie l'amidon et l'on dose le sucre total par la liqueur cupro-potassique de Fehling ;

2° Les corps gras, dont on obtient le poids en épuisant l'aliment considéré par l'éther ;

3° La cellulose. Pour avoir son dosage, on fait bouillir pendant cinq heures dans l'acide sulfurique à 2 p. 100 le résidu du lavage à l'éther, puis on lave à l'eau bouillante et l'on remet sur le feu pendant une heure dans de la potasse à 10 p. 100. Ce qui reste est filtré, lavé, desséché et pesé ; c'est la cellulose brute.

Amidon. — L'amidon est une réserve alimentaire que les végétaux accumulent surtout dans les organes qui sont destinés à assurer leur multiplication. On le trouve principalement dans les graines, dans les tubercules et les racines.

La forme et les dimensions des grains d'amidon sont variables avec les plantes, ce qui permet souvent de déceler des fraudes dans la vente des produits alimentaires.

Cependant, au point de vue de la composition chimique, les amidons sont identiques quelle que soit leur origine.

On a différencié dans cette substance deux principes distincts : l'un se dissout lentement dans la salive à une température voisine de 50°, dans l'acide sulfurique étendu, dans une solution de chlorure de calcium contenant 1 p. 100 d'acide chlorhydrique ; elle se colore en bleu par l'iode en présence de l'eau : c'est la *granulose*. L'autre résiste aux divers réactifs que nous venons d'énumérer, conservant l'aspect extérieur du grain d'amidon ; quand elle se colore par l'iode, elle prend une teinte jaune ou jaune rougeâtre. Elle se dissout dans une solution ammoniacale d'oxyde de cuivre : c'est l'*amylose* ; ses propriétés la rapprochent beaucoup de la cellulose.

La proportion entre ces deux substances est variable : l'amidon de blé contient 2 p. 100 d'amylose, tandis que la fécule de pomme de terre en renferme 6 p. 100.

Cette différence de composition permet d'expliquer, en partie, le temps plus ou moins long employé par les sucs digestifs pour saccharifier les divers amidons.

Les aliments riches en cette matière favorisent beaucoup la formation de la graisse ; aussi sont-ils particulièrement destinés aux animaux à l'engrais.

Inuline. — A côté de l'amidon vient se placer une substance dont la composition chimique est identique, mais qui se trouve en solution dans le suc cellulaire : c'est l'*inuline*, également appelée *lévuline* ou *sinistrine*. Parmi les végétaux utilisés pour nourrir les animaux, c'est dans les tubercules du topinambour qu'on trouve surtout l'inuline ; sa présence est exclusive de celle de l'amidon, dont elle a d'ailleurs la valeur nutritive.

Sucres. — Les matières sucrées végétales se divisent en trois grandes familles : les *glucoses*, les *saccharoses* et les *mannites*. Les premiers contiennent deux équivalents d'eau de plus que les seconds, mais ceux-ci, sous l'influence d'acides étendus ou de ferments, peuvent régénérer les glucoses ; on dit dès lors qu'ils sont *intervertis*.

Enfin les mannites renferment un excès d'hydrogène.

Deux glucoses sont surtout répandus dans les végétaux : le glucose proprement dit ou suc de raisin, et le *lévulose*. Tous deux se trouvent principalement dans les fruits acides. Citons encore la *sorbine* dans les baies du sorbier, et l'*inosine* dans les fruits du haricot et les feuilles de choux.

Le saccharose proprement dit est très répandu ; on le trouve dans la betterave, la carotte, les tiges de maïs, les graines de châtaignier, de fèves, etc.

Le *maltose* résulte de l'action d'un ferment diastasique sur l'amidon, en même temps qu'il se forme de la dextrine ; cette réaction est très fréquente dans la cellule végétale.

Les autres saccharoses sont plus rares ; citons pour mémoire : le *synanthrose* (topinambour); le *mélitose*; le *tréhalose* ; le *mélézitose* ; le *mannitose* ; le *lactose*, etc.

La mannite, bien que très répandue, ne se trouve guère dans les plantes fourragères, pas plus que ses congénères la *dulcite*, la *sorbite*, l'*isodulcite*, la *pinite*, la *quercite*.

Gommes. — Les gommes ont dans la végétation une fonction encore mal connue ; par l'ébullition avec les acides étendus, elles se transforment en lévulose ; peut-être peuvent-elles subir dans les cellules animales la même modification sous l'influence d'un ferment spécial.

Pentosanes. — On réunit sous cette dénomination des corps se rapprochant à la fois des sucres et des gommes ; le nom de *pentosanes* ou *pentoses* leur a été donné parce que leur molécule contient cinq atomes de carbone. Leur étude est toute récente : on distingue l'*arabinose*, que l'on trouve dans la pulpe de betterave et les gommes arabique et de cerisier, et la *xylose*, que l'on extrait des bois et des pailles.

Storn et Jones, puis Lindsey et Holland ont étudié la teneur en pentoses de divers fourrages et la digestibilité de celles-ci ; ils ont obtenu les chiffres suivants :

	Matières extractives totales p. 100.	Pentoses p. 100.	Coefficient de digestibilité des pentoses.
Son de blé..............	60,28	11,88	45,6
Foin de fléole...........	50,17	11,50	48,0
Agrostis vulgaire........	53,43	13,27	70,0
Trèfle hybride..........	44,39	8,85	56,8
Maïs fourrage...........	52,45	16,46	76,6
Betterave à sucre..... ⎱ En mélange avec ⎰	77,31	10,32	71,3
Rutabagas.. ⎰ de ⎱	71,29	8,26	57,1
Farine pure. la fléole.	52,60	6,15	59,1

On se demande si la partie digérée des pentosanes est ensuite assimilée par l'organisme animal. Ebstein semble avoir démontré que, pour l'homme du moins, ces substances sont éliminées par les urines ; elles n'auraient donc pas de valeur nutritive.

Pectine. — Les matières pectiques se forment surtout dans les fruits arrivés à maturité ; elles se rapprochent des gommes ; sous l'influence de la *pectase*, elles se transforment en acide pectique, corps d'apparence gélatineuse.

Les recherches du D⟨r⟩ Grouven ont montré que la pectine, extraite des racines de betteraves à sucre, était facilement et entièrement assimilée.

Dextrine. — La dextrine peut être rapprochée à la fois des glycoses et des matières amylacées. C'est une substance intermédiaire formant l'un des termes du dédoublement de l'amidon, l'autre terme étant le maltose. On la trouve dans les organes de la plante où la matière amylacée est en voie de résorption ; c'est sous cette forme qu'elle émigre de cellule en cellule.

On doit avouer que pour tous ces corps : dextrine, gommes, pectine, pentosanes, nous sommes aussi peu renseignés sur leurs fonctions et leurs rapports dans la végétation que sur leur valeur nutritive. Leur proportion étant assez restreinte en général dans la ration, leur étude ne présente pas, au point de vue pratique, un intérêt capital.

Matières grasses brutes. — La méthode de dosage employée pour isoler ces substances, l'épuisement par l'éther, fait entrer dans ce groupement toute une série de principes de natures fort diverses. Mais, les matières grasses étant très dominantes, leur valeur alimentaire étant importante, les autres corps restent confondus et négligés sous cette rubrique; le rôle de ces derniers dans la nutrition est nul pour la plupart : ils ne peuvent donc avoir qu'une influence négative en exagérant le dosage et, par suite, l'appréciation de la valeur alimentaire.

Corps gras. — Les corps gras sont généralement à l'état de gouttelettes dans l'intérieur des cellules; cependant certaines espèces contiennent des graisses solides qui se présentent parfois sous forme de cristaux, mais plus généralement en granules amorphes.

Ce sont des glycérides résultant de la combinaison des acides gras : *oléique, margarique, stéarique*, avec la glycérine. Ils s'assimilent en général à l'organisme animal dans une proportion voisine de 90 p. 100. Nous verrons postérieurement que, à cause de leur richesse en carbone, leur puissance thermogène est plus du double de celle de l'amidon. Il est donc nécessaire de les différencier dans la catégorie des hydrocarbonés. On ne sait pas jusqu'ici dans quelle proportion peut être modifiée la valeur alimentaire du groupe qu'ils forment par la présence des diverses substances entraînées par l'éther, parmi lesquelles se trouvent surtout des cires, des résines, des matières colorantes, des essences volatiles. Il est probable que l'erreur qui en résulte est assez faible pour être négligée, quoique doublée par le facteur thermique.

Cires. — Les cires sont des corps binaires, composés seulement de carbone et d'hydrogène; elles recouvrent les cellules périphériques des tiges et des feuilles et pénètrent dans la cuticule. Elles ont la propriété de rendre imperméables à l'eau les organes qu'elles imprègnent; elles doivent donc nuire à l'action des sucs digestifs, qui ne semblent pas les attaquer directement.

Résines. — Les résines sont également des carbures. On les trouve en quantité très faible dans les végétaux alimentaires.

On avait considéré jusqu'alors les cires et les résines comme complètement inassimilables; cependant il résulte des expériences du D' Grouven qu'elles sont en partie digérées lorsque la ration en contient seulement de faibles quantités.

Chlorophylle. — Les matières colorantes, et la chlorophylle en particulier, ont une valeur alimentaire nulle; les corpuscules chlorophylliens n'interviennent dans la nutrition que par l'albumine et l'amidon qu'ils contiennent.

Essences volatiles. — Les essences sont des carbures d'hydrogène qui, dans certains cas, peuvent agir comme condiments et exciter l'appétit des animaux. Quelques-unes sont oxygénées, comme l'essence de camphre; elles sont moins volatiles. Dans d'autres, au contraire, l'oxygène est remplacé par le soufre (essence d'ail). La plupart se vaporisent en même temps que l'éther qui les a déplacées et leur poids n'intervient pas dans le dosage des matières grasses pour en fausser les résultats.

Si, au point de vue nutritif, on peut leur refuser toute valeur, il est cependant nécessaire de se préoccuper de leur présence dans les aliments, car, si elles sont abondantes, elles communiquent leur parfum aux produits obtenus et notamment au lait et à la viande.

Cellulose. — La cellulose a une composition semblable à celle de l'amidon; c'est la substance qui forme les membranes entourant les cellules; elle est extrèmement répandue dans tous les végétaux dont elle constitue le squelette. Ce qui la différencie principalement des autres matières analogues, c'est sa résistance à l'attaque des ferments et des réactifs chimiques dilués. Aussi comprend-on son peu de valeur au point de vue alimentaire ; comme conséquence immédiate de ce fait, on devra toujours la distinguer des autres substances non azotées, dans les tableaux donnant la composition des aliments en principes nutritifs. Toutefois, cette résistance est fort variable suivant son état d'agrégation, et l'on pourrait la diviser en deux classes. Dans l'une, on ferait rentrer la cellulose qui peut être transformée par le *Bacillus amylobacter* en acides carbonique, butyrique, hydrogène, etc., l'autre classe comprenant celle qui résiste complètement à cet agent. La structure de l'appareil digestif de l'animal consommateur a une grande importance au point de vue de son assimilation. Les herbivores polygastriques, par leur rumination, par le long séjour des aliments dans le tube intestinal, utilisent beaucoup mieux la cellulose que les autres animaux, dont la digestion plus rapide se prête moins aux fermentations complémentaires.

Enfin, lorsque l'activité végétative décroît dans certaines régions de la plante, la cellulose subit une modification : elle se transforme en *cutine*, substance ternaire moins riche en oxygène. On peut encore la dissoudre dans l'acide nitrique ou la potasse.

La *subérine* est une matière analogue, si ce n'est identique, qui finit par se substituer à la cellulose dans les écorces des tiges et des racines.

Mucilage. — La cellulose subit encore dans certains cas une transformation d'une autre nature : elle se gélifie. La substance qui se forme dans ces conditions est amorphe, d'aspect corné à l'état sec ; en s'hydratant elle devient une gelée. Ce phénomène est surtout apparent dans la graine de lin. Bien qu'aucune expérience directe ne nous fournisse de renseignements sur la valeur nutritive de ce corps, il est présumable qu'on doit le comparer aux matières pectiques.

Glucosides. — Les glucosides sont des corps neutres ou faiblement acides que l'on peut rapprocher des saccharoses, parce que, comme eux, ils sont dédoublés sous l'influence d'acides faibles ou de certaines diastases ; mais, au lieu de donner deux glucoses comme les premiers, ils fournissent du glucose ordinaire et un ou plusieurs corps neutres ou acides.

La plus répandue des substances de cette série est le *tannin*. Certains champignons vivent dans ses solutions mêmes concentrées et le dédoublent en glucose et en acide gallique. Sans doute le même processus est suivi dans les cellules tannifères, puisque l'on voit parfois ce corps disparaître peu à peu et être remplacé par le glucose. Cette transformation a-t-elle lieu dans les organes digestifs? On ne saurait préciser. D'ailleurs le tannin est en faible proportion dans les aliments ; à dose médicamenteuse, on lui attribue un effet tonique.

Acides organiques. — Les acides organiques sont très nombreux, mais par leur nomenclature même on peut juger de leur peu d'importance au point de vue spécial qui nous occupe : les plus répandus sont les acides oxalique, citrique, gallique, tartrique, malique, acétique, lactique, etc. Cependant, combinés à certains éléments minéraux, ils peuvent permettre l'assimilation de ceux-ci.

On les trouve surtout dans les parties vertes des plantes et, lorsqu'ils sont abondants, ils peuvent occasionner des diarrhées chez les animaux. Rappelons à ce propos l'effet laxatif des feuilles de betterave.

V. — SELS MINÉRAUX.

Certains sels minéraux jouent un rôle considérable dans l'alimentation du bétail : lorsqu'une ration en est insuffisamment pourvue, de graves désordres peuvent se produire dans l'économie.

Les animaux ont besoin pour constituer leur squelette d'acide phosphorique, de chaux et de magnésie.

3.

La soude est très répandue dans tous les liquides du corps et notamment dans le sérum du sang.

Les globules rouges du sang contiennent de la potasse. Il est remarquable que cet alcali, si abondant dans les tissus végétaux, est beaucoup plus rare dans l'organisme animal, qui en trouve toujours une suffisante quantité dans les aliments; tandis que, pour assurer une bonne nutrition, il est souvent nécessaire d'ajouter de la soude sous forme de sel marin dans la ration.

Le soufre entre dans la combinaison de beaucoup d'albuminoïdes; il est principalement utilisé par les cellules qui engendrent les productions pileuses, les ongles, la corne, la laine.

On trouve le phosphore en notable proportion dans les éléments nerveux : cerveau, moelle, réseau d'innervation.

Le fer, bien qu'en très faible quantité dans le corps des animaux, qui en contient entre 0,013 et 0,042 p. 100 de son poids, est cependant indispensable à leur existence; il entre surtout dans la composition de l'hémoglobine du sang et la pénurie de ce métal est une cause d'anémie.

On a souvent essayé de compléter les rations au point de vue des sels minéraux qui faisaient plus ou moins défaut dans les aliments dont elles se composaient.

Sans qu'on n'ait pu rien préciser d'une façon définitive, on peut admettre que les sels solubles, tels que le chlorure de sodium, peuvent être utilisés directement; mais les corps qui doivent subir des transformations pour entrer dans des combinaisons des tissus ne sont assimilés que s'ils se présentent déjà dans une combinaison organique. Ces faits semblent venir à l'appui de ce grand principe que la cellule animale ne peut utiliser directement les substances minérales, ce rôle étant exclusivement réservé aux cellules végétales. Ainsi longtemps on a échoué dans l'absorption des phosphates. L'acide phosphorique est abondant dans les grains d'aleurone, où il forme des masses mamelonnées appelées *globoïdes*. L'analyse chimique révèle qu'il est sous forme de sel double de chaux et de magnésie, sans doute allié à un acide organique (acide glycérique ou acide saccharique?). On comprend que dans ces conditions il soit assimilable. A l'appui de cette hypothèse, nous citerons l'emploi du fer dans la médecine humaine : les résultats obtenus par son usage en nature ou à l'état de sels minéraux étaient nuls, tandis que le protoxalate est très efficace.

Dans le même ordre d'idées, nous savons que les nitrates, qui constituent l'aliment azoté de la plante, ne peuvent être assimilés par la cellule animale.

IV. — DIGESTION.

I. — DIGESTION BUCCALE.

La première modification que subissent les aliments lorsqu'ils sont consommés par les animaux est la *mastication*. Ils sont d'abord saisis, coupés ou déchirés par les dents antérieures ; puis ils passent dans la partie postérieure de la bouche où ils sont broyés et écrasés par les molaires ; la langue détermine ces divers mouvements et facilite l'*insalivation*.

La sécrétion salivaire résulte de nombreuses glandes réparties dans la bouche ; elle est continue, mais elle devient plus abondante pendant la mastication. Aussi ne doit-on pas exagérer l'état de division des substances alimentaires par des moyens mécaniques : on diminue ainsi leur saveur et l'insalivation.

La salive a deux actions bien distinctes : l'une, mécanique, consiste à humidifier les fourrages secs, à les réduire en une pâte plus ou moins liquide et à faciliter ainsi la déglutition. L'autre est un rôle chimique, dû à la présence d'un ferment spécial, la *ptyaline*, qui a la propriété de saccharifier les matières amylacées. Son action digestive n'est pas très puissante, elle varie d'ailleurs suivant les espèces, et aussi suivant la nature des principes sur lesquels elle agit. Hammarsten a montré que, tandis que l'amidon du maïs était saccharifié en deux ou trois minutes par la salive, celui de la pomme de terre exigeait de deux à quatre heures.

On remarque que chez l'homme la ptyaline n'existe qu'après la première dentition, c'est-à-dire à l'époque précise où elle est appelée à jouer un rôle dans la digestion.

Lorsque les aliments ont été suffisamment préparés par la mastication, leur masse réunie par la langue forme le *bol alimentaire* qui, refoulé dans l'arrière-bouche, est introduit dans l'œsophage, qu'il parcourt grâce aux mouvements péristaltiques de cet organe, et arrive ensuite dans l'estomac.

L'ensemble de ces phénomènes constitue la *déglutition*.

II. — DIGESTION STOMACALE.

Les animaux qui composent le gros bétail de nos fermes présentent de profondes différences dans la structure de leurs organes digestifs; d'après ceux-ci nous devons les diviser en trois classes :

1° Les herbivores polygastriques ou ruminants, comprenant les bovidés et les ovidés;

2° Les herbivores monogastriques, comprenant les équidés;

3° Les omnivores, comprenant les suidés.

Il résulte de ce fait que le choix des aliments les mieux appropriés à l'organisme de chaque espèce a une

du côlon vues à travers le feuillet droit du mésentère ; 6, dernier tour de ce côlon très écarté des autres; 7, ganglions mésentériques. (A. CHAUVEAU, S. ARLOING et F.-X. LESBRE, *Traité d'anatomie comparée des animaux domestiques*, 5ᵉ édit., 1903-1905.)

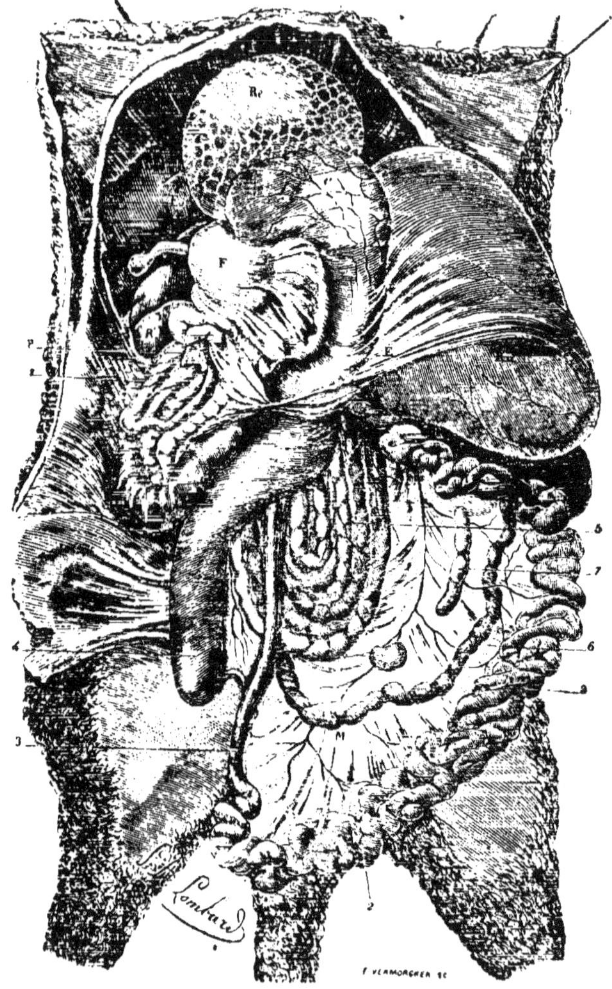

Fig. 1. — Estomac et intestins du mouton (vue d'ensemble,
l'animal couché sur le dos).

Ru, rumen ; Re, réseau ; F, feuillet ; C, caillette ; E, grand
épiploon ; Fo, foie ; R, rein droit ; P, extrémité droite du pancréas ; M, mésentère ; 1, duodénum ; 2, portion flottante de
l'intestin grêle ; 3, portion terminale de l'intestin grêle ; 4, extrémité du cul-de-sac du cæcum ; 5, circonvolutions ellipsoïdes

très grande importance pour assurer leur meilleure utilisation économique. Aussi croyons-nous devoir insister sur l'anatomie et les fonctions de ces divers appareils digestifs.

Appareil digestif polygastrique. — Chez les ruminants, la cavité abdominale contient un volumineux

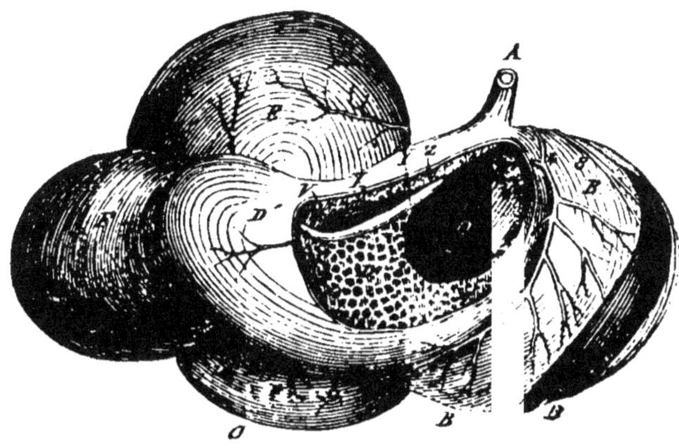

Fig. 2. — Vue extérieure des estomacs du bœuf (une fenêtre a été pratiquée sur la face antérieure du réseau).

A, œsophage; B, sac gauche du rumen; C, sac droit; D, réseau; D', intérieur du réseau; E, feuillet; F, caillette; X, gouttière œsophagienne; Y, sa lèvre postérieure; Z, sa lèvre antérieure; O, orifice qui fait communiquer le rumen avec le réseau; V, orifice qui fait communiquer le réseau avec le feuillet.

estomac divisé en quatre poches distinctes : 1° la *panse* ou *rumen*, de beaucoup la plus grande; 2° le *bonnet* ou *réseau*; 3° le *feuillet*; 4° la *caillette* (fig. 1).

La capacité totale de cet organe varie pour les bovidés entre 200 et 250 litres, et de 10 à 15 litres pour les ovidés.

C'est grâce aux travaux de Flourens (1) et de Colin (2)

(1) FLOURENS, *Mémoires d'anatomie et de physiologie comparées.*
(2) COLIN, *Traité de physiologie comparée des animaux.*

que nous connaissons assez bien les fonctions des diverses parties de ce viscère.

Au moment de la déglutition (fig. 2), les aliments sont dirigés par la gouttière œsophagienne dans le rumen et le réseau, si toutefois ils forment une pâte suffisamment fluide; ils se rendent à la fois dans les quatre estomacs, mais en proportion variable; ce cas se présente quand, après la rumination, les fourrages sont broyés de nouveau, et lorsqu'une partie de la ration est formée de bouillies, de barbotages ou de substances très aqueuses. Les boissons suivent le même trajet, une partie se rendant dans le rumen et surtout dans le réseau qui constitue un véritable réservoir, l'autre traversant le feuillet et la caillette. Cette fonction particulière du réseau a la plus grande importance dans certaines espèces, notamment pour le chameau, qui peut ainsi parcourir de longs trajets sans avoir besoin de se désaltérer.

Les aliments grossiers séjournent un temps plus ou moins long dans le rumen; ils y subissent une macération à douce température qui ramollit les fibres végétales et facilite le développement des fermentations déterminées par les germes introduits avec eux; les contractions de cette poche produisent un brassage lent et continu qui mélange la masse et régularise les réactions.

Longtemps on a ignoré le mécanisme de la rumination; les récentes expériences de Colin semblent bien démontrer que cet acte est dû surtout aux contractions du rumen, celles du diaphragme n'étant pas indispensables.

Le bol alimentaire, revenu dans la bouche, y subit une deuxième mastication d'autant plus complète que les fourrages qui le composent sont plus ramollis; il est de nouveau imprégné de salive, et la bouillie ainsi formée se rend en grande partie dans le feuillet. On voit d'après cet exposé combien cette fonction de la rumination est importante; c'est pour les animaux le critérium d'une bonne digestion et d'un état de santé satisfaisant.

Le feuillet dans lequel arrive la bouillie alimentaire est tapissé intérieurement de nombreux replis de la muqueuse couverts des papilles ; il semble avoir pour fonction d'exprimer la partie liquide, peut-être même d'accroître encore la division des substances qu'il reçoit.

C'est dans la caillette que s'élabore le suc gastrique dont nous allons étudier les réactions. Cette dernière poche correspond à l'estomac des animaux monogastriques, et ce que nous allons dire maintenant des fonctions digestives s'applique indistinctement aux diverses espèces de l'alimentation desquelles nous nous occupons.

Appareil digestif monogastrique. — Chez les solipèdes et les suidés comme chez l'homme, l'estomac ne se compose que d'une seule cavité où les aliments se rendent aussitôt après la déglutition.

L'estomac du cheval a une contenance de 15 à 18 litres ; il peut, pendant la digestion, se dilater d'une dizaine de litres en continuant à fonctionner normalement. Il résulte de cette faible capacité que les aliments ne peuvent y faire un long séjour. Supposons que l'on donne à un cheval 5 kilogrammes de foin à son repas ; il les imprégnera de 20 kilogrammes de salive, la masse occupera un volume d'une trentaine de litres ; il sera donc nécessaire, pour finir son repas, qu'une partie des aliments ait passé dans l'intestin. D'ailleurs le temps employé à la mastication de cette quantité de fourrage est d'environ deux heures.

On conçoit, d'après cette structure de l'appareil digestif, qu'une certaine proportion d'aliments concentrés soit nécessaire dans la ration des solipèdes pour faciliter le travail de la digestion et abréger la longueur des repas.

Le volume de l'estomac du porc peut varier entre 7 et 8 litres (Voy. fig. 3) ; c'est dans cet organe que les aliments subissent les transformations les plus importantes qui permettront ensuite leur assimilation partielle ; aussi leur séjour y est-il prolongé. L'animal remplit son estomac et

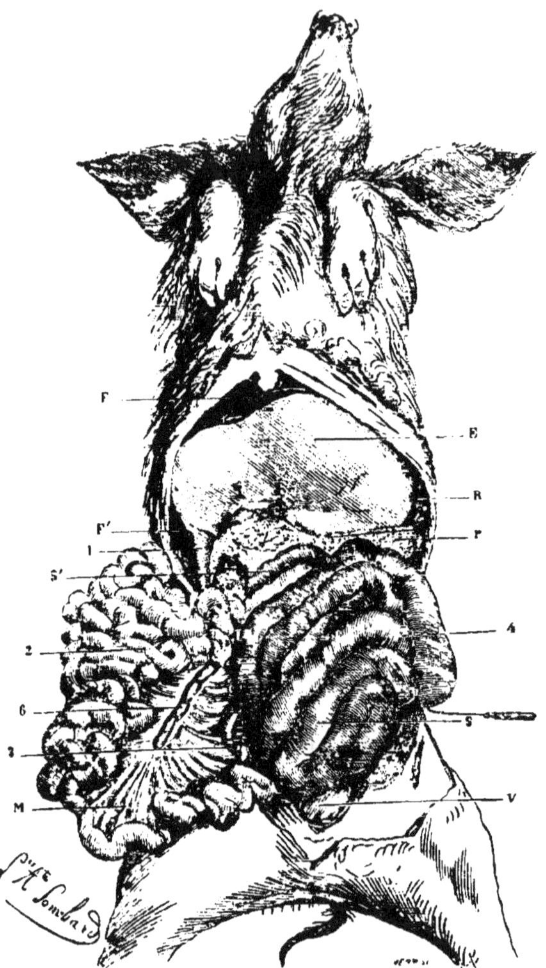

Fig. 3. — Vue générale de l'estomac et de l'intestin du porc,
l'animal étant couché sur le dos.

E, estomac; F, F', foie; P, pancréas; R, rate; M, grand mésentère; V, vessie; 1, duodénum; 2, jéjunum; 3, origine de
l'iléon; 4, cæcum, dont l'extrémité terminale a été érignée;
5, masse principale du côlon; 5', dernière anse colique se
dégageant de la masse principale; 6, ganglion mésenté-
rique (CHAUVEAU et ARLOING).

devra attendre, pour faire un nouveau repas, que la masse alimentaire ait été suffisamment digérée pour pénétrer dans l'intestin. La mastication que les suidés font subir aux aliments se rapproche beaucoup de celle des carnivores; elle est moins complète que celle des herbivores.

Colin, donnant 1 kilogramme de viande crue à un porc, en retrouva 600 grammes dans l'estomac six heures après; un autre reçut 2 kilogrammes d'une bouillie composée par moitié de pain et de viande cuite; au bout de quinze heures on en retrouvait encore 1 300 grammes. On voit par là que les suidés digèrent difficilement les substances azotées, quand elles sont contenues en abondance dans la ration.

D'autre part, les aliments grossiers ne conviennent pas à leur alimentation, à cause de leur mastication incomplète et de la structure de leur tube digestif. Nous verrons au contraire qu'ils se montrent bons utilisateurs des corps hydrocarbonés, et particulièrement des matières amylacées.

Suc gastrique. — Quelle que soit l'espèce considérée, les parois de l'estomac sécrètent en abondance un liquide acide, le *suc gastrique*, au moment où les aliments arrivent dans ce viscère.

Les premières expériences pour démontrer l'action de ce liquide sont dues à Réaumur, qui fit absorber à des corbeaux de petits tubes de verre perforés contenant de la viande; il constata que, bien que celle-ci fût à l'abri des contractions du gésier, elle était dissociée sous l'influence du suc dont elle était imprégnée.

Plus tard, Spallanzani réalisa la digestion artificielle *in vitro*, en s'emparant du suc gastrique au moyen de petites éponges qu'il introduisait dans l'estomac des animaux et qu'il retirait ensuite lorsqu'elles s'étaient remplies de liquide.

On se procure actuellement le suc gastrique directement en pratiquant des fistules stomacales.

Le suc gastrique agit sur les aliments par un ferment spécial, la *pepsine*, dont la fonction est de transformer les matières albuminoïdes en *peptones* qui sont, au point de vue chimique, le résultat d'une hydratation. Chez les jeunes mammifères, on trouve en abondance un autre ferment, le *lab* (Hammarsten), qui a une puissante action sur la caséine : il peut en coaguler 800 000 fois son poids ; c'est le ferment que l'on recueille pour les préparations de présure artificielle. Sa proportion dans le suc gastrique va en diminuant au fur et à mesure que l'alimentation change et que la pepsine augmente en quantité. De ce fait nous pouvons déduire que le sevrage doit être progressif, pour permettre aux sécrétions d'évoluer et de répondre aux exigences de la digestion.

Le suc gastrique a une réaction fortement acide ; elle est due suivant les uns à l'acide chlorhydrique, à l'acide lactique d'après les autres.

Les parois de l'estomac sont protégées contre son action corrosive par une prolifération rapide des cellules épithéliales ou par un enduit muqueux. Il n'est pas rare en tout cas de voir cet organe digéré lui-même après la mort, c'est-à-dire lorsque les causes protectrices ont disparu.

Cette acidité a évidemment une action énergique sur les aliments, achevant les dissociations commencées par la mastication et mettant en liberté les principes alimentaires emprisonnés dans les cellules.

Le suc gastrique est sécrété en abondance par l'animal au moment du repas, sous l'influence probable d'un réflexe, analogue sans doute à celui qui fait abonder la salive à l'aspect seulement d'un aliment convoité, ce qui a donné naissance au dicton populaire « l'eau en vient à la bouche ».

Quelques auteurs (Schiff) prétendent que les premières substances qui arrivent dans l'estomac, dissoutes par un suc eulement acide, fournissent des principes *peptogènes* qui permettent ensuite au suc gastrique de s'enrichir peu à peu en pepsine. Ces peptogènes seraient surtout la dextrine et la gélatine.

Il est maintenant démontré que l'estomac n'est le centre d'aucune absorption. Il suffit de rappeler l'expérience de Claude Bernard, qui fit prendre une forte dose de strychnine à un cheval dont il avait ligaturé le pylore pour supprimer toute communication entre l'estomac et l'intestin. Aucune manifestation d'empoisonnement ne se produisit d'abord, mais la mort survint foudroyante dès que la ligature fut enlevée et que, par conséquent, la strychnine pénétra dans l'intestin.

III. — DIGESTION INTESTINALE.

Bile. — L'estomac refoule par ondées les matières qu'il contient dans le duodénum (première partie de l'intestin grêle). A l'origine de ce viscère se déverse une nouvelle sécrétion de l'économie, la *bile*, produite par le foie et amenée par le canal cholédoque. On est loin d'être fixé sur le rôle que joue ce liquide; son action est d'autant plus hypothétique qu'il est sécrété en abondance surtout à la fin de la digestion, alors que les aliments sont déjà rendus dans l'iléon; comme cette époque correspond à la desquamation de l'épithélium, qu'il possède une action dissolvante des tissus cellulaires, on a émis l'opinion qu'il servait à débarrasser l'intestin des restes de cet épithélium et à favoriser ainsi son renouvellement.

Il résulte toutefois d'expériences directes que, lorsqu'on pratique sur des animaux une fistule biliaire, ceux-ci maigrissent. Voit prétend qu'alors l'assimilation des matières grasses tombe de 99 p. 100 à 40 p. 100 : la bile aurait donc une grande influence sur la digestion de ces substances.

Il a été remarqué aussi que dans ce cas les matières

fécales acquièrent une odeur fétide, ce qui a fait attribuer à cette sécrétion, ou à ses dérivés, une action antiputride. On a observé qu'elle détermine des mouvements péristaltiques de l'intestin qui font progresser les matières alimentaires.

Kühn prétend que les graisses sont dédoublées par le suc pancréatique en glycérine et en acides gras que la bile saponifierait; cette action n'est point démontrée.

C. H. Williams a prouvé, par des expériences *in vitro*, que la présence de la bile favorise l'absorption des corps gras par les capillaires.

Il est certain qu'elle joue un rôle important dont il reste à déterminer le mécanisme; les 7/8 de sa production sont repris par l'organisme dans le trajet intestinal Kühn).

Suc pancréatique. — Les aliments reçoivent en même temps que la bile, pendant la traversée duodénale, le suc *pancréatique*, sécrété par une glande spéciale, le pancréas. Schiff, reprenant la théorie des pancréatogènes de Corvisart, a prétendu que la rate, cet organe voisin et dont les fonctions sont multiples, jouait un rôle dans la sécrétion du suc pancréatique. Lorsqu'on enlève la rate à un animal, la pancréatine cesse d'avoir une action sur les albuminoïdes; les récentes recherches de Panchon tendraient à démontrer en effet que le pancréas sécrète un ferment, la *prototrypsine*, qui, pour se transformer en *trypsine*, agent actif de la digestion, aurait besoin d'un autre ferment produit par la rate et conduit au pancréas par la veine splénique.

On attribuait autrefois à une seule substance, la *pancréatine*, le triple pouvoir observé dans le suc pancréatique d'agir à la fois sur les albuminoïdes, les hydrocarbonés et les graisses. Des découvertes plus récentes (Kühn, Danileski, Hoppe-Seyler) ont montré qu'il y a en réalité trois ferments distincts : la trypsine, dont nous venons de parler, qui peptonifie les matières azotées; *l'amylase* ou *diastase pancréatique*, qui saccharifie les amylacées, et le *ferment saponificateur*, dont l'action est d'émulsionner les graisses, de les dédoubler partiellement en glycérine et acides gras qui, peut-être, seraient saponifiés par la bile.

Suc entérique. — Enfin la muqueuse intestinale elle-même sécrète le *suc entérique* qui provient des glandes de Lieberkühn, sous l'influence d'un réflexe nerveux. Son abondance, subite lorsque l'animal ressent une violente émotion, détermine des évacuations immédiates du tube intestinal. On observe souvent cette action, par exemple, chez le taureau qui sort du tauril, où il est maintenu dans l'obscurité, et qui arrive dans la pleine lumière de l'arène entouré d'une foule bruyante, ondoyante et multicolore. Cet effet de la peur est d'observation très ancienne et a donné lieu à plusieurs expressions populaires.

Longtemps on a ignoré le rôle du suc entérique ou intestinal. A cause de la difficulté de se le procurer à l'état de pureté, son action est loin d'être bien établie à l'heure actuelle.

On avait pensé qu'il saccharifiait les matières amylacées; maintenant on lui refuse cette réaction : on croit seulement qu'il intervertit le sucre de canne.

Il a certainement, en dehors de ses effets chimiques, un rôle mécanique très important à jouer : il dilue la masse alimentaire pour faciliter l'absorption ; enfin il contient de nombreux ferments figurés qui se multiplient dans ce milieu et achèvent sans doute la désorganisation des tissus des aliments ; le *Bacillus amylobacter* notamment doit aider à la digestion d'une partie de la cellulose.

Depuis longtemps on soupçonnait l'importance des fermentations microbiennes pendant la digestion, lorsqu'en 1884 Tappeiner les mit définitivement en lumière. Il ensemença, avec un peu du contenu de la panse, des ballons préalablement stérilisés contenant de la pâte à papier. Des carbures d'hydrogène, des acides acétique, butyrique et propionique se formèrent. Il analysa les gaz qui se dégageaient ainsi et, les comparant à ceux contenus dans la panse et le cæcum des animaux, il leur trouva une composition analogue, ainsi que le montre le tableau suivant :

GAZ.	PROPORTION CENTÉSIMALE DES GAZ PRODUITS.			
	Ferment. de la cellulose *in vitro*.	GAZ DE LA PANSE.		Gaz du cæcum.
		Bœuf.	Chèvre.	
Ac. carbonique.	76,98	75,49	75,24	74,81
Gaz des marais.	23,00	23,27	24,53	25,10

Pour se rendre compte des conséquences de cette digestion microbienne, il est nécessaire d'examiner le développement des intestins dans les diverses espèces domestiques. Chez le bœuf, l'intestin grêle atteint une longueur considérable (40 mètres environ), tandis qu'elle n'est que de moitié pour le cheval (fig. 4). Cette différence est compensée en partie par un diamètre double ; malgré cela les aliments ne mettent guère que quatre jours à le parcourir ; ce temps peut se prolonger jusqu'à sept jours chez les bovidés. On conçoit que, dans ces conditions, les fermentations diverses puissent se développer, et que ce long contact avec les muqueuses intestinales favorise l'absorption des principes rendus assimilables. Les carnivores, et comme eux les suidés, ont une digestion beaucoup plus rapide : l'expulsion se produit en général vingt-quatre heures après l'ingestion.

IV. — ABSORPTION.

Nous avons vu que, jusqu'à leur sortie de l'estomac, les substances alimentaires n'étaient point admises dans la circulation générale des liquides nourriciers. C'est aux

intestins, et particulièrement à l'intestin grêle, qu'est dé-
volue cette fonction d'absorption. Pour accroître les sur-

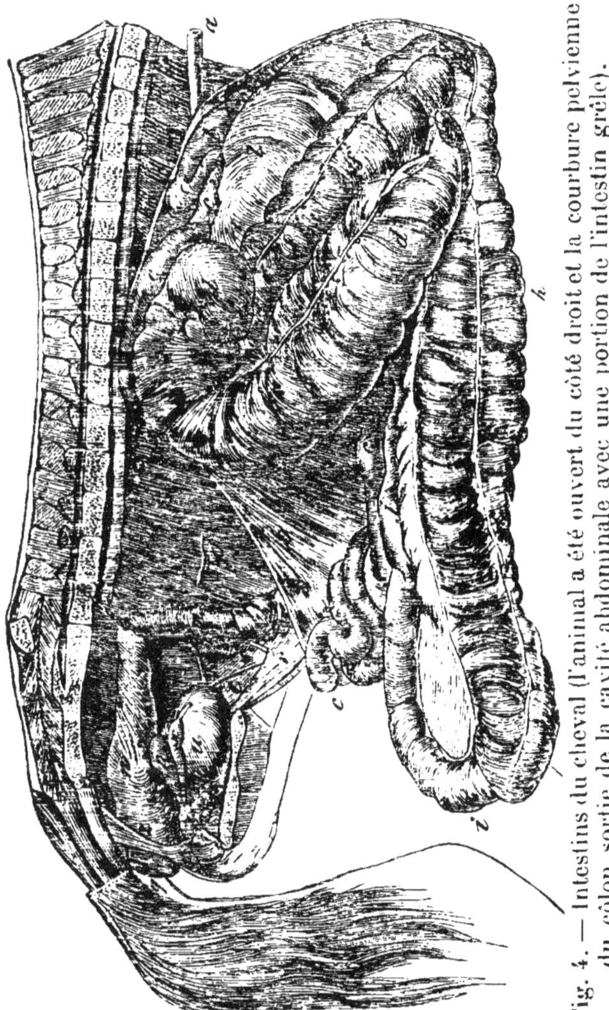

Fig. 4. — Intestins du cheval (l'animal a été ouvert du côté droit et la courbure pelvienne du côlon sortie de la cavité abdominale avec une portion de l'intestin grêle).

a, œsophage; *b*, sac droit de l'estomac; *c*, intestin grêle; *d*, cæcum; *e*, origine du côlon replié; *f*, 1re portion du côlon replié; *g*, courbure sus-sternale: *h*, 2e portion du côlon replié; *i*, courbure pelvienne; *j*, 3e portion du côlon replié; *k*, courbure diaphragmatique; *l*, 4e portion du côlon replié; *m*, terminaison du côlon flottant; *n*, rectum; *o*, grand mésentère; *p*, mésentère côlique; *q*, anus; *r*, entrée de la gaine vaginale: *s*, vaisseau spermatique: *t*, canal déférent; *u*, vessie; *v*, vésicule séminale; *x*, renflement pelvien du canal déférent: *y*, prostate; *z*, anneau suspenseur de la verge (CHAUVEAU et ARLOING.)

faces de contact, la membrane interne de ce viscère forme
de nombreux replis et porte des villosités dont le rôle est
prépondérant. Ces dernières se composent d'une masse de

tissu conjonctif embryonnaire parcouru par des capillaires sanguins ; au centre se trouve un vaisseau chylifère ; un épithélium cylindrique recouvre la villosité. Ces organes deviennent turgescents chaque fois qu'une quantité de matières alimentaires les approche.

Les principes digérés traversent par endosmose les membranes des villosités et pénètrent dans la circulation. Les matières grasses émulsionnées sont principalement entraînées dans les vaisseaux chylifères ; certains histologistes allemands admettent que ces derniers vaisseaux débouchent directement dans l'intestin, afin d'expliquer l'introduction des graisses, mais rien n'est moins démontré. Rappelons que nous avons dit que la bile avait la propriété de rendre les membranes animales perméables aux corps gras émulsionnés. Cette hypothèse semble plus vraisemblable pour comprendre l'admission des substances grasses dans l'économie animale.

Lorsque l'absorption est terminée, que les matières ont poursuivi leur route, l'épithélium intestinal se desquame et est remplacé par de jeunes cellules. Les chylifères, qui ont reçu les graisses émulsionnées, les conduisent au canal thoracique qui les déverse dans la veine cave inférieure après avoir traversé quelques ganglions où sans doute celles-ci se saponifient. Les autres principes alimentaires, albuminoïdes et hydrocarbonés, doivent passer par diffusion dans les capillaires sanguins ; à cause de leur solubilité, il n'est pas aussi facile de suivre le trajet qu'ils parcourent que pour les corps gras, qui communiquent un aspect laiteux aux liquides au sein desquels ils sont émulsionnés.

L'intensité et la rapidité de la diffusion à travers les membranes qui séparent le chyme du sang doit varier avec la tension artérielle et veineuse et surtout avec la richesse de ce liquide en principes similaires. On sait en effet que, par les lois de l'osmose, il y a échange entre deux liquides, jusqu'à ce qu'un équilibre de composition se soit établi. D'après une loi mise en lumière par Béclard, le courant se produit toujours des liquides ayant la chaleur spécifique la plus élevée vers ceux qui en ont une moindre.

Les capillaires venant de l'intestin s'anastomosent, forment les veines mésentériques; celles-ci finalement viennent aboutir dans la veine porte qui conduit le sang au foie. Là l'excès de glycose qu'il contient est déshydraté, mis en réserve et constitue la matière glycogène, appelée *inuline* par Schiff et *zoamyline* par Rouget. Ce dépôt est destiné à régénérer du glycose, lorsque la richesse du sang en cet élément devient insuffisante par suite des dépenses de l'organisme. Cette importante fonction glycogénique du foie a été découverte par Claude Bernard, qui admettait comme cause de ce phénomène l'existence d'un ferment diastasique spécial, quoiqu'il ne soit jamais parvenu à l'isoler. Dastre, au contraire, pense que cette transformation doit être attribuée au rôle des cellules hépatiques.

Le foie n'épuise d'ailleurs jamais complètement ses réserves; si les principes hydrocarbonés font défaut ou sont en quantité insuffisante dans la ration, Claude Bernard a montré que la matière glycogénique se formait aux dépens des albuminoïdes. On est amené à se demander si le foie n'élabore pas aussi le glycose, en utilisant les graisses mises en dépôt dans l'organisme. Aucune expérience précise n'est venue confirmer cette opinion, qui résulterait par déduction de la théorie isoglycosique de Chauveau, que nous étudierons plus loin. En effet, s'il était démontré que les cellules ne peuvent utiliser que le glycose pour produire de l'énergie sous quelque forme que ce soit, la réserve graisseuse qui est consommée pendant les périodes de jeûne ou d'insuffisance alimentaire devrait d'abord être transformée en glycose.

Il sera donc possible de profiter de ces suppléances

Circulation des principes alimentaires assimilés.

ORGANES. SÉCRÉTIONS.	MATIÈRES AZOTÉES. ALBUMINOÏDES.	MATIÈRES HYDROCARBONÉES. SUCRE. AMIDON.	MATIÈRES GRASSES.	OXYGÈNE.
Bouche : Salive.	Aucune action.	Saccharification des matières amylacées par la ptyaline.	Aucune action.	
Estomac : Suc gastrique.	Transformation en peptones par la pepsine.	Sans action.	Émulsion.	
Bile.		Rôle problématique.	Saponification partielle des acides gras libres ; favorise l'absorption des mat. grasses émulsionnées.	
Suc pancréatique.	Transformation en peptone par la trypsine.	Saccharification par l'amylase ou diastase pancréatique.	Émulsion par le ferment saponificateur ; dédouble partiellement les glycérides.	
Suc entérique.	Sans action.	Intervertit le sucre de canne.	Sans action.	
État des principes assimilables dans le chyme.	Peptones.	Glycose.	Émulsion.	

Sont absorbés par les villosités et les replis des intestins.
Passent dans les capillaires veineux.
Se réunissent dans la veine porte.
Arrivent au foie. — Absorption par les villosités. Canaux chylifères. Canal thoracique.

Veine cave inférieure.
Cœur droit.

Poumons.
Cœur gauche.
Grande circulation. — Nutrition.

Résultat final.				
Assimilation......	Accroissement des organes. Réserves des lymphoïdes. Matière glycogène	Matière glycogène. Graisse.	Graisse.	Oxygène a servi à l'oxydation des matières assimilées.
Excrétion........	Urées, urates éliminés par les reins.	Eau, acide carbonique éliminés par la peau et les poumons.	Eau, acide carbonique.	

pour établir des rations économiques, sans toutefois arriver par une exagération à un fonctionnement anormal qui fatiguerait l'organisme et d'où pourrait résulter une mauvaise utilisation des substances alimentaires.

V. — NUTRITION.

Lorsque le sang, chargé des principes nutritifs, quitte le foie par la veine cave inférieure, il reçoit les matières grasses absorbées par les chylifères de l'intestin qui lui sont amenés par le canal thoracique. Il arrive ensuite au cœur droit qui le chasse dans les poumons où il se charge d'oxygène. Il contient dès lors tous les éléments nécessaires à la nourriture des cellules, il retourne au cœur gauche qui le distribue dans toutes les régions du corps.

Les cellules qui constituent l'organisme peuvent être considérées comme des êtres vivant indépendamment, au milieu d'un liquide nourricier se renouvelant sans cesse, et y puisant les matériaux nécessaires pour remplir les fonctions spéciales qui leur sont dévolues dans la vie générale de la colonie.

Le sang devra également les débarrasser des déchets de leur élaboration, des matières résiduaires, qui seront ensuite excrétés. Ces cellules, en présence du sang contenant tant de substances variées, albumine, sucre, graisse, sels minéraux, gaz, devront faire le choix de celles qui conviennent à leurs besoins; la cause de cette propriété nous est complètement inconnue ; c'est le mystère de la fonction vitale. Il y a une véritable puissance qui agit en dehors de toute réaction chimique et de toute loi physique. Citons, par exemple, les globules rouges du sang, qui baignent dans un sérum riche en sels de soude, et cependant ne s'approprient que la potasse. La même cause permet aux cellules de prendre à l'hémoglobine l'oxygène dont elles ont besoin pour leurs combustions, bien que ce gaz soit retenu à l'état de combinaison chimique stable.

On n'est même pas fixé sur le siège de ces oxydations ; les travaux de Ludwig tendent à démontrer que l'acide carbonique se produit dans les vaisseaux, au niveau des éléments anatomiques agissant par influence. De ceux de Pflüger, au contraire, il résulterait que ces actions se passeraient dans l'intimité même des cellules.

Lorsque les principes nutritifs ne sont pas immédiatement utilisés, lorsqu'ils se trouvent en excès dans le sang, ils sont mis en réserve dans l'organisme pour subvenir à ses besoins dans les périodes d'insuffisance.

Nous avons vu que c'est dans le foie, sous forme de matière glycogène, que s'accumule le sucre.

Les matières grasses s'emmagasinent dans les cellules du tissu adipeux. Ces réserves sont réparties un peu dans tout le corps ; cependant il y a des régions de prédilection où les dépôts se forment d'abord. La connaissance de ces lieux d'élection, que l'on appelle *maniements*, de leur développement et de l'ordre dans lequel ils apparaissent permet de juger de l'état d'engraissement d'un animal.

Les graisses ne possèdent pas, suivant les diverses parties du corps d'où elles proviennent, les mêmes propriétés organoleptiques ; leur point de fusion, notamment, est très variable. Il faut donc admettre, ou bien que la cellule leur fait subir une assimilation qui les modifie, ou bien qu'elle fait un choix parmi celles qui lui sont amenées.

Ce ne sont pas seulement les corps gras contenus dans la ration qui constituent ces dépôts ; l'organisme peut lui-même en élaborer. Longtemps on a refusé à la cellule animale cette propriété de transformer les matières organiques, mais les expériences de Hubert, de Milne-Edwards et de Dumas, en France, celles de Plenta et d'Erlenmeyer, à Munich, ont montré que les abeilles nourries avec du sucre sécrétaient de la cire, hydrocarbone analogue

4.

aux corps gras ; Kellner a constaté que le ver à soie pouvait aussi produire de la graisse. On sait d'ailleurs, par une pratique courante, que les féculents sont les meilleurs aliments pour une ration d'engraissement. On ignore, d'ailleurs, complètement le siège de ces transformations.

Si l'alimentation vient à être insuffisante, l'organisme brûle ses réserves, les dépôts graisseux disparaissent d'abord en même temps qu'une petite partie de la matière azotée est consommée. Lorsque les provisions sont épuisées, c'est la substance des muscles seule qui subvient à tous les besoins ; l'émaciation, dès lors, est rapide et l'animal ne tarde pas à mourir d'inanition.

Les matières nécessaires à la production d'énergie ne sont pas les seules que l'organisme mette en réserve. On a remarqué depuis longtemps que l'acide carbonique exhalé ne correspondait pas toujours à l'oxygène absorbé. Regnault et Reiset, observant des animaux en hibernation, avaient constaté pendant cette période un accroissement de poids provenant d'une accumulation d'oxygène. M. Chauveau explique l'utilisation de cet oxygène par l'oxydation des graisses et leur transformation en glycogène.

Le tableau suivant, provenant d'expériences faites sur l'homme par M. Gautier, montre bien l'inégalité de ces échanges :

	Sur 100 parties. CO_2 exhalé dans les 24 heures.		Sur 100 parties. O absorbé dans les 24 heures.	
	Jour.	Nuit.	Jour.	Nuit.
Repos...........	58	42	33	67
Travail..........	69	31	31	69

On en conclut qu'en période de travail il y a excès de dépense d'oxygène, et que pendant le repos l'organisme récupère ses pertes par une consommation supérieure à ses besoins (expériences de Voit et de Henneberg).

Picard prétend que la rate sert de réserve pour le fer et peut-être pour le potassium.

Dastre a montré qu'il se développe dans les enveloppes de l'œuf des ruminants des dépôts de calcaire qui sont ensuite utilisés à la formation de la charpente du fœtus.

L'écrevisse forme dans son estomac des masses de phosphate et de carbonate de chaux qui lui servent après la mue à élaborer sa nouvelle carapace.

D'après ce que nous venons de voir, la nutrition n'est pas directe : non seulement l'organisme fait des réserves, mais encore il opère des transformations de principes alimentaires, suppléant aux uns par les autres dans une certaine mesure. Ce sont des questions sur lesquelles nous aurons à revenir longuement dans les chapitres où nous étudierons les mutations matérielles et les mutations dynamiques.

VI. — TISSUS DE L'ORGANISME ANIMAL.

Nous devons maintenant faire connaître sommairement la nature de ces tissus organiques que, par la nutrition, les aliments sont destinés à entretenir et accroître. Laissant de côté la structure histologique, nous étudierons surtout leur analyse chimique pour nous permettre de comparer leur composition à celle des matériaux introduits dans l'organisme par l'alimentation. Nous pourrons ainsi, dans certains cas au moins, favoriser telle ou telle fonction en lui fournissant en abondance les aliments qu'elle exige. Cette étude nous permettra aussi, après avoir calculé la quantité de chacun des éléments assimilés, de nous rendre compte approximativement de la nature des tissus qui ont profité d'un accroissement de poids.

Eau. — Comme pour les végétaux, la proportion d'eau qui entre dans la composition des tissus animaux est souvent très élevée ; elle est variable suivant l'âge et le degré d'engraissement du sujet ; elle peut atteindre 85 p. 100 à la naissance, mais elle diminue rapidement jusqu'à 60 p. 100 et, lorsque l'animal est âgé ou gras, elle s'abaisse de 40 à 50 p. 100.

Les différents tissus animaux peuvent être, à l'abatage, réunis en trois groupes, dont les proportions sont sensiblement les suivantes :

	P. 100 du poids vif.
Os	9
Graisse	24
Autres tissus	67

Bien entendu, des écarts très sensibles peuvent se produire et nous ne donnons ces chiffres qu'à titre d'indication.

Tissu osseux. — Le tissu osseux qui forme le squelette des vertébrés renferme une matière azotée, l'*osséine*, qui se transforme facilement en gélatine et dont l'os est plus ou moins riche suivant sa nature et la région d'où il provient.

La composition moyenne des os est la suivante :

	P. 100.
Matière organique (osséine et graisse)	33
Phosphate de chaux	51
— de magnésie	1
Carbonate de chaux	11
Fluorure de calcium	2
Soude et chlorure de sodium	1

Notons en passant que les os fossiles des grands vertébrés des âges géologiques contenaient une proportion de fluorure de calcium notablement plus élevée, sans doute due à l'alimentation.

On trouve, dans certaines régions du squelette, des tissus d'autre nature : ce sont d'abord les parties cartilagineuses, dont quelques-unes, chez les jeunes animaux surtout, peuvent être en voie d'ossification ; puis les articulations des gaines synoviales et tendineuses ; enfin les tendons qui viennent s'insérer sur les os et se fixent aux muscles par leur autre extrémité. Ces différents organes, ainsi que les aponévroses et la peau, ont une composition élémentaire à peu près identique. Toutefois, la proportion d'azote n'est que de 15 p. 100 dans les cartilages, tandis qu'elle s'élève jusqu'à 18 p. 100 dans les tendons et la peau.

Tissu conjonctif. — Le tissu conjonctif est répandu dans toutes les régions du corps ; il sert à protéger les organes, à les unir ; il est composé de cellules lâches ; c'est lui qui forme le tissu adipeux dans lequel se déposent les graisses.

Tissu musculaire. — La masse musculaire est la partie la plus importante du corps, puisqu'elle peut atteindre, d'après Welker, jusqu'à 46 p. 100 du poids total. Elle est formée de faisceaux de fibres constitués par des cellules. Voici quelle serait sa composition d'après Armand Gautier :

		P. 100.
Matières albuminoïdes.	Myosine, 8 à 11. Myostroïne, 4 à 5. Osséine et peptone, 2 à 3. Myoalbumine, 1,5 à 2,5.	18,5
Matières extractives		2 à 3
Sels solubles		0,5 à 0,8
— insolubles		0,3 à 0,5
Eau		74,5 à 78

Les matières azotées, parmi lesquelles domine la myosine, sont aussi souvent désignées sous le nom de *fibrine musculaire* ; elles contiennent près de 17 p. 100 d'azote.

Tissu nerveux. — Le système nerveux, qui joue un rôle prépondérant dans les actes vitaux, est remarquable aussi par le peu de développement de sa masse.

Les organes les plus importants qui en dépendent sont le cerveau et la moelle ; mais le réseau qui rayonne dans le corps, apportant partout la sensibilité et le mouvement, est formé de fils tellement ténus que leur poids est négligeable.

La matière cérébrale a une composition encore mal définie ; elle renferme 8 à 10 p. 100 de son poids de substances albuminoïdes voisines de la myosine et de la caséine ; on a isolé en outre : la *neurokératine* contenant une proportion élevée de soufre ; la *nucléine* ; la *cérébrine* ; la *lécithine*, corps phosphoré ; la *cholestérine* ; l'*inosite*, quelques corps gras et des produits de désassimilation : urée, acide urique, xanthine, etc.

Tissu épithélial. — Le tissu épithélial recouvre tous les organes d'une mince couche de cellules ; mais, malgré sa grande surface, il présente peu d'intérêt proportionnellement à la masse du corps.

Sang. — Enfin le sang renferme trois substances albuminoïdes : la *globuline*, la *sérine* et l'*hémoglobine* ; cette dernière contient une certaine quantité de fer. Sa proportion dans le corps des animaux est très variable suivant l'espèce, l'âge, l'alimentation : elle peut osciller de 1/10 à 1/36 du poids total.

COMPOSITION CHIMIQUE DES TISSUS.

Si nous récapitulons la composition de toutes les matières azotées contenues dans l'organisme, on constate que la proportion d'azote varie entre 15 et 18 p. 100, ainsi que le montre le tableau ci-après. Cette remarque avait amené Boussingault à choisir d'abord comme chiffre moyen 15, qui correspond au coefficient 6,666 ; plus tard il adopta 6,25. Lawes et Gilbert emploient dans leurs calculs le facteur 6,3, qui donne 15,873 p. 100. Ce dernier chiffre s'écarte peu de celui de 16 p. 100 qui est généralement adopté.

	C	H	Az	O	S	Fe
Osséine. (Bœuf..	49,2	7,8	17,9	»	»	»
Osséine. (Vache.	49,9	7,3	17,2	»	»	»
Myosine.........	52,5	7,0	16,7	22,3	1,5	»
Gélatine........	50,0	6,7	18,3	»	»	»
Caséine.........	53,4	7,1	15,3	21,9	1,1	»
Hémoglobine ...	53,8	7,3	16,1	21,8	0,4	0,4
Corne	51,0	6,8	17,0	21,0	»	»
Cheveux........	50,6	6,3	17,1	20,8	5	»

Pour montrer l'exactitude du coefficient 6,3 adopté par Lawes et Gilbert, et par conséquent de celui de 6,25 qui n'en diffère que de 5 centièmes et qui est plus usité, nous allons reproduire dans le tableau ci-après les résultats de nombreux dosages d'azote faits par les expérimentateurs que nous venons de citer.

Les chiffres de la première colonne (*a*) ont été obtenus en analysant successivement toutes les parties du corps et en faisant la moyenne du dosage de l'azote pour chacun des animaux.

Dans la deuxième colonne (*b*) on a prélevé sur chaque partie du corps une quantité proportionnelle à son poids ; on a fait un mélange intime de ces échantillons dans lequel on a recherché directement la teneur en azote.

Pour la troisième colonne (*c*) on a fait le total de la substance sèche contenue dans le corps de l'animal, on en a déduit la graisse et les matières minérales et l'on a divisé par le facteur 6,3.

Teneur centésimale en azote du poids total des animaux.

	a	b	c
Veau gras................	2,456	2,471	2,421
Bœuf demi-gras	2,708	2,781	2,635
Bœuf gras...............	2,318	2,333	2,304
Agneau gras.............	1,967	1,974	1,949
Mouton maigre	2,373	2,380	2,353
Vieux mouton demi-gras..	2,260	2,267 / 2,282	2,226
Mouton gras.............	1,960	1,947 / 2,035	1,941
Mouton extra-gras.......	1,760	1,814 / 1,747	1,736
Porc maigre.............	2,220	2,196	2,118
Porc gras...............	1,757	1,773	1,725

Il est remarquable de constater la concordance des résultats ; c'est à la fois une preuve du soin apporté dans la formation des échantillons, de la précision des analyses et de la valeur des méthodes employées. Donc les deux moyennes obtenues, soit par le calcul, soit par l'expérience, donnent des chiffres très voisins et toujours un peu supérieurs à ceux qui résultent directement de l'application du coefficient 6,3.

Cette similitude de composition élémentaire, nous la retrouvons également parmi les matières grasses des différentes régions de l'organisme ; les glycérides qui les composent varient proportionnellement entre elles, changeant ainsi les propriétés organoleptiques des graisses ; mais, comme leur dosage en carbone oscille entre 76,41 et 77,1, ainsi que le montre le tableau ci-dessous, on a adopté comme moyenne 76,5, qui correspond au coefficient 1,3.

Composition élémentaire des principes gras.

	C.	H.	O.
Trioléine	77,1	11,80	10,90
Trimargarine.........	76,41	12,26	11,33
Tristéarine...........	76,90	12,50	10,70

Proportion des glycérides dans différents corps gras.

	Oléine.	Stéarine.	Margarine.
Huile d'olive...........	72	28	»
Beurre.................	60	»	35
Flambart..............	60	30	10
Graisse de cheval.....	68	29	»
— de chien	52	30	8
Suif de bœuf..........	30	70	
— de mouton...... .	20	80	
Graisse de porc.......	62	38	

Le corps des animaux se compose donc d'un nombre considérable de substances organiques qui peuvent se réunir en deux groupes dans chacun desquels il y a une grande analogie de composition élémentaire.

Composition moyenne.

	C.	H.	O.	Az.	S.
Matières azotées...	53,6	7,0	21,0	16,0	1,4
Matières grasses...	76,5	11,9	11,6	»	»

Ce sont ces chiffres qui nous serviront ultérieurement dans les calculs.

VII. — DIGESTIBILITÉ.

Nous venons d'étudier la nature des principes nutritifs contenus dans les aliments destinés au bétail, l'appareil digestif et les phénomènes de transformation qui s'y produisent. En un mot nous connaissons, de l'industrie animale qui nous occupe, la matière première et le fonctionnement de la machine : il nous reste à examiner un autre facteur très important, le *rendement*, c'est-à-dire le rapport entre la substance brute et la production utile.

Tous les principes alimentaires qui sont introduits dans l'organisme ne sont pas employés par celui-ci, autrement dit ne sont pas *digestibles*. Les uns échappent parce qu'ils se trouvent protégés par des membranes qui ont pu résister aux agents mécaniques et chimiques de la digestion, d'autres parce qu'ils se sont trouvés dilués au milieu d'une masse trop considérable de substances inertes; dans certains cas c'est la machine animale elle-même qui a un fonctionnement défectueux : la cause peut en être chronique ou passagère, générale ou individuelle.

La digestibilité d'un aliment est la propriété qu'il possède d'être utilisé en plus ou moins grande proportion par l'organisme. Pour préciser davantage cette idée, nous lui donnerons une forme mathématique : nous appellerons *coefficient de digestibilité* le rapport centésimal du poids assimilé au poids total de la substance consommée :

$$\frac{\text{Matière digérée}}{\text{Matière ingérée}} = \frac{x}{100}, \qquad x = \frac{100 \text{ matière digérée}}{\text{matière ingérée}}.$$

Pour déterminer ce coefficient il suffira de calculer, d'après l'analyse préalable des aliments, le poids de principes nutritifs consommés; puis de recueillir à la sortie du tube digestif les substances inutilisées et de doser la quantité de principes qu'elles contiennent encore; on obtiendra par différence la matière digérée.

Connaissant un certain nombre de ces chiffres, il sera utile de savoir jusqu'à quel point on peut en généraliser l'application. Pour cela nous devrons étudier les facteurs qui peuvent faire varier la digestibilité, d'abord ceux résultant de la nature des aliments, puis ceux provenant, chez l'animal, des influences de l'espèce, de la race, de l'âge et de l'individu.

Lorsque l'on entreprend des expériences sur l'utilisation des fourrages, il faut tout d'abord préparer le sujet par un régime préalable au moins pendant sept jours. Nous avons vu en effet que, chez les bovidés notamment, c'était à peu près le temps nécessaire aux matières ingérées pour parcourir les divers organes et être expulsées. On peut d'ailleurs se rendre compte pratiquement que le temps nécessaire a été observé en mélangeant une matière colorante à la ration donnée le premier jour de la période préparatoire ; dès que les fèces seront colorées, on pourra commencer l'expérience.

Les matières qui sont expulsées de l'appareil digestif ne se composent pas seulement des parties non digérées des aliments ; dans le trajet sont venus s'y joindre des déchets d'épithéliums et de la bile. Ces substances, contenant de l'azote, pourront apporter une perturbation dans les résultats obtenus par l'analyse ; il était important de déterminer les limites de l'augmentation qui pouvait en être la conséquence. C'est ce que recherchèrent C. Schulze et Maërcker à Wende ; il résulta de leurs études que l'azote provenant de l'organisme ne dépassait pas 4 p. 100 de l'azote dosé dans les fèces et 2 p. 100 de l'azote contenu dans les fourrages consommés ; pour le porc, dont l'alimentation laisse peu de déchets, cette proportion peut s'élever jusqu'à 6 p. 100. Quoi qu'il en soit, on peut considérer cette erreur comme négligeable en ce qui concerne l'assimilation de l'azote.

Les mêmes causes peuvent aussi faire varier les résultats des expériences destinées à établir la digestibilité des corps gras ; c'est ainsi qu'à Hohenheim, en analysant les déjections de porcs exclusivement nourris de pommes de terre, on trouva dans les excréments une quantité de graisse supérieure à celle ingérée ; elle provenait évidemment d'une élimination de l'organisme.

I. — DIGESTIBILITÉ DES ALBUMINOÏDES.

Les matières protéiques sont enfermées dans les cellules des plantes, environnées par conséquent plus ou moins complètement de membranes et de tissus formés de cellulose. On comprend que, dans une large mesure, la digestibilité de ces substances dépende de la facilité plus ou moins grande avec laquelle les sucs digestifs peuvent entrer en contact avec elles. Par conséquent, plus la digestibilité de la cellulose est élevée, et plus celle des albuminoïdes est augmentée.

Voilà pourquoi un jeune fourrage a toujours une valeur nutritive plus considérable que le même plus âgé, dans lequel le tissu ligneux est plus développé. Ce raisonnement intuitif est confirmé par de nombreuses expériences, parmi lesquelles nous citerons la suivante, faite par Gustave Kühn sur deux bœufs nourris avec du foin de trèfle (tableau p. 77).

Il résulte aussi de cette observation que toutes les conditions qui détermineront une croissance rapide seront favorables à la digestibilité du fourrage ; et parmi celles-ci la nature du terrain, l'emploi d'engrais, le degré d'humidité, l'intensité de la chaleur sont les principales. On en a déduit, dans la pratique, que le coefficient de digestibilité de la protéine dans une même espèce de fourrage était inversement proportionnel à la quantité de cellulose. On peut énoncer également que ce coefficient est d'autant plus élevé que l'aliment est riche en protéine brute.

Pour augmenter l'effet utile d'un aliment, on peut être amené à lui faire subir des préparations qui, déchirant les tissus, facilitent à la fois le travail de la mastication et l'imprégnation par les sucs digestifs ; ces procédés feront l'objet d'un chapitre spécial.

La durée et le mode de conservation ont une influence sur la digestibilité de la protéine ; voici, par exemple, des chiffres recueillis à Hohenheim en analysant à deux époques différentes un foin de prairie récolté à la mi-novembre :

Époque de l'expérience.	Protéine p. 100.	Coefficient de digestibilité.
A la récol'e	7,65	54,93
Fin mars	7,12	49,40

RATION JOURNALIÈRE.	ANALYSE DE LA MATIÈRE SÈCHE DU FOIN DE TRÈFLE.					COEFFICIENT DE DIGESTIBILITÉ				
	Mat. azotée brute.	Mat. grasse brute.	Extractifs non azotés bruts.	Cellulose brute.	Matières minérales.	De la matière organique.	De la protéine.	Des graisses.	Des extractifs non azotés.	De la cellulose.
Foin de trèfle très jeune, inflorescences encore vertes, coupé le 20 mai ; 12^{kg},5 par tête....	19,56	2,52	42,52	25,30	10,10	65,2	74,2	58,9	70,8	51,1
	»	»	»	»	»	64,0	70,5	57,0	69,6	50,1
Moyennes des deux bœufs.	»	»	»	»	»	64,6	70,8	57,9	70,3	50,6
Même trèfle, au début de la pleine floraison, coupé le 7 juin ; 12^{kg},500 par tête............	16,31	2,87	44,95	28,11	7,76	61,0	65,2	65,6	68,4	46,4
	»	»	»	»	»	60,9	64,7	63,3	68,3	46,8
Moyennes des deux bœufs..	»	»	»	»	»	60,9	64,9	64,4	68,3	46,6
Même trèfle. Les deux tiers des inflorescences sont desséchées. Époque ordinaire de la récolte, 20 juin ; 12^{kg},500 par tête.....	13,19	2,86	48,37	28,80	6,78	56,8	59,3	61,0	66,0	39,9
	»	»	»	»	»	56,8	58,2	59,2	66,5	39,6
Moyennes des deux bœufs...	»	»	»	»	»	56,8	58,7	60,1	66,2	39,7

Stüzer, de l'Université de Bonn, eut l'idée, pour simplifier la détermination des coefficients de digestibilité de la protéine, de traiter les aliments par la pepsine ou le suc gastrique *in vitro*.

Pfeiffer (de Göttingue) fit des expériences comparatives de digestion artificielle et directe sur le mouton. Les résultats obtenus, que nous reproduisons ci-dessous, sont suffisamment concordants, mais néanmoins on ne saurait abandonner la méthode directe, toujours plus certaine, surtout parce qu'il est impossible de faire agir artificiellement tous les facteurs qui interviennent dans la digestion.

Ce dernier procédé permet en outre de déterminer en même temps les coefficients de digestibilité des autres principes nutritifs.

Comparaison des coefficients de digestibilité de la protéine obtenus par les deux méthodes sur divers aliments.

	1	2	3	4	5
Digestion artificielle	20,57	14,41	13.22	10,83	10,69
— naturelle	21,46	15,40	13,65	11,32	9,93

La proportion dans laquelle se trouvent répartis dans la ration les divers principes nutritifs peut avoir une grande importance au point de vue de la digestibilité de la protéine.

Si l'on augmente, en effet, au delà d'une certaine limite la quantité des hydrocarbonés pour un même poids de matière albuminoïde, on constate qu'une partie de celle-ci est inutilisée. Schulze et Maërcker, ayant ajouté à une ration de 800 grammes de foin donnée à des moutons un complément de 230 grammes d'amidon, constatèrent que le coefficient de digestibilité de la protéine avait rétrogradé de 54 à 32 p. 100.

E. Wolff a obtenu des résultats analogues, qui sont résumés dans le tableau ci-après :

SUBSTANCES sèches des aliments supplémentaires exprimées en p. 100 de la substance sèche des fourrages.	DÉPRESSION DE LA DIGESTIBILITÉ			
	DE LA PROTÉINE DES FOURRAGES.		DES MATIÈRES EXTRACTIVES NON AZOTÉES DES FOURRAGES.	
	Additionnés de pomme de terre.	Additionnés de betterav .	Additionnés de pomme de terre.	Additionnés de betterave.
12 à 18	7,3	4,0	5,3	2,2
22 35	13,9	7,1	6,5	4,7
44 54	27,8	11,9	14,7	6,8
64 95	40,2	22,3	13,9	10,2

De cette expérience on peut déduire que le sucre a une action moins déprimante que l'amidon. Il suffit, dans la pratique, que la proportion d'amidon ne dépasse pas 10 p. 100 du poids de la substance sèche du fourrage pour que ces manifestations puissent être négligées.

Il y a lieu de remarquer cependant que les suidés ont une puissance digestive toute spéciale pour les hydro-carbonés ; on pourra donc sans inconvénient, dans leur rationnement, dépasser la limite que nous venons d'indiquer.

Les amides étant en général très assimilables, il pourra arriver que plus de 50 p. 100 de l'azote digestible proviennent de ces corps ; mais, comme ils ne peuvent dans l'alimentation se substituer aux albuminoïdes, il conviendra de les réduire dans le calcul de la ration dès que leur proportion dépassera 25 p. 100.

II. — DIGESTIBILITÉ DES EXTRACTIFS NON AZOTÉS.

Comme les matières albuminoïdes, les hydrocarbonés sont d'autant mieux assimilés que la cellulose qui les protège est plus facilement attaquée. Mais leur degré de solubilité a aussi une grande influence, car il pourra s'établir une dialyse à travers les membranes qui les isolent. On avait même pensé à évaluer les coefficients de digestibilité en dosant seulement les principes solubles dans l'eau chaude ou froide. Henneberg est arrivé dans ces conditions aux chiffres suivants :

Nature des fourrages.	Teneur en principes solubles dans l'eau.	Matières extractives. non azotées, sauf les graisses digérées.
Paille d'avoine	3,255	3,175
— de froment.........	0,940	1,070
— de fèves...........	5,185	5,345
Foin de trèfle............	11,245	11,300
Foin de pré...............	6,425	6,865

On voit que ces coefficients sont assez concordants pour permettre d'obtenir par cette méthode une précieuse indication dans la pratique.

Stuzer et Isbert essayèrent également d'appliquer à ces substances la digestion artificielle, traitant successivement les aliments à expérimenter par la ptyaline, la pepsine et la pancréatine *in vitro*.

Mais les résultats ainsi obtenus étaient forcément incomplets, car on ne pouvait reproduire les fermentations qui jouent un rôle si considérable dans la digestion de la cellulose.

Les principes qui sont réunis sous cette dénomination d'*extractifs non azotés* sont d'origines très diverses. Pour les uns, comme l'amidon et surtout le sucre, le coefficient de digestibilité est très voisin de 100 ; tandis que les gommes, par exemple, ne sont que partiellement digestibles ; cependant elles sont complètement solubles dans l'eau.

Ces substances, pour être assimilées par l'organisme, doivent au préalable subir une saccharification, et cette transformation n'est pas également rapide ni complète même pour des produits analogues. Hammarsten a montré que l'amidon de maïs pouvait être rendu assimilable par la ptyaline en deux ou trois minutes, tandis que celui de la pomme de terre nécessite un séjour de deux à quatre heures en présence du même ferment.

III. — DIGESTIBILITÉ DE LA CELLULOSE.

Longtemps on a pensé que la cellulose n'avait aucune valeur alimentaire. Les expériences d'Aimé Girard, faites sur lui-même avec du son de blé, donnaient raison à cette opinion. Si l'on peut considérer ce fait comme vrai pour les carnivores et les omnivores, il ne saurait être admis pour les herbivores; c'est ce qui résulte des études de Haubner, de Sussdorf et de Stöckhardt.

La digestibilité dépend de l'ancienneté de la partie ligneuse, qui est plus ou moins imprégnée de matières incrustantes, de lignine, de résines, etc., et aussi de l'état de division du fourrage, ainsi que le montrent les chiffres suivants :

	P. 100.	
Papier en fibres de lin...................	70 à 80	
Foin pas trop vieux, coupé avant la floraison.............................	60	70
Paille mûre et sciure de peuplier........	40	50
Sciure de sapin riche en résine........	30	40

Dans tous les cas la cellulose ne devra pas être estimée comme aliment d'après sa valeur en carbone, car les fermentations qu'elle alimente dégagent des gaz, ainsi que Tappeiner l'a constaté dans les expériences que nous avons relatées à propos de la digestion (p. 58).

Il concluait que la moitié seulement de la partie digérée peut être considérée comme nutritive. Lehmann élevait ce chiffre à 75 p. 100 d'après ses recherches directes. Ellenberger faisait remarquer que rien ne démontrait que toute la matière cellulosique digestible participât à la fermentation forménique.

Enfin Holdefleisz entreprit de vérifier sur le mouton les divers chiffres contradictoires ; il obtint le coefficient de 80 p. 100 ; ayant contrôlé la première expérience par une seconde, il trouva 87,54.

Kühn adopte définitivement pour le calcul des rations 80 p. 100.

Grandeau estime qu'il est toujours plus prudent, quand on calcule la valeur alimentaire d'un fourrage, de ne considérer que la moitié de la cellulose digestible comme pouvant produire un effet utile.

Henneberg et Stohmann avaient déduit de leurs expériences que la partie digestible de la cellulose, ajoutée à la partie digestible des matières extractives non azotées, formait un total équivalent à peu près à la somme des matières extractives non azotées brutes contenues dans les fourrages.

ESPÈCES DES FOURRAGES.	CELLULOSE digérée.	MATIÈRES extractives non azotées digérées, la graisse ajoutée.	TOTAL des matières non azotées digérées.	SOMME des matières extractives non azotées des fourrages.
	kil.	kil.	kil.	kil.
Paille d'avoine....	3,790	3.215	7,005	7,245
— de froment..	1,685	1,085	2,770	2,755
— de fèves....	3,160	5,445	8,605	8,745
Foin de trèfle....	5,140	11,490	16,630	17,265
— de pré... ..	3,695	6,965	10,660	10,460

La concordance de ces chiffres permettait d'espérer la généralisation de ce principe ; cependant Stohmann constata que la quantité des matières non azotées digérées, cellulose comprise, pouvait rester à 73 p. 100 des extractifs bruts ; et Weiske vit au contraire cette proportion monter à 113 p. 100. On entreprit à Hohenheim des expériences sur le trèfle coupé à différentes époques pour vérifier l'influence des modifications de la cellulose sur cette concordance de la digestibilité ; on obtint les résultats suivants :

ÉPOQUE DE LA COUPE.	PROPORTIONS CENTÉSIMALES.		Mêmes chiffres ramenés à une unité commune.	
	Matières non azotées digérées aux extractifs bruts.	Cellulose digérée à cellulose brute.		
	A.	B.	A.	B.
1. Jeune................	111,9	60,0	100	100
2. Avant floraison...	105,5	53,0	94	88
3. Floraison du trèfle.	101,8	49,6	91	82
4. Après la floraison.	88,5	38,8	79	65

On en conclut que la digestibilité de la cellulose diminue plus rapidement et que la proposition énoncée ne se trouve vérifiée que pour la période de floraison de la plante.

IV. — DIGESTIBILITÉ DES GRAISSES.

Comme nous l'avons déjà fait remarquer, l'épuisement des fourrages par l'éther entraîne d'autres substances que les matières grasses, telles les cires, les résines, la chlorophylle ; ces corps étant peu ou pas assimilables, plus leur proportion sera élevée, plus le coefficient de digestibilité de la matière dosée sera diminué. Mais il est une autre condition qui influe beaucoup sur la digestion des corps gras : c'est l'état dans lequel ils se trouvent dans les aliments ; contenus dans les graines des végétaux en fines gouttelettes, très divisés par conséquent, ils sont facilement absorbables, tandis que présentés en masse le travail de la digestion est beaucoup plus pénible.

C'est ce qui explique les résultats négatifs obtenus par

Stohmann en ajoutant directement des graisses dans la ration, tandis que Soxhlet, il y a quelques années, est arrivé à des conclusions opposées, parce qu'il avait eu soin d'émulsionner ces corps au préalable. Nous parlerons plus loin de ces expériences à propos de l'alimentation de la vache laitière.

La proportion des matières grasses dans la ration semble jouer un rôle favorable sur la digestibilité des autres principes, et notamment de la protéine, si toutefois elle ne s'élève pas au point d'avoir une action laxative ; cette observation résulte des expériences de Crusius.

On appelle *rapport adipo-protéique* la fraction ayant comme numérateur la quantité de matière grasse ramenée à l'unité et comme dénominateur la quantité proportionnelle de protéine. On semble réunir les conditions les plus favorables lorsqu'on fait varier ce rapport entre 1/2 et 1/3.

La longueur de conservation des fourrages influe également sur la digestibilité des graisses qu'ils contiennent en la déprimant, ce que montrent les chiffres suivants :

	Coefficient de digestibilité des graisses.	
	Mi-novembre.	Fin mars.
Foin	60,98	51,26
Regain	53,20	48,61

Comme il est à prévoir, l'âge de la plante diminue le coefficient de digestibilité. Gustave Kühn l'a montré sur le trèfle incarnat :

	Coefficient de digestibilité de la graisse (p. 100).
20 mai (à peine inflorescence)	58,0
7 juin (floraison)	64,4
20 juin (deux tiers fleurs fanées)	60,2

Wolff a obtenu des résultats concordants avec les plantes de prairie :

	Coefficient de digestibilité de la graisse.
24 avril (avant floraison)..............	63,4
13 mai (commencement de la floraison).	68,1
10 juin (fin de la floraison).............	61,8

Dans les deux cas, le maximum s'est toujours manifesté au moment de la floraison de la plante.

V. — INFLUENCE DE LA COMPOSITION DE LA RATION SUR LA DIGESTIBILITÉ.

Lorsque ces divers principes alimentaires se trouvent mélangés entre eux et introduits ensemble dans le tube digestif, ne se produit-il pas des influences qui viennent modifier leurs qualités digestives? En règle générale, chaque substance se comporte comme si elle était seule et est assimilée suivant le coefficient de digestibilité qui lui est propre. On a observé également que, quelle que soit la quantité consommée d'un même fourrage, la proportion digérée restait invariable.

Cependant nous avons vu que la digestibilité des matières azotées et de la cellulose était réduite lorsque l'on introduisait dans la matière sèche de la ration plus de 10 p. 100 d'hydrocarbonés ; nous savons au contraire qu'un rapport adipo-protéique voisin de 1/2 favorise la digestibilité des albuminoïdes.

Pour bien mettre ces faits en évidence, nous allons reproduire les résultats d'études faites à la ferme expérimentale de Peterhof et publiés par Von Knieriem. Il s'agit simplement de la substitution du seigle à l'avoine.

Deux moutons reçurent par jour 700 grammes de foin et 300 grammes de grain, d'abord de l'avoine, puis celle-ci fut remplacée par du seigle.

		Principes digérés.			
	Régime.	Protéine p. 100.	Graisse p. 100.	Cellulose p. 100.	Extractifs non azotés p. 100.
Foin et avoine.	Digestibilité du foin seul......	68,83	64,08	44,22	48,43
	Digestibilité de l'avoine seule.	81,61	93,72	71,98	82,35
Foin et seigle.	Digestibilité du foin seul......	44,22	67,75	41,08	58,72
	Digestibilité du seigle seul ...	68,00	30,83	7,00	77,20

On voit que le seigle a diminué d'une façon très sensible la digestibilité de la protéine.

VI. — INFLUENCE DE L'EXERCICE SUR LA DIGESTIBILITÉ.

L'animal soumis à un exercice modéré utilise-t-il mieux les aliments que celui qui est maintenu en stabulation permanente? On conçoit tout d'abord l'importance de cette question pour l'engraissement des bêtes de boucherie. Tout travail musculaire nécessite une dépense de substances nutritives, au détriment de celles qui se déposent dans l'organisme et constituent les accroissements que l'on s'efforce de produire. Il s'agit donc de savoir si l'on doit subir la perte nécessitée par un exercice modéré, pour faciliter l'assimilation de la ration. L'expérience de chaque jour répond péremptoirement à cette question. Ce sont les animaux au repos qui s'engraissent le plus vite et le plus économiquement : les bœufs turbulents dans les herbages en sont une preuve trop fréquente.

On a entrepris à Hohenheim des expériences sur le cheval pour se rendre compte de l'influence du travail sur la digestibilité. Le poids du sujet était de 530 kilogrammes, sa ration journalière 6 kilogrammes d'avoine,

1^{kg},500 de paille de froment hachée et 5 kilogrammes de foin de pré. Il était attelé à un manège qui permettait de mesurer le travail effectué.

	Travail par jour (kilogrammètres).	Proportions digérées de la ration.
1....................	600.000	58,7
2....................	1.200.000	58,6
3....................	1.800.000	58,7
4....................	1.200.000	56,4
5....................	600.000	54,8

La diminution que l'on observe dans les derniers chiffres provient uniquement de la durée plus grande de la conservation du foin.

Un autre cheval recevant 6 kilogrammes de foin de pré, 3^{kg},500 d'orge et 1^{kg},500 de tourteau fut soumis à une expérience analogue.

Travail par jour (kilogrammètres).	Proportion des matières digérées.			
	Protéine.	Graisse.	Cellulose.	Extractifs non azotés.
808.000	72,6	41,6	33,9	70,5
1.547.000	72,4	41,5	34,3	70,5

De ces résultats on peut conclure que le travail ne modifie pas les conditions de digestibilité. Cependant MM. Grandeau et Leclerc ont observé une dépression de 2 ou 3 p. 100, pouvant même s'élever à 4 et 6 lorsque l'allure était rapide. Peut-être certaines conditions anormales sont-elles intervenues. Nous avons personnellement remarqué chez certains chevaux que dès le début un exercice, même modéré, déterminait des évacuations rapides du tube intestinal, qui certainement avaient pour cause une accélération des phénomènes de la digestion, sans doute au détriment de leur perfection. La proximité du repas a également une influence néfaste, et à ce propos le vieux dicton latin prouve que les Anciens l'avaient observée :

Après le repas promène-toi à pas lents.

VII. — INFLUENCE DE L'ESPÈCE, DE LA RACE ET DE L'INDIVIDU SUR LA DIGESTIBILITÉ.

Nous avons vu que les appareils digestifs de nos animaux domestiques présentent des différences anatomiques importantes. Un grand nombre d'expériences comparatives ont été entreprises par différents auteurs, et notamment par Wolff, pour trouver l'influence de la structure de ces organes sur l'assimilation.

On a d'abord reconnu une grande similitude entre les trois espèces, bovine, ovine et caprine, qui sont polygastriques.

On a donné au cheval et au mouton les mêmes aliments et l'on a déterminé les variations extrêmes des coefficients. Nous les reproduisons dans ce tableau pour quelques fourrages :

ALIMENTS.	PROTÉINE.		CELLULOSE.		GRAISSE.		EXTRACTIFS non azotés.	
	Cheval.	Mouton.	Cheval.	Mouton.	Cheval.	Mouton.	Cheval.	Mouton.
Herbe verte..	54-69	53-73	33-57	51-80	10-42	43-65	49-67	56-76
Foin.........	55-60	55-61	33-42	51-60	19-31	45-56	49-67	56-68
Avoine.......	82-89	67-87	1-38	21-44	63-78	75-89	72-76	72-79
Paille de froment........	19,4	»	26,7	59,0	»	44,2	17,7	37,4

On peut en conclure que la protéine est presque également digérée par tous les herbivores, tandis que les équidés utilisent de 7 à 11 p. 100 de moins de substances hydrocarbonées ; cette proportion atteint même 20 et 25 p. 100 en ce qui concerne les graisses et dépasse ce chiffre pour la cellulose.

On observe également des écarts notables en expérimentant sur l'espèce porcine, ainsi que le prouvent les résultats suivants :

ALIMENTS.	PROTÉINE.		CELLULOSE.		GRAISSE.		EXTRACTIFS non azotés.	
	Porc.	Herbivores.	Porc.	Herbivores.	Porc.	Herbivores.	Porc.	Herbivores.
Orge..........	75-80	77	0-27	»	65-77	100	89-91	87,0
Tourteau de coco........	73,5	75,7	60,4	61,5	83,2	100	89,3	81.1
Farine de sang.	71,6	62,0	»	»	»	100	91,6	100
Pom. de terre.	72,5	65,1	55,1	»	»	»	98,0	92,8

La digestibilité de la protéine chez les porcs diffère donc à peine de celle des herbivores, sauf en ce qui concerne la farine de viande, ce qui s'explique par ce fait que cet aliment sort du régime habituel de ces derniers ; on remarquera en outre que les suidés ont une faculté digestive tout particulièrement développée pour les hydrocarbonés ; ils utilisent très mal les fourrages grossiers.

Toutes les expériences qui ont été tentées pour étudier la différence entre les coefficients de digestibilité de diverses races ont démontré le peu d'importance des écarts, ce qui ne veut pas dire que l'effet nutritif soit le même. Celui-ci dépend de l'appétit des animaux, de leur appareil respiratoire, de leur tempérament et de quelques autres causes. L'âge et l'état de développement, l'époque du sevrage jouent un rôle peu important et sont dominés par les influences individuelles qui font varier le coefficient de 2 à 4 p. 100, rarement plus.

Ce qui influe surtout, c'est l'alimentation parcimonieuse du jeune âge, qui a pour conséquence un organisme insuffisant et dont le contre-coup se fait ressentir pendant toute l'existence du sujet. La capacité digestive notamment est diminuée ainsi d'une façon très sensible.

VIII. — RELATION NUTRITIVE.

La relation nutritive est le rapport qui existe dans une ration entre les matières azotées et les matières non azotées. On attribuait autrefois une importance capitale à cette proportion entre les aliments plastiques et les aliments respiratoires, puisque l'on ne savait pas dans quelles limites étendues ces deux natures de substances pouvaient se substituer l'une à l'autre. On prenait comme point de départ la composition d'un bon foin, puisque ce fourrage a été à l'origine l'aliment presque unique de nos herbivores. On était assuré ainsi de satisfaire aux besoins de l'organisme en substances nutritives, au double point de vue de la qualité et de la quantité. La relation nutritive se trouve liée à la première de ces conditions, puisqu'il faut que, le tube digestif étant rempli, il contienne la proportion d'éléments nutritifs nécessaires pour équilibrer la dépense, jusqu'au moment où il pourra recevoir de nouveaux fourrages. La réglementation des repas, leur importance, leur composition et leur nombre, c'est-à-dire la quantité, sont des questions qui seront résolues en étudiant le rationnement.

Au début, les méthodes d'analyse ne permettant pas de différencier les divers principes contenus dans les végétaux, on prenait comme numérateur de la fraction le poids d'azote multiplié par le coefficient 6,25. On portait au dénominateur les autres substances solubles dans les réactifs faibles, et les matières grasses ; on négligeait la cellulose, que l'on considérait alors comme inutilisable par l'organisme :

$$RN = \frac{\text{Matière azotée brute}}{\text{Matières non azotées solubles} + \text{matières grasses brutes}}.$$

Plus tard on ajouta la cellulose, quand il fut reconnu qu'une partie au moins était assimilée :

$$RN = \frac{\text{Matière azotée brute}}{\text{M. non azotées sol.} + \text{mat. grasses brutes} + \text{cellul. brute}} \cdot$$

La chimie ayant fait des progrès et les expériences sur l'alimentation ayant montré qu'à côté de la substance brute il y avait la partie digestible qui seule importait, la relation fut modifiée en ne considérant que ces dernières données :

$$RN = \frac{\text{Matière azotée digestible}}{\text{Extractifs azotés dig.} + \text{mat. grasse dig.} + \text{cellulose dig.}} \cdot$$

On constata ensuite que la combustion des corps gras donnait 2,4 fois plus de chaleur que celle des autres principes non azotés ; ils devaient donc abandonner dans le corps une proportion d'énergie 2,4 fois plus considérable, ce qui élevait d'autant leur valeur nutritive. D'autre part, l'analogie de composition des extractifs non azotés et de la cellulose détermina leur réunion sous la même rubrique de *corps hydrocarbonés*. On obtint ainsi la formule de la relation nutritive la plus répandue actuellement, celle que nous adopterons toujours dans la suite :

$$RN = \frac{\text{Matière azotée digestible}}{2,4 \times \text{mat. grasses digest.} + \text{mat. hydrocarbonées dig.}} \cdot$$

Il est nécessaire néanmoins de se rappeler ces différentes transformations, pour pouvoir comprendre les ouvrages anciens, et aussi pour suivre les développements de certains auteurs qui ont conservé l'une de ces notations, n'ayant pas voulu reconnaitre les progrès réalisés.

Lorsque la relation nutritive est égale ou inférieure à 1/5, on dit qu'elle est *étroite* ; plus le dénominateur diminue, plus elle se *resserre* ; au contraire, lorsque ce terme augmente il détermine par opposition un *élargis-sement* du rapport.

On trouvera calculée, dans les tables placées à la fin du présent ouvrage, la relation nutritive pour tous les aliments, d'après la dernière méthode indiquée. Nous reproduisons, d'ailleurs, les diverses opérations pour un foin de prairie, et comparativement celles que l'on devrait exécuter pour se conformer à l'opinion des zootechniciens, qui conseillent de retrancher les amides des matières azotées, pour les ajouter aux substances hydrocarbonées, et de ne compter que la moitié de la cellulose digestive.

Foin de bonnes graminées mûr.

Première méthode.

$$RN = \frac{MA}{2,4\,MG + MH}.$$

MG = 1 × 2,4 = ...	2,4
MH = ...	42,5
Diviser	44,9
Par MA = ...	6
RN = ...	$\frac{1}{7,48}$

Deuxième méthode.

$$RN = \frac{MA - \text{amides}}{2,4\,MG + \text{extr. n.az.} + \text{amides} + 0,5\ \text{cellulose dig.}}.$$

MG = 1 × 2,4 = ...	2,4
MH = 42,5 — 15,3	27,2
Cellulose = 15,3 × 0.5 = ...	7,65
Amides = 1,6	1,6
Diviser	38,85
Par MA = 6 — 1,6	4,4
RN = ...	$\frac{1}{8,8}$

I. — RELATION NUTRITIVE DANS LE JEUNE ÂGE.

Tous les animaux, au moment de la naissance, reçoivent comme premier aliment le lait maternel ; leurs organes digestifs sont nécessairement appropriés à son assimilation. La relation nutritive qui résulte de sa composition moyenne sera donc une précieuse indication pour l'éleveur au moment du sevrage, afin de ne pas apporter de modifications trop brusques dans le régime. Nous les reproduisons ci-dessous :

	Vache.	Brebis.	Jument.	Truie.
MA. Caséine	3,2	6,5	2,0	6,4
MG. Beurre	3,6	6,9	1,2	4,7
MH. Lactose	5,0	4,9	5,6	3,0
RN = ...	$\frac{1}{4,2}$	$\frac{1}{3,3}$	$\frac{1}{4,2}$	$\frac{1}{2,3}$

Les deux expériences suivantes montrent l'importance d'une relation nutritive étroite dans le jeune âge. Henry a formé deux lots équivalents de jeunes porcs ; l'un fut alimenté au maïs $RN = \frac{1}{9}$, l'autre avec moitié maïs moitié pois $RN = \frac{1}{6}$; pour une même augmentation de poids de 1 kilogramme, le premier lot a consommé $4^{kg},800$ de grain, tandis qu'il n'en a fallu que $4^{kg},500$ pour le second.

En opérant sur les bovidés, Jordan est arrivé aux mêmes conclusions. Il forma deux groupes équivalents de veaux de sept mois, leur distribua une ration composée de foin de pré, de maïs ensilé, de maïs en grain et de son de blé ; il rétrécit la relation nutritive au moyen de tourteau de lin, tout en donnant à tous les animaux la même quantité de principes alimentaires. Pour $RN = \frac{1}{5,2}$ un accroissement de 1 kilogramme de poids vif nécessitait 5ᵏᵍ,110 de matière sèche, tandis que pour $RN = \dfrac{1}{9,7}$ il fallait 6ᵏᵍ,110.

Lorsque l'on substitue au lait maternel du lait de vache centrifugé, opération recommandable dans certaines circonstances économiques, on voit immédiatement le rapport nutritif se resserrer à 1/1,6 ; mais il ne faut pas perdre de vue que la matière sèche tombe dans ce cas de 12,5 à 9,4, soit une perte de 1/4 environ. Rien ne peut mieux montrer qu'à côté de la relation nutritive, estimation de la ration en qualité, il y a un autre facteur non moins important, c'est la quantité nécessaire de principes alimentaires.

Pendant la période de croissance les animaux ont besoin de recevoir beaucoup de matière azotée pour constituer leur ossature, leurs masses musculaires, etc. ; les matières hydrocarbonées ne peuvent pas se substituer aux azotées pour cet usage. Il ne faut pas seulement considérer la production économique du poids vif, il faut aussi se rappeler que le développement normal des divers organes est indispensable, afin qu'à l'âge adulte le bon fonctionnement de la machine animale assure une utilisation aussi complète que possible des matières premières. En un mot, à cette époque de la vie on ne doit pas voir seulement le présent, il faut préparer l'avenir ; et, si la situation nécessite des sacrifices pour l'entretien du bétail, c'est aux jeunes que l'on devra d'abord penser.

II. — RELATION NUTRITIVE DES ADULTES.

Quatre cas se présentent suivant les circonstances :

1° Les animaux peuvent être conservés à l'entretien en attendant le moment propice pour une production. On doit surtout alors viser une alimentation économique fournissant juste la quantité de matière azotée indispensable ; la relation nutritive pourra être très large et voisine de la limite. On fera consommer des fourrages grossiers.

Il ne faut pas considérer les femelles en gestation comme pouvant rentrer dans cette catégorie, car elles doivent satisfaire à un travail interne très considérable, bien que peu apparent, la formation du fœtus. Il importe que le développement de celui-ci se fasse dans de bonnes conditions, afin qu'après la naissance le jeune ne se ressente pas des difficultés de la vie intra-utérine.

2° La nutrition des femelles laitières nécessite, au contraire, une grande quantité de matière azotée, car le lait qu'elles sécrètent en contient environ de 3 à 4 p. 100 de son poids. Une vache produisant 30 litres de lait élimine à peu près 1 kilogramme de protéine par jour. On sera donc forcé d'avoir recours à un rapport nutritif étroit pour introduire cette substance en quantité suffisante dans le tube digestif.

3° Les animaux sont des moteurs animés auxquels on demande un travail variable.

4° Il s'agit de provoquer l'engraissement chez des sujets arrivés au terme de leur carrière et destinés à la boucherie.

Dans ces deux cas, on conseillait autrefois de ne pas dépasser la relation nutritive 1/7.

De nombreuses expériences avaient montré l'influence favorable d'un supplément de protéine dans la ration au point de vue de la rapidité de l'engraissement, et (en zootechnie comme partout ailleurs, « le temps est de l'argent ») on considérait que l'accroissement de dépense résultant d'aliments riches en azote était largement compensé par la réduction de la durée de la préparation.

Les expériences et la pratique ont montré récemment que l'on avait exagéré l'importance d'un rapport nutritif étroit. Il est nécessaire de le maintenir dans des limites telles qu'on n'observe pas de dépression sensible de la digestibilité. Ce point est variable avec les espèces; toutefois il paraît certain que l'on peut sans crainte arriver au chiffre de 1/10 et même l'étendre pour le porc jusqu'à 1/12. Il faudra tenir compte aussi de la facilité d'assimilation des principes alimentaires et de la puissance digestive individuelle. Rien ne pourra remplacer la sagacité de l'éleveur, son esprit d'observation ; il possède tous les éléments de la cause : à lui de juger.

Gustave Kühn a fait de 1881 à 1886 une série de recherches pour déterminer les limites entre lesquelles il est possible de faire varier la ration alimentaire. Il opéra sur des bœufs adultes enfermés dans l'appareil de Pettenkofer, et obtint les résultats suivants :

NUMÉROS des bœufs.	RELATION nutritive.	PAR 1 000 KILOS de poids vif et par jour.		RATIONS.
		Principes digérés.	Graisse fixée.	
		kil.	gr.	
20	1/5,1	11,74	450	Foin de trèfle. Paille d'avoine. Gluten de blé en quantité variable.
3	1/4,5	10,98	835	
4	1/7,1	10,09	618	
3	1/7,2	9,97	596	
20	1/3,7	9,31	491	
20	1/3,6	9,14	167	
5	1/20,9	11,18	1 168	Foin de pré. Fécule de pomme de terre en quantité variable.
6	1/17,4	10,86	784	
2	1/15,6	10,06	678	
5	1/14,0	9,60	676	
1	1/14,9	9,48	591	
6	1/14,5	9,12	473	

O. Kellner, qui succéda à G. Kühn dans la direction de la Station agronomique de Möckern, continua ces expériences et les confirma.

L'élasticité de la relation nutritive est donc bien

démontrée et, sans atteindre les chiffres extrèmes que nous venons de reproduire, une marge très suffisante est laissée à l'éleveur pour calculer une ration économique.

La question étant tranchée pour les animaux à l'engrais, on doit l'envisager pour les moteurs animés et spécialement pour le cheval, qui, par la constitution de son tube digestif, utilise moins bien que le bœuf les aliments grossiers. Or, au Congrès de 1900 de la Société de l'alimentation rationnelle du bétail, M. Lavalard, directeur de la Compagnie générale des omnibus de Paris, n'a pas hésité à conseiller les rations comprises entre 1/6 et 1/10 ; il a été amené à ces conclusions par un grand nombre d'expériences, faites sur une cavalerie travaillant à une allure rapide ; on peut donc en déduire *a fortiori* qu'elles sont vraies dans le cas d'une allure lente, et notamment pour les bœufs dont la puissance digestive est plus considérable.

Nous pensons en résumé que, malgré tout ce qui a été dit et écrit pour conseiller les relations nutritives étroites, l'éleveur trouvera un grand profit à réaliser sur l'alimentation de ses animaux adultes une économie de matière azotée, qu'il emploiera avec fruit à améliorer la ration des jeunes et des femelles laitières.

IX. — MUTATIONS MATÉRIELLES (1).

Les principes alimentaires qui sont assimilés par un animal ont deux destinations distinctes. Ils doivent d'abord satisfaire aux dépenses de l'organisme ; ils sont donc oxydés, dégagent leur énergie potentielle qui se manifeste sous forme de chaleur, de travail, de fluide

---

(1) Ce chapitre a été inspiré par le cours de zootechnie que M. Mallèvre professe à l'Institut national agronomique, et dont nous nous sommes efforcés de reproduire l'exposé si clair, si original.

nerveux. Les produits de cette combustion sont éliminés par les reins et les poumons, leur mesure pourra permettre de se rendre compte de l'intensité de ces réactions. Lorsque l'organisme a prélevé les quantités de substances alimentaires nécessaires pour satisfaire à ses besoins vitaux, les excédents, s'il en existe, sont utilisés à l'accroissement des organes ou mis en réserve; ils déterminent une augmentation du poids du corps qui est appréciée par la balance.

Il peut arriver, par suite de jeûne ou d'alimentation incomplète, que les principes ingérés ne suffisent pas à la dépense; dans ce cas, l'organisme a recours à ses réserves : il brûle sa propre substance, il devient *autophage*; il en résulte une perte de poids dont la pesée nous indiquera l'importance.

Pour étudier ces mouvements de la matière qui se traduisent par des variations du poids du corps et que nous appelons les *mutations matérielles*, il nous suffira de connaître les admissions et les éliminations de chacun des principes; la différence représentera le bénéfice ou la perte. C'est la méthode que Boussingault le premier employa; nous en exposerons ensuite une autre due à Lawes et Gilbert.

Pour que le fonctionnement de la machine animale soit économique et normal, nous devrons toujours constater soit une augmentation, soit un équilibre du poids total.

Dans le cas d'accroissement nous savons que les substances fixées peuvent être rattachées seulement à quatre groupes distincts : les matières azotées, les graisses, l'eau et les matières minérales.

Nous allons donc successivement établir le bilan de l'azote, celui du carbone, celui de l'eau et celui des sels minéraux.

I. — BILAN DE L'AZOTE.

Afin d'établir le bilan de l'azote, nous devrons d'abord rechercher quelles sont ses origines dans le corps de l'animal, si toutefois il en a plusieurs, comme on l'a cru pendant longtemps; nous chercherons ensuite ses voies d'élimination, pour ne laisser échapper aucun élément des deux facteurs dont la différence constitue le gain en azote.

Au commencement du siècle dernier on faisait trois hypothèses :

1° L'azote de l'organisme vient de l'atmosphère ;

2° L'azote de l'organisme vient des aliments ;

3° L'azote est élaboré par l'organisme.

Nous avons vu (p. 16), par les expériences successives de Magendie, Macaire et Marcet et Boussingault, que les aliments étaient la seule origine de l'azote.

Dès 1839, Liebig avait émis l'opinion, sans pouvoir la démontrer, que les urines contenaient la totalité des résidus de l'oxydation des matières azotées. Les recherches de Boussingault, reprises plus tard par Regnault et Reiset, laissaient un doute à cet égard, lorsqu'en 1860 Voit put affirmer cette vérité d'une façon définitive.

Il alimenta un chien pendant dix-sept jours et, lui ayant fait absorber $368^{gr},53$ d'azote, il put en retrouver $368^{gr},28$ dans les urines. Ces résultats furent confirmés ensuite par Henneberg et Stohmann, Wolff, Grandeau et Leclerc.

Ces deux points étant admis, si nous connaissons par les analyses chimiques : le poids d'azote (A_a) contenu dans les aliments absorbés, celui (A_f) inutilisé expulsé dans les fèces, et celui (A_u) brulé dans les urines, nous obtiendrons la quantité (A_o) d'azote fixé par l'organisme par différence :

$$A_a = A_f + A_u + A_o,$$

d'où

$$A_o = A_a - (A_f + A_u).$$

Cet azote a été employé à former des matières albuminoïdes dont nous pourrons calculer immédiatement le poids (M_α) en nous rappelant que toutes contiennent environ 16 p. 100 de ce gaz :

$$\frac{M_\alpha}{A_o} = \frac{100}{16}, \qquad M_\alpha = A_o \times 6,25.$$

Nous savons donc ainsi, sur l'accroissement total de poids d'un animal, quelle part revient à l'assimilation de la matière azotée.

II. — BILAN DU CARBONE.

La même méthode pourra nous permettre d'étudier les mutations du carbone dans l'organisme.

Cet élément, comme l'azote, provient uniquement des aliments consommés ; mais les voies d'élimination sont plus nombreuses, puisqu'une grande quantité sort sous forme d'acide carbonique par les voies respiratoires et par la peau. Pour obtenir les données nécessaires pour le calcul, on devra donc enfermer les sujets soumis à l'expérience dans des appareils spéciaux permettant d'analyser l'atmosphère qu'ils renferment. Ces conditions sont facilement réalisables pour de petits animaux; pour ceux de grande taille, une chambre a été construite par Pettenkofer.

Soient C_a le poids de carbone contenu dans les aliments, C_f celui des excréments, C_r celui de la respiration, C_u celui des urines, enfin C_o celui assimilé par l'organisme; nous établissons l'équation

$$C_a = C_f + C_u + C_r + C_o.$$

d'où

$$C_o = C_a - (C_f + C_u + C_r).$$

Le carbone qui a été retenu dans les tissus est entré dans la combinaison soit des albuminoïdes, qui en contiennent 53,6 p. 100 de leur poids, soit dans celle des corps gras, dont la richesse est de 76,5.

Puisque nous connaissons la quantité de matière azotée (M_α) formée, nous pouvons dès maintenant déduire la part du carbone assimilé qui lui revient :

$$\frac{M_\alpha}{C_\alpha} = \frac{100}{53,6}, \quad \text{d'où} \quad C_\alpha = M_\alpha \frac{53,6}{100} = M_\alpha\, 0,536.$$

Le carbone entrant dans la composition des corps gras, C_β s'obtiendra par différence :

$$C_o = C_\alpha + C_\beta, \qquad C_\beta = C_o - C_\alpha.$$

Nous avons maintenant toutes les données nécessaires pour calculer le poids de la graisse déposée dans l'organisme (M_γ) :

$$\frac{M_\gamma}{C_\beta} = \frac{100}{76,5}, \qquad M_\gamma = C_\beta \frac{100}{76,5},$$

$$M_\gamma = (C_o - C_\alpha) \frac{100}{76,5}.$$

Toutes réductions faites, on obtient la formule suivante donnant le poids de la matière grasse en fonction de l'azote et du carbone assimilés :

$$M_\gamma = 1,309\, C_o - 4,385\, A_o.$$

III. — BILAN DES MATIÈRES MINÉRALES.

Dans la ration se trouve une certaine quantité de sels minéraux dont une très faible proportion est retenue par l'organisme. Il est néanmoins facile de calculer cette quantité (S_o) en faisant la différence entre le poids des sels contenus dans les aliments (S_a) et ceux totalisés des fèces (S_f) et des urines (S_u) :

$$S_a = S_f + S_u + S_o,$$

$$S_o = S_a - (S_f + S_u),$$

toutes quantités données directement par l'analyse.

IV. — BILAN DE L'EAU.

Enfin le dernier facteur d'accroissement de poids des animaux est l'eau. Son dosage est très compliqué, parce qu'il y a émission d'eau par toutes les sécrétions et excrétions; la peau et les poumons sont une voie d'évaporation considérable. Les expériences directes dans les appareils spiratoires n'ont pas donné de bons résultats. En effet la quantité d'eau dans le corps de l'animal varie avec la température et l'état hygrométrique ambiants. Au point de vue économique, cette détermination n'a aucune valeur. On se contente donc d'en fixer le chiffre par différence; P et P′ étant les poids de l'animal au commencement et à la fin de l'expérience, et appelant M_ω l'augmentation en eau du sujet, on pourra calculer sa valeur :

$$P' - P = M_\alpha + M_\gamma + S_o + M_\omega,$$

$$M_\omega = (P' - P) - (M_\alpha + M_\gamma + S_o).$$

V. — EXPÉRIENCES DE SOXHLET ET DE KELLNER.

C'est en suivant la méthode que nous venons d'exposer que Soxhlet a établi les mutations matérielles chez un jeune veau pesant 50 kilogrammes et âgé de deux ou trois semaines. Nous résumons les chiffres obtenus et les calculs dans le tableau suivant :

	AZOTE.	CARBONE.	MATIÈRES MINÉRALES.
Recettes :			
8lit,093 de lait contenant	39,2	488,0	62,0
Dépenses :			
Excréments contenant	2,2 ⎫	9,0 ⎫	1,6 ⎫
Urine	10,2 ⎬ 12,4	11,6 ⎬ 278,2	27,4 ⎬ 29,0
Respiration et perspiration.	» ⎭	257,6 ⎭	» ⎭
Différence fixée par l'organisme.......	26,8	209,8	33,0

Matière azotée fixée ; $M_\alpha = A_o\, 6,25 = 26,8 \times 6,25$ = 167,5
 — grasse fixée : $M_\gamma = 1,309\, C_o - 4,385\, A_o$. = 157,1
Matières minérales fixées.................... = 33,0
Eau fixée obtenue par différence 567,4

Gain journalier de poids vif constaté à la balance............................... 925,0

(Les poids sont exprimés en grammes.)

Kellner en 1896 fit une expérience analogue sur un bœuf pesant 619kg,800 ; il recevait 8kg,500 de foin de pré et 40 grammes de sel marin. Il ne tint pas compte des matières minérales fixées parce que, chez un animal adulte, il y a équilibre presque absolu entre l'assimilation et l'élimination. Les résultats sont réunis ci-après :

	AZOTE.		CARBONE.	
Recettes :				
Aliments............	116,2	3352,6		
Boisson.............	»	2,0	}	3354,6
Dépenses :				
Excréments..........	48,7 }	1207,0		
Urines.............	61,3 } 110,0	210,4	}	3227,4
Respiration et perspiration................	» }	1810,0		
Différence retenue par l'organisme........	6,2			127,2

$$\text{Matière azotée fixée} : M_\alpha = A_o\, 6,25 = 6,2 \times 6,25 = 38,75$$
$$\text{— grasse fixée} : M_\gamma = 1,309\, C_o - 4,385\, A_o = 139,32$$

VI. — EXPÉRIENCES DE LAWES ET GILBERT.

La deuxième méthode pour étudier les mutations matérielles a été employée par Lawes et Gilbert. Elle consiste à prendre deux animaux aussi semblables que possible comme âge, comme poids et comme état; l'un d'eux est sacrifié au début et chaque partie de son corps est pesée et analysée. L'autre est soumis à un régime dont on détermine exactement la richesse. A la fin de l'expérience celui-ci est tué et soumis aux mêmes dosages que le premier. La différence entre les chiffres trouvés dans les deux cas donne exactement les accroissements de chacune des substances provenant des aliments consommés. Ce système est plus facile à employer, mais il ne présente pas une précision aussi grande que le premier. On peut les appliquer simultanément et les contrôler l'un par l'autre.

Voici les résultats obtenus par ces auteurs pour la composition centésimale du corps suivant le degré d'engraissement chez les moutons et chez les porcs.

Composition des moutons par 100 kilogrammes de poids vif.

	MAIGRE.	DEMI-GRAS.	GRAS.	FIN-GRAS.
Eau..................	57,30	50,20	43,47	35,20
Matières grasses........	18,70	23,50	35,60	45,80
— azotées........	14,80	14,00	12,20	10,90
— minérales	3,46	3,47	2,81	2,90
Contenu du tube digestif.	6,00	9,10	6,00	5,20
	99,96	99,97	100,08	100,00

Composition des porcs par 100 kilogrammes de poids vif.

	MAIGRE.	GRAS.	GAIN DE POIDS VIF.
Matières grasses........	23,30	42,20	63,1
— azotées........	13,70	10,90	7,76
— minérales......	2,67	1,65	0,53
Eau...................	55,10	41,30	29,60
Contenu du tube digestif.	5,20	4,00	»
Poids vif en kilos...	42,382	83,897	41,514

X. — MUTATIONS DYNAMIQUES.

Nous venons d'établir la balance en poids des profits et pertes de l'alimentation animale ; mais nous savons que les substances nutritives introduisent dans l'organisme un autre facteur, l'énergie potentielle emmagasinée dans les combinaisons des principes immédiats qu'elles contiennent. Les cellules animales, en oxydant plus ou moins complètement ces matières, dégagent la force énergétique, qui se manifeste sous forme de chaleur, de travail ou de fluide nerveux. Cette dernière production nécessite une dépense insignifiante surtout chez les animaux ; nous la citons pour mémoire, mais à l'avenir nous la considérerons comme négligeable.

Nous allons établir maintenant la balance des énergies reçues et de celles dégagées. Nous posons en principe l'équation suivante :

$$\text{Énergie des aliments} = \text{travail} + \text{chaleur} + \text{énergie en réserve} + \text{chaleur latente des excrétions.}$$

Pour étudier chacun de ces termes, il nous faut choisir une commune mesure. Nous rappellerons donc qu'il est démontré en mécanique qu'il y a équivalence entre une calorie et 425 kilogrammètres ; nous pourrons donc ainsi transformer le travail en chaleur et réciproquement.

Des expériences directes ont montré que le muscle était un très bon utilisateur de l'énergie : son rendement est d'environ 1/5, tandis que celui de nos machines industrielles les mieux construites atteint rarement 1/10.

On doit tout d'abord se demander si l'oxydation des principes nutritifs dans les capillaires de la circulation sanguine produit les mêmes quantités de chaleur que celles que nous obtenons dans les vases clos de nos calorimètres ; en un mot si les combustions vives et les combustions lentes sont équivalentes. Lavoisier le premier avait affirmé cette loi, que Berthelot a démontré plus tard et qui s'énonce :

La quantité de chaleur produite est indépendante du mode de combustion, pourvu que celle-ci soit complète.

Dans les laboratoires on détermine la chaleur de combustion des corps au moyen de la *bombe calorimétrique* de Berthelot. On enferme dans un vase à parois métalliques minces 1 gramme de la substance à expérimenter, dans une atmosphère d'oxygène, sous une pression de 7 à 25 atmosphères; on plonge l'appareil dans une cuve d'eau, dont on peut prendre la température très exactement avant et après l'expérience; on fait passer une étincelle électrique, qui détermine la combustion. L'élévation de température de l'eau donne par le calcul la chaleur dégagée.

Stohmann avait évalué directement en opérant sur l'animal la quantité de calorique produite, mais ce sont surtout les expériences de Rubner qui furent décisives. Ce dernier calcula la chaleur dégagée par des animaux maintenus dans un calorimètre à eau permettant d'évaluer la température à 1/10 de degré. Il analysa les aliments, les excréments, les produits de la respiration. Les expériences faites sur des chiens durèrent quarante-cinq jours; pendant les cinq premiers jours on les soumit au jeûne, puis on les alimenta pendant cinq jours avec de la graisse, pendant vingt-deux jours avec un régime mixte de viande et de graisse; enfin les treize derniers jours ils reçurent de la viande dégraissée. Voici les résultats obtenus :

RÉGIME DES ANIMAUX.	SOMME des chaleurs calculées par la bombe.	SOMME des chaleurs mesurées dans l'expérience.	ÉCARTS CENTÉSIMAUX MOYENS.
	calories	calories	calories p. 100
Jeûne	1296,3 1094,2	1305,2 1056,6	—1,42
Graisse	1500,1	1495,3	—0,97
Viande et graisse.	2492,4 3985,4	2488,0 3968,4	—0,42
Viande dégraissée	2249,8 4780,8	2276,9 4769,3	+0,43
Écart moyen.	»	»	—0,47

108 MUTATIONS DYNAMIQUES.

On voit que l'écart moyen entre l'évaluation par calcul et la mesure directe par expérience est de moins de 1/2 p. 100. Nous pouvons donc admettre que les combustions dans l'organisme dégagent les mêmes quantités de chaleur que les combustions vives. Lorsqu'on voudra calculer la chaleur produite par une alimentation déterminée, deux méthodes pourront être appliquées.

Par la première, dite *de calorimétrie directe*, on enferme le sujet en expérience dans un calorimètre; ce procédé, facile à employer pour de petits animaux, nécessite pour ceux de grande taille des appareils coûteux à construire et à faire fonctionner; cependant il en existe.

Le deuxième système, employé par Kellner, dit *par calorimétrie indirecte*, consiste à déterminer tous les termes de l'équation que nous avons posée plus haut et à en déduire la chaleur dégagée.

Calcul des mutations isodynamiques par Kellner.

Bœuf, poids vif, 619kg,800 — Ration. { 8kg,500 foin de pré. / 0,040 sel marin.	CALORIES.		POURCENTAGE de la chaleur de combustion des aliments.	
	Dépenses.	Recettes.		
7kg,263 mat. sèche du foin, 4cal,4303 par gramme....	»	32177,3	»	100,0
2kg,547 excréments secs, 4cal,6136 par gramme....	11750,3	»	36,5	»
0,6337 matière sèche urine, 3cal,69 par gramme......	1945,0	»	6,1	»
0,1584 méthane CH^4, 13cal,246 par gramme....	2098,2	»	6,5	»
Retenu 39 gr. mat. azotée, dans \ 5cal,653 par gr...	220,5	»	} 4,8	»
le / 139 gr. mat. grasses, corps. (9cal,500 par gr....	1320,5	»		»
	17334,5	17334,5	53,9	53,9
Excédent correspondant à l'énergie produite, exprimée en calories.........	»	14842,8	»	46,1

Il résulte d'ailleurs de l'expérience de Rubner (p. 107), qui contrôle ces deux méthodes l'une par l'autre, que les résultats qu'on obtient ainsi sont équivalents.

Les matières azotées n'étant pas complètement comburées dans l'organisme, il faut déduire de leur énergie totale celle qui reste encore disponible dans les produits des sécrétions, comme l'urée par exemple. D'autre part, certaines fermentations donnent pendant la digestion des dégagements de gaz méthane; sa chaleur de combustion devra également être soustraite.

Les procédés d'estimation des dépenses de l'organisme que nous venons d'étudier nécessitent une expérience d'une durée d'au moins vingt-quatre heures. Pour les évaluer à un moment donné, on peut se servir d'une méthode détournée. Les combustions des principes alimentaires, quels qu'ils soient, nécessitent une absorption d'oxygène, et ont pour conséquence une production d'acide carbonique; il suffira donc de mesurer ces gaz pour connaître l'intensité des réactions.

Nous résumons dans le tableau suivant les données qui permettent d'exécuter ces calculs :

Relations entre les échanges gazeux et les mutations dynamiques.

| | Chaleur de combustion dans l'organisme pour 1 gr. | POUR 1 GRAMME de substance. | | CALORIES dégagées. | | QUOTIENT respiratoire théorique. Vol. $\frac{CO^2}{O}$. |
		Oxygène absorbé.	Acide carbonique produit.	Pour 1 gr. d'oxygène absorbé.	Pour 1 gr. d'ac. carbon. produit.	
Matières albuminoïdes ...	4,1	1,336	1,437	3,069	2,853	0,78
Graisse de porc.	9,423	2,916	2,819	3,232	3,342	0,70
Glycose.......	3,692	1,067	1,467	3,461	2,517	1,00
Amidon	4,123	1,185	1,630	3,479	2,529	1,00

Pour obtenir les quantités d'oxygène absorbé et celle d'acide carbonique produit, on n'a pas recours aux chambres respiratoires ; lorsque l'expérience se fait sur un homme, on lui adapte une embouchure sous les lèvres et une pince sur le nez ; pour les petits animaux, on leur met un masque sur la tête ; pour les grands on recueille l'air dans la trachée, où l'on introduit une canule munie d'un jeu de soupapes qui permet la circulation de l'air.

Nous reproduisons les résultats d'une expérience de M. Chauveau pour montrer les variations des échanges gazeux pendant le repos et le travail. Les gaz étaient dosés dans le sang artériel et le sang veineux prélevés dans les canaux irriguant la lèvre supérieure d'un cheval.

COEFFICIENTS.	REPOS.	TRAVAIL.	ACCROISSE-MENT.
De l'irrigation sanguine..	lit. 12,229	lit. 56,321	4,6
Respiratoires en oxygène.	0,307	6,207	20,21
Respiratoires en acide carbonique	0,221	7,835	35,5
Quotient respiratoire.....	0,719	1,26	»

On voit par ces chiffres que l'accroissement de dépense d'oxygène est de 20 p. 100, tandis que celui de la production d'acide carbonique est de 35 p. 100 ; il n'y a donc pas corrélation entre ces deux données. L'expérience a montré que c'était le premier dosage qui donnait les résultats les plus approchés.

Les variations du *quotient respiratoire* ou *quotient de Pflüger* sont particulièrement intéressantes à suivre dans les études d'énergétique musculaire.

Il importe de se rappeler que les muscles constituent pendant le repos des réserves d'oxygène, qu'ils brûlent pendant le travail, l'irrigation sanguine ne suffisant pas alors, le plus souvent, à satisfaire à leurs dépenses. Ces faits, que nous avons déjà exposés, ont été mis en évidence par une expérience de Zuntz et Lehmann sur le cheval (1).

I. — THÉORIE ISODYNAMIQUE.

Nous avons vu par les expériences de Rubner (p. 107) que l'énergie potentielle introduite dans l'organisme par les principes digestibles pouvait être mesurée par leurs chaleurs de combustion. Il en résulte que, pour connaître la valeur nutritive d'un aliment, il nous suffit d'additionner les calories dégagées par chacun des principes assimilables qu'il contient.

Rubner et Stohmann ont recherché ces chaleurs pour un grand nombre de matières alimentaires et déterminé l'*effet physiologique utile*; ces auteurs entendent par ce terme la différence résultant pour certaines substances de leur combustion incomplète dans l'organisme. Voici quelques-uns de ces chiffres :

Pour 1 gramme de substance sèche.	Chaleur totale de combustion.	Effet physiologique utile.
	cal.	cal.
Albumine de la viande......	5,754	4,424
Chair musculaire..........	5,345	4,000
Albumine organique........	»	3,842
Graisses neutres	9,423	9,423
Sucre de raisin............	3,692	3,692
— de canne...........	3,962	3,962
— de lait.............	3,877	3,877
Fécule...................	4,116	4,116
Glycogène	4,191	4,191

(1) Mallèvre, *Bull. du ministère de l'Agriculture*, n°ˢ 2 et 3, 1892.

Pour 1 gramme de substance sèche.	Chaleur totale de combustion.	Effet physiologique utile.
	cal.	cal.
Urine de chien, alimentation azotée ou à l'albumine....	2,706	»
Urine de chien alimenté à la viande..................	2,954	»
Urine de chien à jeun......	3,101	»
Fèces de chien, alimentation à l'albumine.............	6,852	»
Fèces de chien, alimentation à la viande..............	7,313	»

Ces chiffres étant connus, il est dès lors facile de calculer les poids des diverses substances qui peuvent se remplacer pour produire la même quantité de chaleur ou le même effet énergétique; c'est ce qu'on appelle les *poids isodynames* ou *isodynamiques*.

Voici un tableau calculé par M. Gautier pour les principales substances contenues dans les aliments :

	PRODUCTION de calories dans l'organisme.	GRAISSE.	AMIDON.	GLYCOSE.	GLUTEN.	FIBRINE.
		gr.	gr.	gr.	gr.	gr.
1 gr. d'albumine..	4,86	0,493	1,147	1,300	0,926	1,040
1 gr. de graisse...	9,80	1,000	2,317	2,620	1,868	2,062
1 gr. de saccharose.	3,96	0,402	1,930	1,058	0,755	0,833
1 gr. d'amidon....	4,23	0,430	1,000	1,131	0,806	0,890

En comparant tous ces résultats et les groupant suivant les trois grandes catégories de principes nutritifs que nous avons définies, nous voyons qu'en moyenne l'effet physiologique utile, c'est-à-dire la quantité de calories dégagées dans l'organisme, est d'environ $4^{cal},1$ pour les matières azotées; le même chiffre représente les extractifs azotés, tandis que les graisses dégagent $9^{cal},4$.

Pour qu'un animal soit dans un bon état d'entretien, il faut qu'il reçoive des aliments une quantité d'énergie égale à celle qu'il dépense ; sans quoi, il est obligé d'en emprunter le complément à sa propre substance, ce que l'on constate par une perte de poids à la bascule.

Il faut donc que les aliments aient une *valeur nutritive* suffisante, qui, pour un même sujet, dans les mêmes conditions, est constante ; cette valeur est représentée par la somme des énergies qu'apporte chaque principe digestible ; nous pouvons donc l'évaluer en caloriés :

$$\text{Valeur nutritive} = \text{M.Az} \times 4,1 + \text{M.Gr} \times 9,4 + \text{M.Hy} \times 4,1$$
$$= 4,1\,(\text{M.Az} + \text{M.Hy} + 2,4\,\text{M.Gr}).$$

Comme cette valeur nutritive est une constante, quelle que soit la mesure adoptée elle ne changera pas. On peut donc, dans la formule ci-dessus composée de deux facteurs, l'un fixe, l'autre variable, la représenter seulement par le second et, dans ce cas, elle sera évaluée en grammes :

$$\text{Valeur nutritive} = \text{M.Az} + \text{M.Hy} + 2,4\,\text{M.Gr}.$$

Il est bien entendu que M.Az, M.Hy et M.Gr ne comprennent que les quantités digestibles.

Cette formule nous montre que la plus grande latitude est laissée dans la composition de la ration pour les proportions des divers principes, à la seule condition que le total soit suffisant ; c'est la loi des substitutions isodynamiques de Rubner.

On comprend que les divers extractifs non azotés se remplacent les uns par les autres ; toutefois ils ne se substituent pas à la totalité de la matière azotée, tandis que celle-ci peut à elle seule entretenir l'organisme, ainsi que le montre l'expérience de Voit. Il nourrit un chien de 35 kilos avec des quantités croissantes de viande dégraissée :

VIANDE consommée par jour.	MATIÈRES azotées détruites calculées par Az éliminé.	Gain + Perte— } de l'organisme en matières azotées.	Gain + Perte— } de l'organisme en matières grasses.	OXYGÈNE	
				Absorbé.	Nécessaire pour oxyder les matières disparues.
gr. 0	165	— 165	— 95	330	329
500	599	— 99	— 47	341	332
1.000	1.079	— 79	— 19	453	398
1.500	·1.500	00	+ 4	497	477
1.800	1.757	+ 43	+ 1	} moyenne 517	592
2.000	2.044	— 44	+ 58		524
2.500	2.512	— 12	+ 27		688

On voit par cette expérience que l'équilibre nutritif était atteint pour une ration journalière de 1 500 grammes.

Nous rappellerons que nous avons montré (p. 16), par les expériences de Magendie, de Macaire et Marcet, qu'un minimum de matière azotée était indispensable pour l'entretien de la vie.

II. — THÉORIE ISOGLYCOSIQUE.

Nous nous trouvons amenés à concevoir que c'est principalement sous forme de glycose que la cellule musculaire peut utiliser les principes alimentaires pour la production du travail. Les substances hydrocarbonées sont toutes ramenées à cet état par les réactions de la digestion ; M. Chauveau pense que les graisses assimilées vont directement constituer les réserves de l'organisme, d'où elles sont ramenées par la circulation au foie, au fur et à mesure des besoins de cet organe qui les transforme en glycose.

On pourra objecter que nous venons de constater que les matières azotées pouvaient suffire à elles seules à équilibrer les dépenses des cellules animales ; mais rappelons à ce propos que Claude Bernard a démontré que le foie, pour remplir sa fonction glycogénique, pouvait aussi utiliser les albuminoïdes ; il y a une préférence qui lui fait épargner ces substances autant qu'il trouve des hydro-carbonés à sa disposition ; on peut le constater de la manière suivante. Lorsque, par le jeûne, l'animal devient

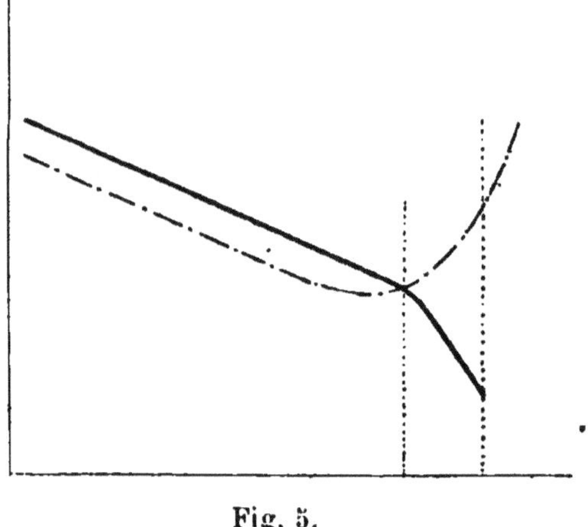

Fig. 5.

————— Matière grasse désassimilée.
— - — - — Matière azotée désassimilée.

autophage, la désassimilation des matières grasses et des matières azotées suit une marche régulière et parallèle (fig. 5) ; puis tout à coup, lorsque l'épuisement en graisses est à peu près complet, la consommation des albuminoïdes s'accentue rapidement, puisque, pour produire la même quantité de calories, il en faut un poids 2,4 fois plus élevé ; aussi la mort par inanition en est la conséquence très prochaine.

De nombreuses expériences ont mis en lumière l'impossibilité pour le muscle d'utiliser la matière azotée pour la production du travail. La première en date est celle de Fick et Wislicenus qui, dosant l'urée dans leurs urines au

repos, pendant l'ascension du *Faulhorn* et après, ne trouvèrent pas d'accroissement sensible de sécrétion.

Pettenkofer et Voit ont confirmé ces résultats par des
expériences de laboratoire sur l'homme. Enfin Wolff
entreprit la même démonstration que nous allons résumer.
Il soumit un cheval de 520 kilos pendant cinq périodes
de quinze jours chacune à un travail mesuré en kilogrammètres, sa ration restant constante en albuminoïdes, les
excédents étant fournis seulement par des hydrocarbonés
et le poids de l'animal restant invariable.

PÉRIODES.	TRAVAIL QUOTIDIEN	AZOTE éliminé dans les 24 heures.	EXCÉDENT de TRAVAIL.	EXCÉDENT D'AZOTE.
	kgm.	gr.	kgm.	gr.
I...............	475.000	99	»	»
II...............	950.000	109	475.000	10
III...............	1.425.000	116	950.000	17

On voit que l'accroissement de la sécrétion d'azote est
absolument hors de proportion avec le travail produit.

M. Chauveau a montré directement la consommation
du glycose dans le muscle, en prélevant le sang dans les
canaux artériels et veineux du releveur de la lèvre du
cheval.

QUANTITÉS par kilogramme de muscle et par heure.	REPOS.	TRAVAIL.	ACCROISSEMENT.
Irrigation sanguine	12^{lit},229	56^{lit},321	1 à 4,6
Consommation d'oxygène.	0^{lit},307	6^{lit},207	1 à 20,1
Production d'acide carbo-nique..................	0^{lit},224	7^{lit},835	1 à 35,45
Sucre prélevé..........	2^{gr},042	8^{gr},439	1 à 4,13

Ces études ont amené M. Chauveau à concevoir sous
un nouveau jour les substitutions alimentaires. Puisque

le muscle n'utilise que l'énergie que le glycose lui apporte, c'est elle seule qui doit être considérée dans la valeur nutritive des principes digestibles; toute la chaleur dépensée pour transformer ces corps en glycose est une perte sèche pour l'organisme. Ce savant considère donc comme équivalentes les quantités de deux substances pouvant donner le même poids de glycose. Tel est le principe de la *théorie isoglycosique*, qui donne les résultats suivants :

100 gr. de graisse fournissent par oxydation 161 gr. de glycose.
  —   d'amidon   —   hydratation 110   —
  —   de sucre   —   —   105   —
  —   d'albumine   —   oxydation   80   —

Prenant la graisse comme unité, il nous suffira de diviser chacun de ces chiffres par 161 et nous obtiendrons les poids isoglycosiques que nous comparons dans le tableau suivant aux poids isodynamiques :

Substances.	Poids isodynames.	Poids isoglycosiques.
Graisse...............	100	100
Amidon...............	229	146
Sucre de canne........	235	153
Albumine	235	201
Glycose	255	161

M. Chauveau a entrepris à l'appui de cette théorie une série d'expériences comparatives sur le chien, dont les résultats l'ont confirmé dans ses conclusions.

XI. — TRANSFORMATION DE L'ÉNERGIE POTENTIELLE.

I. — CHALEUR ANIMALE.

Nous venons de voir que les principes alimentaires, par leur oxydation, produisent dans l'organisme un dégagement d'énergie potentielle qui se manifeste principalement par une production, soit de chaleur, soit de travail.

Chez les mammifères en bonne santé, la température du corps ne s'écarte jamais de limites fixes, qui varient suivant les espèces, ainsi que le montrent les chiffres suivants :

Espèces.	Température rectale. Degrés.
Homme......................	37,45
Cheval......................	37,75
Singe.......................	38,10
Cobaye	39,17
Chien.......................	39,25
Veau	39,50
Mouton.....................	39,50
Lapin.......................	39,55
Porc........................	39,70
Bœuf.......................	39,70

Cette température étant notablement supérieure à celle de l'atmosphère ambiante dans la généralité des cas, il en résulte une déperdition continuelle par rayonnement qui doit être balancée par des combustions internes.

Lavoisier et Laplace, les premiers, cherchèrent à mesurer cette dépense, mais la voie dans laquelle ils avaient engagé la science fut longtemps encore abandonnée, les idées vitalistes dominant en France à cette époque. Ce fut Boussingault qui reprit ces expériences.

Nous savons aussi que les réactions dont la chaleur est la conséquence se passent au sein même des tissus du corps, dans les capillaires sanguins, contrairement à ce qu'on avait admis au début des études physiologiques : on croyait alors que ces combustions étaient centralisées dans le poumon.

Tous les tissus de l'organisme n'interviennent pas proportionnellement dans cette production ; il est probable que les trois quarts des calories dégagées proviennent des muscles, d'abord parce qu'ils représentent environ 45 p. 100 du poids total, mais aussi à cause de leur activité propre ; tandis que les tissus nerveux, osseux, cartilagineux, adipeux et corné ne collaborent que dans une faible mesure à la calorification.

M. Gautier répartit dans le tableau suivant l'utilisation de l'énergie dégagée chez un homme adulte au repos sous un climat tempéré :

	Calories.
Rayonnement du corps d'un homme moyen vêtu.	1.560
Chaleur latente due à l'évaporation de 1200 gr..	
d'eau environ par la peau et les poumons......	599
Échauffement de l'air expiré....................	80
Échauffement des aliments et de l'eau de boisson	
pris froids et portés à la température du corps.	53
Travail du cœur et de la respiration............	180
Autres travaux intérieurs et petits travaux extérieurs insensibles..............................	320
Total de la dépense............	2.792

Cette déperdition de chaleur par rayonnement est nécessairement variable avec la température ambiante ; elle a été mesurée à différentes reprises. Bergonié et Ségalas ont obtenu les chiffres suivants pour l'homme :

Température ambiante.	Calories perdues par heure. Homme de 72kg,750.
12°.............................	69,5
14°.............................	68,5
15°,5............................	56,5

En donnant plus d'amplitude aux variations de température, on se rendra mieux compte de l'importance de cette dépense. Un cobaye exhale par jour et par kilogramme de poids vif les quantités suivantes d'acide carbonique, dont la production est proportionnelle à l'intensité des combustions :

Température ambiante.	Acide carbonique éliminé.
30° à 42°.................	50 grammes.
14° à 22°.................	61 —
Glace fondante..........	85 —

Henneberg et Stohmann, expérimentant sur des bœufs au repos, et prenant comme point initial une température extérieure de 10°, observèrent que la consommation des hydrates de carbone dans la ration augmentait de 5 à 7 p. 100 par chaque degré au-dessous et diminuait de 2 à 3 p. 100 par chaque degré au-dessus jusqu'à 16°, point qu'ils reconnurent comme le plus favorable pour l'alimentation économique.

Il est avantageux en effet de rechercher la température la plus convenable pour épargner la consommation des principes nutritifs. Il ne faudrait pas toutefois pousser le raisonnement jusqu'à ses dernières limites, et penser que si l'on réalisait l'équilibre entre le milieu ambiant et la température du corps on obtiendrait le minimum de dépenses. Les espèces animales se sont adaptées par une longue série de générations à des conditions moyennes d'existence, pour lesquelles leur organisme s'est formé, et dans lesquelles leurs fonctions vitales s'effectuent normalement ; celles-ci ressentent immédiatement le contre-coup de toute modification profonde apportée au milieu. Et notamment s'il s'agit d'une élévation passagère de la température, la circulation sanguine s'accélère, la sécrétion sudoripare s'accentue, la respiration devient plus active ; cette lutte ne peut se prolonger sans déterminer de graves accidents.

Plusieurs causes aussi peuvent modifier notablement la déperdition de chaleur par rayonnement, en premier lieu l'épaisseur de la toison qui protège le corps de nos animaux ; il faut aussi considérer le développement du tissu adipeux dans lequel se déposent les graisses qui forment une couche isolante.

Lorsque nos animaux vivent au grand air, nous ne pouvons les protéger efficacement contre les variations de température, mais il est possible de remédier aux dépenses qu'elles nécessitent en modifiant leur rationnement.

Quand ils sont enfermés dans des constructions, il n'y

aurait pas économie à produire de la chaleur artificielle ;
ce sont eux-mêmes qui déterminent le réchauffement des
locaux. On aménagera une ventilation convenable pour
satisfaire à leurs besoins respiratoires sans provoquer un
refroidissement exagéré.

On conseille dans la pratique de maintenir pour les
écuries et les étables une température oscillant entre 12°
et 18° ; pour les moutons, qui sont protégés par leur toison,
10° à 12° peuvent suffire, tandis que pour les porcs, surtout ceux d'élevage, elle ne devra pas descendre au-dessous
de 15°.

II. — TRAVAIL FONCTIONNEL.

L'énergie qui est dépensée par l'organisme pour la production du travail est divisée en deux parties distinctes :
l'une sert à assurer les diverses fonctions du corps nécessaires à l'entretien de l'existence, l'autre se manifeste ex-
térieurement par un travail que nous pouvons utiliser ;
enfin celle qui n'est pas employée, s'il y a excès, reste à
l'état latent soit en constituant des réserves et principalement des dépôts graisseux, soit en se transformant en des
produits de sécrétions comme le lait, le sperme.

Les dépenses qui résultent du fonctionnement de l'organisme au repos sont assez nombreuses, et il est impossible de déterminer, pour le plus grand nombre, la part
qui revient à chacune ; les deux plus importantes sont la
circulation sanguine et la respiration. Comme leur action
est constante, cette différenciation ne présente aucun
intérêt pratique. Il n'en est pas de même du travail de la
digestion, qui peut varier avec l'alimentation, et dont il
est possible d'évaluer l'intensité, en mesurant les quantités d'oxygène absorbées avant et pendant le repas. Les
expériences faites par Zuntz et Lehmann sur le cheval,
que nous résumons dans le tableau ci-après, sont particulièrement intéressantes.

Le travail de la mastication, les mouvements péristal-

CONDITIONS INTRODUITES ET DURÉE.	VENTILATION HORAIRE.	COMPOSITION centésimale de l'air expiré.		CONSOMMATION horaire de O.	PRODUCTION HORAIRE de CO_2.	OXYGÈNE consommé par heure et par kilogramme.	CO_2 produit par heure et par kilogramme.	QUOTIENT RESPIRATOIRE.	TRAVAIL HORAIRE (kilogrammètres).
		Déficit O.	CO_2.						
	litres.			litres.	litres.	litres.	litres.		
Repos 24'..........	1.632	5,725	4,221	93,432	68,886	0,233	0,172	0,738	»
Mastication 204'.....	2.118	4,874	4,102	103,231	86,880	0,258	0,217	0,84	»
Travail 20'..........	21.246	4,046	3,716	859,613	789,501	2,149	1,972	0,92	291.000
Période consécutive 20'..............	3.696	3,183	3,210	117,643	118,639	0,294	0,296	1,01	»
Travail 20'..........	26.478	3,042	2,634	805,420	697,430	2,013	1,743	0,87	327.900
Période consécutive 20'..............	5.628	2,256	2,307	125,967	129,847	0,314	0,324	1,02	»
Pendant le repas 79'.	2.112	4,792	4,078	101,207	86,126	0,253	0,215	0,85	»

tiques du tube digestif, les contractions stomacales, l'abondance des sécrétions salivaire, gastrique, pancréatique et intestinale diffèrent suivant la nature des aliments ; la dépense est d'autant plus considérable que les fourrages sont plus grossiers.

Chez les carnivores et les omnivores, le travail de la digestion est sensiblement proportionnel à la valeur nutritive ; mais chez les herbivores il n'en est point ainsi ; aussi est-il nécessaire d'en tenir compte approximativement, car jusqu'ici il n'a pas été possible de calculer les coefficients pour chaque nature d'aliments.

Pendant la digestion, une partie de l'énergie des principes nutritifs, et plus spécialement de la cellulose, des gommes et substances analogues, sort de l'organisme sous forme gazeuse sans être utilisée. Cette perte due aux fermentations n'est sensible que pour les herbivores ; elle varie également suivant la nature des fourrages, et en étudiant cette cause de déperdition on arrive aux mêmes conclusions que pour le travail de la mastication, c'est-à-dire qu'elle est d'autant plus grande que les aliments sont plus grossiers. L'expérience suivante de Henneberg montre pour la cellulose l'importance de cette action (tableau, p. 124).

On voit que 75 p. 100 de la chaleur restent disponibles pour l'assimilation sous forme d'acides organiques, tandis que 15 p. 100 sortent sous forme de gaz et 10 p. 100 se dégagent immédiatement, contribuant à réchauffer les aliments et les boissons.

	NOMBRES			
	Absolus.		Proportionnels.	
Chaleur de combustion de 100 grammes de cellulose à $4^{cal},1$ par gramme.........	»	410,0	»	100,0
Chal. de combustion des produits de la fermentation cellulosique { $35^{gr},5$ de CO^2	0,0	»	0,0	»
$4^{gr},7$ CH^4........	62,0	»	15,1	»
$33^{gr},6$ ac. acétique.	117,8	»	} 75,0	»
$33^{gr},6$ ac. butyrique.	189,8	»		»
Sommes..............	369,6	369,6	90,1	90,1
Différence correspondant à la chaleur dégagée pendant la fermentation..............	»	40,4	»	9,9

III. — TRAVAIL UTILE.

Nous avons vu précédemment que tous les principes alimentaires peuvent se substituer pour la production du travail. Bien qu'il semble résulter de l'expérience que ce soit seulement à l'état de glycose que la consommation musculaire s'effectue, cependant les matières azotées peuvent prendre cette forme ; les carnivores se prêtent particulièrement à cette transformation. Pflüger a pu nourrir pendant six mois un chien exclusivement avec de la viande dégraissée, lui faire produire un travail considérable sans qu'il ait subi de perte de poids.

Il y a dans la pratique de grandes difficultés pour déterminer l'intensité du travail demandé à un moteur animé ; la nature de la traction, l'état du sol, le roulement des véhicules, le nombre des arrêts, la vitesse, etc., sont autant de causes qui font varier l'effort dans des limites très étendues. Aussi est-ce surtout à la balance que l'on aura recours pour vérifier si la ration est suffisante.

Pour réaliser des expériences à ce sujet, on a recours en

général au travail dans un manège en enregistrant au dynamomètre les efforts de traction. C'est en opérant ainsi qu'en 1894 Wolff est arrivé pour le cheval aux résultats qui sont résumés dans le tableau suivant :

Périodes		1	2	3
		Kil.	Kil.	Kil.
Ration journalière.	Foin	3	3	3
	Paille	2,5	2,5	2,5
	Avoine	3	3	1
	Maïs	3,5	»	4
	Féveroles	»	4	1,5
Valeur nutritive de la ration sans cellulose : $MA + MH + 2{,}4\,MG$.		Gr. 5.880	Gr. 5.860	Gr. 6.180
Relation nutritive $\dfrac{MA}{MH + 2{,}4\,MG}$.		$\dfrac{1}{7{,}4}$	$\dfrac{1}{3{,}1}$	$\dfrac{1}{5{,}8}$
Travail total produit		Kgm. 1.628.586	Kgm. 1.596.410	Kgm. 1.772.426
Quantité disponible pour le travail, déduction faite de la ration d'entretien $= 3{,}300$		Gr. 2.580	Gr. 2.560	Gr. 2.880
Travail produit pour 100 gr. disponibles		Kgm. 63.123	Kgm. 62.282	Kgm. 59.966

Ces derniers chiffres sont obtenus en multipliant par 100 le travail total et en divisant par le travail disponible. Ce rendement est très élevé, mais on remarquera que Wolff n'a pas tenu compte de la cellulose digestive.

Nous aurons d'ailleurs l'occasion de revenir sur ces chiffres lorsque nous étudierons l'alimentation spéciale des moteurs et particulièrement du cheval. Les compagnies de transport ont fait des recherches très intéressantes pour déterminer la ration la plus économique pour leur cavalerie.

Le travail que nous demandons à nos moteurs est très variable pour les causes que nous avons énoncées plus haut ; heureusement l'organisme, par sa constitution, permet la formation de réserves qui servent pour ainsi dire de régulateurs. Nous devons donc nous rapprocher autant que possible des conditions normales, c'est-à-dire de l'équilibre entre les gains et les pertes, et régler la ration de manière qu'un excès passager de dépense puisse être compensé par des économies antérieures et arriver ainsi à une moyenne constante.

Une alimentation trop copieuse produirait chez l'animal un embonpoint qui causerait un préjudice à sa fonction zootechnique de moteur et risquerait de déterminer des accidents pléthoriques toujours graves.

Dans le cas contraire, il épuiserait d'abord ses réserves graisseuses, ses muscles s'émacieraient, en un mot il maigrirait rapidement. Il conviendra, aux premiers symptômes, d'augmenter la ration et, si le sujet se refuse à absorber les suppléments, si sa limite de digestibilité est atteinte, il faudra réduire le travail demandé.

Lorsqu'un effort passager demande une dépense d'énergie anormale, la circulation sanguine s'accélère; pour le cheval, le nombre des pulsations cardiaques peut passer de 40 à 120 ; comme conséquence, la respiration devient haletante et cette situation ne pourrait se prolonger sans danger.

IV. — ÉNERGIE LATENTE.

Nous comprenons dans cette catégorie trois productions zootechniques : l'élevage, la lactation et l'engraissement.

Chez le fœtus, la chaleur potentielle reste immobilisée dans la matière qui sert à son développement, et de même plus tard, celle provenant de son alimentation s'emmagasine dans les accroissements des tissus. Chez la femelle, la sécrétion laitière est simplement la transformation des principes assimilés, sans que ceux-ci aient subi d'oxydation ; le lait, destiné à la nutrition de l'homme ou des jeunes, a donc conservé tous les équivalents dynamiques des substances digestibles dont il provient.

L'accumulation de la graisse, enfin, représente la réserve la plus parfaite, puisque cette substance renferme, à égalité de poids, 2,4 fois plus de calories de combustion que les autres matières composant l'organisme.

La nature des principes alimentaires qui conviennent pour favoriser chacune de ces productions doit nécessaiment différer avec le but à atteindre.

Le jeune animal qui se développe a besoin de substance protéique pour constituer ses masses musculaires, et, comme aucun autre principe ne peut se substituer à la matière azotée, il sera donc nécessaire de donner une ration copieuse et riche. Les organes pourront ainsi acquérir un développement qui leur permettra plus tard de devenir des machines à grand rendement.

L'importance d'une alimentation azotée a été démontrée par un grand nombre d'expériences. Nous rappellerons notamment celles de Henry et de Jordan dont nous avons reproduit les résultats en parlant de la relation nutritive (p. 93).

Nous avons vu, à propos de la relation nutritive, que plus l'animal approchait de l'âge adulte et plus on pouvait substituer à la matière azotée, toujours coûteuse, des quantités isodynames d'autres principes plus économiques.

La sécrétion laitière nécessite une élimination très importante d'albuminoïdes ; un litre de lait de vache contient en moyenne 35 à 40 grammes de caséine, ce qui correspond pour un animal produisant 20 litres, par exemple, à 700 ou 800 grammes de protéine en plus de la quantité nécessaire à son entretien. Ajoutons à cela une égale quantité de matière grasse et 1 kilogramme de sucre de lait. Aussi est-il rare que, pendant la période de lactation, l'organisme se maintienne en équilibre ; très généralement l'amaigrissement va en s'accentuant, puis, la production laitière diminuant peu à peu, le poids vif se relève. Cela tient à ce que, dans beaucoup d'étables, les animaux sont soumis au même régime ; mais il peut aussi arriver qu'avec une nourriture très abondante et très riche on constate la même diminution de poids chez les grandes laitières, ce qui a pour cause une élimination supérieure à la capacité digestive.

Quels sont enfin les principes nutritifs qui conviennent le mieux pour faciliter l'accumulation de la graisse dans le corps des animaux?

On a cru pendant longtemps que la matière grasse provenait uniquement de celle de même nature que contiennent les aliments. Vers 1844 Liebig émit un doute sur l'unité de cette origine : il fit remarquer combien en effet était petite la quantité de corps gras dans la plupart des végétaux; il pensa que la protéine intervenait pour une large part dans la formation de la graisse. La question de la possibilité de cette modification est encore controversée de nos jours; mais il est maintenant démontré définitivement que les hydrocarbonés et notamment les matières amylacées jouent un rôle prépondérant dans l'engraissement.

A l'appui de cette opinion, nous citerons d'abord l'expérience que fit Tchirwinsky. Il prit deux jeunes porcs de dix semaines : l'un, pesant $7^{kg},300$, fut immédiatement sacrifié; l'autre, du poids de $7^{kg},290$, fut nourri pendant quatre mois exclusivement avec de l'orge, puis abattu. La différence entre la quantité des matières azotées et grasses chez les deux animaux représente l'accroissement dû à l'alimentation :

	Matières azotées.	Matières grasses.
Abattu quatre mois après.......	2,520	9,250
Abattu à dix semaines.........	0,960	0,690
Différences...........	1,560	8,560
La totalité de l'orge consommé contenait.................	7,490	0,660
	— 5,930	+ 7,900

Il s'est formé 7^{kg},900 de matières grasses que ne contenait pas l'orge, et il a disparu 5^{kg},930 de matières azotées ; si cette dernière quantité tout entière s'était transformée en graisse, on aurait eu au maximum 5,930 : 2,3 = 2,600 ; en les retranchant des 7^{kg},900, il reste toujours un poids de graisse de 5^{kg},300 qui ne provient ni des matières azotées, ni des matières grasses de l'orge ; donc il résulte de la transformation des matières hydro-carbonées.

Nous avons alimenté de jeunes canards exclusivement avec de la caséine provenant de la coagulation du lait centrifugé ne contenant que des traces de matières grasses. Ces animaux se sont rapidement développés et ont acquis un état d'engraissement satisfaisant ; toutefois leur chair blanche manquait de qualité et avait un goût de lait fermenté. On pouvait remarquer que les muscles du gésier ne s'étaient pas développés, ce qui s'explique puisque cette nourriture ne nécessitait pas les contractions de ce viscère ; ce fait montre bien l'influence de la gymnastique fonctionnelle sur les organes.

Dans toutes les expériences qui ont été faites en augmentant, dans la ration, la quantité de matières azotées, on a vu l'engraissement s'accélérer. On en a donc conclu que les albuminoïdes pouvaient se transformer en graisses. M. Mallèvre a donné de ces phénomènes une explication très judicieuse.

Il pense que dans ce cas la protéine s'est substituée à une partie des principes nutritifs non azotés pour satisfaire aux dépenses de l'organisme, et ceux-ci, devenant disponibles, se sont transformés en corps gras qui se sont déposés dans les tissus.

Des études récentes d'un Japonais, M. Kumagawa, semblent confirmer cette manière de voir, en établissant que cette transformation de la protéine ne se réalise pas dans l'organisme. Cet auteur a fait jeûner un chien jusqu'à amaigrissement complet, puis il l'a nourri exclusivement avec de la viande maigre, sans pouvoir déterminer de dépôts graisseux.

On a cherché dans l'ensemble du règne animal si l'on ne trouverait pas des cellules produisant cette modification. On avait d'abord pensé que le phénomène se trouvait réalisé dans la fermentation de la caséine et dans la putréfaction des cadavres; on a renoncé depuis à ces deux démonstrations. Hoffmann a fait voir que les œufs de mouche se développant sur du sang pur donnent des larves qui contiennent de 7 à 11 p. 100 de graisse de plus que la nourriture qui leur était offerte.

Dans certaines affections pathologiques on remarque une dégénérescence graisseuse des organes, et notamment du foie. Enfin Baur (de Munich) empoisonna lentement au phosphore un chien chez lequel on avait détruit les dépôts graisseux par un jeûne préalable de douze jours. Aussitôt il vit la quantité d'azote augmenter dans les urines, ce qui démontrait une combustion des matières albuminoïdes de l'organisme; cette élimination passa de $7^{gr},8$ à $23^{gr},9$ par jour. A l'examen après la mort, qui se produisit vers le vingtième jour, on trouva que la substance sèche des muscles contenait 42,4 p. 100 et celle du foie 30 p. 100 de graisse.

Quoi qu'il en soit, dans la pratique ces conception sont peu d'importance; que la matière azotée forme directement de la graisse, ou bien qu'elle épargne les principes dont celle-ci résulte, il est certain qu'elle facilite l'engraissement, ainsi que le montrent les résultats suivants obtenus sur des moutons dans diverses stations agronomiques d'Allemagne :

NOMBRE D'EXPÉRIENCES.	ÉLÉMENTS du fourrage digérés par jour et par tête.		RAPPORT NUTRITIF.	AUGMENTATION de poids par jour et par tête.	POIDS NET à l'abatage.	POIDS du suif, des reins et du mésentère.
	Albumine.	Hydrate de carbone.				
	gr.	gr.		gr.	p. 100 du poids vif.	p. 100 du poids vif.
7	110	824	1/7,9	55,5	48,0	7,2
13	134	779	1/5,81	79,0	51,9	9,9
20	164	794	1/4,70	94,5	53,5	10,9
19	192	769	1/4,01	103,0	54,9	11,2

On voit par ces chiffres, qui ont été recueillis par Wolff, que l'augmentation de poids total et la proportion de graisse croissent proportionnellement à la quantité de protéine introduite dans la ration.

Mais nous devons rappeler ici ce que nous avons dit à propos de la relation nutritive : c'est à l'éleveur de se rendre compte si l'accroissement du prix de revient qui résulte de l'emploi d'une ration riche en azote est compensé par l'augmentation des produits qui en résultent.

XII. — RATIONNEMENT.

On appelle *ration* la quantité d'aliments qu'un animal reçoit par jour pour entretenir son organisme et pour fournir les productions zootechniques dont son exploitation est le but ; de cette définition il résulte qu'on distingue les *rations d'entretien* et les *rations de production*.

Pour qu'une ration soit bonne, elle doit satisfaire d'une part aux nécessités physiologiques, et d'autre part son prix de revient doit être inférieur à la valeur des produits qu'elle engendre, le bénéfice réalisé étant aussi grand que possible. Nous étudierons ce point de vue économique un peu plus loin avec les substitutions alimentaires.

Les besoins de l'organisme peuvent se résumer en trois articles que nous énonçons par ordre d'importance :

1° La ration doit contenir la somme de principes nutritifs nécessaire à l'organisme ;

2° Elle doit avoir une relation nutritive en concordance avec le but que l'on se propose ;

3° Elle doit contenir une quantité suffisante de cellulose brute.

La première condition est irréductible ; nous avons vu que pour la seconde il était possible de la faire varier entre certaines limites. Il s'agit en troisième lieu d'assurer un bon fonctionnement du tube digestif.

Pour que les contractions des viscères aient une action efficace, que la rumination se produise et que les substances s'acheminent normalement, il faut que le volume des aliments soit suffisant.

On remarquera toutefois que ces organes peuvent se modifier peu à peu, sous l'influence d'un changement d'alimentation même considérable, à la condition qu'il soit progressif.

On pourra dire que deux rations sont *équivalentes* lorsque, contenant la même somme de principes digestibles, elles sont aussi comparables aux deux autres points de vue, sans cependant être identiques.

Dans la pratique, le plus souvent, le rationnement est réglé au hasard et par la routine ; s'il y a gaspillage ou pénurie, on s'en aperçoit lorsque les accidents ou l'amaigrissement se produisent.

I. — MÉTHODE DE SANSON.

Certains zootechniciens ont préconisé l'alimentation au maximum. Autrefois le bétail, ayant toujours une nourriture trop parcimonieuse, ces encouragements vers un régime plus généreux ne pouvaient produire que d'excellents effets. Aujourd'hui, dans la plupart des régions, les récoltes fourragères ont beaucoup progressé en quantité et en qualité, les résidus industriels sont faciles à se procurer à des conditions avantageuses, grâce à la multiplicité des moyens de transport; comme conséquence, l'alimentation du bétail s'est améliorée notablement; chez l'animal d'élevage, il est nécessaire d'aider à sa croissance par un rationnement très copieux, mais cependant il ne faudrait pas déterminer un embonpoint précoce qui irait justement à l'encontre du but que l'on se propose.

L'engraissement cause chez la vache le tarissement du lait, empêche souvent la fécondation, nuit au développement du fœtus et rend la parturition difficile, parfois même dangereuse. Enfin, il expose cet animal aux mammites et à la fièvre de lait, maladie bien connue des praticiens et qui a presque toujours une issue fatale (1).

La graisse rend mous les moteurs animés; en isolant le corps, elle diminue le rayonnement de la chaleur interne, produite avec intensité pendant le travail par l'activité plus grande de la circulation et de la respiration; comme conséquence, elle nécessite une transpiration abondante; elle gêne les mouvements et, agissant encore par son poids même, elle augmente les dépenses énergétiques.

Enfin, cette méthode ne convient même pas pour l'engraissement, si intensif soit-il; car elle a toujours pour résultats, économiquement une perte de produits, et physiologiquement elle peut occasionner des accidents pléthoriques.

Nous pensons donc qu'il faut maintenant abandonner complètement cette théorie de la ration maxima que M. Sanson a défendue jusqu'à la fin de sa vie, ainsi d'ailleurs que la nécessité des relations nutritives étroites.

(1) On a récemment découvert un vaccin qui donne, paraît-il, les meilleurs résultats.

II. — MÉTHODE DE WOLFF.

Wolff proposa de fixer la ration d'après le poids vif des animaux : c'est une donnée qu'il est toujours facile d'obtenir par la balance d'abord, à la rigueur par les rubans zoométriques et même approximativement par l'estimation. Cette méthode serait d'une application très simple si les quantités de matières nutritives nécessaires croissaient proportionnellement au poids; mais il s'en faut de beaucoup qu'il en soit ainsi : plus les animaux sont de petite taille, et plus elles sont grandes comparativement à l'unité.

On a déterminé expérimentalement pour chaque espèce et pour chaque âge, suivant le but poursuivi, la quantité de chacun des principes alimentaires. C'est ce qu'on appelle les *normes* du rationnement. Ces chiffres ont été remaniés à plusieurs reprises et réunis en tableaux.

Nous reproduisons le plus récent de ceux-ci, revu par M. Mallèvre et publié par la Société de l'alimentation rationnelle du bétail. L'éleveur devra considérer ces quantités comme des valeurs approchées, qu'il modifiera suivant les aptitudes individuelles des sujets et son expérience personnelle.

Ce procédé au poids vif, malgré ses imperfections, nous paraît le plus commode et celui qui donne les résultats les plus voisins de la réalité.

III. — MÉTHODE DE CREVAT.

En 1885, la Société des agriculteurs de France, ayant mis au concours une étude des procédés d'alimentation rationnelle du bétail, accorda la plus haute récompense au mémoire présenté par M. Crevat. Cet auteur, se basant sur ce que la plus grande partie de la substance nutritive était transformée en chaleur et que celle-ci était perdue d'autant plus rapidement que le corps échauffé avait une surface plus grande de rayonnement, pensa qu'il était plus rationnel de prendre comme base d'évaluation, au lieu du poids vif, cette surface qui se trouvait être un des facteurs de la dépense (1).

Il établit d'abord les cinq règles suivantes de rationnement pour un animal de 500 kilogrammes à une température moyenne de 12° :

Première règle. — Pour des bêtes au simple entretien, on compte 4^{kg},5 de sucre, 0^{kg},285 de protéine, 0^{kg},09 de graisse.

Deuxième règle. — Pour les bêtes de rente en production, on compte, pour la ration d'entretien productif, 5 kilogrammes de sucre, 0^{kg},350 de protéine, 0^{kg},1 de graisse, et pour ration supplémentaire de production les principes des produits.

Troisième règle. — Pour les bêtes de travail en production, on ajoute à la ration de simple entretien 1^{kg},2 de sucre, 0^{kg},60 de protéine, 0^{kg},14 de graisse par 1 000 dynamies de travail produit.

Quatrième règle. — On transforme la ration théorique trouvée directement par le calcul, en ration pratique équivalente d'une composition plus convenable, en se rappelant : que les trois classes de principes alimentaires, sucre, protéine, graisse, peuvent se suppléer entre elles pour fournir la chaleur, conformément à leurs pouvoirs calorifiques respectifs : 1,00, 1,22, 2,32 ; que la protéine peut former de la graisse dans le rapport de 1 000 de protéine pour 485 de graisse ; que la protéine seule ne peut être remplacée pour fournir le travail et les principes protéiques des produits.

Cinquième règle. — On augmente la graisse d'entretien proportionnellement à l'état d'embonpoint de l'animal, ce dont il faut surtout tenir compte pour les bêtes à l'engrais ; on compte ainsi pour l'entretien d'une bête de 500 kilogrammes : 0^{kg},1, 0^{kg},2, 0^{kg},3, 0^{kg},4, 0^{kg},5, 0^{kg},6, 0^{kg},7 de graisse, suivant qu'elle sera en état, en

---

(1) Ce système avait été exposé antérieurement en Allemagne par Rubner.

chair, mi-grasse, assez grasse, grasse, très grasse, fine grasse, soit 0,004 de la graisse totale de l'organisme, environ, comme pour la protéine.

Nous avons tenu à reproduire le texte même de l'auteur, craignant de ne pas réussir à exprimer sa pensée. M. Crevat pose en principe que les rations sont proportionnelles aux carrés des périmètres thoraciques.

Soient C, c les périmètres; P, p les poids vifs; R, r les rations, les majuscules représentant les nombres déterminés pour un animal de 500 kilogrammes et les minuscules étant les données correspondantes chez le sujet considéré.

On a donc la relation suivante :

$$\frac{R}{r} = \frac{C^2}{c^2}, \quad \text{d'où} \quad r = \frac{R}{C^2}\, c^2,$$

ce que M. Crevat exprime :

$$r = c^2\, f.$$

Cet auteur a déterminé « la valeur du *facteur de rationnement f* pour chaque espèce animale, chaque genre de production et chaque classe de principes alimentaires ». On peut calculer la ration en fonction du poids, en établissant que les poids sont proportionnels aux cubes des périmètres :

$$\frac{P}{p} = \frac{C^3}{c^3}, \quad \text{ou} \quad \frac{C}{c} = \frac{\sqrt[3]{P}}{\sqrt[3]{p}},$$

$$c = \sqrt[3]{p\, \frac{C^3}{P}}.$$

M. Crevat écrit cette formule :

$$c = \sqrt[3]{p : x}.$$

« Ce coefficient x du poids vif sera indiqué pour les différentes circonstances pratiques. »

Nous n'insisterons pas davantage sur cette méthode, dont on peut apprécier la complication par les renseignements que nous venons de donner.

IV. — RATION D'ENTRETIEN.

La ration d'entretien est la somme de principes nutritifs nécessaires pour assurer l'accomplissement des fonctions vitales, le corps restant en équilibre de poids, sans production apparente ou interne.

Les machines industrielles au repos ne demandent, en général, que de faibles dépenses d'entretien ; il n'en est pas de même des machines animales ; aussi cette situation d'inactivité est-elle onéreuse : on ne devra s'y résoudre que quand les circonstances y contraindront absolument et d'une façon transitoire.

La première question qui se pose est celle du minimum de matière azotée, puisque nous avons vu antérieurement qu'aucun principe ne pouvait suppléer la protéine. Lorsque l'animal est soumis au jeûne, il satisfait à ses dépenses au détriment de sa propre substance. On avait donc pensé qu'en évaluant la quantité d'azote éliminé dans ces conditions on obtiendrait l'expression des besoins minima de l'organisme ; mais l'expérience directe a montré que les chiffres ainsi trouvés étaient de près de moitié inférieurs. On a établi que par 1 000 kilogrammes de poids vif le cheval devait recevoir environ 800 grammes de protéine digestible, et que 700 grammes suffisaient pour les bovidés.

Le minimum de matière azotée étant assuré, nous avons vu que les autres principes alimentaires peuvent se suppléer ; il n'y aura donc lieu de considérer que leur quantité totale ; il faut se rappeler toutefois qu'un excès de matières grasses peut diminuer la digestibilité, surtout si leur état de division ou d'émulsion n'est pas suffisant. Cette somme variera nécessairement suivant les dépenses de calorification : elle sera d'autant plus élevée que la température ambiante sera plus basse.

Le taux de la ration n'est pas proportionnel au poids des animaux : plus ceux-ci sont petits et plus grandes sont leurs exigences. Ainsi, un cochon d'Inde du poids de 700 grammes demande 84 grammes de foin pour son entretien, soit 60 p. 1000 du poids vif, tandis qu'un bœuf dans les mêmes conditions n'a besoin que de 8 p. 1000.

En traitant successivement de l'alimentation de chaque espèce, nous indiquerons les chiffres qui ont été fournis par l'expérimentation suivant les âges.

Il est absolument nécessaire d'appliquer les rations d'entretien aux bêtes de travail, lorsqu'un chômage même momentané s'impose. On réalisera d'une part une économie, et d'un autre côté on évitera les indispositions plus ou moins graves connues sous le nom de *maladies du lundi*.

Au Congrès de l'alimentation du bétail de 1897, M. Lavalard rappelait qu'il y a une trentaine d'années la Compagnie générale des omnibus perdait annuellement de paralysie une centaine de chevaux ; ces cas se produisaient toujours après une période de repos. Il a complètement supprimé ces accidents en tenant la main à ce que le personnel réduise la ration de travail dans une proportion déterminée lorsque les animaux restaient à l'écurie.

V. — RATION DE PRODUCTION.

Pour déterminer la ration de production, il suffira d'ajouter à la ration d'entretien la quantité de principes nécessaire pour équilibrer les dépenses ou assurer la formation des réserves.

On distinguera donc les rations de travail, d'engraissement, etc., suivant la nature des produits demandés aux machines animales. Les tables de rationnement contiennent les indications moyennes nécessaires dans la pratique.

M. Rabatté, se basant sur ces données, a résumé dans un tableau le rationnement progressif des animaux de poids différents :

Poids vif individuel.		Matière sèche digestible par 1000 kil. de poids vif.	
	Kil.		Kil.
$a' =$	1	$a =$	100,00
$a'q' =$	2	$aq =$	79,44
$a'q'^2 =$	4	$aq^2 =$	
$a'q'^3 =$	8	$aq^3 =$	50,11
$a'q'^4 =$	16	$aq^4 =$	
$a'q'^5 =$	32	$aq^5 =$	31,61
$a'q'^6 =$	64	$aq^6 =$	
$a'q'^7 =$	128	$aq^7 =$	19,55
$a'q'^8 =$	256	$aq^8 =$	
$a'q'^9 =$	512	$aq^9 =$	12,59
$a'q'^{10} =$	1.024	$aq^{10} =$	10,0

Ce sont deux progressions géométriques, l'une croissante et l'autre décroissante.

Il est très élégant de figurer ces phénomènes par des graphiques et d'obtenir des courbes logarithmiques représentatives ; mais on attribue ainsi une précision aux actes de l'alimentation qui nous paraît incompatible avec leur variabilité essentielle.

On pourrait évidemment pour chaque production calculer rigoureusement la dépense ; toutefois les facteurs d'individualité jouent un trop grand rôle pour que l'on puisse ainsi arriver à des résultats certains ; et comme preuve nous voyons des expérimentateurs habiles avoir recours à la méthode des tâtonnements. Dans la pratique, où il est impossible de réunir toutes les données précises, on devra se servir des mêmes moyens.

On établira la ration d'après les moyennes fournies par les tables ; on observera l'effet produit par son application et, suivant qu'on constatera qu'il y a pénurie ou excès, on augmentera ou l'on diminuera progressivement. La balance sera le plus sûr indicateur.

Il est une règle cependant qu'il est nécessaire d'observer: elle est basée sur la capacité du tube digestif des diverses espèces et sur leur activité nutritive.

Le total des substances sèches données par vingt-quatre heures ne doit pas dépasser:

Pour les ruminants.....	3 à 3,5 p.	100 du poids vif.
— chevaux.......	2,5 à 3	—
— porcs	4,5 à 5	—

VI. — DISTRIBUTION DES ALIMENTS.

Les aliments seront donnés en plusieurs repas, à des heures déterminées et toujours les mêmes. Il y aurait un double inconvénient à laisser aux animaux la nourriture à discrétion devant eux; d'abord il se produirait un gaspillage qui justifie à lui seul le rejet du procédé; en outre il en résulterait une inappétence nuisible à une bonne nutrition; enfin il est très important d'assurer par la régularité un bon fonctionnement de l'appareil digestif. La machine animale, plus que toute autre, souffre des à-coups, et s'use d'autant plus rapidement qu'ils sont plus répétés.

Si l'on tarde à distribuer le repas, les bêtes se tourmentent, la faim devient impérieuse, l'organisme use ses réserves et se fatigue; les premiers aliments donnés sont avalés gloutonnement, insuffisamment mastiqués, souvent pris en trop grande abondance; il en résulte: un excès de travail et de la dilatation pour l'estomac, une assimilation incomplète, donc inutilisation d'une partie de la ration, et parfois indisposition plus ou moins grave du sujet.

Pour fixer le nombre des repas, on s'efforcera tout d'abord de satisfaire à la fonction physiologique; on les espacera donc suffisamment pour permettre à l'estomac de se vider complètement avant que de nouveaux aliments y soient introduits. Il faudra tenir compte des variations dues à la structure du tube digestif. Chez les chevaux, par exemple, la mastication, se faisant en une seule fois, est plus longue que pour les ruminants; il est vrai que, par suite de la réduction du volume de l'estomac, la nourriture devra être plus substantielle. Les bovins et les ovins, au contraire, absorbent vite des masses considérables, mais on devra leur réserver un temps suffisant pour la rumination. Nous aurons l'occasion de revenir sur ces considérations pour chaque espèce en particulier.

Il importe également de ne pas multiplier au delà des besoins le nombre des distributions, car la main-d'œuvre augmenterait ainsi; d'autre part il convient, pour les animaux de travail, de ménager des périodes d'utilisation suffisamment longues. D'une façon générale, trois repas par jour donnent satisfaction à tous ces desiderata. Cette division présente en outre l'avantage de coïncider avec celle de l'alimentation humaine.

Lorsqu'un repas se compose de plusieurs substances, il sera tout indiqué de donner la première la moins recherchée en gardant « le meilleur pour la bonne bouche », suivant le dicton bien connu. On réservera de préférence pour le soir les fourrages nécessitant une longue mastication; cette remarque n'a pas d'importance pour le bétail qui reste toute la journée à l'étable.

Enfin il est un principe souvent énoncé : « La variété des mets excite l'appétit ». Son application a une réelle importance surtout lorsqu'il s'agit d'engraissement intensif; plus les masses adipeuses se développent et moins le sujet éprouve le besoin de se suralimenter. Mais nous croyons utile d'appeler tout particulièrement l'attention sur une confusion possible. Il faut bien distinguer entre la variété de l'alimentation et le changement de régime. Dans le premier cas on distribue, soit en mélange, soit successivement, des grains, des tourteaux, des fourrages, etc. ; on peut modifier la composition des repas de la journée, mais toujours le rationnement reste le même. Les changements de régime, quels qu'ils soient, déterminent toujours une perturbation dans les fonctions digestives et se soldent économiquement par une perte.

Le Dr Julius Lehmann mit ces faits en lumière dans des expériences dont nous allons donner les résultats. Deux bœufs de deux ans et demi reçoivent par tête et par jour : 0^{kg},75 de tourteau de colza, 2^{kg},50 de foin, 2^{kg},50 de paille et 21 kilogrammes de betteraves. On remplace ces dernières racines par 10^{kg},625 de pommes de terre ; non seulement l'accroissement des animaux cesse, mais ils maigrissent, il faut sept jours à l'un et douze à l'autre pour retrouver le poids qu'ils avaient au moment du changement. Si la modification dans le régime est plus profonde, comme le passage de la nourriture d'hiver aux fourrages verts, le contre-coup est encore plus sensible.

Pendant 99 jours deux jeunes bœufs de un an et demi avaient été nourris avec : 0^{kg},75 de tourteau de colza, 2^{kg},50 de paille de seigle, 2^{kg},50 de foin et 10 kilogrammes de pommes de terre. Le 22 mai, on remplace ces substances par du trèfle vert à discrétion.

Voici les variations de poids observées les jours suivants :

Dates.	Poids du bœuf n° 1.	Poids du bœuf n° 2.
	kil.	kil.
22 mai................	417,0	362,5
24 —	412,5	354,0
6 juin................	406,0	356,0
9 —	416,5	363,0
13 —	420,0	371,0

Il en est donc résulté une perte de dix-huit rations.

On ne saurait trop conseiller, lorsqu'on est amené à modifier un régime, de le faire progressivement : l'appareil digestif s'habitue peu à peu au nouveau travail qui lui est demandé et ne subit pas de bouleversement préjudiciable au double point de vue économique et hygiénique. L'animal lui-même, qui, presque toujours, est plus ou moins hésitant à accepter une nourriture nouvelle, a le temps d'y prendre goût. Cette manière de l'amener à consommer un aliment que d'abord il refuse est bien préférable à la contrainte par la force ou le jeûne. Dans ce cas il est aussi recommandable d'opérer le mélange avec une substance dont le sujet se montre particulièrement friand. Pour tenir toujours l'appétit des animaux en éveil, il est nécessaire de leur donner des aliments bien conservés, bien préparés, de tenir propres les mangeoires. Les matières laissées dans le coin de l'auge, souvent à cause de leurs souillures, entrent en fermentation et l'inappétence est presque toujours consécutive à la négligence de ceux qui sont préposés aux soins.

Lorsqu'avec le printemps vient le changement de régime, quand le bétail, après avoir été nourri de longs mois avec des fourrages secs, reçoit enfin les verdures dont il se montre si avide, il faudra tempérer ces appétits gloutons afin d'éviter une indisposition trop fréquente, la *météorisation*. Elle consiste dans une fermentation rapide des végétaux dans la panse, une production abondante de gaz qui dilatent cet organe, gênent la respiration et peuvent déterminer la mort par asphyxie si l'on n'y porte remède par une prompte intervention. L'agriculteur peut être contraint à agir lui-même, sans attendre les secours du vétérinaire; il emploiera la *sonde œsophagienne* ou le *trocart*, qui l'un et l'autre déterminent une expulsion immédiate des gaz; certains médicaments peuvent faciliter leur absorption.

Une précaution utile pour prévenir ces accidents consiste à donner des fourrages secs au bétail avant son départ pour le pâturage; et, lorsque la nourriture verte est distribuée à l'étable, on obtiendra le même résultat par un rationnement rigoureux.

VII. — ABREUVEMENT.

L'eau est la seule boisson qui convienne au bétail ; les qualités que l'on doit rechercher sont celles qui rendent une eau potable pour l'homme ; elle doit être fraîche, sapide, aérée, contenir des sels en solution sans exagération, privée de matières organiques ; sa température devra varier entre 10° et 16°. Parfois on la blanchit avec un peu de farine d'orge ou une matière analogue.

Il est sage de faire boire les animaux de toutes les manières, à l'auge, au seau, à l'abreuvoir, pour éviter qu'ils ne prennent des habitudes qui pourraient causer des refus gênants dans certaines circonstances.

On doit conseiller de laisser l'eau à leur libre disposition ; ils pourront ainsi s'abreuver fréquemment par petites quantités ; ce qui est surtout à craindre, ce sont les absorptions de grandes masses de liquide lorsque la soif est intense ; dans ces conditions les organes se distendent, la digestion est ralentie et souvent des diarrhées se produisent. C'est surtout en rentrant du travail que l'animal est exposé à ces ingestions trop copieuses ; on devra donc dans ce cas modérer ses désirs et ralentir son empressement ; on y arrive, pour le cheval par exemple, en le laissant bridé ; on peut encore répandre des fourrages à la surface du liquide.

Il est rationnel de donner à boire au moment des repas. La méthode qui semble la plus pratique consiste à distribuer d'abord les aliments grossiers de la ration, abreuver ensuite, puis achever le repas avec les substances concentrées.

Une bonne précaution consiste à permettre aux animaux de se désaltérer avant et après le travail ; mais dans ce dernier cas il convient de se conformer aux prescriptions que nous venons d'indiquer, surtout lorsqu'ils sont en transpiration ; une ingestion trop abondante pourrait déterminer des accidents analogues à ceux que produisent les refroidissements subits. On peut aussi, sans craindre ces indispositions, faire boire modérément pendant le travail, et de préférence un peu avant que celui-ci prenne fin.

La boisson donnée en excès rend les animaux mous et augmente la transpiration.

Le bétail tourmenté par la soif refuse souvent toute alimentation ; on devra donc le désaltérer modérément d'abord, on achèvera ensuite lorsqu'il aura consommé une partie de sa ration.

En résumé, l'organisme est le meilleur juge de ses besoins ; l'eau à discrétion est le moyen le plus recommandable pour assurer l'abreuvement dans des conditions normales.

Lorsque l'animal est enfermé, qu'il n'a pas de boisson à sa disposition, on doit lui en présenter fréquemment et régulièrement, au milieu des repas de préférence, avant la ration de grains, celle-ci pouvant être partiellement entraînée avant que le suc gastrique ait eu une action suffisamment prolongée.

Enfin, lorsque la soif est intense, au retour du travail par exemple, il faut abreuver avec précaution, tout accident ultérieur étant la conséquence d'un manque de soin.

XIII. — SUBSTITUTIONS (1).

Lorsqu'un rationnement donnant toute satisfaction a été établi, il peut arriver qu'on se trouve contraint d'y apporter des modifications, de rechercher une ration équivalente en substituant un aliment à un autre, soit que les appro-

(1) M. Mallèvre a fait en 1904, au Congrès de la Société d'alimentation rationnelle du bétail, une très intéressante communication sur « la valeur nutritive et vénale des denrées alimentaires » dont nous nous inspirerons souvent dans l'étude qui va suivre.

visionnements aient été épuisés, soit que les conditions économiques aient subi une variation.

Au commencement de l'hiver, on apprécie les quantités de fourrages dont on dispose, on les répartit sur les mois à courir avant la saison prochaine, tout en ménageant une certaine réserve pour les cas imprévus : on recherche alors les aliments complémentaires les plus avantageux, qu'ils proviennent des récoltes de la ferme ou d'achats faits sur le marché. Mais pendant cette longue période les cours peuvent se modifier, et dès lors il y a lieu de se livrer à de nouveaux calculs avant de renouveler ses emplettes. Si une hausse se manifeste sur les productions de la ferme réservées à l'alimentation des animaux, il convient de se rendre compte du bénéfice que l'on obtiendrait en effectuant leur vente et en leur substituant d'autres matières fournissant les principes nutritifs à un prix moins élevé.

Dans certains cas l'effectif du bétail peut s'accroître pour une raison que l'on n'a pas prévue.

Pendant la saison estivale, les mêmes motifs peuvent déterminer également une modification du rationnement.

Le problème des substitutions ainsi défini est donc essentiellement une question économique. Pour arriver à sa solution complète et raisonnée, il faudra faire intervenir tous les facteurs de profit et de dépense. On devra calculer le prix de revient exact de l'aliment au moment où il est livré à la consommation, ce que nous avons dit précédemment permettant d'établir sa valeur nutritive. Ces deux points de vue sont intimement liés l'un à l'autre, et par leur rapprochement on obtient la valeur pécuniaire de l'unité nutritive en fonction du prix de revient.

Dans la grande majorité des cas, les substitutions porteront sur les nourritures concentrées, à l'exclusion des fourrages grossiers. Et en effet, s'il y a pénurie de ces derniers à la ferme, il est probable qu'elle résulte de récoltes insuffisantes qui sont communes à toute la région. Or, à cause de leur volume encombrant, de leur faible valeur alimentaire, les dépenses de transport et de manutention viennent augmenter le prix de l'unité nutritive dans des proportions telles que leur achat au loin est rendu économiquement impossible.

Il est des productions de la ferme dont on ne peut établir la valeur, parce qu'elles n'ont pas de vente sur les marchés; tels sont les menus grains provenant des trieurs, les racines et les tubercules qui n'ont pas atteint une richesse ou une grosseur suffisante, ou qui sont légèrement avariés; leur utilisation par le bétail est toute indiquée.

I. — PRIX DE REVIENT D'UN ALIMENT.

Lorsqu'il s'agit d'établir le prix d'un produit récolté, on devra se procurer son cours marchand en estimant exactement sa qualité, que l'on est trop souvent enclin à exagérer; on en déduira la dépense nécessitée par le transport au lieu de livraison, les pertes de nettoyage et les frais de manutention. On doit aussi considérer qu'il résulte de la vente une sortie des éléments fertilisants de l'exploitation. A ce point de vue on ne tiendra compte que de la richesse en azote, les sels minéraux pouvant être négligés à cause de leur bas prix relatif et de leur faible quantité ; les corps ternaires n'ont aucune valeur comme engrais.

Ces réductions faites, on aura le prix net qui servira à calculer celui de l'unité nutritive par l'une des méthodes que nous allons développer.

On recherchera de même à combien reviendra, prêt à la consommation, l'aliment à substituer. Pour cela, on ajoutera au prix d'achat les frais de transport, de manutention et de préparation (concassage, broyage, malaxage, cuisson, etc.); on tiendra compte également de l'apport en principes fertilisants qui en résultera. En dehors de ces considérations, qui peuvent se traduire par des chiffres, il en est d'autres dont l'appréciation est plus délicate ; telles sont les conditions de conservation, d'emmagasinage, la facilité avec laquelle cette nourriture est acceptée par le bétail, les inconvénients de son usage, le goût qu'elle peut communiquer au lait ou à la viande, ses propriétés astringentes ou laxatives, en un mot sa convenance pour l'exploitation zootechnique que l'on poursuit.

II. — VALEUR-ENGRAIS DE L'AZOTE DES ALIMENTS.

La valeur comme engrais des aliments du bétail n'est jamais une quantité négligeable. Il peut être plus avantageux de réaliser l'amélioration de la fertilité d'une exploitation, en augmentant le cheptel et en introduisant les principes fertilisants sous une forme alimentaire, plutôt que d'acheter directement des engrais.

La protéine brute contenue dans une substance se divise en deux parties : l'une, non digérée, passe dans les fèces et, suivant son état, elle est plus ou moins rapidement assimilable par les plantes ; sa valeur fertilisante est variable, mais toujours bien inférieure à celle du nitrate de soude et de sulfate d'ammoniaque pour une même proportion d'azote. L'autre, la protéine digestible, sort par les urines et peut être immédiatement utilisée par la végétation : c'est la quantité la plus importante ; nous conseillerons donc de ne tenir compte que de cette dernière. D'ailleurs, l'azote digéré de la ration n'est pas rendu intégralement aux fumiers. Les animaux en période de croissance, les femelles laitières causent des déficits, et comme, dans ces appréciations, il n'est pas possible d'être rigoureux, nous proposerons d'admettre que ces déperditions sont balancées par les profits résultant de l'azote des fèces que nous négligeons.

Les déplacements, surtout pour les bêtes de travail,

sont des causes de perte, mais celles-ci ont moins d'importance que les dégagements ammoniacaux produits par les évaporations et les fermentations. Lorsque la fosse à fumier est bien conditionnée, que les arrosages sont suffisamment fréquents, en un mot qu'on prend les soins que tout bon cultivateur doit avoir pour l'engrais principal de la ferme, on peut admettre qu'un tiers seulement de l'azote digestible s'échappe dans l'atmosphère.

Prenons comme exemple le coton décortiqué : il contient $43^{kg},2$ de protéine brute par 100 kilogrammes, soit environ 7 kilogrammes d'azote dont 5,9 de digestible ; admettons qu'on retrouve les deux tiers de celui-ci dans le fumier, soit $3^{kg},94$ au prix de 1 fr. 50; la valeur-engrais est de 5 fr. 91, à déduire du prix d'achat que nous supposons de 18 francs :

$$18 - 5,91 = 12^{fr},09.$$

C'est donc sur ce prix de revient de 12 fr. 09 que nous calculerons la valeur de l'unité nutritive.

Si les fumiers sont mal soignés, la perte dans l'atmosphère peut atteindre la moitié :

$$18 - \left(\frac{5,9}{2} \times 1^{fr},50 \right) = 18 - 4,43 = 13^{fr},57.$$

On voit par ces chiffres que la valeur-engrais ne doit pas être négligée dans le calcul; elle peut, pour des substances riches en azote, modifier considérablement le prix de l'unité nutritive, et jouer un rôle très important, lorsqu'on compare les aliments de cette nature avec d'autres plus pauvres comme la mélasse. Cette dernière ne contient que 9 p. 100 de protéine digestible, ce qui correspond à $1^{kg},44$ d'azote; on aura donc comme prix de revient de l'aliment, en supposant le cours de la mélasse à 7 francs :

$$7 - \left(1,44 \frac{2}{3} \times 1,50 \right) = 7 - 1,44 = 5^{fr},56.$$

Et dans la deuxième hypothèse déperdition de moitié :

$$7 - \left(1,44\,\tfrac{1}{2} \times 1,50 \right) = 7 - 1,08 = 5^{fr},92.$$

III. — VALEUR DES PRINCIPES NUTRITIFS D'APRÈS LES COURS DES DENRÉES.

On a réuni les principes nutritifs contenus dans les aliments en trois grands groupes : matières azotées, grasses, hydrocarbonées; il importerait que nous puissions attribuer à chacun d'eux sa valeur vénale, en fonction du prix de revient total. Ce prix est fixé pour chaque denrée par les cours des marchés, qui obéissent à la loi générale de l'offre et de la demande ; d'autres facteurs que leur richesse en principes nutritifs les font varier. L'abondance de la récolte ou de la production, les facilités de transport, de conservation, de consommation, la faveur résultant souvent de la réclame, les propriétés hygiéniques sont autant de causes qui échappent à toute détermination. Les prix des principes ne peuvent donc pas être déduits mathématiquement des cours de trois denrées choisies comme type.

Depuis longtemps ce problème s'est posé en Allemagne au sujet du contrôle des denrées alimentaires ; il s'agissait d'établir le rapport entre la valeur du kilogramme de protéine, de matière grasse et de matière hydrocarbonée, non plus au point de vue nutritif, mais au point de vue vénal. Dès 1876, le congrès des stations agronomiques allemandes s'est préoccupé de cette question. A la suite des travaux de König, on reconnut que la méthode dite *des moindres carrés* donnait les résultats les plus approchés.

On devait théoriquement former trois groupes d'aliments aussi nombreux que possible, chacun d'eux étant caractérisé par une forte prédominance de l'un des principes nutritifs, la teneur moyenne de celui-ci dans chaque groupe devant être sensiblement égale.

Pratiquement, ces conditions ont pu être réalisées pour la protéine et les hydrocarbonés, mais il fut impossible de constituer le groupe dans lequel les matières grasses devaient prédominer, car les substances qu'on y aurait admises avaient un cours déterminé par leur utilisation industrielle, et tout à fait hors de proportion avec leur valeur alimentaire.

Pour y remédier, on proposa deux moyens fort différents en apparence, mais qui donnèrent des résultats à peu près semblables :

1° On réunit les matières grasses à la protéine ;

2° On multiplia par 2,4 la quantité des matières grasses et on l'ajouta aux hydrocarbonés.

Cette dernière méthode était la plus rationnelle, puisqu'elle était basée sur la puissance calorimétrique des deux corps considérés ; cependant ce fut la première que les stations agronomiques allemandes adoptèrent. Ajoutons qu'elles convinrent de considérer, non pas la partie digestive, mais la matière brute totale, et cela pour faciliter au commerce l'établissement des garanties dans les ventes. On s'est trouvé dès lors forcé de négliger complètement la cellulose, car, si l'on peut admettre que les coefficients de digestibilité des matières grasses et hydrocarbonées sont proportionnellement comparables entre denrées de richesse voisine, il n'en est plus de même pour la cellulose.

Dans ces conditions, en se basant sur les cours des années antérieures, on calcula par la méthode des moindres carrés les prix moyens des principes azotés et hydrocarbonés, et l'on obtint les résultats suivants :

$$\text{Matières}\ldots\begin{cases}\text{Azotées (MA)}\ldots\ldots\ldots & 0^{fr},367 \text{ par kilogr.}\\ \text{Grasses (MG)}\ldots\ldots\ldots & 0^{fr},367 \quad\text{—}\\ \text{Hydrocarbonées (MH)}\ldots & 0^{fr},151 \quad\text{—}\end{cases}$$

c'est-à-dire, en prenant MH comme unité,

$$MA = 2,43, \qquad MG = 2,43, \qquad MH = 1.$$

Remarquons en passant qu'on obtient à peu près le même coefficient pour les matières grasses que si l'on s'était basé sur leur puissance calorimétrique (2,4).

Pour simplifier, on adopta définitivement les chiffres suivants :

$$MA = 3, \qquad MG = 3, \qquad MH = 1.$$

Voici comment on se sert de ces coefficients pour apprécier un tourteau de coton, par exemple, vendu 18 francs :

	Dosage garanti par le vendeur.	Dosage établi par l'analyse.
MA..............	$45 \times 3 = 135$	$40 \times 3 = 120$
MG..............	$12 \times 3 \quad 36$	$11 \times 3 \quad 33$
MH	$20 \times 1 \quad 20$	$19 \times 1 \quad 19$
Unités vénales.....	191	172

La valeur de l'unité vénale est de $\dfrac{18}{191} = 0$ fr. 094.

La richesse garantie est supérieure de $191 - 172 = 19$ unités vénales à celle établie par l'analyse; l'indemnité due par le vendeur est

$$19 \times 0{,}094 = 1^{fr}{,}78.$$

Depuis quelques années on s'était aperçu que la valeur de la matière azotée par rapport à celle de la matière hydrocarbonée avait changé sur le marché allemand. Aussi, au Congrès de 1901 nomma-t-on une commission chargée de reprendre les calculs par la même méthode avec les données nouvelles. Kellner fut le principal auteur de ce travail, et les résultats furent les suivants :

	1901-02	1902-03
Matières azotées et grasses par assimilation......................	0,2675	0,2766
Matières hydrocarbonées..........	0,1809	0,1665

En prenant MH comme unité, on obtient les moyennes :

$$MA = 1{,}6, \qquad MG = 1{,}6, \qquad MH = 1.$$

Le Congrès de l'automne 1903 décida qu'à partir du 1er juillet 1904 on adopterait les coefficients nouveaux ainsi simplifiés :

$$MA = 2, \qquad MG = 2, \qquad MH = 1.$$

Kellner, en faisant cette étude, la compléta par une comparaison avec les chiffres obtenus en considérant les principes digestifs ; mais, au lieu d'assimiler les matières grasses aux matières azotées, il calcula leur valeur d'après leur pouvoir calorifique 2,2 :

		1901-02		1902-03		MOYENNES des deux années
		fr.		fr.		
	Azotées ..	0,2905	1,84	0,3017	2,0	1,92
Matières	Grasses ..	0,3480	2,20	0,3311	2,2	2,20
digestibles.	Hydrocar-					
	bonées..	0,1582	1,00	0,1505	1,0	1,00

Ces chiffres, comme on le voit, sont très voisins de ceux adoptés par le Congrès.

IV. — MÉTHODES DE RECHERCHE DES ALIMENTS LES PLUS ÉCONOMIQUES.

La méthode que nous venons d'exposer convient très bien au calcul des indemnités pour lequel elle a été établie ; nous verrons plus loin qu'on a voulu l'étendre à la recherche des aliments les plus économiques, et ce que l'on doit penser de cette application. Mais, pour suivre l'ordre chronologique, nous devons d'abord mentionner le procédé le plus ancien, celui de Boussingault.

Le problème qui se pose est le suivant :

Rechercher l'aliment qui fournit l'unité nutritive au plus bas prix.

Pour le résoudre, on devra calculer d'abord la somme

des unités nutritives dans chacune des denrées considérées, en affectant à chaque principe un coefficient proportionnel à sa valeur alimentaire ; c'est sur le choix de ces
facteurs que se produit la dissidence entre les divers
auteurs. Lorsque ce chiffre global des éléments nutritifs
sera connu, il suffira de diviser par ce nombre le prix
de revient réel, c'est-à-dire déduction faite des divers
frais et de la valeur-engrais ; on comparera ensuite
entre eux les résultats obtenus pour les diverses nourritures.

Méthode de Boussingault. — Nous avons vu précédemment que ce fut Boussingault qui proposa de remplacer les équivalents en foin, pour comparer les valeurs
alimentaires des fourrages, par leur dosage en azote. Le
même principe fut appliqué à l'estimation vénale des
denrées, la protéine seule servant de base pour le calcul,
à l'exclusion des autres matières. Les zootechnistes qui
préconisent encore cette manière d'opérer s'appuient sur
ce que les substances hydrocarbonées sont abondantes
dans les aliments grossiers récoltés à la ferme ; le cultivateur peut généralement en disposer d'une quantité suffisante : il n'y a donc pas lieu pour lui de les acheter au
dehors. On en déduit que celles qui se trouvent introduites dans les denrées venant du dehors sont du
superflu, et par conséquent ne doivent pas être payées,
tandis que la protéine sert à rétrécir la relation nutritive ;
nous avons vu dans quelle mesure il fallait admettre
cette nécessité. Aussi ne devons-nous pas nous étonner
de voir employer la méthode de Boussingault par les
auteurs qui, malgré les progrès de la science et de la
pratique, préconisent les relations nutritives étroites
dans toutes les circonstances ; et parmi eux M. Sanson a encore reproduit, dans la dernière édition de son
Traité de zootechnie, les opinions qu'il avait émises au
début de sa carrière et que rien n'avait pu lui faire modifier. C'est pour cette raison que nous exposerons ici

avec quelques détails cet ancien procédé, afin de pouvoir en réfuter les conclusions.

Choisissons trois denrées pour nous servir d'exemple et recherchons le prix de l'unité nutritive ; le tableau suivant résume les données et les résultats obtenus pour trois aliments de nature différente :

	Prix des 100 kilos.	MA brute par 100 kilos.	Prix du kilo de protéine.
	fr.		fr.
Tourteau de coton.	18	43,2	0,4167
Maïs en grains....	12	10,1	1,1881
Mélasse..........	7	9,0	0,7778

Nous voyons que par cette méthode les substances riches en protéine sembleront toujours les plus économiques.

La mélasse devrait coûter moins de $9 \times 0,4167 = 3$ fr. 75 et le maïs $10,1 \times 0,4167 = 7$ fr. 39 pour être l'un et l'autre plus avantageux que le tourteau de coton à 18 francs.

Ou bien il faudrait, pour déterminer le choix de l'une de ces substances, le maïs et la mélasse conservant les prix indiqués au tableau, que le cours du tourteau de coton s'élevât au-dessus de $43,2 \times 1,1881 = 51$ fr. 30 par rapport au premier, et $43,2 \times 0,7778 = 33$ fr. 60 par rapport à la seconde.

Nous n'avons pas besoin de faire remarquer que tous ces chiffres sont hors de proportion avec la réalité, et que la méthode condamne à exclure complètement de l'alimentation toutes les denrées, quelle qu'en soit la nature, qui ne contiennent pas une proportion élevée de protéine.

Méthode de Julius Kühn. — Ce procédé a été exposé dans un ouvrage déjà ancien dont nous avons eu l'occasion de citer antérieurement la nouvelle édition (p. 28). L'auteur fait entrer en compte tous les principes alimentaires de la ration et ne considère que la partie assimilable ; ce point de départ est absolument rationnel ; cependant il omet la cellulose, et, si cette substance est négligeable par sa faible proportion dans les aliments concentrés, il n'en est pas de même dans les fourrages, où elle joue un rôle important. L'unité nutritive choisie est le kilogramme de matière hydrocarbonée digestible.

La fixation des coefficients est toujours la principale difficulté du problème. Pour les matières grasses, Kühn a pris l'équivalent calorifique 2,4 ; nous pensons que ce choix ne peut faire l'objet d'aucune critique.

Il établit celui des principes azotés en considérant la relation nutritive ; d'après lui, comme pour beaucoup d'auteurs anciens, ce rapport doit varier entre 1/5 et 1/8 ; nous savons que ces limites sont trop étroites et qu'il convient de les fixer de 1/4 à 1/12 ; de là résulte à notre avis une première cause d'erreur. Dans son hypothèse, il fixe à 1/6 la moyenne des écarts ; il en déduit que puisque, pour 6 kilogrammes de substances non azotées digestibles, il faut 1 kilogramme de protéine assimilable, le coefficient à attribuer à cette dernière doit être justement égal à 6. Nous ferons d'abord remarquer que ce terme moyen ne correspond à rien de précis. Si l'on choisissait comme coefficient de la valeur de l'élément azoté le dénominateur de la relation nutritive, on se trouverait conduit, pour les jeunes animaux qui ont le plus besoin d'azote et réclament un rapport étroit de 1/4, à payer cet azote un prix plus bas que pour le bétail de travail et à l'engrais, que les expériences et la pratique nous ont montré s'accommoder très bien de relations beaucoup plus larges. Nous n'avons pas besoin de faire ressortir davantage ce qu'il y a d'arbitraire dans ce raisonnement.

Voyons maintenant les résultats que l'on obtient en appliquant ces facteurs aux exemples que nous avons précédemment choisis :

$$MA = 6, \qquad MG = 2,4, \qquad MH = 1.$$

	PRINCIPES DIGESTIBLES					6 MA + 2,4 MG + MH unités nutritives.	Valeur en argent de l'unité nutritive.
	MA albuminoïde.	MG.	MH : extractifs non azotés.	Mat. azotées non albuminoïdes.	Totaux.		
Tourteau de coton décortiqué.......	34,3	12	15,8	2,6	18,4	253,0	cent. 7,115
Maïs en grains.....	7,5	4	67,5	0,5	68,0	122,6	9,788
Mélasse	1,5	»	61,3	7,5	68,8	78,8	8,883

On voit par ces chiffres que les conclusions auxquelles on arrive sont de même ordre, quoique les écarts soient atténués, que celles qui résultent de l'emploi de la méthode de Boussingault ; les denrées riches en protéine devront toujours être préférées, et cela dépend du coefficient élevé attribué arbitrairement à ces principes.

Le tourteau de coton étant au cours de 18 francs, pour qu'il soit avantageux de lui substituer du maïs il faudrait que le prix de ce dernier fût inférieur à $122,6 \times 0,07115 = 8$ fr. 72, et pour la mélasse dans les mêmes conditions le cours devrait s'abaisser au-dessous de $78,8 \times 0,07115 = 5$ fr. 61. Comme nous n'avons jamais vu ces prix sur nos marchés, la conséquence directe est que le maïs et la mélasse ne devraient pas être utilisés pour l'alimentation du bétail. Cependant nous savons que dans la pratique on a obtenu économiquement de bons résultats par leur emploi ; donc le procédé ne répond pas aux besoins et doit être rejeté, quelle que soit l'autorité de son auteur.

Méthode de Kellner. — La méthode que nous allons maintenant étudier est la plus répandue en Allemagne ; elle dérive des recherches faites par les stations agronomiques allemandes que nous avons exposées précédemment.

Il suffit en effet de confondre l'unité de valeur-argent avec l'unité de valeur nutritive ; mais si l'on comprend facilement que la première, obéissant à la loi de l'offre et de la demande, puisse varier, il est impossible d'admettre qu'il en soit de même pour la seconde. Nous verrons cependant que, dans l'application, les coefficients adoptés correspondent mieux aux besoins que ceux des méthodes que nous venons d'exposer, surtout en prenant les nouveaux chiffres récemment calculés par Kellner. Cela dépend uniquement d'une simple coïncidence et ne donne aucune valeur à la conception du système en lui-même. Reprenons les mêmes exemples avec les coefficients suivants :

$$MA = 2, \qquad MG = 2,2, \qquad MH = 1.$$

	PRINCIPES DIGESTIBLES.			UNITÉS NUTRITIVES.	VALEUR DE L'UNITÉ.
	MA.	MG.	MH.		
Tourteau de coton dé-cortiqué.............	34,3	12	18,4	113,4	cent. 15,87
Maïs en grains........	7,5	4	68,0	91,8	13,07
Mélasse..............	1,5	»	68,8	72,8	9,61

On voit que par ce procédé la concurrence entre les denrées de nature différente devient possible.

Dans notre exemple, nous avons choisi un cours très élevé pour le tourteau de coton décortiqué, et au contraire très bas pour les substances pauvres en azote, le maïs 12 francs, la mélasse 7 francs, afin de favoriser les méthodes qui exagèrent la valeur du facteur protéine ; adoptons maintenant les cours réels.

	COURS de juin 1904.	UNITÉS nutritives.	VALEUR de l'unité.
			cent.
Tourteau de coton.......	16	113,4	14,10
Maïs..	17	91,8	18,51
Mélasse	11	72,8	15,11

On voit que dans les conditions actuelles la préférence devra être accordée au tourteau de coton, qui est d'ailleurs à un prix avantageux.

Cependant, d'après ce que nous avons vu, les principes hydrocarbonés et les matières azotées s'équivalent à poids égal dans la ration comme puissance thermogène ; on pourrait donc reprocher à ce procédé de donner à l'azote une valeur double de celle qu'il a réellement au point de vue exclusivement nutritif. Toutefois il est possible de répondre à cette objection par la remarque suivante, que n'a d'ailleurs pas fait valoir Kellner.

Jusqu'ici, les méthodes de Boussingault et de Kühn donnant à l'azote un coefficient très élevé, il ne convenait pas de l'exagérer encore en déduisant du prix d'achat la valeur-engrais ; cependant celle-ci, dans la grande majorité des cas, n'est pas négligeable ; en montrant qu'elle intervient implicitement dans la méthode de Kellner, nous ferons à la fois comprendre pourquoi ce coefficient double est admissible, et pourquoi les résultats que l'on obtient ainsi sont conformes à ce que l'on observe dans la pratique.

Lorsque Kellner reprit le calcul des prix des principes alimentaires par la méthode des moindres carrés, il obtint comme valeur du kilogramme de matière hydrocarbonée un chiffre très voisin de 0 fr. 15, exactement 0 fr. 1665 (Voy. p. 152), et pour les matières azotées 0 fr. 2766, soit environ 0 fr. 30. Au point de vue nutritif, ces deux sortes de principes s'équivalent : c'est une majoration de 0 fr. 15 qui a été attribuée à la protéine. Lorsque cette substance a été utilisée par l'organisme animal, tout l'azote qu'elle contenait, soit 160 grammes par kilogramme, s'est retrouvé dans le fumier. Mais on peut estimer que le tiers environ s'évapore; il reste donc un peu plus de 100 grammes que l'on devra payer au prix de l'azote engrais, soit 1 fr. 50 le kilogramme, c'est-à-dire que les 0 fr. 15 de majoration constatés, ajoutés aux 0 fr. 15 de la valeur nutritive, donnent un total égal aux 0 fr. 30, double du prix de la matière hydrocarbonée.

En employant la méthode de Kellner, on fait forcément la correction de la valeur-engrais. Elle convient donc dans la grande majorité des cas; mais, lorsqu'on ne voudra pas tenir compte de la valeur-engrais de l'azote, elle fait payer la protéine deux fois trop cher.

Méthode de Mallèvre. — M. Mallèvre a recherché une base rationnelle pour l'estimation de l'unité nutritive; il a pensé qu'en attribuant des coefficients égaux aux équivalents calorifiques il se rapprocherait beaucoup plus de la vérité.

On pourra tout d'abord faire cette objection que la puissance calorifique totale ne correspond pas à l'énergie disponible; toutefois on admettra bien qu'il y a proportionnalité lorsqu'on compare entre eux des aliments concentrés, ce qui est le cas le plus fréquent dans les substitutions. Pour les fourrages grossiers, l'utilisation varie entre 50 et 30 p. 100; dans les cas assez rares où l'on devra faire intervenir ces derniers, dans une certaine mesure, pour remplacer des aliments riches en protéine, une simple correction permettra d'effectuer les calculs.

M. Mallèvre admet donc les coefficients suivants :

$$MA = 1, \qquad MG = 2,4, \qquad MH = 1,$$

ce qui, dans les exemples choisis, donne les résultats contenus dans le tableau ci-dessous :

DENRÉES.	UNITÉS NUTRITIVES.	VALEUR-ENGRAIS.	PRIX DES 100 KILOS.	VALEUR de l'unité nutritive.	VALEUR de l'unité nutritive, val. engrais déduite.	PRIX DES 100 KIL. Cours de juin 1904.	VALEUR de l'unité nutritive.	VALEUR de l'unité nutritive, valeur-engrais déduite.
		fr.	fr.	fr.		fr.	fr.	
Tourteau de coton décortiqué......	82,5	5,90	18	0,2182	0,1466	16	0,193	0,122
Maïs en grains.	86,2	1,30	12	0,1392	0,1241	17	0,197	0,182
Mélasse.......	70,3	1,40	7	0,0996	0,0796	11	0,156	0,136

La méthode de M. Mallèvre a plus de souplesse que celle de Kellner ; elle est applicable à tous les cas : les compagnies de transport, par exemple, pour lesquelles la valeur-engrais est négligeable, pourront s'en servir aussi bien que le cultivateur, qui attache une grande importance à la production d'un fumier riche.

Toutefois, on peut reprocher à l'une comme à l'autre de faire donner la préférence dans certains cas aux substances pauvres en azote, et d'amener ainsi à élargir la relation nutritive plus qu'il ne conviendrait, particulièrement lorsqu'il s'agit de l'alimentation des jeunes et des femelles laitières. Rien n'est plus facile que de remédier à ce défaut.

Lorsqu'on constate, en établissant le rapport nutritif, que celui-ci ne correspond pas aux exigences du bétail pour lequel la ration est calculée, deux moyens peuvent être employés. Le premier consiste à effectuer la substitution avec la denrée riche en protéine, donnant l'unité nutritive au prix le plus bas, en négligeant les autres aliments.

Par l'autre procédé, on introduira dans la ration la denrée la plus économique pour une partie seulement, et l'on complétera avec la substance azotée le meilleur marché, de manière à obtenir une relation satisfaisante. C'est le moyen le plus recommandable, puisqu'il procure le maximum de bénéfices et que, par la variété de la nourriture, l'appétit est excité.

Enfin, en employant ces deux dernières méthodes basées sur les éléments digestibles, on se trouve amené à rejeter les mélanges commerciaux à composition secrète, ce que nous considérons comme un avantage.

ALIMENTS

I. — FOURRAGES (1).

PRAIRIES NATURELLES.

La production des prairies naturelles est consommée par nos animaux de trois manières différentes : elle est pâturée sur place, coupée en vert et distribuée à l'étable, ou bien conservée, le plus souvent sous forme de foin, quelquefois par ensilage. La qualité nutritive de l'herbe dépend tout d'abord du sol qui l'a fait croître ; nous avons dit précédemment que le terrain influait sur la conformation des animaux et était la cause principale des différenciations qui ont eu pour conséquence la création des races.

Les espèces de plantes qui composent les prairies diffèrent suivant la nature des terres, le climat, le degré d'humidité. Sans insister sur cette flore, sur les moyens de la modifier par les engrais et les amendements, nous devons dire qu'au point de vue alimentaire elle doit être variée et riche en légumineuses.

D'une façon générale, on réservera les bons fourrages

---

(1) Pour tous les renseignements se rapportant à la culture, à la récolte et à la conservation, nous renvoyons le lecteur à l'ouvrage si complet et si documenté de M. GAROLA, *Les plantes fourragères* (ENCYCLOPÉDIE AGRICOLE).

aux équidés, parce qu'ils sont délicats et à cause de la conformation de leur tube digestif ; on les donnera également à tous les jeunes animaux, qui ont besoin d'une nourriture riche et facilement assimilable. Les récoltes des prairies basses et humides conviennent aux ruminants, surtout aux bovins. Les herbes grossières qui y croissent seront mieux utilisées par eux. Enfin les terrains secs, les plateaux arides et les chaumes fourniront aux moutons une alimentation suffisante.

Pâturage. — Les animaux sont souvent laissés en liberté dans la prairie, paissant à leur guise, mangeant à leur faim. C'est le mode d'alimentation le plus naturel, le plus hygiénique. Il s'applique surtout à l'élevage des jeunes, qui ont ainsi la possibilité de choisir, au moment du sevrage, les herbes tendres convenant à leur dentition incomplète et à leur estomac ; ils peuvent ainsi prendre l'exercice nécessaire au développement de leurs muscles.

Ce mode d'alimentation est plus ou moins usité dans toutes les régions de la France, mais principalement en Normandie où les gras pâturages ont acquis une réputation méritée ; dans le Charolais, on fait aussi de l'engraissement de bovidés dans les *prés d'embouche* ; le Marais vendéen reçoit pendant la belle saison le bétail des pays voisins. En dehors de ces régions, les prairies n'occupent guère que les vallées ; souvent on récolte la première coupe de foin, et les animaux consomment ensuite sur place la repousse de l'herbe.

Dans les pays de montagnes, les troupeaux quittent les étables aux premiers beaux jours ; ils s'élèvent peu à peu, au fur et à mesure que la végétation se réveille. Puis à l'automne ils reculent pas à pas devant la neige qui les chasse, et rentrent pour la mauvaise saison dans leurs étables : c'est le régime de la *transhumance*.

Les animaux ainsi laissés en liberté exigent moins de soins, il y a moins de main-d'œuvre dépensée pour leur entretien, mais il faut néanmoins exercer une surveillance continuelle. Il est utile de venir le matin dès l'aurore au pâturage assister au réveil du troupeau ; généralement les animaux se sont tous réunis pour passer la nuit ; quand le jour commence à poindre, ils se lèvent un à un, s'étirent et se mettent à paître ; dans ces conditions, on augure bien de leur état de santé. Pendant les fortes chaleurs, au milieu de la journée ils recherchent l'ombre, se couchent et dorment ou ruminent. Les pâturages sont en général entourés de haies élevées, sur lesquelles on ménage quelques arbres de haute tige, dont le couvert protège le bétail contre les ardeurs du soleil et les mauvais temps ; parfois aussi, dans le même but, quelques arbres isolés croissent au milieu de l'herbe. Si la prairie ne présente aucun abri, il sera utile d'en créer d'artificiels ; on doit recommander les hangars mobiles, car les animaux, pendant les longs repos, déposent des engrais et, par le piétinement, détruisent la végétation.

Le système du pâturage n'est pas toujours le plus économique : le bétail gaspille beaucoup de nourriture, il ne mange pas celle qu'il a foulée aux pieds, ni les touffes qui poussent dans les endroits où sont tombés ses excréments. Pour remédier à ces pertes, on fait passer sur le même terrain des animaux d'une espèce différente qui consomment ces refus. Dans certaines conditions, quand on veut épargner la nourriture, ou lorsque les prairies ne sont pas entourées de clôtures, on attache les animaux au piquet, en déplaçant celui-ci plusieurs fois par jour pour donner une nouvelle bande de fourrage vert à paître.

Le poids de bétail vivant que l'on peut mettre par hectare est très variable suivant la richesse minérale du sol, et suivant aussi les années. Pendant les périodes de sécheresse, la pousse de l'herbe est moins rapide ; il est vrai que celle-ci est plus nutritive. C'est l'usage qui sert surtout de guide ; toutefois on considère un herbage d'embouche comme de très bonne qualité lorsqu'on y engraisse un bœuf et demi à l'hectare. Nous verrons ultérieurement comment on peut apprécier la consommation journalière dans les diverses espèces. Toutefois il faut se rappeler que la production totale en herbe est plus considérable lorsque celle-ci est continuellement tondue que lorsqu'elle est fauchée en deux coupes ; elle est aussi plus nutritive et plus digestible.

Consommation en vert à l'étable. — Cette méthode est peu usitée en France pour les prairies naturelles ; nous verrons au contraire que c'est le moyen le plus employé pour les fourrages artificiels. Dans la Lombardie, il n'en est point ainsi, et les animaux reçoivent à l'étable l'herbe coupée chaque jour dans les prairies irriguées (marcites). On y trouve une grande économie de nourriture, mais, ce qui oblige à employer ce procédé de préférence à la pâture, c'est que les pieds des animaux détérioreraient les ados et les rigoles d'irrigation. On arrive ainsi à une production considérable d'herbe ; M. Cantoni, qui était alors directeur de l'École royale d'agriculture de Milan, a bien voulu nous donner les chiffres suivants, qu'il a recueillis pour une marcite arrosée par les eaux de la Vettabia :

Date des coupes.	Quintaux par hectare.
Février	105
Avril	150
Mai	180
Juillet	120
Septembre	90
Octobre	60
Herbe	705

Certaines années, le nombre des coupes peut atteindre huit et même neuf pendant la saison, et le produit arriver à 1 200 quintaux.

Dans les fermes que nous avons visitées, et notamment celles de M. Ferrari à Codogno et à Borasca, l'alimentation des vaches laitières se compose exclusivement d'herbe verte, tant que les prairies en fournissent en quantité suffisante ; lorsque la production diminue, on ajoute du foin et, pendant les deux ou trois mois d'hiver, on la remplace par du tourteau de lin.

Foins. — La manière la plus employée pour conserver l'herbe des prairies consiste à la faire sécher au soleil après l'avoir fauchée. Les foins ainsi obtenus sont de qualité très variable ; d'après Kühn, ils peuvent contenir de 6 à 19 p. 100 de protéine brute et le coefficient de digestibilité de celle-ci peut s'abaisser à 42 et s'élever à 72 p. 100. Dans la pratique, on juge de la qualité du foin par son aspect extérieur, sa couleur, son arome, sa provenance, les plantes qui le composent ; de ces divers caractères, les deux derniers ont le plus de valeur. Toutefois, c'est l'analyse chimique qui seule fournira des renseignements certains.

Sa digestibilité est toujours inversement proportionnelle à son dosage en cellulose brute, et croît au contraire avec sa richesse en protéine. Le degré de maturation des graminées indiquera l'époque de la fauchaison, et nous savons que c'est au moment de la floraison que les herbes atteignent leur maximum de valeur nutritive ; on peut reprocher d'une façon générale, à tous ceux qui font la récolte des foins, d'attendre trop tard pour l'effectuer : ce qu'ils gagnent ainsi en poids, ils le perdent largement en qualité. On recherchera la présence des légumineuses, bien que souvent elles donnent à la masse une coloration plus foncée. Ces plantes devront avoir conservé leurs feuilles. Les joncs, les carex, les prèles, etc., sont des indices que la prairie était humide, et, bien que ces foins dégagent souvent une odeur agréable de menthe, ils sont de qualité inférieure.

Sur les sols siliceux on récolte un foin maigre, sec et fin, dépourvu de trèfles, composé surtout d'agrostis et de houlque ; on y trouve des oseilles. S'il a été fauché de bonne heure, il est parfumé par la flouve. Ces fourrages sont assez facilement consommés par les chevaux, mais ils ne peuvent convenir aux jeunes, quelle qu'en soit l'espèce, parce qu'ils ne contiennent pas de sels calcaires et sont dépourvus d'acide phosphorique. Lorsqu'on ne fait pas paître la prairie après la première coupe, on fauche une seconde fois à l'automne : on obtient les *regains*. Ce sont des foins courts, feuillus, que l'on n'estime pas assez en général quand ils ont été bien récoltés, mais c'est la grosse difficulté ; à cette époque de l'année, il est rare d'avoir une série de beaux jours assez longue pour mener à bien la dessiccation de l'herbe. Un bon regain contient en moyenne 12 p. 100 de protéine, dont les trois quarts sont digestibles. Si ce même fourrage a été lavé par les pluies, il perd facilement 20 p. 100 de ses principes nutritifs solubles.

Dans les régions pluvieuses, il est souvent difficile de réussir la fenaison ; on a donc été amené à rechercher d'autres modes de conservation.

Klapmayer, en Allemagne, préconisa le premier la méthode de dessiccation en utilisant la chaleur produite par la fermentation du fourrage lui-même. M. Garola (1) décrit un système analogue employé dans le Loiret par M. Couteau.

Dans certaines régions du Nord, notamment en Angleterre et en Écosse, on sale le foin au moment de le mettre en meules ; cet usage aide à la conservation, empêche les moisissures et est particulièrement recommandable lorsque la récolte n'a pu être faite dans de bonnes conditions.

Par certains de ces procédés on obtient des *foins bruns*, qu'on aurait tort de rejeter à cause de leur couleur ; ils sont très appétés en général par les animaux, certains chevaux même s'en montrent friands ; une décision ministérielle du 26 octobre 1886 autorise leur consomma-

____

(1) GAROLA, *Plantes fourragères* (ENCYCLOPÉDIE AGRICOLE).

tion dans l'armée. L'analyse chimique et les essais de digestibilité ont prouvé que leur valeur alimentaire égale souvent celle des foins fanés, surtout si la coloration n'est pas trop foncée.

Il ne faudrait pas confondre ces fourrages bruns avec des foins avariés, vasés, échauffés, moisis, poussiéreux.

Ces derniers sont d'une consommation dangereuse, particulièrement pour les chevaux qu'ils rendent poussifs. Quand on est contraint de les faire manger, il est utile de les secouer énergiquement pour chasser les poussières, puis on les arrose légèrement à l'eau salée ; on les donnera ensuite à petite dose, aux bovidés de préférence, en exceptant toutefois les vaches en gestation afin d'éviter les causes d'avortement.

La plupart des auteurs conseillent de s'abstenir de faire consommer aux animaux le foin nouvellement récolté ; en général on fixe comme limite la fin du mois d'août sous notre climat où la fenaison a lieu en juin et au commencement de juillet. Cependant M. Lavalard, dont la compétence pour l'alimentation du cheval est bien connue, s'exprime ainsi :

« Il ressort d'expériences entreprises par la commission d'hygiène hippique, que l'on peut distribuer sans inconvénient le foin nouveau, contrairement aux idées anciennes. Les chevaux s'en accommodent fort bien, gagnent de l'embonpoint sans perdre de vigueur. Il y a peu d'années encore, on croyait que les fourrages nouveaux déterminaient des affections cutanées, des irritations gastro-intestinales, des coliques, des maladies vertigineuses, etc. L'expérience a démontré que ces appréhensions ne sont pas toujours confirmées par la pratique. »

Nous pensons que ce qui agit surtout dans ce cas c'est le changement brusque d'alimentation : il est facile de l'éviter en mélangeant les fourrages et en augmentant peu à peu la proportion de foin nouveau. Nous croyons aussi que la plupart des accidents que l'on a pu constater proviennent de foins insuffisamment séchés.

Dans la pratique, si l'on a été prévoyant, sauf lorsqu'il y a disette fourragère, il restera du vieux foin en réserve pour une partie de l'été et l'on devra toujours l'utiliser le premier; nous savons en effet que plus il vieillit, plus il perd de ses qualités nutritives.

Le foin est le plus souvent ramassé en vrac dans les greniers, les hangars, les granges, ou en meules; pour assurer sa conservation, il importe que le fourrage soit bien tassé; c'est une erreur de croire que les courants d'air sont favorables. On ne le met en bottes, de 5 kilos suivant l'usage le plus fréquent, que pour la vente; celui qui est destiné à la consommation du bétail de la ferme est pris au fur et à mesure des besoins, approximativement; il en résulte un gaspillage qui, généralement, dépasse l'économie du bottelage que l'on a cru réaliser.

Depuis quelques années, pour faciliter les transports et l'emmagasinement, on se sert d'appareils spéciaux pour le mettre en grosses bottes pressées; en dehors des avantages que nous venons d'énumérer, on assure ainsi une excellente conservation, et on diminue les chances d'incendie, sans modifier les qualités du fourrage.

Quand, par suite d'intempéries prolongées, on se trouve menacé de perdre la coupe d'herbe, on peut la mettre en *silos*; cette méthode, très usitée pour certains fourrages, doit être considérée comme exceptionnelle pour les produits des prairies naturelles; nous en exposerons ultérieurement les raisons.

La seule préparation qu'il soit parfois avantageux de faire subir au foin est le coupage, que l'on effectue à l'aide d'un hache-paille. Cette opération peut être conseillée : lorsqu'il est nécessaire d'économiser le foin à cause de son prix élevé; ou bien quand les animaux, ayant un travail très long, passent peu de temps à l'écurie, il est préférable qu'ils l'emploient à se reposer; enfin, s'il s'agit de sujets âgés, chez lesquels la dentition est en mauvais état.

LUZERNE.

Les prairies artificielles, en se propageant dans la culture, ont donné une grande impulsion à l'élevage du bétail; les ressources alimentaires dont l'agriculteur disposait se sont trouvées multipliées.

Parmi les plantes que l'on a ainsi cultivées, la luzerne est une des plus précieuses par l'abondance de sa production, autant que par la richesse du fourrage qu'elle fournit. Elle est vivace et peut rester sans frais de culture plusieurs années sur le même sol; elle est précoce, et dès le milieu du mois de mai, sous le climat de Paris, on peut effectuer une première coupe.

Lorsqu'on arrive aux premiers beaux jours, les ressources fourragères commencent à s'épuiser, et souvent on n'attend pas que ses fleurs s'épanouissent pour la faire intervenir dans la nourriture du bétail. Pour être consommée en vert, elle devra être fauchée, car la plante est susceptible, et la dent du bétail qui tond de près, notamment des moutons, serait préjudiciable à sa végétation. On devra toujours prendre de grandes précautions dans sa distribution, car, autant que le trèfle, elle peut causer la météorisation. Pour l'éviter, il sera sage de faire précéder sa consommation par une distribution de fourrage sec. Ce n'est que peu à peu que l'on devra l'introduire dans la ration, non seulement à cause de la règle que nous avons énoncée : tout changement de régime doit être progressif, mais aussi dans un but d'hygiène, pour éviter ces indispositions souvent graves que nous signalons comme fréquentes.

Le cultivateur devra couper la luzerne au fur et à mesure de ses besoins; celle qui serait fauchée d'avance risquerait de commencer à fermenter et deviendrait ainsi dangereuse.

Nous savons que c'est au moment de la floraison qu'elle acquiert son maximum de valeur nutritive. Quand on sera arrivé à cette époque, il ne faudra pas hésiter à coucher le champ entier sous la faux, et à la transformer en foin.

Comme tous les fourrages verts, la luzerne ne convient pas aux animaux de travail qui se déplacent à une allure rapide ; elle les rend lourds et mous et développe le ventre. En revanche, c'est la nourriture qui est la plus favorable aux femelles laitières ; par sa relation nutritive étroite (1/3), elle satisfait aux exigences de la lactation ; pour la même cause, on devra l'associer à des aliments moins riches lorsqu'on la donne aux autres animaux adultes, afin d'éviter un gaspillage de matière protéique.

La luzerne fournit un excellent foin, mais, comme toutes les légumineuses, elle présente certaines difficultés pour éviter que, par le séchage, ses feuilles ne tombent, ce qui lui fait perdre une grande partie de sa valeur nutritive ; il sera prudent de la faner le matin avant que la rosée ait complètement disparu. Cette plante convient bien pour la préparation des foins bruns. L'analyse suivante de Heiden montre qu'ainsi elle acquiert souvent plus de valeur que par le fanage :

	Luzerne	
	fanée.	brune.
Protéine brute............	18,4	22,4
Graisse brute.............	2,3	2,7
Cellulose brute...........	34,0	37,0
Corps extractifs bruts....	38,0	29,6
Cendres.................	7,3	8,3

Il est rare qu'il faille recourir à l'ensilage pour assurer sa conservation, comme pour les autres fourrages ; on observe par cette méthode une perte de matière albuminoïde, qui atteint parfois 60 p. 100 du dosage total, ainsi que cela a été observé à Breslau après quatre mois d'ensilage, en employant le système Goffart.

TRÈFLE VIOLET.

Le trèfle violet est une excellente nourriture pour le bétail, soit en vert, soit en foin. Il est tout à fait comparable à la luzerne; quoique moins riche en protéine, il la remplace suivant les conditions de la culture. Il présente à un plus haut degré encore l'inconvénient d'occasionner des météorisations, surtout lorsqu'il a été plâtré pour activer sa végétation. Toutes les recommandations que nous avons faites au sujet de la distribution de la luzerne devront donc être observées pour ce fourrage.

Quand le cultivateur récolte ces deux légumineuses simultanément sur son exploitation, la première coupe du trèfle peut succéder à celle de la luzerne, car il y a en général une quinzaine de jours d'écart entre leurs floraisons. Il ne repousse pas avec la même vigueur et, tandis que trois coupes sont un maximum, on obtient de la luzerne quatre et cinq coupes, surtout dans le Midi sur un sol frais. Trop généralement on ne fauche le trèfle pour le faner qu'au moment où, ses tiges étant devenues dures, les animaux auxquels on le donne en vert en refusent une forte proportion. On ne peut faire ainsi qu'un fourrage de médiocre qualité. Une grande partie de ses feuilles tombent et, d'après les analyses de Ritthausen, elles contiennent 22 p. 100 de protéine, tandis que la tige n'en renferme que 12. Il est donc facile de comprendre comment la valeur alimentaire des foins de trèfle peut varier du simple au double, suivant les conditions de la récolte.

L'auteur que nous citions plus haut a analysé deux fourrages, provenant du même champ de trèfle, fauchés ensemble au début de la floraison ; tandis que le premier put être séché et rentré en temps voulu, le second a été surpris par les intempéries, il est resté quatorze jours sur des chevalets, lavé par les pluies. Cependant, une fois séché, il avait bon aspect et semblait passable.

10.

	Eau.	Protéine brute.	Cellulose brute.	Corps extractifs bruts et graisse.	Cendres.
Trèfle fané	16	14,6	25,3	36,1	8,0
— mouillé .	16	15,8	37,4	23,4	7,5

On constate toujours, à la suite de fermentations, un accroissement de protéine ; nous verrons, à propos de l'ensilage, qu'il est dû à la formation d'amides et n'a par conséquent aucune valeur au point de vue alimentaire.

Le trèfle ne conserve pas, comme la luzerne, sa coloration verte par le fanage : il devient brun. Son foin est souvent supérieur à celui de cette dernière, parce que ses tiges sont moins dures, moins lignifiées, moins souvent refusées du bétail. Les chevaux se montrent en général friands de ce fourrage ; cependant on lui reproche de les rendre mous au travail et d'occasionner des coliques. On en estimera la qualité en appréciant par les inflorescences l'époque de la coupe, et en se rendant compte de la quantité de feuilles qui restent adhérentes aux tiges. Il sera prudent de le faire consommer de bonne heure, car la conservation en grenier augmente la chute des feuilles.

Comme pour la luzerne, on ne devra ensiler le trèfle que lorsque la récolte se trouvera compromise par les intempéries ; il sera bien préférable d'en faire du foin brun.

On cultive une espèce particulière de trèfle dans quelques contrées, notamment en Suède : c'est le *trèfle hybride* ; au point de vue alimentaire, il est identique à son congénère. Ce sont des raisons culturales qui le font préférer dans certaines conditions.

TRÈFLE INCARNAT.

Le trèfle incarnat est une plante annuelle que, le plus souvent, on intercale en culture dérobée dans l'assolement de l'exploitation. Il est précieux par sa précocité ; on peut commencer à le faucher dès la fin d'avril.

Sa valeur nutritive est moindre encore que celle du trèfle violet, mais il ne détermine pas la météorisation.

On devra limiter sa culture à la quantité que l'on peut faire consommer en vert, car il donne un foin blanc, mou, de qualité médiocre.

Il est bien appété par les diverses espèces d'animaux ; c'est une excellente nourriture pour les juments poulinières. De ses qualités il résulte que c'est un fourrage dont la culture, limitée au midi de la France il y a un siècle, s'étend de plus en plus, arrêtée cependant par le froid des hivers, auquel il est sensible.

TRÈFLE BLANC.

Le trèfle blanc, qui garnit le pied de l'herbe dans les bonnes prairies, ne peut être cultivé seul à cause de la petite dimension de ses tiges et malgré sa grande valeur alimentaire, même un peu supérieure à celle du trèfle violet. Dans certaines régions de la Lombardie, cette légumineuse lève spontanément dans de la sole de blé, et donne une excellente pâture en août si l'on a facilité sa croissance par des arrosages. Dans les pays où se manifeste cette végétation, il est interdit par bail aux fermiers de semer des plantes fourragères dans le blé et d'introduire le riz plus de deux années de suite dans l'assolement.

ANTHYLLIDE.

L'anthyllide ou *trèfle jaune des sables* est peu cultivé en France ; il fournit un bon fourrage : en vert, il est peu recherché du bétail, à cause du principe amer qu'il contient ; pour cette raison on ne le donnera aux vaches laitières qu'en petite quantité. Son foin est plus volontiers accepté : il conserve mieux ses feuilles que les autres trèfles et, comme l'incarnat, il ne météorise pas les animaux ; sa valeur alimentaire le rapproche de ce dernier.

LUPULINE.

La lupuline ou *minette* est une excellente légumineuse malheureusement peu productive. On la réserve le plus souvent pour la nourriture des moutons ; elle convient très bien en pacage, repousse sous la dent et résiste au piétinement. Tous les animaux s'en montrent friands, et l'on n'a pas à craindre la météorisation. Son foin est très fin, et sa valeur alimentaire la place à côté de la luzerne. Nous remarquerons son fort dosage en matières grasses, qui peut expliquer une observation que nous avons faite sur le troupeau des vaches laitières de la ferme d'Arcy-en-Brie, appartenant à M. Nicolas. A chaque distribution de minette en vert correspond un accroissement de la richesse du lait en beurre et en acide phosphorique.

MOIS.	ANNÉE 1877.		ANNÉE 1878.		ANNÉE 1879.		ALIMENTA-TION.
	Beurre.	Acide phosphorique.	Beurre.	Acide phosphorique.	Beurre.	Acide phosphorique.	
	gr.		gr.		gr.		
Mai.......	41	1,970	60	2,183	54	1,205	Betteraves.
Juin	68	2,119	84	2,343	59	2,104	Minette.
Juillet (1)..	»	1,950	»	1,879	»	2,010	Trèfle.

(1) Pour les trois années, on a observé une diminution du beurre en juillet ; malheureusement, nous n'avons pu en retrouver les chiffres dans nos notes.

Pour expliquer ce dosage élevé en matières grasses, nous ferons remarquer qu'à cette époque de l'année les vaches se trouvent à la fin de leur période de lactation, les vélages ayant lieu surtout en septembre, pour satisfaire aux besoins de la vente du lait à Paris, qui atteint son maximum en hiver.

SAINFOIN.

Le sainfoin ou *esparcette* est aussi nutritif que la luzerne, et croît dans des conditions qui ne conviendraient pas pour la culture de celle-ci ; il est au moins aussi productif, quoique plus tardif. Tous les animaux le consomment soit en vert, soit en foin.

On fait souvent pacager les dernières coupes, mais il est préférable de ne pas y mettre de moutons, qui tondent de trop près et pourraient, en coupant le collet, détruire la plante ou tout au moins en diminuer la vigueur.

Il fournit un foin vert, aromatique, un peu grossier, plus facile à sécher que la luzerne, parce que ses tiges contiennent moins d'eau. Fané trop tardivement, il blanchit, perd ses feuilles, son parfum et une grande partie de sa valeur nutritive.

Si les pluies viennent contrarier le cultivateur au moment de sa récolte, il pourra en faire un fourrage brun d'excellente qualité ; à cause de la facilité de sa dessiccation, il se prête à ce mode de conservation et, de tous les foins bruns, c'est celui qui contient le plus d'unités nutritives.

	Unités nutritives.
Sainfoin	50
Luzerne	41
Trèfle	43

Le sainfoin convient bien pour l'engraissement ; il favorise la production laitière ; c'est le meilleur fourrage pour les moutons.

VESCE (1).

La vesce se sème soit à l'automne, et la récolte se fait alors du 15 mai au 15 juin suivant les climats ; soit au

(1) Il importe, pour ces plantes, d'éviter toute confusion, la terminologie variant avec les pays :

Vesce....	*Vicia sativa*........	Fleurs violacées.
Gesse....	*Lathyrus sativus*...	Fleurs blanches.
Jarosse ..	*Lathyrus cicera*....	Fleurs rouge-cuivré.

printemps, et dans ce cas on la coupe dans le courant de juillet. On lui mélange une autre plante pour lui servir de tuteur, seigle, avoine ou féverole.

Au moment de la floraison, elle est acceptée par tout le bétail ; mais, lorsque ses graines commencent à se former, les chevaux et les moutons seuls l'utilisent complètement. A ce moment, si l'on n'a pu tout faire consommer, on la fauche : le fanage est long et difficile ; si le temps est humide, le foin brunit.

En vert comme en sec, c'est un bon fourrage, aidant à la production laitière, convenant particulièrement aux poulinières et aux brebis mères.

Ritthausen a analysé à Waldau la vesce à deux époques différentes ; il a obtenu les résultats suivants :

	23 mai.	12 juin.
Protéine brute...........	25,4	13,8
Cellulose brute..........	20,8	39,8

On voit que le fourrage se lignifie rapidement.

GESSE.

La gesse se sème au printemps sous le climat de Paris et se récolte au moment de la formation des gousses. Elle donne un fourrage plus court, plus délicat, moins productif que celui de la vesce, mais il est au moins aussi nutritif.

Elle doit être réservée surtout aux vaches et aux moutons. C'est un bon aliment pour les femelles laitières, favorable aussi à l'engraissement. Olivier de Serres le recommande pour la nourriture du porc.

Quoique sa graine ne paraisse pas avoir de propriétés toxiques sous notre climat, il est cependant établi qu'aux Indes elle a causé de graves accidents.

JAROSSE.

C'est à l'automne que l'on sème cette légumineuse qui produit un très bon fourrage recherché des bêtes à laine ; lorsqu'on le donne aux chevaux, on doit veiller à leur état parce qu'il est échauffant ; les bovidés s'en montrent friands.

Il faut faire consommer la jarosse avant la formation des graines, qui ont des propriétés toxiques bien reconnues ; les chevaux sont particulièrement sensibles à ce poison.

Le foin que l'on en obtient est un très bon aliment, mais, si quelques gousses se sont formées, il faudra le passer à la batteuse avant de le distribuer.

POIS.

Les pois ont des variétés d'hiver et de printemps. On les récolte lorsque les gousses inférieures sont déjà bien remplies. Cette alimentation doit être réservée aux ruminants.

Le foin est dur et grossier, mais il est néanmoins consommé volontiers par les animaux des mêmes espèces.

LUPINS.

Malgré les avantages de sa culture, malgré sa grande richesse en principes nutritifs, le lupin est peu employé comme fourrage, parce qu'il est refusé en vert par les équidés et les bovidés à cause de son amertume. Ce n'est que difficilement qu'on y habitue les ovidés.

Il faut au moins douze ou quinze jours pour le transformer en foin ; sous cette forme il est mieux accepté par les moutons, mais sa consommation demande de grandes précautions à cause de sa richesse alimentaire qui le rend échauffant, et aussi parce qu'il provoque quelquefois une maladie, la *lupinose* ou *jaunisse du mouton*, affection qui peut être mortelle. La cuisson du foin à la vapeur met à l'abri de ce danger et fait accepter plus volontiers le fourrage.

Ces restrictions sont regrettables, car le lupin est la plante la plus riche en matières azotées. M. Heidepriem (de Köthen) a trouvé dans ses expériences un dosage de 27,8 p. 100 de protéine et le coefficient de digestibilité de la cellulose brute atteint 74 p. 100.

AJONC.

L'ajonc est une plante épineuse qui croît dans toute la région ouest de la France; M. Charles Girard (1), qui en a fait une étude complète au point de vue de ses divers modes d'utilisation, a vainement essayé de le cultiver aux environs de Paris. C'est surtout en Bretagne qu'il est employé à l'alimentation des animaux et particulièrement du cheval. On doit, avant de le faire consommer, briser les pointes piquantes que forment les extrémités des feuilles. On le fait à l'aide d'un pilon, d'auges et de meules en pierre, ou d'instruments spéciaux, les *broyeurs d'ajonc*. Ceux-ci ont l'inconvénient de demander beaucoup de force, mais ceux dont nous avons fait usage fournissent un bon travail; l'ajonc est réduit en une sorte de grosse sciure dont le bétail se montre très avide.

Comme pour les autres légumineuses, ce sont les feuilles qui contiennent le plus de matière azotée, environ le double des tiges, et sans doute aussi cette protéine est plus digestible. La valeur alimentaire de l'ajonc a été très controversée : les uns le comparaient à l'avoine, d'autres à la paille; grâce aux expériences de M. Ch. Girard, nous sommes maintenant renseignés.

(1) Cet auteur a résumé ses travaux dans une très intéressante communication au Congrès de la Société d'alimentation rationnelle du bétail en 1901.

Cet auteur a amené progressivement un cheval à ne consommer que de l'ajonc. Nous reproduisons ci-après les divers rationnements intermédiaires, à titre d'exemple pour les expériences d'alimentation :

Dates.	Mélange de grains de la Cⁱᵉ Gⁱᵉ des omnibus.	Foin.	Paille.	Ajonc.	Poids.
	kil.	kil.	kil.	kil.	kil.
12 janvier 1891...	5	2	4	5	543
13 — ...	4	1	2	8	»
14 — ...	3	1	1	10	»
15 — ...	2	1	0,5	12	538
16 — ...	1	»	»	15	»
17 — ...	»	»	»	20	538
18 — ...	»	»	»	20	538
20 — ...	»	»	»	25	533
31 — ...	»	»	»	25	537
7 février 1891....	»	»	»	25	542

On reproche à tort à cette nourriture de provoquer l'hématurie, et pendant l'expérience on a remarqué la coloration rouge-acajou des urines ; leur examen au spectroscope n'a révélé aucune trace de sang. Cette couleur est due sans doute à une matière spéciale contenue dans l'ajonc, et la similitude de nuance l'aura fait attribuer à des pissements de sang.

Les coefficients de digestibilité ont été déterminés comme suit pour les divers principes :

Matières grasses....................	21,6
— azotées....................	56,0
Cellulose brute....................	42,8
Sucres...........	100,0
Corps saccharifiables	54,7
Substances indéterminées...........	53,6
Ensemble des extractifs non azotés....	54,6

La même expérience a été répétée sur un mouton, qui se soumit plus difficilement à ce régime exclusif, et se montra aussi un peu moins bon utilisateur de cet aliment que le cheval.

En comparant les principes digestibles contenus dans 100 kilogrammes d'ajonc avec ceux qui se trouvent dans un même poids de luzerne verte, M. Charles Girard a établi le tableau suivant :

	MATIÈRES AZOTÉES.		MATIÈRES EXTRACTIVES.		CELLULOSE.		ENSEMBLE des matières ternaires digestibles.
	To-tales.	Diges-tibles.	To-tales.	Diges-tibles.	To-tale.	Diges-tible.	
	kil.	kil.	kil.	kil.	kil.	kil.	kil.
Ajonc........	4,550	2,550	25,990	14,190	14,320	6,130	21,220
Luzerne......	4,100	3,200	10,900	8,100	8,500	3,980	12,530
Différence en faveur de l'a-jonc........	0,450	»	15,090	6,090	5,820	2,150	8,690
Différence en faveur de la luzerne.....	»	0,650	»	»	»	»	»

On voit que les deux fourrages sont comparables; si l'ajonc se montre plus riche en matières brutes, sa digestibilité moins grande compense cet avantage.

En résumé, l'ajonc est une excellente nourriture pour tous nos animaux; ceux-ci le consomment d'autant plus volontiers que sa récolte commence en novembre, à une époque où les autres fourrages verts font défaut.

Il doit être préparé chaque jour, car une fois broyé il s'échauffe rapidement, malgré sa siccité relative (53 p. 100 d'eau en moyenne). On a signalé un moyen de conservation par la mélasse dont nous parlerons plus loin.

Cette plante pourrait devenir la fortune fourragère des régions granitiques à climat maritime, la *plante d'or des terrains primitifs*, comme l'appelle M. Charles Girard, si sa culture était bien entendue et propagée.

MÉLILOT.

Le mélilot est une plante bisannuelle, qui peut être substituée à la luzerne dans l'alimentation du bétail, quoique ayant une valeur nutritive un peu moindre. Il se contente de sols peu fertiles, ce qui le fait adopter dans certains cas, mais c'est en général un fourrage peu répandu.

SERRADELLE.

La serradelle est une légumineuse annuelle analogue à la lupuline, à laquelle elle est en tous points comparable.

AVOINE.

L'avoine est principalement cultivée pour la production de ses grains, surtout pendant ces dernières années, parce que ceux-ci avaient atteint sur les marchés des cours élevés.

Toutefois, on peut être amené, par suite de pénurie fourragère, à faucher une partie des emblavures de cette céréale ; on choisit de préférence les avoines d'hiver. Le moment le plus convenable est lorsque les grains sont déjà formés, mais à consistance laiteuse. C'est un bon aliment convenant à tous les herbivores, principalement aux poulinières ; sa valeur nutritive est un peu inférieure à celle du seigle vert, quoique l'on pense assez généralement le contraire.

SEIGLE.

Le seigle est préférable à l'avoine comme fourrage vert : il est plus précoce, on peut le faucher souvent dès la première quinzaine d'avril ; dans ces conditions il donne une deuxième végétation qui produit une petite demi-récolte, mais plus généralement on le rompt pour le remplacer par une autre plante. Souvent on l'intercale dans l'assolement comme culture dérobée. Il durcit rapidement et devient alors peu nutritif; à cet état les chevaux le refusent ou en perdent une grande partie. Il convient à tous les animaux et se vend dans les villes avec le trèfle incarnat pour l'alimentation des animaux de travail et des vaches laitières.

MAÏS.

Le maïs est la céréale la plus employée comme fourrage vert, à cause de ses forts rendements et de la facilité avec laquelle on peut échelonner les récoltes sur les différents mois de l'été. On le coupe dès qu'il a acquis un développement suffisant, sans attendre qu'il durcisse. Sa valeur alimentaire est faible et la relation nutritive très large (1/12). Aussi doit-on toujours l'associer dans la ration à des aliments plus riches. Il ne contient que 17 p. 100 de substance sèche; on conseille pour cette raison de le couper quelques heures avant sa distribution pour lui permettre, en se fanant, d'évaporer un peu de cet excès d'eau; c'est une pratique dont il faut se méfier, car mis en tas il s'échauffe rapidement.

Ce fourrage convient aux herbivores adultes. Certains agronomes lui reprochent de diminuer la lactation. M. Nicolas (d'Arcy-en-Brie) et M. Gilbert (de Wideville, Seine-et-Oise) ont vérifié dans leurs étables l'exactitude de cette opinion.

On peut faire sécher le maïs, mais on obtient un fourrage de peu de valeur, difficile à faire consommer; on est obligé de l'arroser à l'eau salée ou bien de le faire macérer à l'eau bouillante. Son véritable mode de conservation est l'ensilage; on obtient ainsi un aliment qui est bien appété des animaux, mais très pauvre en matière azotée dont la moitié est formée de corps amidés.

Il est comparable, dans ces conditions, comme valeur alimentaire aux pailles de céréales, souvent même inférieur. A la ferme de Courquetaine, chez M. Hardon, on substituait le maïs ensilé à la balle de blé un jour sur deux, pour le mélange des racines coupées destiné à l'étable et à la bergerie.

RAY-GRASS.

Le ray-grass se sème souvent en mélange avec le trèfle violet, dont il accroît le rendement la première année; il diminue ainsi les chances de météorisation. Il convient très bien pour le pâturage, car il résiste à la dent du bétail et ne craint pas le piétinement; il repousse rapidement.

Quand on le fauche soit pour le faire consommer en vert, soit pour le faner, il ne faut pas attendre son épiaison, car le fourrage devient sec, dur, et on éprouve de la difficulté à le faire manger; en même temps il perd de sa qualité. Il faut le faire sécher rapidement, car il se décolore lorsqu'il reste longtemps exposé aux rayons du soleil ou à l'humidité.

Comme aliment, il est inférieur aux produits des bonnes prairies naturelles, que les animaux lui préfèrent.

L'espèce voisine, connue sous le nom de *ray-grass d'Italie*, lui est comparable au point de vue alimentaire.

FLÉOLE.

Cette graminée est surtout répandue en Angleterre, où on la connaît sous le nom de *Cat's ail grass*, et en Amérique, où on l'appelle *Timothy*, du nom de celui qui, le premier, en préconisa la culture.

Le foin en est grossier; sa valeur nutritive le rapproche du ray-grass, mais il a une relation nutritive beaucoup plus large (1/13).

ALPISTE.

L'alpiste ou millet long est cultivé de préférence au millet comme plante fourragère. Il doit être coupé de bonne heure, au moment où ses panicules se développent. Il donne un foin grossier de qualité très ordinaire.

MOHA.

Le moha est très supérieur à la précédente graminée comme aliment. C'est un bon fourrage vert convenant à tous les ruminants et particulièrement aux vaches laitières; à cet état il est équivalent au seigle.

Il peut être séché ou ensilé, mais doit être fauché au moment de la formation de l'épi.

CHOUX.

Les choux sont un très bon fourrage vert pour les bovidés et les porcs, d'autant plus précieux que leur récolte commence au début de l'hiver ; c'est toutefois une nourriture très laxative, qui, donnée en abondance, peut provoquer la météorisation. Aussi ne doit-on la faire entrer dans la ration journalière que dans une certaine proportion, et en combattre les effets par des aliments concentrés. Les choux ne devront être distribués aux vaches laitières qu'en petite quantité, car ils communiquent au lait un goût peu agréable, surtout au printemps au moment de la floraison.

On cultive principalement, pour l'alimentation des animaux, les choux fourragers ou choux verts, et plus rarement les choux pommés, qui leur sont inférieurs au point de vue nutritif, ainsi que le montrent les analyses suivantes de Denaiffe :

	Matières brutes.			
	M.A.	M.G.	M.H.	Cellulose.
Chou branchu du Poitou....	2,5		4,6	2,2
— cavalier..............	2,3	0,4	5,6	3,6
— moellier blanc........	1,6		4,5	2,2
— — rouge........	1,9		6,0	2,7
— quintal / pommés...	1,0	0,1	4,3	1,3
— rouge				

MOUTARDE.

La moutarde blanche peut rendre de grands services, parce qu'elle se sème pendant toute la belle saison et qu'elle végète très rapidement. C'est une bonne nourriture comparable aux feuilles de choux comme valeur alimentaire, et présentant les mêmes inconvénients. Elle devra être fauchée avant la floraison ; on peut l'ensiler avant les gelées qui la détruisent.

NAVETTE.

La navette est un fourrage recommandable à cause de sa précocité. Semée à l'automne, elle fleurit quelquefois dès le mois de mars ; il faut alors se hâter de la faire consommer, car ses tiges durcissent rapidement. On peut aussi la semer au printemps et même dans le courant de l'été en culture dérobée. Elle convient très bien aux moutons ; on peut la donner aux bovins, en observant une sage modération pour les vaches laitières, à cause du goût qu'elle communique au lait, comme toutes les crucifères.

COLZA.

Le colza donne un fourrage analogue à celui de la navette ; les convenances de la culture font préférer l'une ou l'autre plante.

SPERGULE.

La spergule est surtout cultivée en Belgique ; généralement on la fait paître par les animaux attachés au
piquet. On la fauche ou on l'arrache pour la donner en
vert, dès que les premières fleurs apparaissent, car elle
mûrit très rapidement. Ce n'est qu'accidentellement
qu'on la transforme en foin ; elle est difficile à faire
sécher. Ce fourrage convient aux ruminants. Magne
prétend que les chevaux la consomment volontiers. Sa
valeur alimentaire la rapproche de l'avoine en vert.

SARRASIN.

On cultive plus volontiers comme fourrage vert une
espèce spéciale, le *sarrasin de Tartarie*, qui est plus productif à ce point de vue.

Certains auteurs reprochent à cette polygonacée, donnée
en abondance, d'occasionner des vertiges, de produire une
enflure de la tête. Heuzé dit n'avoir jamais observé que
la météorisation, comme indisposition causée par cette
alimentation.

Elle a une valeur nutritive très ordinaire, et les animaux ne l'acceptent pas toujours très facilement tout
d'abord.

PERSICAIRE.

On a beaucoup préconisé en France vers 1893, à la
suite d'une période de sécheresse, la culture comme fourrage de la persicaire de Sakhalin. M. André disait à la
Société nationale d'Agriculture (13 décembre 1893) que
l'engouement du moment ne s'expliquait que par la
pénurie fourragère, mais que sans doute il cesserait avec
elle. Et, en effet, on en obtient un aliment médiocre, qui
n'est pas toujours facilement consommé, et surtout qui

ne devient productif qu'après plusieurs années de plantation.

CONSOUDE.

Il y a quelque cinquante ans, on a conseillé, pour utiliser les terrains humides, la culture de la consoude du Caucase comme fourrage vert. Sa valeur nutritive est très médiocre ; les animaux ne la mangent pas volontiers. Nous en parlons parce que de temps en temps le commerce lance des réclames en sa faveur pour vendre des rejets ; nous en avons vu encore quelques champs, notamment en Vendée, pendant la tournée du jury de la Prime d'honneur en 1902 ; nous pensons que c'est un fourrage à abandonner.

FEUILLES ET FANES DE PLANTES SARCLÉES.

Dans certaines régions, on a la mauvaise habitude de cueillir partiellement les feuilles des betteraves pendant leur végétation pour les donner aux bovins et aux porcs. On obtient ainsi un aliment médiocre, et on arrête le développement de la racine, ainsi que le montre l'expérience suivante faite par M. Reclus, professeur départemental d'agriculture de la Haute-Vienne :

Perte de poids des racines par mètre carré... $3^{kg},33$

En échange, on a obtenu en deux cueillettes :

Poids des feuilles aussitôt récoltées.......... $1^{kg},98$

En revanche, à l'automne, lorsque les racines ont acquis leur développement, on peut utiliser les organes foliacés pour l'alimentation du bétail. Souvent on fait passer le troupeau de moutons dans les champs après l'enlèvement des racines décolletées sur place. Quand on les donne à l'étable, il faut le faire avec modération, car elles ont des propriétés laxatives dues à l'acide oxalique qu'elles contiennent. La proportion de matière azotée assimilable peut paraître assez élevée, mais il importe de remarquer qu'elle est due en partie à des nitrates.

On a conseillé en Allemagne de les ensiler ; il semble qu'après les pertes qui en résultent la valeur nutritive devient à peu près nulle ; telle est du moins l'opinion de Stuzer. C'est, en résumé, un mauvais aliment.

Les feuilles de carottes et celles de rutubagas sont moins laxatives et plus alimentaires, les premières surtout.

Les fanes de pommes de terre ont peu de valeur ; en général elles sont séchées au moment de la récolte et, si la maladie (le *Phytoptora infestans*) s'est développée, il est tout indiqué de les brûler sur place.

Les tiges de topinambours peuvent, par contre, être utilisées par les moutons, qui les mangent facilement ; elles contiennent 18 p. 100 de matières digestibles, si l'on excepte bien entendu les tiges ligneuses.

FEUILLES ET BRINDILLES.

M. Garola a étudié à la fin de son ouvrage (1) la valeur nutritive des brindilles et des feuilles de nos arbres forestiers. Il résulte de ce chapitre que les premières peuvent figurer dans les rations de tous nos animaux domestiques herbivores dans les années de disette fourragère, quand le foin atteint un cours élevé, c'est-à-dire environ 100 francs les 1000 kilos.

Les feuilles vertes ont une valeur comparable à celle de la luzerne et sont presque aussi digestibles, tandis que séchées elles peuvent être substituées au foin à égalité de poids.

On trouvera dans les tables reproduites à la fin du présent ouvrage les analyses des feuilles le plus généralement utilisées.

(1) Garola, *Plantes fourragères.*

L'auteur cité plus haut termine ainsi :

« La conclusion de tout cela, c'est que les arbres en général et les forêts en particulier nous offrent des ressources énormes en fourrages, qu'il faut que nous apprenions à utiliser. La ramille annuelle nous fournit un succédané de la paille ; la feuille sèche peut remplacer le foin. »

SARMENTS DE VIGNE.

En 1901, M. Vassilière, professeur départemental de la Gironde, communiquait au Congrès de la Société pour l'alimentation rationnelle du bétail les résultats d'une intéressante expérience qu'il avait faite en nourrissant en partie avec des sarments de vigne son bétail composé de la façon suivante :

10 bœufs de trois à six ans..............	6 000	kilos.
1 vache bretonne, sept ans............	250	—
1 jument percheronne, dix ans........	450	—
1 ânesse, cinq ans....................	120	—
1 bélier Southdown et 9 brebis Campan.	350	—
Total..............	7 170	kilos.

La ration par 1 000 kilogrammes de poids vif était ainsi composée :

	kil.
Sarments coupés au hache-paille, 1 centimètre...	17,00
Paille avoine ou blé coupée au hache-paille, 1 centimètre	11,00
Tourteau arachide décortiquée...............	2,80
Avoine..................................	2,55
Sel dénaturé............................	0,10

Les sarments résultant de la taille au jour le jour avaient au maximum 9 millimètres de diamètre ; ils étaient placés avec la paille pendant quarante-huit heures dans des cuves en ciment, foulés aux pieds et arrosés d'eau salée (50 litres par mètre cube). L'avoine et le tourteau étaient mélangés avant la distribution.

Cette ration, généralement bien acceptée dès le début, a été maintenue quatre mois et a donné toute satisfaction.

La composition des sarments a été établie par une analyse de M. Gayon :

	Matière sèche.	MA.	MG.	MH.	MA + MH + 2,4 MG.
100 gr. de sarments de vigne........	88,0	3,93	1,08	23	29,09

Ce fourrage se rapprocherait, d'après ces chiffres, comme valeur nutritive, de la paille.

La feuille de vigne a été utilisée depuis des temps très anciens pour l'alimentation des animaux, et en particulier des moutons. On s'était demandé si les traitements que l'on faisait subir à cette plante pour combattre les maladies cryptogamiques, et surtout les pulvérisations cupriques, ne communiqueraient pas à ce fourrage des propriétés vénéneuses ; il y a une vingtaine d'années que la question a été résolue par la négative, à la suite des travaux de nos maîtres MM. Müntz et Charles Girard ; l'usage a été continué sans qu'aucun accident ait été signalé.

PAILLES.

Les pailles, en général, ont une valeur alimentaire très faible ; provenant de végétaux arrivés à maturité, tous les principes nutritifs ont émigré dans les grains et elles sont surtout riches en cellulose ; elles contiendront d'autant plus de principes nutritifs que la récolte aura été plus précoce, mais le coefficient de digestibilité de ceux-ci sera néanmoins toujours faible, 50 p. 100 en moyenne pour les bons fourrages ; il peut descendre jusqu'à 24 p. 100.

Néanmoins les pailles jouent un rôle important dans l'alimentation de nos herbivores, parce que, mélangées aux substances concentrées, elles complètent la ration, aident à l'accomplissement des fonctions du tube digestif, remplissent l'estomac et calment l'appétit.

Plus la végétation est active, plus les pailles possèdent de qualité ; c'est ainsi que les sols riches, les engrais ont une bonne influence ; et, pour la même raison, celles provenant des céréales de printemps sont préférables à celles des céréales d'hiver.

Lorsqu'on les donne aux animaux sans préparation, ceux-ci font un choix, mangent de préférence l'extrémité supérieure, avec les épis et les feuilles, et rejettent le reste dans leur litière. Cette sélection augmente la valeur nutritive de la partie consommée, le pied étant toujours plus ligneux.

Les plantes adventices, ou fourragères, qui ont crû en même temps que la céréale peuvent aussi modifier avantageusement le fourrage. C'est ainsi que l'on accorde une préférence marquée aux pailles de blé fait sur défriche de luzerne ou contenant du trèfle.

Dans certains pays on a conservé encore l'ancien usage, condamnable au point de vue cultural, de couper les céréales en deux fois ; les éteules, qui sont restées après la moisson des épis, sont fauchées plus tard. La partie la plus nourrissante de la paille a été enlevée, mais les plantes adventices ont pu continuer à végéter ; elles ont même généralement laissé tomber leurs graines qui salissent les terres ; suivant leur nature, elles peuvent être plus ou moins alimentaires. Quand une légumineuse a été semée dans la céréale, on obtient un bon fourrage, mais il aurait été préférable de débarrasser le sol entièrement à la moisson, et d'utiliser à l'automne la pousse de ces plantes.

Souvent on donne la paille hachée aux animaux ; on la mélange aux racines vingt-quatre heures avant leur distribution ; par le commencement de fermentation qui se développe, elle se ramollit ; toutefois son coefficient de digestibilité n'en paraît pas accru ; il ne l'est pas davantage par la macération et l'échaudage.

Il faut s'abstenir de faire consommer les pailles avariées ; ces fourrages ont peu de valeur, peuvent toujours être utilisés pour la litière, et les risques que l'on fait courir à la santé des animaux sont plus considérables que les économies que l'on peut ainsi réaliser.

Paille de blé. — C'est souvent à tort qu'on estime davantage la paille de blé ; pour former la litière, elle a plus de rigidité, plus de résistance, mais ses propriétés nutritives la placent en seconde ligne. Par ce qui précède nous avons vu que l'on doit donner la préférence aux pailles de céréales de printemps. Les variétés ont également une influence sur la valeur du fourrage, et les pailles fines sont préférables aux grossières.

Paille d'avoine. — Au point de vue alimentaire, c'est la plus riche des pailles de céréales. Cela tient d'abord à la plante elle-même, mais il faut remarquer aussi que, pour éviter que les gerbes ne s'égrènent pendant les opérations de la moisson, l'agriculteur ne peut attendre une maturité trop complète.

On lui reproche d'être laxative pour les chevaux ; cependant, de nombreux témoignages de praticiens permettent de douter de ce défaut, et notre expérience personnelle pendant bien des années ne nous a rien fait constater de semblable. Donnée en abondance aux vaches, elle rendrait le lait amer. Nous pensons que les accidents qui ont été observés sont bien plus souvent dus à la mauvaise qualité du fourrage qu'à ses propriétés spécifiques. Un reproche plus mérité qui peut lui être adressé, c'est de ne pas présenter assez de résistance comme litière, et d'être moins économique pour cet usage que celles de blé et de seigle.

Paille de seigle. — Tout à fait comparable à celle de blé comme composition, elle est moins employée parce que cette culture est moins répandue, que sa raideur et sa finesse permettent de l'utiliser à d'autres usages ; on s'en sert notamment pour faire les liens des gerbes. Les chevaux l'appètent moins.

Paille d'orge. — Cette paille se rapproche, comme nourriture, de celle d'avoine ; elle ne doit donc pas être négligée, mais souvent cette céréale est versée récoltée très mûre : la qualité du fourrage se ressent de ces conditions fâcheuses. Elle peut aussi contenir des barbes qui gênent les animaux, notamment les moutons, dans la laine desquels celles-ci s'accrochent.

Paille de maïs. — On néglige généralement ce produit qui est ligneux et difficilement utilisable pour l'alimentation ; elle renferme cependant autant de principes assimilables que la paille de froment.

Pailles diverses de graminées. — La paille de riz est de toutes la plus riche en matière azotée, mais cette culture est rare sous notre climat. Celle de millet est assez estimée, mais très peu répandue ; celle d'épeautre n'a pour ainsi dire pas de valeur alimentaire : c'est la plus pauvre.

Pailles de légumineuses. — Les pailles de légumineuses conviennent à tous nos animaux herbivores ; malheureusement elles sont rarement rentrées dans de bonnes conditions. Elles contiennent beaucoup plus de principes digestibles, et notamment d'albuminoïdes. Les diverses espèces de bétail s'en montrent très friandes ; les chevaux sont tout particulièrement avides de paille de pois ; celle de lentille, à cause de sa finesse, sera réservée aux moutons. En général ces aliments seront avantageux pour les animaux d'élève, à cause de la forte proportion de phosphates qu'ils contiennent, et qui faciliteront la formation de leur squelette.

Pailles diverses. — Le sarrasin donne après le battage un fourrage peu apprécié ; cependant il contient environ 2 p. 100 de protéine digestible. Le colza a une paille ligneuse très inférieure que les moutons utilisent en partie.

BALLES. — SILIQUES. — GOUSSES.

Les ventilateurs des batteuses mécaniques donnent un résidu, connu dans les campagnes sous le nom générique de *menues pailles*. Elles contiennent avec les poussières quelques petites graines, les organes des végétaux qui entouraient le grain ; ce sont, suivant les espèces, des balles, des siliques ou des gousses.

La valeur alimentaire de ces produits est toujours plus grande que celle des pailles correspondantes et quelques fois double ; aussi ne doit-on pas les négliger pour la nourriture du bétail ; elles n'ont d'ailleurs aucun autre usage. Il sera prudent, avant de les utiliser, de les débarrasser des poussières par le criblage.

Les balles des céréales sont les plus employées ; celles de seigle et d'orge, toutefois, contiennent des barbes qui peuvent être dangereuses pour les animaux ; aussi est-il préférable d'en faire des composts.

Les siliques des crucifères sont généralement plus propres et en tout cas plus faciles à nettoyer ; elles ont une valeur nutritive analogue.

Les gousses des légumineuses, tout en présentant le même avantage, sont beaucoup plus riches en principes alibiles, et parmi elles nous signalerons tout particulièrement celles de lentilles, dont la relation nutritive atteint 1/3 avec un dosage de 11 p. 100 de protéine.

Ces divers fourrages ne peuvent être utilisés que dans les mélanges préparés pour les ruminants.

II. — RACINES ET TUBERCULES (1).

BETTERAVES.

Les betteraves sont les racines les plus précieuses que nous possédions pour l'alimentation des bêtes bovines et

____

(1) Le lecteur trouvera dans l'ouvrage de M. Garola, déjà cité,

ovines. On peut également les faire entrer pour une partie dans la ration des chevaux, qu'elles rafraîchiront en hiver lorsque le régime sec devient exclusif. Pour ces derniers animaux, il conviendra de les couper en tranches épaisses : elles seront mieux appétées ainsi. Les betteraves sont très aqueuses, pauvres en matières albuminoïdes ; ce sont les sucres qui dominent comme principes nutritifs. Une partie de la matière azotée qu'elles contiennent se trouve sous forme d'amides et même de nitrate de potasse ; ce sel leur communique des propriétés laxatives ; la proportion de ces substances peut atteindre 60 p. 100 de la matière sèche totale. Pour ces raisons il est nécessaire de les allier dans la ration à des menues pailles, en ajoutant à leur masse environ 1/8 de son poids de ces dernières.

On les donne en général, au bétail, fraîches, coupées en tranches minces ou en cossettes au moyen du coupe-racines. On a souvent essayé de les faire cuire au préalable : cette méthode ne présente d'avantages que pour les animaux à l'engrais et notamment pour les porcs.

La meilleure manière de les préparer consiste à les mélanger aux menues pailles aussitôt au sortir du coupe-racines, et à les laisser fermenter en tas pendant vingt-quatre heures environ : elles perdent ainsi une partie de leur eau, acquièrent plus de goût et augmentent leurs valeurs digestible et nutritive.

On distingue de nombreuses variétés de betteraves, qui diffèrent très notablement les unes des autres comme richesse alimentaire. Toutefois on peut les diviser en deux grandes classes : les betteraves fourragères qui renferment de 3 à 4 p. 100 de sucre et dont les rendements peuvent atteindre en moyenne 55 000 kilogrammes à l'hectare ; et les betteraves à sucre qui dosent 9 à 10 p. 100 de cette substance, mais dont la récolte dépasse rarement 40 000 kilogrammes.

des renseignements très complets sur les racines fourragères, leur valeur alimentaire et leurs modes de conservation.

Jusqu'ici les cultivateurs avaient toujours accordé la préférence aux variétés donnant de gros rendements, mais depuis quelques années on s'est préoccupé de la valeur alimentaire de la récolte.

C'est vers 1898 que les recherches de M. Garola et celles de M. Dehérain mirent en lumière à la fois la supériorité des betteraves sucrières dans l'alimentation du bétail et la nécessité de réduire l'écartement des lignes dans la culture. M. Garola a fait, en collaboration avec M. Benoist, des expériences sur des moutons, desquelles il ressort que 1 980 kilogrammes de betteraves à sucre à collet rose équivalent à 3 074 kilogrammes d'ovoïdes des Barres. Nous reproduisons ci-dessous les analyses des racines faites par ce professeur :

VARIÉTÉS.	EAU.	MATIÈRES TOTALES.			$MA + 2,4 MG + MH.$	CELLULOSE.	MA non albuminoïdes.	RENDEMENT en racines à l'hectare.
		MA.	MG.	MH.				
Sucrières.	p.100	p.100	p.100	p. 100	p. 100	p.100	p.100	kilos.
Klein Wanzleben.	84,1	1,61	0,03	12,40	14,08	1,08	0,77	33.300
Collet rose........	84,9	1,53	0,03	11,73	13,33	0,86	0,69	42.100
— vert... ...	84,2	1,62	0,03	12,41	14,10	0,82	0,79	36.300
Demi-sucrière.								
Géante blanche...	91,2	1,17	0,01	5,21	6,40	0,67	0,56	51.600
Fourragères.								
Mammouth	90,3	1,22	0,01	6,03	7,27	0,75	0,62	46.400
Géante de Vauriac.	91,3	1,16	0,01	4,82	6,00	0,80	0,57	55.300
Globe...........	90,1	1,61	0,02	6,55	8,20	0,91	0,70	47.400
Ovoïde des Barres.	92,9	1,15	0,03	3,71	4,93	0,39	0,56	53.900
Corne de bœuf...	90,7	1,37	0,02	6,50	7,91	0,90	0,65	44.600

Les variétés sucrières n'ont pas donné un fort dosage en sucre par suite de l'écartement exagéré de 0,90 des rangs dans l'expérience. La variété demi-sucrière qu'on avait semée n'a pas atteint le chiffre qu'on devait attendre et, par son rendement élevé en poids, mérite d'être classée avec les sortes fourragères.

La betterave ovoïde des Barres, qui a toujours été considérée comme une de nos meilleures variétés fourragères, a donné 2653 unités nutritives par hectare, tandis que la betterave à sucre à collet vert a produit sur la même surface 5118 unités, c'est-à-dire près du double.

A cet avantage primordial viennent s'en ajouter d'autres : la récolte moins volumineuse est rentrée plus rapidement, nécessite moins de transports, de frais de manutention et des silos plus petits. On reproche aux racines sucrières d'être plus longues à nettoyer. M. Garola a reconnu que la digestibilité de la protéine des variétés sucrières était inférieure de plus de 20 p. 100 à celle des betteraves fourragères ; ce qui se comprend par suite de la dépression que nous avons signalée antérieurement (p. 78). Néanmoins l'avantage reste encore aux variétés à sucre. Nous devons signaler une observation que nous avons faite en 1885 à la ferme d'Arcy-en-Brie. Dès cette époque, pour nourrir le nombreux troupeau de vaches laitières, M. Nicolas cultivait plus de 50 hectares de betteraves à sucre. Ces racines ont été complètement détruites par l'*Agrotis segetum* (1). Nous avons compté jusqu'à douze larves sur un seul pied. Mais les deux hectares que l'on avait ensemencés en betteraves mammouth et ovoïdes des Barres, à cause de la moins bonne qualité du sol, étaient presque épargnés. La récolte, qui avait été de 1 484 141 kilogrammes l'année précédente, n'atteignit pas 300 000 kilogrammes ; aussi réduisit-on cette culture à 33 hectares pour 1886 et choisit-on exclusivement la variété ovoïde des Barres. M. Malpeaux signalait au Congrès de l'alimentation du bétail de 1903 une expérience faite par lui l'année précédente : une partie de sa récolte de betteraves ovoïdes des

(1) Voy. GUÉNAUX, *Entomologie et parasitologie agricoles*, art. NOCTUELLE, p. 199-202.

Barres ayant été atteinte par des gelées précoces, il les fit passer immédiatement au coupe-racines, mélanger avec des menues pailles et ensiler ; il obtint les résultats suivants :

Premier silo ouvert trois semaines après l'ensilage :

Poids { des betteraves	34.000	kilos.
{ de la menue paille....	1.200	—
	35.200	kilos.
Poids du mélange consommé ..	28.000	—
Perte................	7.200	kilos.

Deuxième silo ouvert deux mois et demi après l'ensilage :

Poids { des betteraves........	27.500	kilos.
{ de la menue paille	1.000	—
	28.500	kilos.
Poids du mélange consommé..	14.930	—
Perte................	13.570	kilos.

Voici l'analyse comparée des racines et de l'ensilage :

	Betteraves. p. 100.	Substance ensilée. p. 100.
Eau..........................	86,50	77,3
Matière sèche...................	13,50	22,7
Matières azotées totales.........	0,9	1,6
Sucre	8,7	0,9
Matières { organiques non azotées.	1,8	»
{ indéterminées........	»	12,2
Cendres......................	1,3	8,0

Ce mode de conservation a occasionné une perte considérable, mais, grâce à lui toutefois, une partie de la récolte a pu être utilisée.

CAROTTE.

La carotte est principalement l'aliment rafraîchissant des équidés en hiver ; cependant les autres espèces s'en montrent aussi très friandes. Elle est particulièrement recommandable pour l'alimentation des poulains et de leurs mères. Elle favorise la production du lait. On lui reproche d'être un peu laxative; il sera préférable de la donner aux animaux à un moment où le bétail doit rester un certain temps à l'écurie, le soir par exemple.

Elle est moins aqueuse que la betterave et par conséquent plus nourrissante, comme le prouve l'expérience suivante de M. Garola. Cet auteur nourrit du 22 novembre 1897 au 22 février 1898 cinq lots de moutons; il obtint dans les mêmes conditions pour les différentes racines :

	Augmentation de poids.
Carottes..........................	78,5
Betteraves ovoïdes des Barres petites..	43,0
— — — grosses.	33,0

Elle doit être donnée coupée en long, car entière elle risquerait d'être avalée en gros morceaux par les animaux gloutons, et provoquerait l'asphyxie.

On peut aussi la faire cuire pour les bovins à l'engrais et principalement pour les porcs; mais on la donne crue, parfois mélangée à du son et à des tourteaux, aux chevaux et aux moutons.

PANAIS.

Le panais est une des racines les plus riches en éléments nutritifs; en France il est surtout cultivé dans les départements formés par la Bretagne, car il réclame beaucoup d'humidité pour se bien développer; dans les terrains secs il devient fibreux. Il mérite par sa valeur alimentaire d'être répandu dans tous les endroits où se trouvent ré nies les conditions exigées pour sa végétation.

Tous nos animaux s'en montrent également avides; cependant c'est par excellence l'aliment des chevaux. On leur donne en général cru, coupé en gros morceaux dans le sens de la longueur pour éviter les accidents signalés à propos de la carotte.

Il réussit très bien pour l'engraissement des bovidés ; on le donne aussi aux porcs ; dans ce cas, le plus souvent on le fait cuire.

C'est un excellent aliment pour les vaches laitières dont il rend le lait savoureux et butyreux.

NAVET.

Les variétés de navets sont nombreuses, mais leur composition varie peu, ainsi que le montrent les analyses suivantes de M. Denaiffe :

VARIÉTÉS.	MA.	MG.	MH.
	p. 100.	p. 100.	p. 100.
Navet d'Alsace.....	1,53	0.14	4,96
— du Palatinat.	1,35	0,15	5,61
— d'Auvergne..	1,63	0,17	3,34
— de Norfolk...	1,50	0,15	4,86
— du Limousin.	1,96	0,16	4,83
Feuilles de navet...	2,04	0,22	4,13

On voit par ces chiffres que ses feuilles ne doivent pas être négligées et ont plus de valeur, à égalité de poids, que la racine elle-même.

C'est en effet le fourrage le plus aqueux ; comme nourriture, il se rapproche de la betterave fourragère, sans l'égaler : il contient un peu moins de matière azotée ; il est vrai que celle-ci renferme moins de non-albuminoïdes. Il est souvent consommé cru et convient ainsi aux bovins et aux moutons ; dans certaines régions, on en fait manger même aux chevaux ; mais pour ces derniers il importe, afin de ne pas les dégoûter, de n'en donner que de petites quantités par jour.

Lorsqu'on le fera entrer dans la ration de la vache laitière, on observera la même réserve, car, comme toutes les crucifères, il communique au lait un goût désagréable.

En le faisant cuire il conviendra également à la nourriture des porcs. Cette préparation diminue son arome.

En résumé, c'est un aliment pauvre, que seules les facilités de sa culture détermineront à employer.

RUTABAGA.

Il importe de ne pas confondre cette racine avec le navet, auquel elle est supérieure par ses qualités nutritives, quoique s'en rapprochant beaucoup par ses caractères botaniques. C'est pour cette raison qu'en Angleterre sa culture s'est souvent substituée à celle de la betterave.

Le rutabaga a les mêmes emplois que le navet et subit les mêmes préparations. Il convient surtout à l'engraissement des ruminants et à l'alimentation des vaches laitières; les auteurs sont unanimes à constater qu'il améliore la qualité du lait, et que le beurre que l'on obtient de celui-ci a plus belle couleur; et en effet sa chair est ferme et moins odorante que celle des autres crucifères.

Ses feuilles ont à peu près la même composition que celles du navet, c'est-à-dire qu'elles sont un peu moins nourrissantes que celles de choux.

CHOU-RAVE.

Le chou-rave peut être considéré, au point de vue alimentaire, comme un moyen terme entre les deux espèces précédentes; mais il présente cette particularité qu'il contient une plus forte proportion de protéine coïncidant avec une diminution du dosage des matières hydrocarbonées, ce qui a pour conséquence une relation nutritive (1/3) de beaucoup la plus étroite de celles que l'on constate chez les plantes à racines et à tubercules. Il a d'ailleurs les mêmes usages, et ne diffère que par les conditions culturales. Il est moins répandu que les rutabagas et surtout les navets.

POMME DE TERRE.

Ce précieux tubercule, dont la culture a été vulgarisée en France par Parmentier, n'est pas seulement un excellent aliment pour l'homme, il convient aussi très bien à la nourriture des animaux. Il est à ce point de vue bien supérieur à la betterave, car, beaucoup moins aqueux, puisqu'il ne renferme en moyenne que 75 p. 100 d'eau, il est à la fois plus riche en protéine et en matières hydrocarbonées ; ces dernières sont constituées surtout par de la fécule. Il est à noter que les principes azotés qu'il contient sont formés d'environ 40 p. 100 de corps amidés.

Le choix, parmi les nombreuses variétés, a une grande importance, ainsi que le prouvent les chiffres suivants dus aux analyses et aux expériences de M. Garola :

	EARLY.	CHARDON.	SAUCISSE.	RICHTER IM-PERATOR.
	p. 100.	p. 100.	p. 100.	p. 100.
Eau	75,10	75,10	75,10	73,30
Matières azotées	3,01	2,78	2,56	2,57
Fécule..................	16,90	16,47	17,16	19,27
Matières non azotées...	3,30	3,72	3,56	3,20
Cellulose	0,64	0,74	0,64	0,55
Rendement à l'hectare en matière sèche.....	qx. 55,27	qx. 63,00	qx. 57,50	qx. 91,95

C'est la pomme de terre Richter Imperator qui s'est montrée notablement supérieure aux autres variétés comme aliment.

Les études sur la valeur nutritive de ce tubercule ont été entreprises d'abord par notre regretté maître Aimé

Girard en 1894 à la ferme de la Faisanderie (Vincennes). Éclairé par ces premiers essais qui avaient été très satisfaisants, il renouvela l'expérience l'année suivante sur neuf bœufs auxquels il donna la ration journalière ci-dessous :

Pomme de terre cuite...	25 kilos.	En
Foin haché.............	3 —	mélange.
Sel	0ᵏᵍ,03	
Foin en botte...	6 kilos.	

Il obtint les résultats résumés dans le tableau ci-après :

RACE.	DURÉE de l'alimentation.	POIDS		AUGMENTATION du poids vif	
		initial.	final.	totale.	par jour.
	jours.	kilos.	kilos.	kilos.	kilos.
Charolais	63	930	1.061	131	2,079
Id.	71	970	1.075	105	1,464
Id.	85	1.024	1.110	86	1,010
Durham Manceau..	71	765	840	75	1,056
Id. ..	71	837	933	96	1,352
Id. ..	71	832	919	87	1,225
Limousin.	71	878	1.010	132	1,858
Id.	50	745	833	88	1,760
Id.	71	825	902	77	1,084

En même temps, Aimé Girard formait trois lots de dix moutons solognots chacun, ainsi nourris :

Pomme de terre....................	2ᵏᵍ,500
Foin haché	0ᵏᵍ,300
Sel	0ᵏᵍ,003
Foin en botte....................	0ᵏᵍ,600

Les chiffres suivants ont été obtenus après quatre-vingt-dix jours de ce régime :

Gouin. — *Alimentation du bétail.*   12

NUMÉROS DES LOTS.	POIDS		AUGMENTATION de poids vif	
	initial.	total.	totale.	par tête.
Agés de 3 ans.	kilos.	kilos.	kilos.	kilos.
Pomme de terre cuite......	357	521	164	16,400
Agés de 4 ans.				
Pomme de terre cuite......	359	513	156	15,600
Agés de 3 et 4 ans.				
Pomme de terre crue......	376	517	141	14,100

A l'état cru elle s'est toujours montrée inférieure pour l'engraissement.

M. Cornevin entreprenait vers la même époque, à Lyon, des expériences d'alimentation sur des vaches laitières. Il en concluait que pour ces animaux les pommes de terre crues étaient préférables, la cuisson déterminant rapidement l'engraissement et le tarissement. Ce régime augmente la production du lait, mais la densité de celui-ci diminue, ainsi que l'extrait sec et la quantité de caséine, tandis que le beurre et les matières minérales augmentent.

Ce sont les trappistes de la Meilleraie qui les premiers donnèrent ces tubercules aux chevaux. Le 29 avril 1896, M. Egasse faisait une communication à la Société nationale d'agriculture, dans laquelle il indiquait le rationnement de ses chevaux de travail, qui depuis plusieurs années lui avait donné toute satisfaction :

Avoine...........................	4 kilos.
Pommes de terre cuites au four...	15 —
Paille............................	6 —

M. Lavalard faisait remarquer qu'avant 1840 les maîtres de poste avaient utilisé la pomme de terre pour l'alimentation de leur cavalerie, mais qu'ils lui reprochaient une prédisposition chez les animaux à l'essoufflement. Elle convient très bien pour engraisser les poulains et les muletons que l'on prépare pour la vente.

Enfin nous n'avons pas besoin de rappeler que la pomme de terre est la base de l'alimentation et souvent la nourriture exclusive des porcs, qui se montrent tout particulièrement bons transformateurs des féculents en graisse. C'est un fait constaté par la pratique depuis fort longtemps. Il est bien recommandé d'écraser complètement les tubercules, car les cas de strangulation sont fréquents quand on néglige cette précaution.

Il arrive souvent que l'agriculteur est surpris par les gelées au moment où il effectue sa récolte, et qu'une plus ou moins grande quantité de tubercules en souffrent. Il n'y a pas d'inconvénient à les faire consommer aussitôt, mais Schwacköfer (de Vienne) a constaté que la fécule diminuait de 0,57 à 2,13 p. 100 dans ce cas ; une partie de l'albumine se transforme et vient augmenter la proportion déjà élevée des corps amidés. On réussit à conserver les pommes de terre gelées en les faisant cuire à la vapeur, et en les mettant dans des silos maçonnés.

Lorsque les pommes de terre ont germé, il est essentiel d'enlever soigneusement les pousses, car elles renferment un poison violent, la *solanine,* qui détermine des paralysies et souvent la mort de l'animal.

M. Schribaux a préconisé un moyen qui prolonge la conservation des pommes de terre en les empêchant de germer au printemps. Il consiste dans la destruction du germe en plongeant les tubercules dans l'acide sulfurique dilué. Cette méthode n'est pas entrée dans la pratique. M. Carel, à Voutré (Mayenne), a essayé un autre système qui consiste à les découper en cossettes et à les sécher à la vapeur. Cette méthode donne de bons résultats quand on peut réaliser l'opération économiquement.

TOPINAMBOUR.

Le topinambour a presque la même valeur alimentaire que la pomme de terre ; il contient un peu moins de protéine, mais il renferme aussi une quantité moindre de corps non albuminoïdes. Dans ces tubercules la fécule est remplacée par l'inuline (2,47 p. 100) et par une proportion assez élevée de sucre (8,56 p. 100) ; il est surtout remarquable par la digestibilité des divers principes nutritifs qu'il contient, ce qui le place au premier rang des racines fourragères.

MM. Muntz et Girard ont recherché sur le cheval les coefficients de digestibilité des diverses matières contenues dans le topinambour et sont arrivés aux chiffres suivants :

	P. 100.
Matière sèche	90,38
Cendres	60,60
Matières grasses	54,62
Inuline	100,00
Sucre	100,00
Cellulose saccharifiable	84,20
— brute	90,40
Matière azotée	80,60
Substance indéterminée	69,90

Les animaux le consomment volontiers, de préférence cru. C'est une nourriture qu'on réserve surtout aux moutons, quoique très bien acceptée par les autres ruminants, les chevaux et les porcs.

Donné en abondance, il détermine des symptômes d'ivresse, la météorisation, la fourbure, dit-on. On peut lui reprocher d'être difficile à laver ; certains praticiens nous ont dit être très satisfaits du nettoyage obtenu en le faisant passer dans un laveur de racines *à sec*.

On peut arracher les topinambours au fur et à mesure des besoins ; il faut dans ce cas se méfier des fortes gelées, qui pourraient empêcher de faire la récolte pendant plusieurs jours. On peut aussi employer le procédé de conservation en silos préconisé par M. Cathelineau. Il importe de se rappeler que, lorsqu'ils sont hors du sol pendant plusieurs jours, ils se ramollissent, puis fermentent et deviennent d'autant plus difficiles à faire accepter du bétail que leur altération est plus avancée. Ce sont sans doute des tubercules ayant subi une transformation de ce genre qui ont déterminé les accidents que l'on a observés.

III. — GRAINS ET FRUITS.

BLÉ.

Le blé est généralement cultivé pour servir à l'alimentation humaine ; il est rare qu'il soit utilisé pour la nourriture du bétail, à cause de son cours élevé. Cependant il y a quelques années, par suite de circonstances économiques que nous n'avons pas à examiner ici, son prix était tombé assez bas pour qu'il soit devenu avantageux de le faire entrer dans la ration. Les méthodes de calcul des substitutions que nous avons exposées précédemment, et notamment celle de M. Mallèvre, nous permettent de nous apercevoir du moment où l'introduction de ce grain dans la ration devient possible. C'est un aliment très riche, que tous nos animaux consomment volontiers ; on lui a reproché de provoquer des accidents pléthoriques plus ou moins graves. Mais ces mauvais résultats sont dus, non pas aux propriétés de la substance, mais au rationnement défectueux, et ils se produisent avec n'importe quelle denrée très nutritive donnée en excès. Il ne faut pas oublier en effet que le blé pèse 33 p. 100 environ de plus que l'avoine, et qu'il contient de 15 à 20 p. 100 de principes nutritifs de plus. Ce qui fait qu'un litre d'avoine est équivalent à la moitié à peu près du même volume de blé.

Il est recommandable, lorsqu'on le fait consommer par

le bétail, de le soumettre au préalable soit à l'aplatissage, soit à la cuisson. Car sa mastication est souvent incomplète, beaucoup de grains y échappent, traversent l'organisme, protégés contre l'action des sucs digestifs par leurs enveloppes, et ressortent sans avoir été digérés. M. Marcel Vacher estime que la proportion ainsi perdue peut varier entre 40 et 50 p. 100 pour les bovidés; plus faible pour les porcs, elle diminue encore pour les chevaux, sans cependant devenir négligeable. Il n'est pas à conseiller de donner le blé sous forme de farine; seuls les moutons le consomment ainsi facilement. Mais il peut être avantageux de le transformer en pain, ainsi que nous le verrons plus tard.

Le froment est très digestible; ce fait ressort des expériences faites par MM. Muntz et Ch. Girard sur le cheval, dont voici les résultats :

	Dosage.	Coefficients de digestibilité.
Eau	14,00	»
Matières azotées	10,50	88,58
— grasses	1,58	55,04
Amidon et sucre	61,20	100,00
Cellulose saccharifiable	5,12	77,81
— brute	3,30	84,66
Substances indéterminées	2,70	20,07
Matières minérales	1,60	»

Nous citerons comme exemple d'alimentation au blé une expérience, qui a été faite par M. Pluchet sur 30 bœufs à l'engrais divisés en deux lots, et dont chacun recevait l'une des rations ci-dessous indiquées; on comparera les poids moyens des animaux au commencement et à la fin de la période d'engraissement :

	1er lot.	2e lot.
Rations	{ 2 k. tourteau de lin. { 60 k. pulpe. { 7 k. trèfle ensilé.	{ 2 k. blé cuit. { 60 k. pulpe. { 7 k. trèfle ensilé.
Poids moyen au 3 janv..	719 kilos.	705 kilos.
— 16 févr..	772 —	771 —
Différence	53 —	66 —

A cet avantage il faut ajouter la qualité de la viande et de la graisse.

Nous reproduirons maintenant la ration donnée pendant un an à 143 chevaux de la Compagnie des tramways de Hull (Angleterre); le directeur s'est déclaré satisfait de ce régime.

	kil.
Avoine............................	1,600
Maïs.............................	1,600
Blé..............................	1,600
Fèves...........................	1,132
Son.............................	0,679
Farine de riz...................	0,453
Foin haché......................	5,436

Pour terminer nous dirons que pendant huit mois nous avons alimenté six chevaux employés à un service au trot, avec un mélange d'avoine, de blé et d'orge concassés, et de tourteaux de coprah; nous en avons obtenu toute satisfaction. Cette année-là le blé valait 18 francs et l'avoine 24 francs; l'économie réalisée était très sensible.

AVOINE.

L'avoine est un grain vêtu, c'est-à-dire se composant de deux parties distinctes : une amande centrale et deux glumes diversement colorées suivant la variété. La partie la plus alimentaire est l'amande ; aussi, pour estimer la qualité d'un échantillon, devra-t-on tout d'abord, en même temps que l'on s'assurera de son degré de siccité, établir la proportion entre les deux parties qui le composent ; celle-ci peut varier entre 69 et 78 p. 100 pour nos bonnes avoines indigènes. On recherchera en outre la teneur en matière azotée, et grâce à ces trois données : poids de l'amande, humidité, richesse en azote, on pourra apprécier la valeur nutritive de l'avoine *pure*. Toute autre méthode ne donnera que des renseignements erronés, et notamment la densité qui est le moyen le plus courant d'appréciation. Nous n'en voulons citer comme preuve que les avoines de Suède et de Norvège, dont l'hectolitre pèse 49 à 50 kilogrammes et même plus, et qui sont très inférieures à celles de Saint-Pétersbourg, dont le poids oscille entre 46 et 47 kilogrammes. Ces différences peuvent tenir pour beaucoup au développement des écales. Ces dernières cependant ne sont pas dénuées de toute valeur nutritive, ainsi que le prouve l'analyse suivante :

Eau...................................... 10,06
Matières azotées.......... 2,50
Graisse............................... 0,50
Extractifs non azotés........... 51,85
Cellulose brute........... 34,80

On leur attribue en outre une propriété excitante particulière qui serait due à une substance aromatique, l'*avénine*, dégageant un parfum de vanille ; signalée autrefois par Journet, sa recherche a été entreprise plus tard par Sanson, et M. Garola dit en avoir isolé 0,38 p. 100 en traitant des écales d'avoine blanche par l'alcool. Toutefois aucune expérience précise ne nous permet de nous prononcer sur le rôle que joue ce principe dans l'alimentation.

Dans les pays où se trouvent des industries préparant avec l'avoine des produits comestibles, on obtient ces écales comme sous-produit, et on les fait entrer pour une certaine proportion dans le rationnement des chevaux. La coloration des enveloppes, qui fait distinguer les avoines en blanches, noires, grises ou rouges, n'a aucune importance au point de vue de la qualité du grain, quoique, à Paris surtout, on accorde une préférence marquée aux avoines noires. Nous en dirons autant du pays d'origine : leur richesse alimentaire dans la même contrée varie dans les limites les plus étendues suivant la culture, les engrais employés et la réussite de la récolte. Comme cette céréale s'égrène facilement, on la fauche parfois prématurément, quitte à laisser le grain mûrir en javelles. Au moment de la moisson, les pluies viennent fréquemment contrarier le cultivateur pour la rentrer. On s'apercevra au parfum, au brillant du grain, de la façon plus ou moins heureuse dont la récolte et la conservation auront été effectuées. Certains chevaux refusent obstinément toute avoine ayant une odeur même légère.

Enfin, dans cette appréciation on tiendra grand compte de la proportion des impuretés, car non seulement celles-ci n'ont pas de valeur, parce que les chevaux savent les trier dans leur mangeoire et laisser de côté les graines étrangères, les grains avortés, les pierres, etc., mais si, par une absorption trop gloutonne, elles sont introduites dans l'organisme, elles peuvent occasionner des accidents mortels : pelote feutrée de l'estomac, obstructions intestinales. Aussi est-il toujours sage de faire subir à l'avoine un nettoyage complet avant de la mettre en consommation. On le réalise à l'aide d'appareils spéciaux que nous n'avons pas à décrire ici.

A la Compagnie générale des petites voitures de Paris, où le nettoyage est installé d'une façon complète, les avoines passent d'abord dans des tarares, puis dans les émotteurs, les bluteurs et les trieurs. Le tableau suivant montre la composition des impuretés qui en sont extraites :

	AVOINE brute.	AVOINE nettoyée.	TARARE.	ÉMOTTEUR.	BLUTEUR.	TRIEUR.
	p. 100.	p. 100.	p. 100.	p. 100.	p. 100.	p. 100.
Eau..............	13,52	14,43	12,94	10,83	8,08	13,47
Mat. azotées.....	9,56	8,81	57,58	10,98	6,92	13,93
— non azotées.	59,98	60,36	2,74	34,60	19,98	45,98
— grasses.....	5,32	5,62	3,16	2,28	2,01	5,65
Cellulose........	7,73	7,81	6,88	11,22	3,74	5,65
Mat. minérales ..	3,49	2,97	16,70	30,89	59,27	15,64
Proportion p. 100 en moyenne ...	100,00	95,142	0,609	0,274	0,135	3,569

La différence 0,271 résulte de l'eau évaporée et des pertes. Les déchets sont constitués principalement par les graines suivantes :

Tarare : grains avortés, balles d'avoine, fragments de pailles, petites graines de graminées, poussières.

Émotteur : graines ou gousses pleines de vesces, de pois, de nielle, de bluets, de liseron, de sarrasin, de crucifères, de maïs, de haricots, de capitules de chardon, de gros débris végétaux et de pierres.

Bluteur : poussières, poils de céréales, graminées et autres.

Trieurs : graines de nielle, de vesces, de gaillet, de lupuline, de trèfles, de luzernes, de sarrasin, petites graines de blé et d'avoine, balles et graines de graminées, capitules d'achillée, de moutarde noire, silicules de ravenelle, de petite oseille.

Ce nettoyage de la Compagnie des petites voitures de Paris est payé et au delà par la vente des menues graines. La diminution de richesse en azote que l'on constate dans l'avoine nettoyée n'est qu'apparente, car elle résulte surtout de l'élimination des graines de légumineuses, qui auraient été refusées par les chevaux.

En attendant le moment de la consommation, il importe d'assurer la conservation des stocks plus ou moins importants d'avoine. Il sera d'autant plus facile de la réaliser que le grain aura un plus grand degré de siccité ; son état peut être considéré comme satisfaisant si l'humidité ne dépasse pas 12 à 13 p. 100. Généralement le grain est disposé par couches excédant rarement $1^m,20$ de hauteur dans les greniers. Il faut l'aérer par un pelletage au moins tous les deux mois, plus souvent s'il a des tendances à s'échauffer. Dans les docks et les grandes administrations, lorsque l'avoine a été séchée et nettoyée, on l'enferme dans des silos en l'abritant autant que possible contre l'action de l'air. Les silos métalliques, imaginés en premier par Doyère, sont très employés. L'avoine est un aliment tellement connu qu'elle peut être prise comme type de comparaison pour la valeur nutritive des autres grains.

Des expériences très intéressantes ont été entreprises sur sa digestibilité par MM. Muntz et Ch. Girard. Nous reproduisons les résultats obtenus pour trois avoines différentes dans le tableau ci-après :

DÉSIGNATION.	MATIÈRES grasses.	AMIDON.	CELLULOSE saccharifiable.	CELLULOSE brute.	MATIÈRES azotées.	SUBSTANCES indéterminées.
Avoine de Suède.	p. 100.	p. 100.	p. 100.	p. 100.	p. 100.	p. 100.
Cheval T 373......	85,17	100	42,50	39,50	71,90	43,93
— 8213......	82,72	100	39,40	34,75	77,40	39,00
— 1805......	82,79	100	34,30	38,30	75,70	40,40
Avoine de Russie.						
Cheval T 373......	81,50	100	39,80	15,30	74,10	60,20
— 8213......	81,00	100	41,80	16,30	79,48	59,50
— 1805......	82,31	100	40,40	23,70	78,89	56,10
Avoine de Beauce.						
Cheval T 373......	91,00	100	55,57	46,01	76,00	38,90
— T 458......	85,07	100	47,80	42,05	77,56	38,20
— 8213......	89,83	100	54,70	43,30	84,66	40,00
— 8097......	89,34	100	55,80	49,10	81,89	44,90

On voit que les coefficients de digestibilité ont peu varié, sauf pour la matière azotée. On peut remarquer aussi la faible influence de l'individualité, et les écarts peu sensibles entre les deux celluloses séparées par l'analyse chimique. Signalons enfin ce fait que pendant ces expériences on a éprouvé des difficultés à faire consommer cette nourriture exclusive ; pendant la dernière série on a même dû changer les sujets en expérience, car, bien que ce fût l'avoine de la meilleure qualité, deux se refusaient à la consommer. En général tous les animaux ont dépéri, mais il a suffi de peu de temps au régime du foin pour les voir rattraper le poids perdu.

L'avoine est considérée comme la nourriture essentielle du cheval ; longtemps on a pensé que, sous notre climat au moins, rien ne pouvait la remplacer ; mais cette opinion s'est modifiée à la suite des expériences si concluantes de nos compagnies de transport. Magne écrivait encore en 1875 :

« Pour les chevaux de poste, pour ceux de course, aucun aliment ne peut complètement tenir lieu d'avoine crue et entière. »

C'est en effet sous cette forme qu'elle convient le mieux aux chevaux. Cependant, quand les animaux sont gloutons, ou lorsque par l'âge leur dentition laisse à désirer, un certain nombre de grains échappent à la mastication et traversent l'organisme sans profit ; dans ces cas, il est tout indiqué de concasser l'avoine ou, mieux, de l'aplatir.

Tous les animaux se montrent friands d'avoine. Pour qu'elle profite aux bovidés, il est préférable de lui faire subir l'une des préparations que nous venons d'indiquer, afin d'en assurer l'utilisation complète. On la donne souvent aux taureaux et aux béliers au moment de la monte pour exciter chez eux les ardeurs génésiques. Mais elle est le plus souvent réservée aux chevaux ; son prix est trop élevé pour qu'elle puisse être économiquement consommée par les autres animaux.

SEIGLE.

Le seigle n'est pas employé pour la nourriture du bétail autant qu'il le mériterait par ses qualités nutritives et par son bas prix, proportionnellement à sa valeur alimentaire ; il tient le milieu entre le blé et l'avoine. On lui reproche de provoquer chez les chevaux la fourbure et certains accidents pléthoriques. Cependant, en

1847, quelques maîtres de poste ont fait entrer le seigle cuit dans la ration de leur cavalerie et s'en sont bien trouvés. MM. Muntz et Ch. Girard ont recherché les coefficients de digestibilité des principes qu'il contient et ont recueilli de leurs expériences les chiffres suivants :

	Analyse du grain.	Coefficients de digestibilité.
Matières azotées	9,00	73,97
— grasses.........	2,06	54,05
Amidon et sucre.	58,96	100,00
Cellulose ·saccharifiable...	8,55	71,80
— brute....... ...	3,09	77,06
Substances indéterminées.	3,30	28,15

Pour obtenir de bons résultats de l'usage du seigle dans l'alimentation du bétail, il faut lui faire subir une préparation. Dans l'Amérique du Nord on le donne concassé, mélangé avec des fourrages hachés. Nous recommandons spécialement de le faire cuire d'une façon suffisante et d'y ajouter ensuite les fourrages hachés. On peut également le laisser macérer pendant vingt-quatre heures, ou le faire entrer en farine dans la composition du pain, dont il prolonge la durée à l'état frais. Sous toutes ces formes il convient à l'alimentation des équidés, surtout de ceux que l'on prépare pour la vente. Il a des propriétés laxatives, qui font employer sa farine pour les chevaux que l'on veut rafraîchir.

Introduit dans la ration des animaux destinés à la boucherie, bœufs, moutons et porcs, il les engraisse rapidement et fournit une viande d'excellente qualité et une graisse ferme.

On ne saurait trop recommander d'éliminer complètement l'*ergot* qu'il contient parfois, car celui-ci détermine des accidents très graves.

Ce que nous venons de dire pour le blé et le seigle s'applique au mélange de ces deux céréales obtenu dans la culture et connu sous le nom de *méteil*.

ORGE.

L'orge est une céréale à grains vêtus ou nus suivant les variétés; les plus répandues sont les premières. L'une des glumelles porte une longue arète, qui est en partie brisée par le battage; cependant, pour rendre le grain tout à fait marchand et prêt à faire consommer par le bétail, on le fait passer dans un appareil spécial dit *ébarbeur*, qui le débarrasse complètement de cette arète.

Par sa valeur alimentaire, l'orge se rapproche beaucoup de l'avoine, mais avec une relation nutritive plus large, parce qu'elle est à la fois plus pauvre en protéine et plus riche en hydrocarbonés. Cette différence est surtout accentuée dans celle de provenance africaine, ainsi que le montrent les analyses comparatives suivantes :

	Orge de France. p. 100.	Orge d'Afrique. p. 100.
Matières azotées	11,87	9,57
— grasses	1,76	1,92
— hydrocarbonées	67,99	71,41
— minérales	2,38	3,68
Eau	16,00	13,62

MM. Muntz et Ch. Girard ont expérimenté ces deux orges sur le cheval, pour déduire les coefficients de digestibilité des divers principes nutritifs. Les résultats qu'ils ont obtenus sont consignés dans le tableau suivant :

PRINCIPES.	ORGE D'AFRIQUE.		ORGE DE FRANCE.	
	Cheval n° 1.	Cheval n° 2.	Cheval n° 1.	Cheval n° 2.
Matières grasses	25,20	53,14	26,80	63,93
Cellulose saccharifiable	54,78	70,80	47,70	72,56
— brute	39,00	61,12	49,12	61,36
Matières azotées	72,75	69,39	74,10	86,16
Substances indéterminées	40,92	63,73	56,85	67,14

Les auteurs font remarquer que les déjections du cheval n° 1 contenaient en proportion notable des grains échappés à la mastication ; sur 147 kilogrammes d'orge d'Afrique consommés, 4ᵏᵍ,300 sont ainsi ressortis de l'organisme intacts, c'est-à-dire près de 3 p. 100, tandis que, pour le cheval n° 2, sur 113 kilogrammes, 0ᵏᵍ,200 seulement ont été retrouvés. Ce fait permet d'expliquer la différence considérable du pouvoir digestif de ces deux animaux, et montre bien l'importance qu'il y a à faire subir une préparation à cette céréale, au moins pour certains sujets.

L'orge était jadis la nourriture exclusive de la cavalerie romaine.

De nos jours c'est encore la base de l'alimentation des chevaux d'une partie de l'Espagne et de l'Italie, de ceux de l'Afrique et de l'Asie Mineure. On prétend que sous notre climat elle ne peut remplacer l'avoine, à cause de l'absence de tout principe excitant. Mais pourquoi ce dernier ne serait-il pas aussi utile dans les pays chauds ? La température élevée est plutôt débilitante qu'énervante. Nous pensons que la cause unique de l'usage de l'orge dans ces régions réside dans la facilité de sa culture sur place, tandis que l'avoine exige pour végéter des conditions de fraîcheur qui sont plus rarement réalisées.

Certains praticiens prétendent que cette céréale est laxative ; d'autres, au contraire, échauffante. La vérité est qu'au début de sa consommation elle relâche un peu les intestins, mais presque tous les changements de régime produisent le même effet. Il serait plus juste de lui reprocher la dureté de son écorce, surtout dans certaines variétés : l'amande est ainsi protégée contre les sucs digestifs, et il en résulte une perte qui n'est pas négligeable, nous l'avons vu par l'expérience relatée plus haut. Aussi conseillons-nous de la mélanger avec des fourrages hachés, si on la donne entière, pour forcer les animaux à la mastiquer, mais préférablement de l'aplatir ou de la concasser. On peut aussi la faire cuire ou macérer. C'est sous cette dernière forme qu'elle se trouve dans les *mashs*, dont on fait un si grand usage en Angleterre.

M. Lavalard a fait entrer l'orge dans la composition de la ration de la cavalerie des omnibus de Paris, et n'a eu qu'à se louer de son emploi; nous-même pendant dix années avons distribué l'orge concassée en proportion plus ou moins forte suivant les cours de l'année, et nous n'avons jamais eu à nous plaindre de cette nourriture.

L'orge réduite en farine sert à blanchir la boisson des chevaux de luxe, des jeunes et des malades. Elle convient à tous nos animaux, surtout à ceux que l'on veut engraisser.

Souvent elle atteint un prix élevé à cause de son utilisation par la brasserie; mais cette industrie est très exigeante pour la coloration du grain, et déprécie beaucoup celui dont la teinte des enveloppes est un peu trop jaune. C'est cette dernière que l'on pourra employer avantageusement pour l'alimentation du bétail.

MAÏS.

La culture du maïs nous est venue d'Orient; c'est à tort qu'on a dit qu'il était originaire d'Amérique. C'est un aliment très précieux pour l'homme et pour les animaux. Sa valeur nutritive le classe au même rang que l'avoine; cependant il présente un avantage à cause de ses coefficients de digestibilité plus élevés, ainsi que l'on en peut juger:

	Coefficients de digestibilité.
Matières grasses......................	93,9
— azotées......................	86,1
Amidon et sucre	100,0
Cellulose saccharifiable.......	86,9
— brute......................	82.8
Substances indéterminées	85,2

La composition chimique de son grain varie peu avec les espèces et les origines, ainsi que le prouvent les analyses suivantes de MM. Muntz et Ch. Girard :

| | DA-NUBE. | AMÉ-RIQUE. | FRANCE. | | DARI. |
			Bour-gogne.	Landes.	
	p. 100.	p. 100.	p. 100.	p. 100.	p. 100.
Matières azotées.........	9,93	9,31	9,14	9,03	10,34
— grasses.........	6,06	3,92	4,50	4,73	1,70
— hydrocarbonées.	66,93	72,90	72,37	75,00	73,62
— minérales	1,32	1,32	2,79	1,44	1,60
Eau...................	15,76	12,55	11,20	9,80	12,74
Poids de l'hectolitre......	79 kil.	81 kil.	80 kil.	80 kil.	80 kil.

Le maïs est d'une conservation plus difficile que celle des céréales à petits grains, à cause de son manque de siccité. Il sera prudent de le surveiller dans les greniers, et d'exécuter les pelletages nécessaires pour empêcher toute altération.

Depuis longtemps il était utilisé pour l'alimentation des équidés en Amérique; cependant les premières tentatives en France ne datent que de 1847. Cette année, par suite de la mauvaise récolte de l'avoine, le maître de poste de Bayonne remplaça un tiers de ce grain dans l'alimentation de ses chevaux par la même quantité de maïs, et se déclara très satisfait de son innovation. Bien que les chevaux fissent en moyenne 19 kilomètres par jour à une allure rapide, ils se maintinrent en excellent état.

Au moment de l'expédition du Mexique, toute la cavalerie de notre armée fut nourrie au maïs et M. Liguistin, chef du service vétérinaire, fit un remarquable rapport dans lequel il constata les bons effets de cette alimentation. Magne a beaucoup préconisé l'emploi du maïs pour les chevaux de travail. Mais il faut arriver jusqu'à la fin du siècle passé pour voir entrer réellement dans la pratique la consommation du maïs par les équidés dans notre pays. Les compagnies de transports furent amenées à expérimenter cette nourriture dans un but économique, et les résultats, satisfaisants à tous points de vue, qu'elles obtinrent, eurent raison de la vieille routine.

M. Lavalard, à la Compagnie générale des omnibus, démontra que ce grain pouvait remplacer totalement l'avoine pour les chevaux travaillant aux allures rapides. Nous pensons, toutefois, qu'à cause de l'habitude ancienne de nos équidés de consommer l'avoine, et surtout dans le but de maintenir l'appétit en éveil par la variété des aliments, il est préférable de ne pas être exclusif.

En général, on donne le maïs en grain aux chevaux; quelquefois on ne le sépare même pas de la râfle. Dans ce cas, ces animaux l'égrènent eux-mêmes et le plus souvent dédaignent la râfle; les bœufs le consomment beaucoup mieux sous cette forme en entier. D'après les analyses suivantes, on peut se rendre compte de la modification qu'apporte dans la ration l'introduction de ce fourrage :

	Paille.	Spathes.	Râfles.
Eau	14,0	12,36	14,0
Matières azotées	3,0	3,25	1,4
— grasses	1,1	»	1,4
Extractifs non azotés..	37,9	51,31	42,6
Cellulose	40,0	26,48	37,8
Cendres	4,0	6,60	2,8

M. Barthe a imaginé un appareil qui permet de broyer les râfles.

On facilite la consommation du maïs, et l'on augmente sans doute son utilisation, en le concassant avant de le distribuer. On évite ainsi une usure précoce des dents.

Le maïs peut être cuit, ou réduit en farine ; ces préparations sont surtout profitables aux animaux à l'engrais, bœufs, moutons et porcs.

C'est une bonne alimentation pour les femelles laitières.

FÉVEROLES.

La féverole est un grain précieux par sa richesse en protéine (22 p. 100 en moyenne); elle permet de rétrécir, dans les rations, les relations nutritives trop larges. Mais, pour cette même raison, elle doit être donnée avec précaution, car elle est échauffante et détermine des manifestations pléthoriques. Sa composition varie un peu suivant les provenances; ce qui est surtout sensible à ce point de vue, c'est la proportion d'impuretés que renferment les féveroles d'origine exotique; celles-ci sont surtout composées de terre et de petites pierres. Voici quelques analyses comparatives :

	LOR- RAINE.	VENDÉE.	NORD.	BOUR- GOGNE.
	p. 100.	p. 100.	p. 100.	p. 100.
Matières azotées..........	28,40	25,54	27,79	24,65
— grasses..........	1,10	0,85	1,07	0,81
— hydrocarbonées..	52,83	55,96	53,57	57,30
— minérales	2,79	3,41	2,92	2,52
Eau	14,88	14,24	14,65	14,72
Poids de l'hectolitre.......	79 kil.	71 kil.	77 kil.	»

On distingue la grosse fève originaire surtout du Poitou, tout à fait analogue à la féverole comme composition, mais un peu moins riche en protéine, et connue sous le nom de *fève de marais*; elle est moins appréciée pour la nourriture du bétail.

La digestibilité de la féverole a été étudiée par MM. Muntz et Ch. Girard sur le cheval. Comme dans leurs précédentes expériences, les animaux ont été soumis à un régime exclusif, que l'on éprouve toujours une certaine difficulté à leur faire accepter. Il y a même une remarque à faire à ce sujet au point de vue de l'individualité : certains sujets, même poussés par la faim, préfèrent se laisser dépérir plutôt que de manger l'aliment qui leur est offert, tandis que d'autres acceptent le régime et se maintiennent en état. La quantité journalière et par tête était fixée à 6^{kg},500. Pour le cheval n° 3, les auteurs font remarquer qu'au début de l'expérience, le sujet étant atteint de diarrhée, des pertes ont pu se produire, et les chiffres sont donnés sous réserve :

| | MATIÈRES azotées. | GRAISSE. | CELLULOSE | | AMIDON. | MATIÈRES indéterminées. |
			brute.	saccharifiable.		
	p.100.	p.100.	p.100.	p.100.	p.100.	p.100.
Cheval n° 1...........	67,64	9,66	45,90	75,65	100	67,66
— n° 2...........	71,66	»	55,35	86,49	100	65,71
— n° 3. { Début..	88,35	40,64	94,34	95,39	100	90,85
{ Fin	77,98	»	81,60	88,33	100	71,72

La féverole convient surtout aux chevaux auxquels on demande de grands efforts de travail; on en donne souvent aux chevaux de courses.

On lui attribue des propriétés aphrodisiaques pour les étalons; elle faciliterait l'entrée en chaleur des juments. Elle est distribuée souvent sèche en grains, mais on peut aussi la concasser. Lorsque nous en avons fait usage, nous l'avons toujours fait macérer plusieurs heures, afin de la ramollir et diminuer le travail de la mastication.

Elle rend de grands services dans l'alimentation des jeunes et des femelles laitières, à quelque espèce qu'ils appartiennent.

Aux animaux à l'engrais, on pourra la donner en farine. On la conseille davantage pour les bœufs et les moutons que pour les porcs; nous savons en effet que ces derniers se montrent meilleurs utilisateurs des principes hydrocarbonés que des matières protéiques.

Elle produit une chair ferme et savoureuse, et une graisse consistante.

POIS.

Les pois sont tout à fait comparables à la féverole au triple point de vue de la composition, de la valeur alimentaire et de la digestibilité.

Voici l'analyse de deux échantillons différents :

	1884.	1887.
	P. 100.	P. 100.
Eau.....................	14,1	14,02
Matières azotées.........	21,7	27,24
— grasses.........	3,4	1,76
— hydrocarbonées.	58,0	53,61
— minérales	2,8	3,30

On les fait surtout consommer aux chevaux, aux brebis laitières et aux agneaux. Ils sont peu utilisés en France, mais en Angleterre et en Allemagne on les voit figurer dans les rations de la cavalerie des compagnies de transport.

C'est un aliment que les Anglais donnent souvent aux chevaux à l'entraînement pour les courses.

Ils sont distribués, comme la féverole, soit secs, soit macérés, concassés ou en farine.

LENTILLES.

La lentille est toujours réservée à l'alimentation humaine, à cause de son prix élevé.

Quelquefois le lentillon est cultivé pour les animaux, mais l'usage en est trop restreint pour que nous nous arrêtions plus longtemps sur ces plantes.

Nous voulons seulement signaler une espèce particulière, l'ers ou *lentille ervilière* ou *bâtarde* qui est cultivée en Algérie et dans le midi de la France. On doit la considérer comme toxique pour les porcs et les chevaux. Ces derniers peuvent supporter son ingestion, si elle est donnée en petite quantité au milieu d'autres aliments ; leur organisme s'y habitue même dans une certaine mesure. Les moutons et surtout les bovins semblent réfractaires à son action vénéneuse : ils profitent bien de cet aliment ; on le donne soit en farine, soit macéré dans l'eau.

LUPINS.

Les graines des lupins atteignent le maximum de richesse en protéine observé dans les aliments végétaux. Ce chiffre varie entre 32 et 48 p. 100 suivant les espèces et les cultures. Malheureusement, il est difficile de faire consommer les lupins par le bétail, à cause d'un principe amer qu'ils contiennent ; seuls les moutons l'acceptent. On a recherché des préparations permettant de supprimer ou d'atténuer cette amertume. On a d'abord soumis le grain à une torréfaction énergique, puis il a été reconnu qu'il était préférable de le mettre en contact, pendant une heure, avec de la vapeur à 100°, et de le laver ensuite plusieurs fois à l'eau froide.

Kellner, qui a expérimenté cette méthode, a constaté les excellents effets du grain ainsi préparé dans l'alimentation des moutons et des vaches laitières.

Wildt a proposé de faire macérer les lupins dans l'acide chlorhydrique très étendu d'eau, de laver ensuite avec une solution de chlorure de chaux, puis à l'eau.

Dans tous les cas, il y a une perte de matière sèche : elle peut varier entre 15 et 20 p. 100 en employant l'un des deux derniers procédés, et porte principalement sur les extractifs non azotés et les substances minérales.

On reproche non sans raison au lupin jaune ses propriétés vénéneuses. Cette plante, ornementale d'abord, fut cultivée comme fourrage parce que, moins amère que les autres lupins, le bétail l'acceptait plus volontiers.

Malheureusement elle produit chez les animaux une
maladie, que l'on a proposé d'appeler la *lupinose*, et qui
a causé de grands ravages dans les bergeries en Allemagne, notamment en 1880. Tous nos animaux domestiques et même l'homme sont sensibles à ce poison, sur
la nature duquel on est encore loin d'être éclairé.

CAROUBES.

Les caroubes sont des gousses provenant d'un arbre
qui croît dans le midi de l'Europe et en Afrique. Dans
les pays d'origine, on donne les caroubes au bétail, qui
s'en montre très friand, à cause sans doute de leur goût
sucré. Elles contiennent peu de protéine, mais sont très
riches en matières hydrocarbonées; elles ont des propriétés laxatives.

Leur bas prix avait attiré l'attention des entrepreneurs
de transport, il y a quelques années, surtout à la suite
des travaux intéressants publiés sur la caroube en 1877
et 1878 dans le *Recueil de médecine vétérinaire* par
MM. Bonzom, Delamotte et Rivière.

M. Lavalard en fit venir un fort échantillon pour les
expérimenter sur la cavalerie de la Compagnie des omnibus. MM. Muntz et Ch. Girard les analysèrent et trouvèrent les chiffres suivants :

	I.	II.
Eau	16,30	11,40
Matières azotées	4,31	7,50
— grasses	0,54	0,95
Sucre de canne	30,10	
Glucose	14,55 } 76,75	66,33
Matières hydrocarbonées	32,10	
— minérales	2,20	13,82

Depuis lors les caroubes ont été utilisées en France par
les compagnies de transport pour l'alimentation de leur
cavalerie dans les moments de pénurie fourragère.
L'Angleterre en faisait venir antérieurement de grandes

quantités de l'île de Chypre. On broyait les gousses fraîches, on les mélangeait avec du maïs ou de l'orge concassés, puis on pressait le tout pour en former une sorte de tourteau, dont les chevaux et les bêtes à cornes se montraient très avides.

Les chevaux des voitures publiques à Naples reçoivent la ration suivante :

Caroubes.....................	5 à 6 kilos.
Son.......................	5 à 6 —
Gramen ou chiendent..........	10 —

On voit par ce qui précède que les caroubes peuvent être appelées à jouer un rôle important dans l'alimentation de nos animaux, surtout si une utilisation industrielle vient accroître la production, et mettre sur le marché un tourteau de moindre valeur.

SARRASIN.

Le sarrasin, par sa composition, est un peu inférieur à l'avoine, mais il en diffère beaucoup par sa digestibilité.

MM. Muntz et Ch. Girard ont soumis une jument de dix ans à une alimentation exclusivement composée de cette graine : elle pesait au début de l'expérience 487 kilogrammes ; la ration journalière de 7 kilogrammes fut trouvée insuffisante : on la porta à 8 kilogrammes sans pouvoir maintenir l'animal.

L'examen des déjections permettait de reconnaître que les grains ressortaient intacts du tube digestif en grande quantité ; on en a recueilli 15^{kg},02 en vingt-deux jours sur 154 kilogrammes de sarrasin absorbé : c'est une perte d'environ 10 p. 100. On remarquait aussi que les fragments de l'écorce n'avaient subi aucune modification. Or ce testa entre pour 22 p. 100 dans la composition du grain et sa richesse en principes alimentaires n'est pas négligeable, ainsi qu'on peut le constater dans le tableau suivant.

De ces chiffres on peut déduire que si 100 kilogrammes de sarrasin contiennent 9^{kg},560 de protéine, 7^{kg},650 seulement sont soumis à l'action des sucs digestifs ; c'est ce qui explique le taux très faible obtenu pour les coefficients de digestibilité.

	SARRASIN en expérience.	COMPOSITION du testa.	COEFFICIENTS de digestibilité.	
			Grain total absorbé.	Grain retrouvé dans les déjections déduit.
	p. 100.	p. 100.	p. 100.	p. 100.
Matières azotées...	9,56	4,30	61,61	69,06
— grasses...	2,24	0,82	43,95	55,14
Amidon et sucre (corps pectiques).	41,61	0,80	88,15	100,00
Cellulose saccharifiable...	5,62	16,11	49,39	35,75
— brute....	6,47	26,66	5,02	7,10
Substances indéterminées..........	11,64	30,85	40,52	51,15
Cendres..........	2,24	2,00	»	»
Eau	20,62	18,46	»	»

M. Lavalard a remarqué que la jument en expérience éprouvait de fortes démangeaisons ; peut-être étaient-elles dues aux quantités considérables de sarrasin consommées ; il est probable qu'elles auraient disparu avec l'habitude, car on ne signale rien de semblable en Bretagne, où ce grain est fréquemment donné aux chevaux.

Grognier rapporte qu'en Auvergne la farine de sarrasin est employée pour l'engraissement des bœufs, des moutons et des porcs.

Il résulte de ce qui précède que, quelle que soit l'espèce à laquelle on fera consommer ce grain, il sera toujours préférable de le concasser ou de le réduire en farine au préalable.

En Suède, en Norvège, en Allemagne, en Suisse et dans d'autres pays du Nord, on en fait un pain que l'on donne aux chevaux.

La conservation difficile de ce grain, son prix relativement élevé par rapport à sa valeur nutritive, en font un aliment qui est rarement économique pour nos animaux ; nous ne préjugeons en rien ici de son emploi pour la nourriture des volailles.

GRAINE DE LIN.

La graine de lin est rarement donnée au bétail, sauf aux animaux malades que, par ses propriétés laxatives et diurétiques, elle peut contribuer à guérir. Les Anglais la font entrer dans la composition des mashs qu'ils donnent aux étalons, aux poulinières, aux poulains et aux chevaux de luxe.

Elle est très nutritive, détermine un engraissement rapide, mais la viande et la graisse laissent à désirer comme qualité. On l'emploie surtout échaudée ou en farine.

Nous verrons qu'après l'extraction de l'huile, on en obtient un tourteau très apprécié, qui jouit des mêmes propriétés, et qui joue un rôle important dans l'alimentation des animaux d'engrais.

CHÉNEVIS.

Le chènevis est très échauffant ; on le préconise pour exciter les fonctions génésiques. Il pousse rapidement à l'engraissement ; aussi l'a-t-on conseillé pour refaire les chevaux épuisés. Il produit une viande peu estimée et une graisse qui manque de fermeté ; son prix élevé d'ailleurs ne permet de l'employer que dans des cas particuliers.

ARACHIDE.

L'arachide est une graine exotique très riche au point de vue alimentaire, que l'on peut se procurer dans les ports de mer où elle est débarquée pour les industries oléagineuses; mais, à cause de celles-ci, son prix est élevé, et il est rare qu'on l'utilise directement dans l'alimentation du bétail, en dehors des pays d'origine. Elle fournit un tourteau de grande valeur. Les mêmes considérations peuvent être appliquées à beaucoup de graines oléagineuses.

CITROUILLES.

Les citrouilles sont des fruits très aqueux (91 p. 100 d'eau); leur valeur alimentaire les place à côté des navets, c'est-à-dire qu'elles sont inférieures aux betteraves fourragères. La partie la plus nutritive est le pépin, que bien souvent on enlève pour en extraire une huile comestible. Elles rendent des services comme nourriture rafraîchissante au début de l'hiver, car elles se conservent difficilement, surtout en grande quantité. Elles conviennent particulièrement aux vaches laitières, parce qu'elles ne communiquent aucune mauvaise odeur au lait. On les donne aussi aux animaux à l'engrais, en les faisant cuire au préalable.

Dans tous les cas, quelle que soit la ration dans laquelle on fera entrer les citrouilles, il sera nécessaire de la compléter avec des aliments concentrés, pour compenser leur pauvreté nutritive.

Magne rapporte que les Orientaux en font manger à leurs chevaux; rien ne s'oppose à ce qu'on en fasse autant dans nos contrées, mais on la donnera en petite quantité, dans un but hygiénique; ce sera pour eux un fruit de dessert; si on voulait lui faire jouer un rôle alimentaire, on distendrait les organes digestifs et l'on déterminerait des diarrhées. Les animaux, devenus mous, seraient incapables d'un travail soutenu.

GLANDS.

On distingue deux sortes de glands : ceux qui proviennent de nos chènes forestiers sur la récolte desquels on ne peut compter comme ressource alimentaire, à cause de la variabilité de la production. On les laisse perdre le plus généralement dans les forêts. C'est cependant une nourriture très recherchée des porcs, et ayant une réelle valeur nutritive. On peut doubler cette dernière si, après avoir laissé sécher les glands, on les décortique.

Comme aliment, la deuxième sorte, le *gland doux*, qui est produit par une espèce spéciale de chène, est beaucoup supérieure. Il sert quelquefois à l'alimentation humaine et, torréfié, il fournit un succédané du café.

En Espagne, de grandes superficies sont plantées en chènes verts pour servir, par leurs fruits, à nourrir les porcs. On préfère ces glands doux aux grains pour leur engraissement ; ils donnent une chair savoureuse et une graisse ferme. On se garde de laisser entrer dans ces jeunes plantations les bovins et les moutons, qui les détérioreraient, tandis que les porcs y cherchent leur nourriture sans nuire aux taillis.

MARRONS D'INDE.

Le marron d'Inde est généralement négligé ; cependant nous voyons, par son analyse contenue dans les tables, qu'il est très riche en matière féculente (38 p. 100). Il contient, il est vrai, une substance âcre qui le fait refuser au premier abord par les animaux ; mais à la longue ils s'y habituent, et les moutons en particulier l'acceptent rapidement comme nourriture.

On peut d'ailleurs atténuer beaucoup ce goût en faisant

bouillir ces fruits dans l'eau jusqu'à cuisson et en rejetant le liquide.

Par le séchage on arrive au même résultat; pour mener à bien cette opération, il faut étendre les marrons sur un sol sec et pendant une semaine les remuer tous les jours au râteau; puis on se contentera de les agiter tous les trois ou quatre jours.

On a cru pendant longtemps que ces fruits avaient des propriétés vénéneuses; mais en 1887 M. Bussard écrivait, dans le *Journal d'agriculture pratique*, que ses expériences personnelles lui permettaient d'affirmer la parfaite innocuité de ce fruit, donné en quantité rationnelle. On combattra son astringence en introduisant dans la ration des substances jouissant de propriétés opposées.

Comme tous les féculents, c'est un aliment qui convient très bien aux porcs, aux moutons à l'engrais. On peut aussi le faire manger aux bovidés. C'est une nourriture riche, qui ne coûte que la peine de la ramasser.

IV. — RÉSIDUS INDUSTRIELS.

RÉSIDUS DE LA MEUNERIE.

Menus grains. — La première opération que subissent les grains en arrivant au moulin, avant de passer sous les meules ou dans les cylindres, est un nettoyage complet pour les débarrasser des impuretés qu'ils contiennent encore : graines de plantes adventices, poussières, graviers, fragments de végétaux et balles. Généralement ils ont subi chez le cultivateur un traitement analogue, mais moins parfait, parce que celui-ci dispose d'un outillage plus rudimentaire.

Les grains de semence sont soumis à une opération semblable chez les marchands grainiers; et ceux de consommation sont aussi nettoyés soit par les grainetiers, soit par les grandes administrations qui les utilisent.

De ces manipulations résultent des déchets qui sont fort variables comme valeur, mais presque tous utilisables pour l'alimentation des animaux.

Nous citerons, à titre d'exemple, l'analyse suivante faite par M. Bussard, au laboratoire d'essais de semences de l'Institut national agronomique, sur un échantillon de blé :

Débris de blé	55,95	p. 100.
Vesces diverses	15,46	—
Nielle	14,49	—
Saponaire des vaches	4,16	—
Gaillet caille-lait	4,19	—
Gesse	1,60	—
Grémil	0,80	—
Mélampyre des champs	0,40	—
Blé carié	0,35	—
Renoncule, ivraie, rumex, jacée, bulbilles d'ail	0,41	—
Terre, débris divers	2,17	—

Parmi ces graines, un certain nombre sont vénéneuses, et il peut être dangereux de faire consommer le mélange si leur proportion est assez élevée. Cette utilisation nécessite donc, de la part de celui qui la tente, une connaissance de la composition, soit que par lui-même il puisse l'apprécier, soit qu'il ait recours à une analyse et à l'avis d'un laboratoire spécial.

Tout d'abord, la nielle peut occasionner des accidents mortels, quoique M. Lebedef ait prétendu le contraire, et que certains praticiens en aient fait consommer des quantités relativement considérables, notamment à des moutons.

Les faits relatés par M. Lavalard au Congrès de la Société d'alimentation rationnelle du bétail en 1899 en sont une preuve. Il résulte des expériences de M. Cornevin que les doses suivantes sont mortelles suivant les espèces et par kilogramme de poids vif :

	Nielle en farine.
Veau	2^{gr},50
Porc	1^{gr},00
Poule	2^{gr},50

En grains, les quantités nocives sont plus élevées, presque doublées, parce que ceux-ci traversent en grand nombre l'organisme, protégés par leur enveloppe qui n'est pas vénéneuse, et ressortent intacts.

La saponaire officinale, et celle des vaches sans doute, doivent être considérées comme suspectes.

Les graines de certaines gesses ont occasionné des accidents connus sous le nom de *lathyrisme*.

L'ers ou vesce ervilière est dans le même cas.

Les moutardes, sous l'influence de l'humidité ou des liquides de l'organisme, peuvent former de l'essence de moutarde ou sulfocyanure d'allyle, poison violent.

Les semences de coquelicot sont narcotiques.

Les rumex, et la petite oseille en particulier, provoquent l'ivresse chez le cheval et le mouton.

Quoiqu'on ne soit pas bien fixé sur les propriétés des graines des renoncules, il convient d'observer la plus grande méfiance à leur égard.

Le mélampyre des champs détermine des vertiges, dit-on.

L'ivraie enivrante et l'ivraie linicole sont toxiques : 7 grammes par kilogramme de poids vif suffisent pour tuer un cheval.

Très souvent, les provendes vendues par le commerce sont constituées par ces déchets; on juge par là de l'accueil qui doit leur être réservé, car le broyage, loin d'atténuer la toxicité de la plupart de ces graines, l'augmente. Le système qui serait plutôt préconisé pour les rendre inoffensives consisterait en un ébouillantage prolongé avec rejet des eaux de lavage.

Il ne faut pas perdre de vue qu'une partie de ces mauvaises graines se retrouve dans les fumiers avec leurs facultés germinatives intactes.

Enfin, les récoltes exotiques peuvent amener des graines propres aux pays d'origine.

On voit par ce qui précède que c'est avec la plus

grande circonspection que l'on devra faire consommer ces déchets, qui cependant ont une réelle valeur alimentaire.

Blé. — Lorsque le grain a été réduit en *boulange*, il est conduit dans les bluteurs, les plansichters, les sasseurs et autres appareils qui séparent les divers produits de la mouture. Ceux-ci se répartissent comme suit pour un blé tendre des environs de Paris, d'après les recherches de Touaillon :

	Pour 100 kilos de blé.
Remoulages mêlés ....,.......... .	2,980
— bâtards......	1,640
Recoupes fines ou bis fins	3,800
— ordinaires............ ...	1,200
Petit son................	2,170
Son moyen..................	2,750
Gros son...	6,180
Total des issues..........	20,700

Cette proportion peut varier du simple au double suivant les espèces, et aussi d'après la manière dont est conduite la mouture.

Ces différents produits ont pour origine la structure même du grain de blé. A l'aide du microscope on découvre que son écorce se compose de cinq couches successives :

1° Le *péricarpe* qui forme la cuticule;

2° Le *mésocarpe*, composé de cellules épidermiques résistantes imprégnées de matières grasses, quaternaires et minérales;

3° L'*endocarpe*, constitué par une couche parenchymateuse de cellules ponctuées ;

4° A travers ces membranes on aperçoit le *testa* dont la coloration est jaune. C'est une assise de cellules allongées à parois épaisses;

5° L'*endoplèvre*, formée de cellules cubiques grisâtres contenant une matière azotée granuleuse : l'aleurone ;

6° L'*amande*, dont les cellules sont remplies de grains

d'amidon. Le centre de celle-ci donne la *farine fleur*, la zone suivante les *gruaux blancs*; enfin, de la couche avoisinant l'endoplèvre, on obtient les *gruaux bis*.

Sons. — Les cinq couches d'écorce forment les sons qui comprennent, classés suivant leur degré de finesse, les remoulages, les recoupes, et les sons proprement dits. Les *sons* forment à eux seuls la moitié des issues; on les divise en gros, moyens et petits sons ; mais souvent, dans le commerce, ces trois catégories sont réunies sous le nom de *son trois cases* (1).

La valeur alimentaire du son est très variable suivant le perfectionnement des appareils dont le meunier dispose. Elle dépend beaucoup de la quantité de farine qui reste adhérente aux écorces, et que l'on apprécie grossièrement en plongeant la main dans la masse et en remarquant son degré de blancheur quand on la retire.

Les sons de meules sont plus riches en amidon que les sons de cylindres ; mais on n'en trouve plus que dans les campagnes.

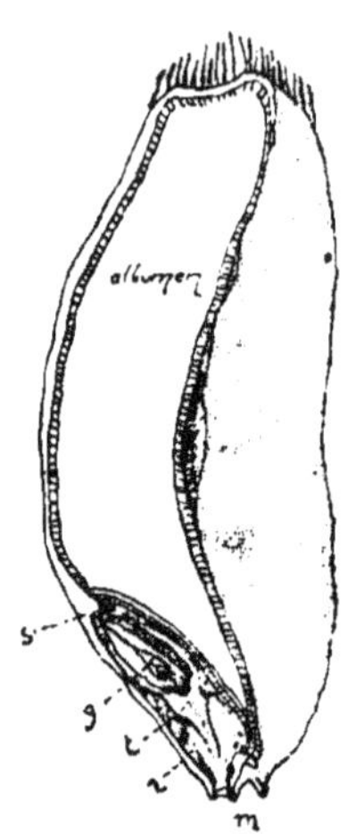

Fig. 6. — Grain de blé fortement grossi. Coupe longitudinale passant par la fente du grain et par l'axe de l'embryon. — *r*, radicule ; *t*, tignette ; *g*, gemmule ; *s*, *s*, scutellum ; *m*, micropyle.

La matière azotée est abondante dans le son, comme le montre l'analyse, mais elle est protégée par des cloisons épaisses de cellulose, et, tandis que l'homme et les carnivores ont un coefficient de digestibilité très faible (44 p. 100), ainsi qu'il résulte des recherches de

____

(1) Le poids de l'hectolitre de son est : pour les gros, 21 à 22 kilos; pour les moyens, 26 kilos; pour les petits, 32 kilos; pour les trois cases, 24 à 25 kilos.

M. Aimé Girard, au contraire les herbivores assimilent en grande partie cette cellulose et par suite la matière azotée qu'elle renferme (78 p. 100, d'après Poggiale). M. Muntz a fait une expérience sur une jument; nous en donnons ci-dessous les résultats :

	Composition du son. p. 100.	Coefficient de digestibilité. p. 100.
Eau.................	11,75	»
Cendres.......	5,71	»
Protéine....	15,65	95,70
Graisse......	3,79	86,33
Sucre, amidon..	21,84	100,00
Cellulose saccharifiable.	12,39	94,90
— brute........	4,51	77,63
Matières indéterminées.	24,36	88,96

Ces chiffres prouvent la grande valeur alimentaire de ce produit pour les chevaux. Il convient aussi très bien aux vaches laitières, car il leur fait absorber une grande quantité d'eau, soit qu'on le donne *frisé*, c'est-à-dire légèrement mouillé, soit qu'on le donne sec, et dans ce cas il stimule la soif.

Les moutons le digèrent bien; on l'utilise souvent dans l'alimentation du porc; cependant cette espèce l'assimile très mal, et l'on peut retrouver une partie des enveloppes du blé intactes dans les déjections.

Le son est donné seul, soit sec, soit mouillé d'eau; il en absorbe environ deux fois et demie son poids. On peut aussi le mélanger à des aliments plus aqueux. En Angleterre, on le fait entrer dans la composition des mashs. Son coefficient de digestibilité est plus élevé, d'après Wolff, quand il est sec que frisé; mais sous cette première forme les animaux en perdent une plus grande proportion, par la respiration, en s'ébrouant et par des mouvements de tète.

Il a des propriétés rafraîchissantes et sert de véhicule pour beaucoup de médicaments.

Lorsque son usage est constant, il provoque des calculs intestinaux; absorbé en abondance, il peut aussi, en se gonflant dans l'estomac, déterminer la rupture de ce viscère.

Cornevin conseille de ne pas dépasser les quantités suivantes dans les rations journalières :

Cheval..........................	2 kilos.
Ane et mulet....................	1 —
Bœuf à l'engrais................	4 —
Vache laitière..	5 —
Mouton..........................	0^{kg},500
Porc............................	0^{kg},700

Nous ajouterons que, sauf pour les truies en gestation, qui ont besoin d'être rafraîchies, le son doit être exclu de l'alimentation des animaux de cette espèce.

Remoulages. — Les remoulages sont aussi appelés *fleurages*; ils sont blancs ou fauves : les premiers pèsent 43 kilos l'hectolitre et les seconds 39. Ils absorbent environ trois fois et demie leur poids d'eau.

Leur richesse alimentaire est très variable, suivant la proportion de farine qu'ils contiennent.

Ils servent à blanchir l'eau de boisson. On les donne aux femelles laitières ou prêtes à mettre bas et aux jeunes des diverses espèces.

Ils sont aussi employés en boulangerie.

Recoupes. — Ces issues sont moins fines et moins blanches que les précédentes; on les donne dans les mêmes conditions et aux mêmes animaux que les remoulages.

Quand les farines troisième et quatrième sont à plus bas prix que les recoupes, les meuniers règlent la mouture pour en laisser une partie dans ces résidus, qui par ce fait n'ont plus la même relation nutritive, puisque, proportionnellement, les matières hydrocarbonées ont augmenté par rapport aux substances azotées.

Germes de blé. — Dans certains moulins, on effectue

la séparation des germes ou embryons des autres issues. Ils ressemblent à du son moyen, pèsent de 39 à 40 kilos l'hectolitre et absorbent deux fois leur poids d'eau. Ils sont riches en protéine et pauvres en cellulose, ce qui fait bien augurer de leur digestibilité. Ils contiennent une matière azotée particulière, la *céréaline*, découverte par Mège-Mouriès. C'est un ferment qui fluidifie le gluten et l'amidon et nuit à la panification.

M. Ch. Girard donne l'analyse suivante de ces germes :

Eau......................................	12,40	p. 100.
Matières azotées................	31,64	—
— grasses................	6,24	—
— hydrocarbonées......	43,89	—
— minérales.............	4,69	—
Cellulose	1,14	—

Les herbivores les mangent au premier abord avec quelque méfiance, mais s'y habituent facilement. Donnés en excès, ils provoquent la diarrhée. Cornevin indique comme dose expérimentée par lui : $1^{kg},500$ par cheval et $0^{kg},600$ par mouton.

Farines troisième et quatrième. — Ces farines sont moins blanches et plus sèches au toucher que les deux premières ; elles contiennent moins de gluten.

On les donne généralement aux jeunes et aux animaux à l'engrais sous forme de barbotages, ou en les mélangeant aux autres aliments. Consommées crues, elles peuvent provoquer des dérangements intestinaux, et être incomplètement digérées.

On peut atteindre dans la ration journalière le poids de 1500 grammes pour les veaux de boucherie, quantité élevée proportionnellement à leur poids ; salés, elles seront mieux mangées et digérées.

Elles font très bon effet dans l'engraissement des porcs.

On se sert également de ces farines pour confectionner

des pains destinés au bétail. Nous en parlerons en traitant des résidus de la boulangerie.

Seigle. — Le seigle fournit une farine plus grise que celle du blé et ayant une teinte jaunâtre ; elle contient notablement moins de gluten. Poggiale en a donné l'analyse suivante :

Eau	15,51
Matières azotées	8,90
— grasses	1,97
Glycosides	65,51
Cellulose	6,36
Sels	1,75

Elle est rafraîchissante, sans doute à cause du mucilage qu'elle contient d'après Einhof.

La farine et le son de seigle ont les usages et presque la valeur de ces mêmes produits issus du froment.

Orge. — On utilise en général pour l'alimentation du bétail la farine d'orge non blutée ; elle absorbe ainsi environ deux fois et demie son poids d'eau. Voici la comparaison de la composition de ces deux espèces de farines d'après les tables de Gorhen :

	Farine d'orge	
	blutée. p. 100.	non blutée. p. 100.
Eau	14,5	11,1
Matières azotées	13,0	11,6
— grasses	2,2	4,9
Extractifs non azotés	67,0	34,8
Cellulose	»	31,9
Cendres	2,3	5,7

On la donne en barbotages ou mélangée aux autres aliments. Elle est rafraîchissante.

Elle convient particulièrement aux femelles après la mise-bas, et aux jeunes au moment du sevrage.

Autres céréales. — L'*avoine* est généralement consommée en grains ; à cause de son prix élevé, il n'y a pas lieu de se préoccuper de sa farine et des issues de la mouture.

Nous avons dit antérieurement les emplois des enveloppes qui résultent dans quelques pays de son utilisation industrielle.

La farine de *maïs* est jaune pâle ou jaune doré; elle rancit immédiatement après la mouture. C'est la plus employée pour l'engraissement du bétail.

Il y a quelques années, on a réduit la râfle en farine grossière. Barthe en a donné l'analyse suivante que nous comparons à celle du grain :

	Râfle. p. 100.	Grain. p. 100.
Eau	9,12	13,89
Matières azotées	10,40	10,21
— grasses	5,32	6,89
Glycosides	58,35	63,44
Cellulose	10,60	4,09
Acide phosphorique	0,69	
Chlore	1,58	1,48
Chaux, potasse, soude, magnésie	3,94	

On voit que la râfle a une réelle valeur alimentaire.

Les sons diffèrent suivant qu'ils ont été ou non déshuilés. Voici, d'après Houzeau, leurs compositions :

	Son de maïs	
	déshuilé. p. 100.	non déshuilé. p. 100.
Eau	8,50	12,00
Matières azotées	17,81	13,12
— non azotées	61,43	62,20
— grasses	4,80	7,56
Cendres	7,46	5,12

Le *riz* fournit un son peu employé jusqu'à ce jour, surtout dans nos régions, mais on trouve dans le commerce en grande quantité les *brisures de riz*, qui sont un résidu du décortiquage de ce grain.

Leur composition est la suivante (Gohren) :

	Farine de riz non décortiqué. p. 100.	Brisures de riz. p. 100.
Eau......................	11,9	10,0
Matières azotées...........	10,3	3,1
— grasses...........	10,6	1,4
Extractifs non azotés......	47,6	51,6
Cellulose.................	14,1	»
Cendres..................	9,5	»

On s'en sert dans l'allaitement artificiel, surtout pour arrêter la diarrhée des veaux. Elles conviennent à l'engraissement des porcs. Il est toujours préférable de les donner cuites aux animaux.

Sarrasin. — La farine de sarrasin conserve une teinte grise qui résulte d'un blutage imparfait.

On la donne rarement aux chevaux, probablement à cause de l'irritation cutanée que nous avons signalée à propos de la consommation du grain. On la réserve pour les ruminants et les porcs.

Nous répéterons les mêmes considérations pour le son de sarrasin, qui a une valeur nutritive presque moitié moins grande que celle du son de blé.

Légumineuses. — Il est rare que l'on fasse intervenir ces farines dans l'alimentation du bétail; il est plus économique en effet de donner les grains en nature. Toutefois, si les circonstances le permettent, elles seront distribuées comme il a été dit précédemment, en remarquant qu'elles contiennent une plus grande proportion de protéine; elles seront donc plutôt indiquées pour les animaux d'élevage que pour ceux soumis à l'engraissement.

Les sons ont une valeur nutritive relativement moindre que celle des sons de blé.

On a utilisé pour l'engraissement, en Angleterre, la farine de *caroube*; elle est à bas prix, mais jusqu'ici aucune tentative de ce genre n'a été faite en France.

On commence à importer dans l'Europe centrale la *farine de coton* ; elle peut être comparée aux tourteaux de la même plante dont nous parlerons ultérieurement.

Citons enfin la farine de *lupin* qui sert à falsifier celle de maïs. Il est important de déceler cette fraude.

Pains et biscuits. — On a fait souvent des tentatives pour donner du pain au bétail, afin de réaliser une économie par des mélanges divers de farines à bas prix. Malheureusement, la proportion d'eau qu'il est possible d'incorporer dans ce produit pendant sa fabrication est trop variable. Quand celle-ci oscille entre 8 et 15 p. 100, on obtient de bons résultats ; ils deviennent mauvais si elle atteint 50 p. 100. La question n'a jamais été envisagée au point de vue digestibilité ; c'est cependant un côté très intéressant.

Les administrations de la Guerre, dans divers pays, ont fait des recherches dans le but d'assurer l'alimentation de la cavalerie d'une troupe se déplaçant rapidement, et emportant avec elle ses approvisionnements sous un volume aussi réduit que possible.

Le cheval, d'ailleurs, s'est montré mauvais utilisateur des pains ; ainsi nourri, il s'essouffle, sue facilement, devient mou et digère mal.

Voici quelques analyses :

	Pain fabriqué			
	pour les chevaux de l'armée, 1878.	pour la cavalerie en Tunisie.	en Russie pendant la guerre turque.	à Paris.
Eau................	11,90	8,14	11,35	41,40
Cendres............	4,00	2,96	3,63	2,18
Graisse	7,15	5,76	1,60	0,80
Mat. azotées.......	15,20	14,31	11,35	8,44
— hydrocarbonées..	61,75	68,83	72,07	47,18

Les *pains avariés* peuvent être donnés aux animaux s'ils résultent d'un défaut de fabrication, excès ou insuffisance de cuisson, pâte mal levée ; mais c'est avec la plus grande réserve que l'on accueillera les *pains moisis*, à cause des accidents que cause leur ingestion.

Les *biscuits de guerre*, dont on est obligé de maintenir de grands approvisionnements, sont difficilement consommés par les troupes. Ils sont très bien acceptés par les chevaux, au début surtout, mais, si la ration est un peu forte et que la période se prolonge, ces animaux montrent moins d'empressement. Lorsque ces produits sont livrés au commerce à bas prix, ils constituent des aliments de première qualité qu'il convient d'utiliser et qui peuvent être donnés à toutes les espèces domestiques.

Nous ferons la même observation pour les débris de *pâtes alimentaires* qui résultent d'une fabrication manquée. Ces substances sont riches en azote et très bien appétées de tout le bétail. On les emploiera avantageusement quand les circonstances le permettront.

RÉSIDUS DE LA BRASSERIE.

Menues graines. —Leur composition est très variable, mais la proportion de grains d'orge trop petits ou trop légers est toujours très grande. Leur séparation s'opère par le *mouillage*; leur utilisation est la même que celle des menues graines de la meunerie et de l'orge en grains (p. 218 et 233).

Touraillons. — Les grains germés sont séchés et passés dans des tarares avec brosses pour les débarrasser des germes qui constituent les *touraillons*. Ils ont une couleur jaune brunâtre, une odeur mielleuse, contiennent en outre des germes séchés, quelques balles et quelques grains. Leur utilisation en alimentation est relativement récente; cependant ils sont très nutritifs, comme tous les débris des végétaux jeunes. Ils se conservent facilement. Ce sont des aliments très avides d'eau qui sont acceptés par tous les animaux et conviennent surtout par leur protéine aux vaches laitières, aux jeunes et aux animaux de travail. On en donnera 800 grammes par jour pour une vache ; si l'on dépassait cette dose, ils deviendraient irritants. Ils neutralisent l'odeur que les crucifères donnent au lait.

Malt. — Il y en a deux espèces : celui qui a été débarrassé des touraillons et le malt brut. Ce sont les grains d'orge séchés après leur germination. C'est une excellente nourriture, convenant très bien aux chevaux. Ils ne seront d'un emploi avantageux qu'autant que leur prix sera inférieur à celui de la quantité d'orge qui a servi à leur fabrication. Ceci résulte d'expériences minutieuses faites par Lawes et Gilbert sur 148 animaux. Cette conclusion pouvait être prévue, puisque l'orge perd par la germination 7 p. 100 de sa matière sèche.

Drèches. — Après le brassage, on trouve sur le fond des cuves les résidus du malt, épuisés par l'eau qui a enlevé l'amidon solubilisé par la diastase formée pendant la germination. Ils contiennent les écorces du grain, un peu d'amidon, de glucose et de gluten, beaucoup de cellules de levure (*Saccharomyces cerevisiæ*) et aussi un certain nombre de grains qui, séchés trop brusquement, ont durci et échappé à l'action de l'eau. Moins le malt est réussi pour le brasseur et plus les drèches qu'il fournit sont nutritives.

Drèches liquides. — Quand les drèches sortent des cuves, elles contiennent environ 75 p. 100 d'eau et ne sont utilisables dans cet état que dans le voisinage immédiat de la brasserie. Elles présentent les mêmes inconvénients que tous les aliments très aqueux, c'est-à-dire que l'évaporation par l'organisme du liquide absorbé nécessite une grande dépense de chaleur animale ; pour la réduire le plus possible, il faut les donner au bétail à une température aussi élevée que celui-ci pourra la supporter. On constate aussi que les excréments deviennent liquides ; on s'efforce de combattre ces effets par des aliments riches et astringents ; si la diarrhée devient épuisante, on suspendra l'usage de ce produit. Quelquefois, au début de ce régime les animaux sont atteints d'une toux sans gravité qui ne tarde pas à disparaître.

C'est une nourriture à réserver aux ruminants. Mœrcker a étudié d'une façon complète cette alimentation. On peut conclure de ses recherches que, pour les bœufs et les moutons, on doit limiter la ration journalière à 10 litres par 100 kilogrammes de poids vif. Pour les vaches laitières, on pourra porter cette quantité à 12 litres.

On conserve les drèches dans des bacs où la température est maintenue constamment élevée pour empêcher les fermentations. La vapeur d'échappement sert à cet usage.

On peut aussi les mettre en silos (1); la composition en varie suivant la durée et la perfection de la conservation. Voici les résultats d'une analyse de MM. Muntz et Ch. Girard; l'échantillon provenait d'une drèche ensilée depuis six mois, ce qui peut être considéré comme un maximum :

Eau......................	71,75	p. 100.
Matières azotées.............	5,74	—
— grasses	3,19	—
Extractifs non azotés........	13,74	—
Cellulose......	4,38	—
Matières minérales..........	1,20	—

Il convient d'être très prudent dans la distribution des drèches ainsi conservées, et de celles qui auraient subi un commencement de fermentation. C'est à elles que l'on doit attribuer les divers accidents observés chez les animaux : intoxications alcooliques et par acidité, avortements, météorisations, éruptions cutanées, paralysie suffocante.

Les inconvénients signalés pour les drèches liquides

____

(1) On trouvera dans le travail de M. Boullanger (de Lille) sur les *Industries agricoles de fermentation*, p. 437, les méthodes de conservation en silos (Encyclopédie agricole).

sont déjà moindres pour celles qui ont une consistance solide.

Drèches desséchées. — Cette préparation présente de très grands avantages, aussi bien au point de vue nutritif qu'à celui de la conservation. Elle permet d'utiliser ces résidus à une grande distance des points de production; on peut les introduire dans l'alimentation des équidés.

Malheureusement, ces méthodes, qui ont pris en Allemagne une certaine extension, ne sont usitées en France que dans deux brasseries, à Rouen et à Maxeville.

RÉSIDUS DE L'AMIDONNERIE.

Les résidus fournis par l'amidonnerie sont très variables comme valeur nutritive suivant les procédés employés et les matières premières mises en œuvre. Le blé, le maïs, le riz, la féverole et la fève sont surtout utilisés.

On obtient trois sortes de sous-produits:

1º Les *drèches* sont plus ou moins liquides et contiennent le son, une partie du gluten et un peu d'amidon restant adhérent; leur valeur varie suivant le degré d'égouttage.

On en donne les analyses suivantes :

	Drèches fraîches		
	de blé (Dietrich et Kœnig).	de maïs (Flourens).	de riz (Flourens).
	p. 100.	p. 100.	p. 100.
Eau......................	74,02	70,00	75,00
Matières azotées........	4,35	5,16	2,05
— grasses........	2,20	»	»
Amidon............	15,43	18,00	18,50
Extractifs non azotés...		6,00	4,15
Cellulose..............	3,38		
Substances minérales..	»	0,80	0,30

Leur utilisation est la même que celle des drèches de brasserie.

2º Le *gluten* se présente sous forme de pâte mal liée, jaune ou blanc sale. Il résulte du dépôt des eaux de lavage dans les bassins de décantation ; il convient aux porcs et aux vaches laitières.

Flourens a donné l'analyse suivante d'un gluten de maïs :

Eau........................	70,00	p. 100.
Matières azotées.............	7,50	—
Amidon.....................	13,80	—
Autres matières non azotées..	8,28	—
Substances minérales........	0,42	—

3º Les *vinasses* ont une composition très variable : tantôt ce ne sont que des eaux blanchies, tantôt elles acquièrent la consistance du gluten, avec lequel on peut les confondre.

	Vinasses		
	de blé.	de maïs.	de riz.
	p. 100.	p. 100.	p. 100.
Matières azotées......	12,77	18,70	16,72
— grasses......	5,27	4,63	0,56
Extractifs non azotés..	76,88	74,59	80,84
Cellulose.............	3,05	1,06	1,15
Cendres..............	2,03	1,02	0,73

RÉSIDUS DE LA FÉCULERIE.

Les opérations de la féculerie consistent essentiellement dans un râpage aussi complet que possible des pommes de terre, et leur épuisement par une série de lavages sur des tamis. A la surface de ces derniers, restent les pulpes que l'on utilise pour l'alimentation des animaux, soit immédiatement, soit au bout d'un temps plus ou moins long, en assurant leur conservation par l'ensilage.

On passe aussi très généralement ces pulpes à la presse Champonnois, et on les dessèche dans de véritables tourailles de brasserie.

Ce sont des aliments surtout riches en cellulose et convenant seulement aux ruminants et aux porcs.

RÉSIDUS DE LA DISTILLERIE.

Ces industries peuvent être divisées en deux groupes : dans le premier on comprendra celles qui emploient les matières sucrées, la betterave et la mélasse ; dans le second celles qui se servent de substances amylacées : la pomme de terre et les grains.

Toutes, sauf les distilleries de mélasses, donnent des sous-produits utilisables dans l'alimentation du bétail.

Distillerie de betteraves. — Les *pulpes* des distilleries de betteraves ont une valeur variable suivant le mode de traitement qu'elles ont subi ; celles qui proviennent des usines travaillant par pressage sont moins aqueuses que celles obtenues par macération ou diffusion, et, parmi ces dernières, les pulpes de macération des usines travaillant à la vinasse sont plus riches en matières azotées que les pulpes de diffusion. Siegel a donné les analyses comparatives suivantes :

	Pulpes de macération	
	à l'eau chaude. p. 100.	à la vinasse chaude. p. 100.
Eau	93,11	92,62
Cendres	0,55	0,84
Fibres brutes.	1,48	1,44
Sucres	1,72	1,34
Hydrates de carbone	2,93	2,99
Protéine	0,21	0,77

Lorsque la fabrication est commencée, il est impossible de faire consommer immédiatement tous les résidus ; on les conserve par l'ensilage, en les mélangeant avec de menues pailles (1).

La méthode de la dessiccation, quoique plus onéreuse, donne des résultats préférables ; on a imaginé plu-

---

(1) BOULLANGER, *Industries agricoles de fermentation*, p. 438.

sieurs appareils ; celui de Buttner et Meyer est le plus répandu.

Leur emploi est le même que celui des drèches, mais elles renferment trois fois moins d'unités nutritives que ces dernières ; toujours leur valeur est en fonction de la quantité d'eau qu'elles contiennent, les pulpes pressées étant préférables aux pulpes brutes, et celles qui ont subi la dessiccation l'emportant de beaucoup sur les autres.

Il résulte des expériences du D^r Mœrcker que, pour un bœuf de 600 kilogrammes, il ne faut pas introduire dans la ration une quantité de pulpe contenant plus de 35 à 40 kilogrammes d'eau.

Pour donner à cet aliment plus de consistance, deux moyens sont employés. On peut le presser, mais l'eau qui s'écoule entraîne toujours une certaine quantité de principes alibiles. Il est préférable d'en opérer le mélange avec des substances sèches, menues pailles, fourrages hachés, tourteaux. Une fois cette opération exécutée, on pourra laisser la fermentation s'établir ; la masse s'échauffe, les matières cellulosiques se ramollissent, un parfum alcoolique se dégage, un peu d'eau s'évapore, toutes conditions favorisant la digestibilité de l'aliment.

Il est préférable de donner les pulpes chaudes, surtout pour les animaux à l'engrais et les vaches laitières. On les réserve exclusivement pour les bovins à la dose de 40 à 45 kilogrammes et les ovins, 2 kilogrammes à 2^{kg},500 par jour.

Quand la consommation dépasse les chiffres que nous venons d'indiquer, on risque de déprécier les produits obtenus. Il résulte des expériences d'Andouard et Dezannay que, si les pulpes augmentent la production laitière des vaches, en revanche elles communiquent au lait une odeur spéciale et lui donnent une prédisposition aux fermentations acides. Les enfants qui le boivent sont atteints de diarrhées et d'éruptions eczémateuses (Hennig).

Les pulpes avariées doivent être exclues de l'alimentation : elles provoquent les mêmes accidents que les drèches. A la suite d'un ensilage et d'un régime prolongé on a observé chez les animaux une maladie spéciale connue sous les noms de *maladie de la caillette, maladie de la pulpe* ou *maladie des cossettes*; elle a été étudiée en 1892 par Arloing. L'égouttage et l'ébullition diminuent les propriétés toxiques qui résultent des sécrétions de microbes qui ont envahi ces produits.

Les pulpes desséchées ne présentent pas les inconvénients dont nous venons de parler : c'est un aliment excellent, qui peut être donné même aux chevaux; si au début ils l'acceptent avec méfiance, ils ne tardent pas à s'y habituer.

Distillerie de mélasses. — Les distilleries de mélasses donnent comme sous-produits des vinasses qui sont utilisées pour l'extraction des sels de potasse qu'elles contiennent, mais pour cette raison elles sont impropres à la consommation. On remarquera dans les tables que, pour un dosage de 2,8 p. 100 de matières azotées, 2,3 sont d'origine non albuminoïde.

Distillerie de pommes de terre. — La fabrication se divise en trois périodes : d'abord la saccharification de la matière amylacée; puis la fermentation alcoolique des moûts, ceux-ci abandonnant des drèches ; enfin la distillation des moûts, qui laissent les vinasses.

Les drèches de distillerie sont plus aqueuses que celles provenant de la féculerie ; elles contiennent moins d'amidon, parce que la saccharification produit un travail plus complet que le lessivage à l'eau, qui est la base du traitement pour obtenir la fécule. Ces restrictions étant faites, il y a analogie entre les résidus obtenus dans ces industries, au point de vue alimentaire.

Aux inconvénients généraux des résidus aqueux que nous avons énoncés antérieurement, vient s'ajouter pour les pulpes et les drèches de pommes de terre une maladie spéciale de la peau, sorte d'eczéma qui se manifeste lorsque les quantités consommées journellement sont trop considérables. Cette indisposition se déclare quinze jours à trois semaines après le commencement du régime ; on voit alors apparaître une tuméfaction de la peau. Pour l'éviter, il suffit de ne pas dépasser une ration maxima de 40 litres par jour, pour les bovins. Cornevin pense que c'est la *solanine* qui cause cette maladie. Quoi qu'il en soit elle disparait rapidement avec la modification du régime.

Distillerie de grains. — Dans ces industries, la saccharification des grains est obtenue de deux manières différentes : soit par l'action de la diastase, soit par celle des acides. Dans ce dernier cas, pour que les sous-produits soient alimentaires, ils doivent subir une opération complémentaire ayant pour but de neutraliser l'acide et de chasser les sels formés. On y parvient en faisant passer les vinasses dans des filtres-presses : les résidus solides sont agglomérés sous forme de galettes ; la consommation des drèches liquides, qui contiennent de 90 à 96 p. 100 d'eau, nécessitera les précautions énoncées antérieurement ; nous recommandons notamment de les donner à une température aussi élevée que possible.

Leur dessiccation les transforme en un aliment concentré d'excellente qualité.

Porrion et Mehay ont imaginé un procédé permettant d'extraire par le sulfure de carbone l'huile contenue dans les vinasses de maïs. On obtient à la fin de l'opération des tourteaux qui ont une grande valeur alimentaire ; ils se conservent longtemps et sont d'un transport facile.

RÉSIDUS DE LA SUCRERIE.

Pulpes. — Dans la distillerie, pendant la préparation des moûts, on ajoute une petite quantité d'acides minéraux pour faciliter la fermentation. On fait subir à la betterave les mêmes préparations dans la sucrerie, mais on s'abstient de toute acidification ; les pulpes des deux industries sont donc à peu près identiques, ainsi que le montrent les analyses suivantes :

	Pulpes pressées	
	de sucrerie.	de distillerie.
Eau.....................	86,30	84,68
Fibres.................	3,10	3.63
Cendres..............	0,90	0,81
Matières grasses........	0,30	0,22
Protéine brute..........	1,50	1,71
Extractifs non azotés.....	7,90	8,95

Les pulpes de distillerie seraient donc préférables, mais elles sont aussi plus acides.

Comme pour les autres résidus analogues, on peut diminuer l'excédent de liquide par la pression, le turbinage, l'addition d'aliments secs ou enfin la dessiccation.

Nous renvoyons à ce qui a été dit précédemment pour leur utilisation comme nourriture des animaux (p. 251).

Mélasse. — Après la cuite des jus et la cristallisation du sucre, les eaux mères constituent les mélasses. Depuis quelques années, les modifications apportées au régime fiscal ont permis de rechercher les moyens d'employer ces résidus pour l'alimentation du bétail. C'est un produit brun sirupeux, dont la valeur nutritive dépend de la richesse en sucre. Il contient une forte proportion de sels de potasse, qui forment à eux seuls une grande partie de la matière azotée décelée par l'analyse. Ces sels lui donnent une action purgative et diurétique dont il importe de tenir compte. La teneur des mélasses en potasse varie suivant leurs origines et les méthodes de fabrication ; les écarts sont surtout sensibles pour les sous-produits fabriqués en Allemagne, dont les limites extrêmes sont comprises entre 20 grammes et 130 grammes par kilogramme de mélasse. Pour utiliser ce résidu, on a dû rechercher un moyen de rendre sa manipulation facile ;

on y arrive en le mélangeant avec des fourrages secs.
Cette opération peut être faite à la ferme ou bien exécutée
par les industriels, et les produits vendus aux cultivateurs.

Dans le premier cas, voici comment opère M. Nicolas
à sa ferme d'Arcy-en-Brie.

On répand sur le sol de la paille hachée ou des menues
pailles, que l'on arrose avec la moitié de la mélasse
délayée dans 4 litres d'eau par kilogramme ; on brasse le
tout ensemble, on répand le son et le remoulage, on
mélange de nouveau. Enfin on ajoute le restant de la
mélasse, on brasse et on laisse la masse en repos jusqu'à
son utilisation.

Dans l'industrie, on a recherché des véhicules peu
coûteux ; quelquefois on s'est efforcé de compléter la
richesse alimentaire du sous-produit. Voici quelques
analyses faites par M. Garola :

Fourrages mélassés (Garola).

	COQUES d'arachides moulues.	TOURTEAU DE SÉSAME, COQUE d'arachides moulues.	AVOINE, COQUE d'arachides moulues.	BLÉ, TOURBE.	PAILLE.
Eau........	12,61	12,74	16,69	12,74	14,42
Cendres...........	7,02	8,07	5,62	6,16	7,94
Albumen digestible.	0,95	9,34	3,20	5,84	1,94
— non diges-tible.. .	2,35	2,00	11,80	1,58	1,06
Amides	7,50	5,25	5,36	5,07	7,12
Graisse...........	1,70	3,60	3,19	0,80	»
Sucre de canne.....	22,60	20,00	5,98	22,48	28,56
Pentosanes.........	10,43	6,54	9,32	5,93	12,16
Cellulose...........	24,83	15,03	4,64	2,65	11,77
Substances indéter-minées...........	10,01	17,43	10,97	10,60	15,03
Amidon...........	»	»	13,20	26,15	»
Prix de revient...	9fr,07	11fr,33	13fr,33	13fr,20	9fr,50

Les cours des diverses substances qui ont servi à calcule les prix de revient sont pour 100 kilogrammes : mélasse à 76 p. 100, 8 fr. 50 ; coques d'arachides moulues, 6 francs ; tourteau de sésame, 14 francs ; petit blé, 15 francs ; paille, 4 francs ; frais de fabrication, 2 francs.

Les coques d'arachides sont un aliment très pauvre, d'une production restreinte, dont les cours augmenteraient rapidement si cette fabrication prenait un peu d'importance. Ces fourrages, alliés à un tourteau, présentent l'avantage de fournir un aliment complet. Le blé et l'avoine sont ajoutés dans le même but.

La paille, pour absorber la mélasse en grandes proportions, nécessite une préparation spéciale. M. Lambert est parvenu à résoudre ce problème. On s'est également servi de tourbe, dont la composition est la suivante :   .

```
Eau.................................. ....  18,90
Cendres........................ ......... 2,32
Cellulose. .................... . ....... 13,20
Pentosanes...... ....................... 8,83
Matières noires ( 5,13 p. 100 d'azote... 14,40
   renfermant :  ( 6,25  —      —    ..  1,81
Substances indéterminées............ 40,54
```

La tourbe est un véhicule absolument inerte, mais qui peut absorber jusqu'à 80 p. 100 de son poids de mélasse. M. Huermand (Sarzeau) et M. Guillemet (Vannes) ont eu l'idée de préparer un mélange d'ajonc et de mélasse ; ce produit a le grand avantage d'assurer la conservation de la légumineuse fourragère, de permettre son transport, en même temps qu'il constitue un aliment de premier ordre.

La mélasse fournit le principe alimentaire nécessaire pour la production de la force, de la graisse et de la chaleur animale. Elle ne peut entretenir l'organisme ; elle est donc tout à fait insuffisante pour les animaux ayant besoin d'une forte proportion de protéine, comme les jeunes et les vaches laitières ; les expériences de M. Nicolas sur ces dernières sont absolument probantes. Nous y reviendrons plus tard.

Les quantités à donner par 1000 kilogrammes de poids vif sont les suivantes : bœufs à l'engrais, 4 à 6 kilogrammes ; chevaux et bœufs de travail, 2^{kg},500 à 3^{kg},500.

Les vaches laitières recevront par tête 2^{kg},500 et les moutons à l'engrais 250 grammes ; on ne dépassera pas 125 pour les brebis mères. On peut aussi faire entrer la mélasse dans l'alimentation du porc.

On surveillera la santé des animaux ; la fréquence de leurs besoins urinaires sera une indication de l'effet des sels de potasse : ce symptôme apparaît bien avant la diarrhée et permet de réduire la dose trop forte, avant que des accidents plus graves se produisent ; mais, nous le répétons, avec nos mélasses françaises les indispositions sont peu à craindre. Cette substance a une heureuse influence sur la maladie des fonctions respiratoires du cheval connue sous le nom de *pousse*. M. Decrombecque, ancien maître de poste, avait depuis longtemps observé cet effet. On a remarqué que l'usage prolongé d'un régime alimentaire copieux en mélasse nuisait à la nutrition du système osseux ; il semble résulter d'expériences en cours, entreprises par MM. Nicolas, Joulie, Lavalard, que l'addition d'acide phosphorique à la ration contre-balance ces effets nuisibles et permet d'augmenter les quantités de mélasse dans la ration journalière ; toutefois, cette opinion n'est pas suffisamment confirmée pour qu'on puisse conseiller cet emploi dans la pratique.

Les sucres plus ou moins purs peuvent, comme les mélasses, être introduits dans l'alimentation du bétail, toutes les fois que les conditions économiques le permettront. Avec ces produits, on n'aura pas à craindre les excès de sels potassiques.

En résumé, le sucre, sous quelque forme qu'il se présente, est une excellente nourriture entièrement digestible ; mais ce qu'il ne faut pas perdre de vue, et ce que l'on a trop souvent oublié dans les essais que l'on a tentés, c'est qu'il est nécessaire de l'allier à une quantité suffisante de substances riches en protéine, de manière à satisfaire à l'entretien des organes. Nous insistons tout particulièrement sur ce point, car les mauvais effets d'un régime mal calculé ne se manifestent qu'à la longue, et l'on s'aperçoit généralement de l'erreur commise quand il est trop tard pour y porter remède.

RÉSIDUS D'HUILERIE (1).

Fabrication des tourteaux. — Les graines et les fruits oléagineux destinés à l'extraction de l'huile sont d'abord nettoyés et triés avec plus ou moins de soin ; on comprend qu'au point de vue de la consommation des matières résiduaires le degré de perfection de cette première opération ait une grande importance. Souvent aussi, pour certaines graines protégées par une écorce cellulosique, on exécute un décortiquage qui augmente la valeur du sous-produit.

Les procédés d'extraction de l'huile sont de trois sortes, et influent sur la valeur des tourteaux.

Pression. — Pour les huiles comestibles, on effectue d'abord un broyage complet, puis la pâte est soumise à une ou plusieurs pressions successives. Quand on doit obtenir des huiles non comestibles, on facilite l'extraction en élevant la température de la masse, ce qui constitue la pression à chaud. On est obligé d'avoir recours à ce dernier moyen pour les corps gras solides à la température ordinaire contenus dans certaines plantes ; tels sont les beurres de coco, de palme.

Lorsque les tourteaux sont suffisamment épuisés, les

(1) MM. Bussard et Fron ont publié dans les *Annales de l'Institut national agronomique* une étude très complète sur les différents tourteaux.

coins et les bords des pains sont coupés, car, ayant subi une moindre pression, ils contiennent encore une proportion élevée de corps gras, et peuvent avantageusement être traités de nouveau. Puis les galettes sont mises à sécher, pour se durcir et devenir marchandes.

Emploi d'un dissolvant. — On se sert, pour accroître le rendement en huile, des dissolvants de cette substance. Les hydrocarbures dérivés du pétrole ont été proposés, mais c'est au sulfure de carbone, procédé vulgarisé par Deiss, que l'on a recours en général. La pâte est mise, soit immédiatement après le broyage, soit après un nombre variable de pressions, en contact avec ce dissolvant dans les digesteurs. Le liquide sortant de ces appareils est distillé. Mais les sous-produits ainsi obtenus n'avaient aucune valeur parce que, pour achever le départ du sulfure de carbone, on introduisait dans la masse de la vapeur d'eau qui déterminait le gonflement de l'amidon et des matières mucilagineuses. Heyl a imaginé un perfectionnement qui permet d'obtenir un résidu en poudre, complètement débarrassé du dissolvant, et que souvent on agglomère sous forme de gâteaux. Ces tourteaux peuvent sans inconvénient être employés pour l'alimentation.

Coction. — Nous n'indiquerons que pour mémoire un procédé grossier de fabrication, qui n'est plus usité que dans quelques colonies. Il consiste à concasser les graines, à les griller quelquefois, puis à les soumettre dans l'eau à l'ébullition. La matière grasse mise en liberté vient surnager à la surface du liquide.

Tourteaux indigènes.

Colza. — Le colza était naguère très cultivé dans le nord de la France et les pays voisins, pour en obtenir une huile destinée à l'éclairage; l'emploi relativement récent des pétroles a considérablement diminué la consommation de cette substance, et comme conséquence l'étendue des cultures de cette crucifère a été beaucoup réduite.

Le tourteau de colza indigène se présente généralement sous forme de gâteaux assez minces, fragiles, de coloration brune plus ou moins jaunâtre ou verdâtre ; à l'état frais il exhale une odeur caractéristique, qui disparaît ensuite.

Il contient des substances qui, en présence de l'humidité, engendrent de l'essence de moutarde ou sulfocyanate d'allyle, corps très vénéneux. On devra donc éviter de donner ce produit frais, ou celui qui a été mal conservé. Cette essence étant très volatile, il suffit pour la chasser de plonger le tourteau dans l'eau bouillante ; pour cette raison on choisira de préférence les résidus de la pression à chaud. Il importe de ne pas confondre avec les produits des huileries indigènes ceux vendus dans le commerce sous le nom de *tourteau de colza de l'Inde*. Ces derniers résultent en effet du traitement de graines de diverses sortes de moutardes et sont vénéneux.

Pour donner aux animaux le tourteau de colza, on lui fait subir au préalable un concassage assez fin.

Cet aliment convient aux vaches et aux brebis laitières, à petites doses ; si on exagérait son emploi, il communiquerait un mauvais goût au lait.

Pour les animaux à l'engrais, les quantités pourront être plus élevées. Certains auteurs lui reprochent de provoquer des boiteries ; ces accidents n'ont d'ailleurs pas de gravité. Il n'en est pas de même des cas d'entérite, qui se manifestent à la suite de l'introduction dans la ration d'un excès de tourteau de colza ; ceux-ci peuvent être mortels. Nous conseillons les proportions suivantes :

Vaches laitières	1 kil.	à 1^{kg},500
Bœufs à l'engrais........	2 kil.	à 3 kil.
Moutons	0^{kg},150	à 0^{kg},250

Navette. — Le tourteau de navette est jaune verdâtre piqueté de noir quand il est frais ; sa couleur se fonce à vieillir. Tout ce que nous venons de dire pour celui de colza lui est applicable. On le croit généralement plus riche en essence de moutarde ; les analyses de Van den Berghe ont démontré le contraire : il n'en contient que 0,0021, tandis que le premier en renferme 0,0083 ; cette opinion vient sans doute de ce qu'il est fréquemment falsifié avec des graines de moutarde.

On le donnera dans les mêmes conditions et avec la même réserve que le précédent.

Voici sa composition et celle de sa farine d'après Cornevin :

	Tourteau.	Farine épuisée.
Eau.....................	12,43	7,20
Matières azotées........	28,31	36,30
— grasses........	10,95	2,40
Extractifs non azotés....	24,25	26,90
Cellulose brute..........	16,79	18,10
Cendres.................	7,27	8,60

Œillette. — La coloration des tourteaux varie suivant les graines d'où ils proviennent. On cultive trois variétés de pavot : une à graine blanche, une autre à graine grise, enfin la troisième à graine bleue. Les deux premières sont les plus répandues. On en obtient des galettes dures, sèches, inodores, les unes jaunâtres très claires avec une légère teinte verte, les autres de couleur chocolat.

Ces tourteaux forment des buvées épaisses, comparables à de la bouillie ; tous les animaux les acceptent facilement, sauf le cheval. Ils conviennent très bien pour les bêtes à l'engrais, et peuvent être donnés jusqu'au dernier jour, sans craindre que la viande prenne un mauvais goût.

Ce sont les plus riches en acide phosphorique ; aussi constituent-ils une excellente nourriture pour les jeunes animaux en favorisant le développement du squelette.

On a cru longtemps que les semences de pavot renfermaient une certaine proportion d'opium, ce qui jetait un discrédit sur l'huile et le tourteau qui en provenaient.

15.

Des analyses de Dietrich il résulte que cette proportion est très faible (0,005 p. 100) et ne peut nuire en aucune sorte à la santé des animaux ; tout au plus procurerait-elle une somnolence propice à l'engraissement.

Un peu plus riche que le tourteau de colza, on pourra néanmoins augmenter légèrement les rations journalières que nous avons fixées pour celui-ci.

Lin. — Le tourteau de lin est généralement en pains minces, allongés, de coloration brun rougeâtre ; il est dur et l'on distingue dans la cassure les fragments du spermoderme. Il a une odeur faible, qui ne déplaît pas au bétail. Il joint, à une valeur nutritive élevée, des propriétés émollientes, dues aux substances mucilagineuses qu'il renferme en forte proportion (17 p. 100). Cette qualité le rend particulièrement précieux pour les engraissements très intensifs. On le donne aux femelles prêtes à mettre bas et aux jeunes. Les veaux et les poulains qui ont souffert pendant l'été se refont en hiver, lorsqu'on introduit dans leur ration à la dose de 1 kilogramme environ. Quand il a été concassé ou réduit en farine, on peut le faire cuire ; cependant nous ne croyons pas devoir recommander cette pratique.

La préférence dont il jouit auprès des cultivateurs a pour conséquence un prix élevé de l'unité nutritive, ce qui a fait naître de nombreuses falsifications. Sur 269 échantillons examinés par Van den Berghe à son laboratoire de Roulers (Belgique), 100 étaient impurs, soit 37 p. 100. Les fraudes les plus fréquentes sont les additions de farine de brisures de riz, de son d'arachide et de tourteau de la même graine non décortiquée.

Nous ne conseillons pas son usage pour les vaches laitières : il communique souvent au lait une légère odeur, et la crème qu'on obtient est difficile à baratter ; on pourra donner aux bovins à l'engrais de 2 à 4 kilogrammes par jour ; pour les porcs, 250 grammes à $1^{kg},500$, et 50 à 200 grammes par mouton. Toutefois, nous engageons à cesser sa consommation quelque temps avant l'abatage des animaux, parce que, sans cette précaution, le suif est huileux.

Maïs. — Les tourteaux de maïs sont de deux sortes : les uns proviennent des amidonneries, ils sont blancs et durs ; les autres sont des résidus de la fabrication de l'alcool, ils sont gris rougeâtre ou noirâtres. Leur valeur alimentaire est très différente, ainsi que l'on en jugera par les analyses suivantes de MM. Muntz et Ch. Girard ; il faudra tenir un grand compte des procédés de fabrication, et rejeter ceux qui ont été traités à l'acide sulfurique.

	AMIDONNERIE.			DISTILLERIE.			
	P.100.	P.100.	P.100.	P.100.	P.100.	P.100.	P.100.
Eau.............	9,00	12,20	10,44	12,12	10,55	11,55	12,40
Mat. azotées.....	15,45	13,93	16,87	13,44	32,10	12,64	18,78
— grasses.....	10,60	7,64	7,40	5,30	4,80	8,24	9,08
— hydrocarbonées......	64,45	60,73	64,59	65,57	47,20	63,45	52,38
— minérales ..	0,50	5,50	0,70	3,57	5,34	4,12	7,36

Les tourteaux d'amidonnerie sont ceux que les chevaux préfèrent : ils entrent depuis 1880 dans la ration ordinaire de la cavalerie de la Compagnie des omnibus.

Leur grande teneur en acide phosphorique doit les faire préconiser pour l'alimentation du jeune bétail. Tous les animaux les consomment avec plaisir.

On peut sans crainte augmenter les chiffres que nous avons indiqués pour le tourteau de lin, car ils sont moins riches en protéine que ce dernier.

Chanvre. — En 1896, les huileries ont encore travaillé 9 700 tonnes de chènevis en France. Les tourteaux qui résultent de ce pressage sont généralement en pains épais de 15 kilogrammes environ ; ils s'effritent facilement ;

leur couleur est noirâtre à l'état frais, ils ont une odeur qui disparaît presque totalement en vieillissant.

Ces tourteaux sont purgatifs; on les donnera dans les mêmes proportions que les tourteaux de lin, dont ils n'ont pas la valeur; ils subissent de nombreuses falsifications.

Graines indigènes diverses. — Nous énumérerons simplement un certain nombre de tourteaux provenant, pour une partie plus ou moins grande, de graines indigènes, ceux qui, au point de vue alimentaire, ont peu d'importance parce que leur fabrication est restreinte, et ceux que l'on devra complètement rejeter à cause de leurs propriétés nuisibles.

Le *madia*, qui a été l'objet d'un engouement à la fin du XVIIIe siècle, est presque abandonné maintenant. Ces tourteaux contiennent beaucoup de cellulose.

Le *tournesol* ou *grand soleil* est surtout cultivé en Russie. Les tourteaux qui en proviennent diffèrent beaucoup comme valeur, suivant que la graine a été ou non décortiquée; ils sont très bons pour l'alimentation.

Les tourteaux de *pépins de raisin* et de *groseille* sont très appétés par les animaux. Decugis a analysé les premiers :

Eau......................................	10,4
Huile....................................	10,6
Protéine (Az 2,31 × 6,25)............	14,43
Cendres.................................	6,6

Dans certaines régions de l'ouest de la France, on presse les *pépins de courge* et l'on obtient une huile épaisse et verdâtre qui est consommée sur place. Le tourteau est de couleur jaunâtre; il contient sans doute de la *péporésine*, comme l'huile qu'on en a extrait; il y a lieu de se demander s'il est anthelminthique comme elle. Le bétail s'en montre friand, si les graines ont été décortiquées.

Le *hêtre* donne un fruit triangulaire, la *faîne*, dont on extrait une huile comestible. Le tourteau décortiqué peut être donné sans crainte, tandis que celui qui ne l'est pas a produit de véritables empoisonnements, surtout chez les chevaux.

Dans plusieurs régions de la France on prépare encore de l'huile de *noix*. Les tourteaux sont fort variables comme valeur suivant le procédé de pressage ; ils ne se conservent pas. A l'état frais l'homme les mange parfois, les animaux les acceptent sans hésitation ; mais, dès qu'ils sont rances, ils communiquent ce mauvais goût à la viande et la rendent invendable.

Les tourteaux de *noisettes* ressemblent beaucoup à ceux qui précèdent, mais le bétail s'en montre moins friand.

Les *tourteaux d'olives* ne sont pas en général donnés aux animaux ; cependant rien ne s'oppose à leur utilisation. Ils sont toutefois très pauvres en protéine.

Dans quelques départements du Midi on tire une huile de l'*amande de l'abricot* ; malgré son goût amer, le tourteau est accepté par les animaux ; mais, en présence de l'humidité, il peut se former de l'acide prussique ; aussi conseillons-nous de le rejeter de l'alimentation.

Les *amandes* se divisent en *douces* et en *amères* ; pour les raisons exposées plus haut, il est préférable de ne pas faire entrer dans la nourriture le tourteau des dernières, qui est aussi le plus répandu. D'ailleurs, ces deux tourteaux sont généralement vendus aux parfumeurs.

Nous signalerons également comme suspects les tourteaux de *cameline* et de *moutarde blanche*, tandis que ceux de *moutarde noire* et de *ravison* doivent être considérés comme dangereux. M. Bussard a montré que le tourteau de ravison était le résidu de la pression des graines de moutarde sauvage (*Sinapis arvensis*).

Tourteaux exotiques.

Sésame. — Le sésame est cultivé en Orient et en Afrique ; ses graines sont noires, blanches ou brunes ; on en obtient une huile comestible. Les tourteaux qui en résultent ont une coloration correspondant à celle des graines ; quelquefois ils sont bigarrés, c'est-à-dire que celles-ci ont été employées en mélange. Dans le commerce, on trouve les *tourteaux blancs du Levant*, qui sont jaunâtres ; les *blancs de l'Inde*, qui ont une teinte grise ; enfin les *noirs de l'Inde*. Leur odeur huileuse se dissipe à vieillir, mais elle réapparaît lorsqu'on les met dans l'eau. Les tourteaux épuisés au sulfure de carbone se présentent en poudre ou en petits fragments très durs ; leur couleur est analogue à celle des autres.

Les tourteaux blancs du Levant jouissent d'une faveur dont la cause a maintenant disparu, depuis que, grâce aux perfectionnements de la navigation, ceux de l'Inde nous arrivent dans un parfait état de conservation ; il y a d'autant moins de raison à cette préférence que ces derniers sont un peu plus riches en acide phosphorique.

C'est une excellente nourriture pour les vaches laitières, ainsi que l'ont démontré les expériences de Payen et de de Gasparin en 1844. Elle convient aussi aux animaux à l'engrais.

Cornevin dit s'être assuré personnellement que les tourteaux traités par le sulfure de carbone, et généralement employés à la fumure des terres, peuvent être consommés sans crainte par les animaux.

On conseille pour le gros bétail de 3 à 4 kilogrammes par jour, en débutant par 500 grammes et en augmentant progressivement ; pour les moutons on commencera par 100 grammes, pour arriver au maximum de 300 à 400 grammes par jour.

Arachide. — On trouve dans le commerce deux sortes de tourteaux :

1° Le tourteau d'arachides décortiquées, qui est blanc jaunâtre, d'aspect farineux ; c'est le plus recherché.

2° Le tourteau qui renferme les spermodermes rouges, ce qui provient de ce que, pour faciliter l'extraction de l'huile, on ajoute les coques broyées à une deuxième ou troisième pression ; sa valeur alimentaire est évidemment beaucoup inférieure à celle du premier ; sa coloration est rougeâtre.

En Espagne, il participe à la consommation humaine, soit en le mélangeant à la farine destinée à faire le pain, soit en le faisant entrer dans la fabrication d'une sorte de chocolat.

Le tourteau produit en France avec les graines importées est toujours préférable à celui provenant directement des pays d'origine, parce qu'il est mieux conservé. Il est habituellement refusé au début par les animaux à cause de son odeur, mais ils s'y habituent à la longue. Il ne communique aucun goût ni au lait ni à la viande ; on lui reproche d'être constipant : c'est un défaut auquel il est facile de remédier par les autres substances qui composent la ration.

On conseille pour :

Le gros bétail.	3 à 4 kil.	en débutant par 250 grammes.
Moutons	200 gr.	—	50 à 75 —
Porcs........	1 kil.	—	100 à 150 —

Les coques d'arachide, que depuis quelques années on a introduites dans l'alimentation, sont très pauvres en protéine, contiennent beaucoup de cellulose et peuvent être comparées comme valeur nutritive aux balles de blé.

Coton. — La culture du cotonnier a pris depuis longtemps une grande extension comme plante textile, mais ce n'est que vers 1860 qu'on commença à utiliser industriellement sa graine pour l'extraction de l'huile. Cet arbuste croît dans le midi de l'Europe, en Afrique et en Amérique ; les principaux pays producteurs sont le Texas (États-Unis) et l'Égypte. Suivant le procédé employé, on obtient quatre tourteaux de différente valeur que nous allons successivement examiner.

Tourteau cotonneux. — Ce résidu provient de graines dont on a incomplètement séparé les filaments textiles ; il est de couleur verdâtre à l'état frais, et fonce en vieillissant pour devenir brun ; il est parsemé de points blancs et noirs. L'égrenage incomplet qui cause sa texture provient souvent de ce que les fruits ne sont pas parfaitement mûrs ou avariés. On en distingue deux origines : le plus estimé est le tourteau de Catane (Sicile), tandis que ceux de Volo et de Smyrne sont moins appréciés. M. Renouard en a donné les analyses suivantes :

	Tourteau cotonneux	
	de Catane.	du Levant.
	p. 100.	p. 100.
Eau	8,40	7,40
Huile	5,20	6,92
Matières organiques	79,81	80,33
Sels ou cendres	6,59	5,28
Azote	3,23	2,86
Acide phosphorique	2,02	1,12

Le même auteur prétend que la consommation de ce produit a causé, par les fibres qu'il contient, des obstructions intestinales mortelles. Cependant, dans les pays de production, en Égypte notamment, on donne les graines brutes aux animaux ; dans ces conditions, les filaments cotonneux sont en bien plus grande proportion que dans le tourteau, et l'on n'a remarqué aucun effet nocif. Nous pensons, avec Cornevin, qu'il n'y a pas lieu de le rejeter de l'alimentation, mais on devra tenir compte, pour le payer à sa valeur, de la quantité plus ou moins grande de ces impuretés.

Ce que l'on peut lui reprocher de plus grave, c'est d'être d'une conservation difficile.

Tourteau de coton brut. — Ce tourteau est surtout produit à Marseille ; on le connaît dans le commerce sous les noms de *tourteau d'Égypte* ou *d'Alexandrie*, à cause du pays d'origine des graines qui servent à sa fabrication. Par son aspect, il ne diffère du précédent que par l'absence de filaments blancs. Il est très employé pour l'alimentation du bétail.

On prétend que dans certaines fabriques étrangères, notamment aux États-Unis, on débarrasse la graine des courts filaments qui y adhèrent encore, par un traitement à l'acide sulfurique. On pourrait peut-être attribuer à cette pratique une partie des accidents qui ont été signalés à la suite de l'ingestion de tourteaux de coton. Nous verrons plus loin, toutefois, que M. Cornevin a retrouvé un principe toxique dans la graine du cotonnier.

Tourteau de coton épuré. — Ce produit est intermédiaire entre celui que nous venons de décrire et celui que nous étudierons ensuite. Après le concassage, les graines sont débarrassées d'une partie du spermoderme et des matières inertes. Il est plus jaune que le tourteau d'Égypte.

Tourteau de coton décortiqué. — C'est presque exclusivement en Angleterre et en Amérique que l'on prépare ce tourteau, qui a une valeur beaucoup plus grande que celle des précédents. Il a une belle coloration jaune d'or, et constitue un produit alimentaire de premier ordre, à cause de sa conservation facile, de sa richesse en protéine et de l'absence totale de goût ou d'odeur.

Utilisation. — Les tourteaux de coton étaient utilisés pour la nourriture du bétail en Angleterre depuis plusieurs années, quand on en préconisa l'emploi en France ; ce fut surtout Grandeau qui, en 1877, attira l'attention sur ces produits. Ils sont acceptés facilement par tous nos animaux, même les chevaux ; la méfiance que ces derniers montrent au début de cette alimentation ne tarde pas à disparaître. Nous en avons fait personnellement usage les années pendant lesquelles l'avoine atteignait des cours élevés.

Ils conviennent particulièrement aux vaches laitières ; par leurs propriétés échauffantes, ils servent à combattre les diarrhées qui résultent parfois d'aliments aqueux comme les pulpes.

Ces résidus sont très durs et doivent être concassés finement ou réduits en farine ; on les mélange ensuite aux autres aliments. On évite de les faire cuire, car, ainsi préparés, ils sont moins bien accueillis par le bétail.

Ils conviennent également aux animaux à l'engrais et à ceux de travail.

Les quantités journalières à donner par tête varieront nécessairement avec leur origine et leur richesse alimentaire ; les doses suivantes sont conseillées pour le tourteau décortiqué :

Vaches laitières............	1 kil. à 1^{kg},500
Bœufs à l'engrais...........	2 kilos.
Bouvillons, génisses et porcs.	500 grammes.
Moutons................. ...	300 —
Chevaux....................	1 kilo.

Pour les tourteaux bruts, ces proportions pourront être doublées. Toutefois, il conviendra d'observer plus de réserve dans la distribution de ces aliments aux jeunes animaux, à cause des cas d'empoisonnement qui ont été constatés quelquefois.

M. Cornevin a trouvé, en effet, que l'amande renfermait un principe toxique en faible quantité, ce qui explique sans doute pourquoi, en Orient, d'après M. Gennadius, directeur de l'École d'agriculture d'Athènes, on s'abstient de donner les graines du cotonnier aux moutons, tandis qu'on les emploie pour nourrir les porcs et les bovidés.

Il ne faudrait pas attacher à cette observation plus d'importance qu'elle n'en comporte, car, tandis que la consommation de ces tourteaux et même de ces graines est générale et considérable, les accidents rapportés sont rares et mal définis.

Coprah. — Le tourteau de coprah est le résidu de la

pression de l'amande de la noix de coco, fruit d'un palmier très répandu dans les pays tropicaux. Il est de couleur blanche plus ou moins jaunâtre ou grisâtre, suivant sa provenance ; son odeur est très agréable et se communique, dit-on, au lait et à la viande des animaux qui le consomment.

Il est friable et s'émiette facilement pour former une poudre onctueuse. On devra le conserver dans un endroit sec, car il rancit rapidement, et sans doute les rares accidents que l'on a signalés à la suite de son usage provenaient de son altération.

Il convient à toute espèce de bétail, et est mangé avidement. On le réserve généralement, à cause du prix relativement élevé de l'unité nutritive, aux vaches laitières et aux chevaux ; certains de ces derniers s'en montrent friands.

M. le marquis de la Bigne, directeur de la Compagnie des Tramways-sud, en fit donner en 1879-1880 à sa cavalerie et en fut satisfait. Il remplaçait un kilogramme d'avoine par le même poids de tourteau. En 1893, certaines compagnies de transport avaient complètement substitué ce produit à l'avoine.

Nous en avons également fait usage, et constaté que les chevaux l'acceptent plus facilement encore que le tourteau de coton.

La quantité à donner par vache laitière peut atteindre et même dépasser 4 kilos par jour, et 500 grammes pour les brebis.

Lorsque le coprah est épuisé par le sulfure de carbone, on obtient la *farine de cocotier*, dont la valeur alimentaire est équivalente à celle du tourteau ; peut-être serait-elle plus parfumée que ce dernier.

On donne ces deux produits soit en buvées, soit à l'état sec, mélangés aux autres aliments ; la cuisson ne peut que nuire à leur valeur.

Palmiste. — On obtient, d'une autre espèce de palmier,

des fruits en régime, dont le noyau donne par pression l'*huile de palme* d'abord, puis l'*huile de palmiste*. Le tourteau qui en résulte est très friable, grisâtre, sableux et conserve une odeur forte caractéristique, qui le fait repousser au début par les animaux.

C'est de beaucoup le moins riche en protéine parmi tous ceux que nous venons d'étudier. Aussi son prix devra-t-il être relativement très bas pour que sa consommation soit avantageuse.

On le donne en poudre, mélangé aux autres aliments ; il faut s'abstenir de l'offrir en buvées tièdes, car par la chaleur il dégage une odeur désagréable.

Il convient à tous les animaux ; on l'a donné aux chevaux.

Il faut souvent l'arroser d'eau salée pour le faire consommer, au début surtout.

Le commerce vend également une *farine de palmiste* résultant du traitement par le sulfure de carbone ; elle est plus pauvre que le tourteau en matières grasses, mais lui est comparable comme valeur en protéine et en hydrocarbonés. Néanmoins, il faut toujours se méfier de ces sous-produits pulvérulents qui sont très facilement fraudés.

Fruits et graines exotiques divers. — Nous citerons rapidement un certain nombre de tourteaux que l'on peut trouver en petite quantité dans le commerce, et nous signalerons ensuite ceux que l'on devra considérer comme suspects ou dangereux à cause des propriétés vénéneuses qu'on leur a reconnues.

Les tourteaux de *grand* et de *petit béraff* sont constitués par un mélange de graines de plusieurs cucurbitacées de la Sénégambie ; ils sont jaunâtres, contiennent beaucoup de débris de l'enveloppe et peu de protéine ; quand ils sont bien conservés et proviennent de graines non altérées, rien ne s'oppose à leur consommation par le bétail, mais c'est un aliment médiocre.

Le *niger* ou *nigre* croît aux Indes et en Abyssinie ; le

tourteau est gris foncé, dur, inodore ; c'est un bon aliment de richesse moyenne ; on y habitue assez facilement les animaux ; il sert parfois à frelater le tourteau de lin, dont il n'a pas la valeur alimentaire.

Le tourteau de *noix de Bancoul* serait comestible d'après le Dr Cuzent qui a séjourné à Taïti. Mais, comme l'huile qui en provient a des propriétés purgatives, il reste à déterminer dans quelle proportion il peut être donné aux animaux. Ce serait le plus riche en matières azotées. La difficulté de la décortication de l'amande a jusqu'à ce jour empêché l'exportation de ce fruit.

La *noix de Para* ou *châtaigne du Brésil* donne un tourteau alimentaire de faible richesse en matières azotées ; la fabrication en est très peu développée.

Dans les usines où l'on travaille la coque de *cacao* pour obtenir le beurre du même nom, le résidu forme un tourteau de goût agréable et dont la valeur alimentaire est moyenne.

Le tourteau de *soja* est un aliment de premier ordre, mais fort peu répandu.

L'*argan*, arbuste épineux du Sud algérien et de Madagascar, produit un fruit dont on extrait de l'huile. On assure que le tourteau est consommé au Maroc par le bétail. Il n'en a pas encore été importé en Europe par le commerce.

On devra s'abstenir de faire consommer les tourteaux suivants, soit parce que leurs propriétés sont insuffisamment connues, soit parce qu'on s'est assuré de leur action nocive :

Tourteaux de *Maffouraire*, d'*Illipé*, de *Mowra* ou *Mohra*, de *Touloucouna*, de *noix d'Arec*, de *croton*, de *ricin*, de *Purgères*.

RÉSIDUS DIVERS.

Coques d'arachides. — Les arachides, avant d'être broyées pour la fabrication de l'huile, sont débarrassées de l'enveloppe ligneuse qui protège l'amande. Ces coques contiennent une très faible proportion de protéine digestible, et au contraire une grande quantité de cellulose. Elles peuvent servir pour assécher les résidus aqueux, au même titre que les balles de céréales, auxquelles elles sont à peu près comparables comme valeur alimentaire, ainsi que le montre l'analyse ci-dessous de M. Garola :

		P. 100.
Eau		7,28
Cendres		3,39
Albumine digestible		1,40
— non digestible		4,25
Amides		2,57
Graisse		6,17
Pentosanes		17,58
Cellulose		47,40
Matières indéterminées		9,86

On s'en est servi pour préparer un mélange mélassé (p. 255). Leur consommation ne pourra jamais prendre une grande extension, à cause des quantités restreintes offertes par le commerce.

Coques de cacao. — Après la torréfaction des graines de cacaoyer dans les chocolateries, il est facile de décortiquer l'amande; ce sont ces résidus de téguments qui sont connus sous le nom de *coques de cacao*. M. Maruelle en a donné l'analyse suivante :

Eau	13,24
Matières albuminoïdes	11,08
— grasses	2,90
Extractifs non azotés	46,71
Cellulose	16,03
Matières minérales	10,04

On voit qu'elles ont une valeur nutritive qui n'est pas négligeable; elles contiennent relativement peu de cellulose; il est donc probable que le coefficient de digestibilité de la protéine est élevé.

De plus, elles sont riches en fer et renferment une certaine quantité de *théobromine*.

M. Saint-Yves Ménard a préconisé cet aliment pour les moutons dans les pays où la cachexie aqueuse est fréquente. Il n'attribue pas à ces produits une action directe sur la douve du foie, mais il pense qu'ils combattent avantageusement l'effet déprimant des fourrages de ces régions humides, et qu'ils agissent sur les animaux comme tonique.

C'est un aliment qui convient, mélangé à d'autres, surtout pour les vaches et les brebis laitières.

On réglera les quantités à donner d'après les limites fixées par les autres substances auxquelles il sera allié dans le calcul de la ration, en tenant compte du rapport nutritif. Étant très sec, il permettra la consommation d'aliments aqueux, ou nécessitera des boissons copieuses.

Pulpes de café. — Ce produit est, jusqu'à ce jour, inutilisé. Il contient un peu de sucre, une faible quantité de caféine, raison pour laquelle il pourrait être un excitant pour les animaux de travail; il est probable qu'à cause de son amertume il serait difficilement accepté.

Marcs. — Les marcs résultent de la pression des fruits pour obtenir des moûts que l'on transforme ensuite en boissons fermentées. Ils sont composés des pellicules, de la pulpe et des pépins.

Marcs de raisin. — Les marcs obtenus immédiatement après le pressurage se divisent en deux sortes suivant que l'on a ou non égrappé le fruit avant de le porter au pressoir. Souvent ces résidus sont mis à fermenter et soumis à la distillation; à la suite de cette opération, il reste une troisième espèce de marc plus pauvre encore que les deux autres, puisqu'elle est débarrassée du sucre que contenaient les premiers :

	Marc		
	distillé (Boussingault).	non égrappé (Degrully).	égrappé (Degrully).
Eau................	72,6	70,00	70,00
Matières azotées......	3,7	3,25	2,92
— grasses......	1,7	2,36	3,28
Extractifs non azotés..	15,7	17,45	16,30
Lignose.............	4,1	4,06	4.65
Sels................	2,2	2,93	2.76

Les marcs de raisin sont donnés, dans le Midi, aux animaux, qui les acceptent facilement, mais ne mangent pas également bien les parties dont ils sont constitués. Ils laissent la presque totalité des râfles, absorbent assez bien les pellicules, mais recherchent les pépins.

On conserve généralement les marcs en silos; M. Saint-Pierre, ancien directeur de l'École d'agriculture de Montpellier, a recommandé de les sécher au soleil; malheureusement il n'est pas toujours possible d'employer ce moyen à l'automne.

Cet aliment convient à tous les animaux; toutefois il n'est pas recommandable pour les vaches laitières. M. Marès, qui a préconisé l'utilisation des marcs dans la nourriture du bétail dès 1865, estime qu'ils valent la moitié de leur poids de foin de luzerne. On devra les faire entrer dans les rations en petites proportions, en les mélangeant aux autres substances, et chauds s'il est possible.

Lorsque ces produits sont envahis par des fermentations et des moisissures, il faut les rejeter de l'alimentation, car ils pourraient occasionner, comme les autres résidus avariés, des accidents plus ou moins graves.

Marcs de pommes. — Plus les marcs de pommes auront subi de pressions successives, plus ils auront perdu de valeur nutritive, comme le montrent les deux analyses suivantes de M. Houzeau :

	Marc pur.	Marc épuisé, 3 pressions.
Eau, substances volatiles à 100°..	80,18	80,11
Cellulose brute................	2,88	6.00
Substances non azotées diverses.	7,58	8,14
— azotées............	0,72	1,02
— saccharifiables......	0,80	2,77
Matières sucrées..............	6,43	0,37
— grasses..............	0,69	0,75
— minérales..........	0,70	0,80

On ne conserve guère le marc de pommes que par ensilage ; cependant Houzeau avait préconisé l'emploi du sel.

Très souvent, dans les régions de l'ouest de la France, les marcs sont jetés dans les fossés ; quelquefois on s'en sert comme engrais. Cependant les ruminants mangent volontiers ces résidus. Il faut les rationner, car en excès ils déterminent la diarrhée.

Pour les animaux d'engrais, ruminants et porcs, il est préférable de les faire cuire. Nous conseillons de ne les employer qu'avec réserve pour les vaches laitières. On en donne par jour aux bovins 10 à 15 kilos ; aux moutons, 500 grammes à 1 kilo ; aux porcs, 1^{kg},500 à 2 kilos.

Marcs de groseilles. — Les fabriques de confitures, de sirops et de liqueurs laissent comme résidus des marcs de groseilles et de cassis qui sont très bien consommés par le bétail ; ils sont particulièrement riches en matières grasses, ainsi que nous le constatons par les chiffres suivants :

Marc de groseilles rouges (BOUCHER).

	P. 100.
Eau et substances volatiles à 100°......	63,83
Matières azotées....................	4,49
— grasses....................	8,30
Extractifs non azotés................	8,69
Cellulose	9,41
Matières minérales..................	5,28

L'alimentation étant abondante au moment où ces marcs sont obtenus, on devra les réserver pour la période

GOUIN. — *Alimentation du bétail.*   16

hivernale, et les conserver par l'ensilage ou la dessiccation, qui est facile à l'époque de cette fabrication.

Cornevin conseille de donner ces résidus aux ovins à la dose de 1^{kg},500 par tête et par jour en un seul repas, les autres étant formés des fourrages habituels ; on réduira cette quantité à 300 grammes quand ces marcs auront été séchés.

V. — ALIMENTS D'ORIGINE ANIMALE.

RÉSIDUS DE LA LAITERIE.

Les sous-produits de la laiterie peuvent être considérés à deux points de vue distincts, suivant qu'ils sont obtenus à la ferme, ou qu'ils résultent d'une industrie pourvue de moyens mécaniques, car les transports jouent un rôle important, tant pour leurs prix de revient que pour leur qualité.

Lait écrémé. — Le lait qui a été plus ou moins complètement privé de sa matière grasse est le résidu le plus abondant et le plus fréquent que le cultivateur soit appelé à utiliser.

Autrefois, par l'écrémage spontané, le lait maigre qui restait sous la crème s'aigrissait peu à peu pendant la montée de celle-ci, et se coagulait presque toujours.

Dans ces conditions, lorsqu'il n'était pas utilisé pour la consommation humaine, il ne convenait que pour l'alimentation des porcs adultes.

Déjà l'écrémage par le froid, imaginé par Schwartz, apporta un perfectionnement sensible ; le temps nécessaire à la séparation de la crème étant réduit, la température abaissée d'autre part, les fermentations se trouvèrent considérablement ralenties et il fut possible, en réchauffant le lait maigre, de le faire absorber par les veaux d'élevage.

Enfin, les petites écrémeuses ont permis d'obtenir

immédiatement un aliment ayant presque encore le degré de chaleur nécessaire. C'est alors qu'on a pu réellement se servir de ce produit pour l'engraissement des veaux, en ajoutant d'autres substances complémentaires à la ration ; nous aurons l'occasion de revenir sur ce sujet lorsque nous étudierons spécialement l'élevage des bovidés.

Les grandes industries, disposant d'un outillage mécanique plus ou moins perfectionné, n'ont fourni pendant longtemps qu'un sous-produit sur la qualité duquel il était impossible de compter.

Dès 1892, dans notre laiterie de Foucauge (Sarthe), disposant de grandes quantités de lait écrémé, nous avons tenté l'élevage des veaux. Nous avons eu alors quelques déboires, surtout en été. En effet, nos ramasseurs parcouraient un long trajet, qui fatiguait beaucoup le lait ; malgré nos recommandations, trop souvent les traites du matin étaient mélangées à celles du soir, les cultivateurs peu soigneux livraient un liquide déjà acidifié ; le réchauffage venait aggraver ces conditions défectueuses et, si la ration distribuée à midi avait encore une qualité suffisante, il n'en était pas de même de celle réservée pour le lendemain matin. On n'appliquait pas alors la pasteurisation au lait écrémé. C'est cette pratique qui permet actuellement de retourner à la ferme un sous-produit dans un état de conservation tel qu'il peut être employé pour la nutrition des jeunes. Car ce qui est essentiel dans ce cas, c'est d'éviter la formation de l'acide lactique ; l'usage prolongé d'un lait altéré détermine, en effet, chez les veaux des entérites graves très souvent mortelles.

Nous avons pu prolonger bien au delà des limites habituelles l'alimentation exclusive au lait écrémé des jeunes bovidés. Cette méthode n'est pas à préconiser, parce que le développement de l'animal en souffre, et ses organes digestifs sont distendus par une nourriture trop aqueuse.

Nous avons donné ce produit en boisson aux chevaux :

certains le consommaient volontiers, d'autres s'y sont toujours refusés. Lorsque le travail doit s'exécuter aux allures vives, cette pratique les rend mous et occasionne une transpiration abondante.

Plusieurs de nos fournisseurs en faisaient absorber à leurs vaches laitières, et en étaient satisfaits au point de vue de la lactation.

Mais c'est surtout l'aliment de la porcherie ; allié aux pommes de terre, il donne une chair très appréciée, en même temps qu'il détermine un engraissement rapide.

Il est possible de rendre au lait écrémé la matière grasse qu'on lui a enlevée, en émulsionnant, à l'aide d'appareils spéciaux, des huiles ou de l'oléo-margarine. Cette méthode est coûteuse et ne procure pas les avantages sur lesquels on pourrait compter pour l'alimentation du bétail.

Babeurre. — Lorsque le beurre est aggloméré, on trouve dans la baratte un liquide laiteux ressemblant beaucoup au lait écrémé, avec lequel on le mélange souvent. Sa composition est la suivante :

Eau	91,24 p. 100.
Caséine.....................	3,30 —
Albumine....................	0,20 —
Matière grasse..............	0,56 —
Sucre de lait et acide lactique.	4,00 —
Sels minéraux...............	0,70 —

(FLEISCHMANN.)

S'il résulte du barattage de crème fermentée, il est acide ; si, au contraire, les crèmes travaillées étaient douces, il s'altère très rapidement.

Pour ces raisons, nous ne conseillerons son emploi que pour la porcherie ; il a d'ailleurs la même valeur alimentaire que le lait écrémé.

Petit-lait. — Après la coagulation de la caséine pour la fabrication du fromage, il se sépare un liquide jaune citrin, légèrement opalescent, connu sous les noms de *petit-lait* ou *lait maigre*. Sa composition varie dans des limites étroites suivant la nature du lait, son degré d'acidification et les méthodes de fabrication ; il contient encore un peu de caséine échappée à l'action de la présure, des traces de matières grasses, du sucre de lait et des sels minéraux solubles.

Dans certains pays, en Suisse, en Italie, dans les Vosges, ce sous-produit est quelquefois traité de nouveau pour en extraire la presque totalité des substances albuminoïdes qu'il contient encore et qui forment ce que l'on appelle le *seret* ; il en résulte un petit-lait de seret plus pauvre encore que le précédent.

DÉSIGNATION DES PETITS-LAITS.	EAU.	MATIÈRE azotée.	MATIÈRE grasse.	LACTOSE.	SELS.
Vache { provenant de lait frais..	93,05	1,06	0,13	5,09	0,58
Vache { — de lait aigre.	93,13	1,05	0,	4,37	0,81
Vache { petit-lait de seret.....	93,31	0,26	0,10	5,85	0,46
Petit-lait de chèvre..........	93,38	1,14	0,37	4,53	0,57
— de brebis..........	91,96	2,13	0,25	5,07	0,06

Ce résidu, quelle qu'en soit l'origine, convient à la nourriture des porcs, en l'additionnant d'aliments concentrés contenant un peu de protéine.

Dans certaines exploitations on en fait l'alimentation exclusive de la porcherie, en donnant des quantités variant entre 28 et 40 litres suivant le poids vif.

C'est une exagération qui peut être nuisible à la santé des animaux. On lui a reproché, en effet, de favoriser *l'ostéomalacie* ou *rachitisme* ; les expériences qui ont été faites pour infirmer cette opinion ne sont pas assez décisives pour qu'il soit possible de ne pas en tenir compte.

Autres sous-produits. — Le *seret*, dont nous avons sommairement exposé la nature, est quelquefois donné en Suisse aux porcs et aux veaux d'élevage, surtout aux taurillons. Il contient en moyenne :

Eau	70 p. 100.
Caséine	20 —
Lactose	3,9 —
Matière grasse	4,1 —
Sels	2,0 —

Les *raclures de fromages* renferment une forte proportion de sel, ce qui en limite l'emploi dans la ration. Souvent elles sont délayées dans l'eau avec laquelle on arrose des fourrages de médiocre qualité ; malgré leur forte odeur, les bœufs et les moutons acceptent plus volontiers les aliments ainsi préparés.

Il faut se rappeler que les doses suivantes sont nocives et que les accidents qui en résultent peuvent être mortels.

Porcs	250 à 300 grammes.
Moutons	500 —
Bœufs	3 à 6 kilos (suivant le poids).

Les *laits avariés* ou *colorés* sont presque toujours utilisables par les animaux ; lorsque la cause de l'altération est une maladie qui pourrait être contagieuse, il sera prudent de les soumettre préalablement à l'ébullition ; seul le lait dans lequel se développe la fermentation putride devra être rejeté.

SANG.

Le sang résulte en grande quantité des abattoirs et des clos d'équarrissage ; il est généralement employé comme engrais, mais il serait avantageux de le faire passer par l'organisme de nos animaux avant de do ner cette ultime utilisation aux principes qu'il contient. Il se présente sous trois formes : frais, cuit ou desséché.

Sang frais. — L'analyse suivante montre la valeur de cet aliment :

	Eau................	60,57 p. 100.
	Fibrine..........	0,68 —
	Albumine........	5,23 —
Plasma : 67,36 p. 100.	Mat. grasses......	0,08 —
	— extractives..	0,27 —
	Sels solubles.....	0,43 —
	— insolubles...	0,12 —
	Eau.............	18,43 —
	Hémoglobine.....	
	Mat.albuminoïdes.	
Globules : 32,62 p. 100.	Cholestérine......	14,19 —
	Lécithine........	
	Mat. extractives..	
	Sels minéraux....	

(Hoppe-Seyler.)

Il n'est accepté sous cette forme que par les porcs ; encore pensons-nous qu'il est préférable de lui faire subir une cuisson, surtout pour celui provenant des clos d'équarrissage, afin d'éviter toute cause de contagion.

Sang cuit. — Le sang, très altérable à l'état frais, se conserve mieux lorsqu'il a été cuit ; il prend une teinte brune, forme un volumineux caillot, que l'on divise pour le mélanger aux autres aliments. On peut également le faire cuire en même temps que ceux-ci. Il ne faut pas en donner de grandes quantités, car la chair du porc serait moins ferme et moins savoureuse ; il pourrait aussi occasionner des dérangements intestinaux.

Sang desséché. — L'industrie livre un produit sous le nom de *sang desséché*, dont la consommation rencontre de sérieux obstacles par suite de l'odeur désagréable qu'il possède, et qui résulte d'un commencement d'altération de la matière. Trop souvent ces préparations sont faites sans soin et mal conservées, tandis que les produits ayant une qualité réelle atteignent des prix élevés qui rendent leur emploi impossible, sauf pour les usages vétérinaires.

On a imaginé diverses méthodes de fabrication que nous allons examiner rapidement. On prépare à Strasbourg un produit connu sous le nom de *Blut Kraftfutter* qui est constitué par du sang séché à la vapeur, mêlé avec de la paille hachée, des écorces de grains, des coques d'arachides moulues, des phosphates et de la mélasse ; il contient de 20 à 22 p. 100 de protéine.

Procédé Müntz. — On confectionne des pains ou des biscuits avec des farines grossières, des grains concassés, délayés dans le sang ; on cuit ou on sèche à l'étuve. L'un de ces produits, contenant un mélange par moitié de maïs et d'avoine concassés, avait la composition suivante :

Eau....................................	9,3
Matières azotées......................	17,0
— grasses......................	3,2
— hydrocarbonées	65,8

Procédé Chardin. — Il est basé sur la découverte de Scheurer-Kestner. Le sang défibriné ou non forme une pâte avec la farine. On ajoute du levain sous l'influence duquel la substance animale subit une sorte de digestion. On règle la cuisson pour obtenir du pain biscuité.

Procédé Regnard. — Le sang est porté à 100°, la masse coagulée est soumise à la pression ; le gâteau est séché à l'étuve et pulvérisé.

Procédé Cornevin. — On recueille le sang dans des bassines plates, on le sèche au soleil ou à l'étuve ; pendant cette opération, on pulvérise un peu de coumarine (1) (2 grammes dans 200 grammes d'eau pour 4 kilogrammes de sang), puis on broie finement. La coumarine aide à la conservation et communique une odeur agréable qui plaît aux animaux.

VIANDE DESSÉCHÉE.

La farine fourragère de viande est préparée en Amérique par la Société Liebig. Son usage s'est rapidement répandu en Allemagne. A Hohenheim, en la donnant aux

___

(1) La coumarine est une essence odorante que l'on trouve dans le mélilot et la flouve.

porcs à la dose de 250 à 500 grammes en mélange avec des pommes de terre, on a obtenu les coefficients de digestibilité suivants :

	M. A.	M. G.	Substance totale p. 100.
Coefficients de digestibilité.	97	87	95

Elle contient 12 à 13 p. 100 d'eau ; la matière sèche renferme 82 à 83 p. 100 d'albuminoïdes et 13 à 14 p. 100 de graisse. C'est un complément à la ration permettant de rétrécir la relation nutritive et d'accroître la digestibilité des matières hydrocarbonées.

Utilisation du sang et de la viande dans l'alimentation des herbivores. — On s'est demandé si les substances animales pourraient être assimilées par les herbivores, si leurs organes digestifs leur feraient subir les transformations nécessaires.

Sans remonter aux époques historiques pour montrer que ces animaux ont, dans certaines circonstances au moins, consommé de la viande, nous rappellerons que M. Bonvalot a rapporté que les petits chevaux du Thibet mangent de la viande crue.

Les Arabes donnent à leurs chevaux du mouton cuit quand ils doivent leur demander de grandes fatigues.

Pendant le blocus de Metz en 1870, sur l'initiative de M. Laquerrière, vétérinaire militaire, on donna aux chevaux de l'armée de la viande cuite.

M. Colin a observé souvent des moutons auxquels ce genre d'alimentation ne répugnait pas. Il a fait des recherches sur la manière dont s'effectuait la digestion de la chair musculaire chez le cheval et le mouton, sans arriver toutefois à des conclusions certaines.

M. le Dr Regnard a fait l'expérience suivante à la ferme d'application de l'Institut agronomique. Six agneaux abandonnés de leur mère ont été divisés en deux lots. On leur a distribué à tous une ration journalière composée de 2 kilogrammes de betteraves et 500 grammes de foin.

Le second lot reçut en supplément une dose de sang desséché par son procédé, de 10 grammes d'abord, que l'on porta par des accroissements successifs à 80 grammes.

Il a obtenu les chiffres suivants qui sont absolument concluants :

1er LOT. — *Alimentation ordinaire.*		2e LOT. — *Supplément de sang.*	
Poids.		Poids.	
Au début.	2 mois après.	Au début.	2 mois après.
23^{kg},400	32^{kg},050	21^{kg},150	44^{kg},200
Gain....	8^{kg},650	Gain ...	23^{kg},050

MM. Schrodt et Peter, en remplaçant, dans la ration d'une vache laitière, 1 kilogramme de tourteau de colza par 500 grammes de son et 1 kilogramme de farine de viande, ont constaté que la production du lait avait été augmentée d'environ 1 litre par jour.

De l'ensemble de ces faits, nous pouvons conclure que les substances d'origine animale peuvent être avantageusement introduites dans l'alimentation des herbivores, quand les circonstances permettront de le faire économiquement; qu'elles seront particulièrement indiquées pour la nourriture des jeunes dont elles favoriseront le développement, sous la condition expresse que ces substances seront bien préparées, leur dosage bien réglé et que l'on n'en exagérera pas l'usage.

GUANO DE POISSON.

On prépare en Norvège une poudre de poissons séchés connue sous le nom de *guano de poisson*. Elle a été utilisée en Allemagne pour l'alimentation des animaux qui, malgré son odeur, s'y habituent plus rapidement qu'à la poudre de viande; d'après Wolff, les moutons la consomment assez facilement et on peut la donner aux vaches laitières en petite quantité sans crainte de voir la qualité du lait altérée. Cet auteur ajoute toutefois que le prix de revient de ce produit lui fait préférer la farine fourragère de viande.

Résidus divers.

Rappelons enfin que la boucherie, la triperie, l'équarrissage laissent des résidus sans valeur, tripes, pis, têtes, cervelles, qui sont très riches en principes nutritifs et seront utilement employés à l'alimentation du porc, auquel on donnera également les bouillons, les eaux grasses et de vaisselle.

Les rognures d'écharnage des peaux que l'on obtient avant le tannage, les résidus de la ganterie, les pains de cretons et les dégras de la suifferie pourront être utilisées à la porcherie, de même que les hannetons.

Les déjections de vers à soie sont données même aux chevaux, soit seules, soit mélangées aux grains à la dose de 600 à 700 grammes par repas. Elles contiennent, d'après Ch. Girard, les quantités suivantes de principes :

	1re mue.	2e mue.
Eau	12,10	9,70
Matières azotées	18,24	12,55
— grasses	0,79	0,63
— hydrocarbonées	50,29	59,28
— minérales	8,68	8,72
Cellulose	9,93	9,12

On a même fait consommer aux bêtes bovines les déjections fraîches des chevaux.

VI. — PRÉPARATION DES ALIMENTS.

Les préparations que l'on fait subir aux aliments sont nombreuses et les résultats que l'on veut atteindre sont divers.

En multipliant la division, on se propose d'augmenter la digestibilité, de diminuer le travail de la mastication, ou d'y suppléer lorsqu'il est incomplètement exécuté, de réduire la longueur des repas, de faciliter les mélanges alimentaires.

L'opportunité de ces modifications, que nous nous proposons de rechercher maintenant, varie avec la nature des substances, l'espèce et l'âge des animaux, les productions zootechniques et les conditions économiques. Nous avons déjà eu l'occasion d'indiquer sommairement pour quelques aliments l'état dans lequel ils étaient le mieux appétés et utilisés par les animaux. Toutefois, il ne rentre pas dans le cadre de cet ouvrage de décrire les appareils employés pour effectuer ces préparations (1).

Coupage. — Le coupage des racines, des tubercules et des fruits s'impose pour faciliter leur consommation. Il permet d'éviter que de trop gros morceaux ne restent arrêtés dans l'œsophage, et ne déterminent des accidents mortels, si on ne peut y porter remède immédiatement. Cette opération facilite le mélange de ces nourritures aqueuses avec les fourrages ou les substances sèches, et permet d'obtenir une légère fermentation de la masse.

Cette préparation est peu coûteuse et rapide lorsqu'on emploie les coupe-racines; les fragments tombent en tranches minces ou en cossettes suivant la disposition des lames tranchantes. On se sert aussi des râpes employées en sucrerie, qui fournissent une pulpe.

Il sera préférable de fragmenter les racines en plus gros morceaux, dans le sens de leur plus grande longueur, pour éviter la formation de rondelles, lorsqu'elles devront être consommées par les équidés; ces animaux les appètent mieux ainsi, et le travail de mastication plus complet qu'elles exigent facilite leur insalivation. La rumination, dans les autres espèces, supplée aux inconvénients qui résultent d'une absorption trop prompte.

(1) Le lecteur trouvera la description et l'usage de ces appareils dans l'ouvrage de M. COUPAN, *Machines agricoles* (ENCYCLOPÉDIE DE L'AGRICULTURE).

Hachage. — On hachera les pailles et les foins pour en effectuer le mélange avec d'autres aliments aqueux dans le but d'assécher ceux-ci ou de faire plus complètement mâcher certains grains, le sarrasin et l'orge par exemple, qui, donnés entiers et isolément, échappent en grande proportion à la mastication et traversent le tube digestif sans avoir subi de modification.

Cette préparation est indiquée pour quelques fourrages verts, surtout les maïs lorsqu'ils atteignent de grandes dimensions et que leurs tiges deviennent ligneuses, afin de faciliter leur distribution, et d'empêcher que les animaux ne fassent un triage d'où résulterait une perte sensible. On les hache également lorsqu'on les destine à l'ensilage pour permettre le tassement égal de la masse et l'expulsion aussi complète que possible de l'air. Enfin les fourrages avariés seront soumis à la même opération après les avoir secoués pour les débarrasser des poussières, de leur odeur, et les aérer. Ceci permettra d'en effectuer le mélange avec d'autres de qualité meilleure, de les arroser à l'eau salée s'il est nécessaire.

Mais nous pensons que l'on devra limiter cette préparation aux cas que nous venons d'énumérer ; nous ne conseillons pas de l'appliquer aux bons fourrages donnés isolément ; il résulte d'ailleurs des recherches de Colin que les chevaux mettent le même temps à manger les fourrages, qu'ils soient hachés ou entiers.

A la suite de la distribution des foins et des pailles ainsi préparés à la Compagnie générale des Omnibus, M. Lavalard avait constaté la disparition des coliques chez les sujets prédisposés à ces accidents ; mais, au bout de quelques mois de ce régime, les animaux y étant habitués, les indispositions reparurent aussi fréquentes.

Pour les mêmes nécessités digestives, nous croyons qu'il ne convient pas d'effectuer un hachage trop fin, et qu'en laissant aux fragments une longueur de 2 centimètres on reste dans de sages limites. En Angleterre, on hache souvent la paille litière ; nous pensons que cette pratique est surtout avantageuse pour la fabrication des fumiers, et aussi au point de vue de l'économie de matière. Les hache-paille que l'on emploie généralement donnent trois longueurs de coupe : 1 centimètre, 2 centimètres et 4 centimètres, quelques-uns même 8 centimètres, dimension usitée pour la litière.

Broyage. — Cette opération est indispensable pour faire accepter l'ajonc par les animaux, afin de briser les épines qui en rendent l'abord douloureux. On l'effectue à l'aide du broyeur d'ajoncs qui donne un travail parfait, mais demande d'autant plus de force que la tige est plus ligneuse.

En Bretagne, on emploie aussi des auges circulaires dans lesquelles roule une meule en pierre servant au broyage des pommes. Dans les petites fermes, les cultivateurs se servent simplement d'une auge et d'un pilon.

Concassage. — Il fut une époque où l'on préconisait beaucoup le concassage des grains ; on pensait réaliser ainsi une économie, que certains évaluaient même jusqu'au tiers de la ration. Les faits n'ont pas donné raison à cette opinion. Quand il sera nécessaire de faire subir aux grains une préparation, soit par suite de leur nature, soit parce que les animaux, à cause de leur gloutonnerie ou du mauvais état de leur dentition, les mastiquent incomplètement, nous conseillons de préférence d'avoir recours à l'aplatissage.

Le concassage donne une mouture grossière rendue poussiéreuse par la farine séparée de l'amande ; celle-ci ne plaît pas aux équidés, et les incite à boire en abondance, ce qui les rend mous, les fait transpirer facilement et nuit à la digestion.

Ces inconvénients sont moindres pour les ruminants, qui consomment plus volontiers les substances farineuses. La disposition de leur appareil digestif y remédie. Souvent, d'ailleurs, ces grains concassés sont mélangés avec des aliments aqueux.

Les boissons abondantes sont au contraire avantageuses pour les femelles laitières.

Nous pensons toutefois qu'un concassage très grossier est indiqué pour les grosses graines très dures, comme le maïs, la féverole; on évitera ainsi une usure précoce des dents ; pour les bovidés notamment, on assurera une utilisation plus complète de l'aliment. Nous devons dire toutefois que cette préparation n'est pas obligatoire, que certains praticiens donnent ces espèces de grains en entier; il en est ainsi à la Compagnie des Omnibus, par exemple. On peut aussi leur faire subir d'autres préparations et, parmi celles-ci, la macération.

Aplatissage. — Avec l'aplatissage, il y a simplement écrasement du grain ; mais il n'y a pas formation de farine ; telle est la raison qui fait préférer ce mode de préparation.

Magne, opérant sur un vieux cheval de dix-huit ans qui absorbait 10 litres d'avoine par jour, recueillit environ 400 grains intacts; en admettant que ce chiffre soit doublé par les grains écrasés, mais incomplètement digérés, c'est à peu près 4 centilitres de perte. Supposons l'avoine au cours de 20 francs : cette partie inutilisée représente une valeur de 0 fr. 08 par hectolitre, qui ne suffiront pas pour en payer l'aplatissage.

Prenons comme autre exemple l'expérience de M. Muntz sur la digestibilité du sarrasin (p. 228): sur 100 kilos consommés, 9^{kg},700 ressortent de l'intestin ; au prix de 16 francs les 100 kilos, c'est une valeur de 1 fr. 55, qui dépasse les frais de l'opération.

Dans une autre circonstance, Magne a observé qu'un cheval recevant par jour 5 litres d'avoine, 4^{lit},5 de sarrasin et 0^{lit},500 d'orge avait rendu 1126 grains de sarrasin, 360 d'avoine et 333 d'orge. On voit que, dans ce cas encore, il y aurait eu avantage à aplatir le sarrasin et même l'orge, mais non l'avoine.

Nº D'ORDRE des chevaux.	QUANTITÉ d'avoine mangée.	DURÉE de la mastication.	NOMBRE de bols.	QUANTITÉ de salive absorbée		POIDS des bols.
				totale.	par minute.	
	gr.	min.		gr.	gr.	
Avoine entière.						
1	430	7	15	485	69,0	915
2	437	9	18	678	75,3	1115
3	430	5	»	510	102,0	940
4	430	8	10	486	60,7	916
5	425	15	12	500	33,3	925
Totaux.	2152	44	»	2659	340,3	4811
Moyennes.	»	8,8	»	532	60,04	962
Avoine aplatie.						
1	430	12,5	»	645	51,6	1075
2	437	9	18	713	79,2	1150
3	430	4,5	»	515	112,2	945
4	430	10	12	625	62,5	1055
5	430	10	»	620	62,0	1050
Totaux.	2157	46	»	3118	367,5	5275
Moyennes.	»	9,2	»	623	73,5	1055

Tel est le véritable point de vue auquel il faut se placer pour juger de l'opportunité de cette opération. Les adversaires de l'aplatissage ont prétendu qu'il y avait perte de matière et, pour l'avoine, volatilisation de son principe excitant. La première objection ne supporte pas l'examen ; peut-être y a-t-il un peu d'évaporation de l'humidité, ce qui ne saurait nuire ; de très petites quantités de farine peuvent aussi être entraînées par les courants d'air, ou rester adhérentes à l'instrument et aux parois des récipients, mais la balance ne peut indiquer ces variations que pour de très grandes masses de grains ; en tout cas, elles sont négligeables. La deuxième raison invoquée n'est pas discutable : il faudrait d'abord démontrer la valeur de ce principe volatil, son existence étant admise.

L'expérience précédente de M. Colin (1) montre que l'influence de l'aplatissage sur la mastication n'est pas telle qu'on serait porté à le croire *a priori*.

La durée de la mastication est presque la même, mais, contrairement à ce que l'on suppose, le grain aplati a absorbé davantage de salive.

Macération. — La macération a pour but de ramollir les aliments trop durs, de faciliter leur mastication. C'est à notre avis une préparation excellente, préférable au travail mécanique, aussi bien au point de vue économique que par son influence sur la digestibilité. Nous nous en sommes fréquemment servi, et en particulier dans l'administration de la féverole aux chevaux ; nous en avons toujours été très satisfait.

Quand on l'exécute à froid, suivant la nature de l'aliment, la durée de la macération variera entre douze et vingt-quatre heures. Pour abréger ce temps, on peut la faire à chaud et, dans ces conditions, quelques heures suffisent pour produire l'effet voulu.

Afin d'augmenter la sapidité de la nourriture ou sa valeur nutritive, on emploie l'eau salée ou les vinasses.

Les *mashs*, si appréciés par les Anglais, sont le résultat d'une macération à chaud. Voici comment on opère. Deux litres d'avoine sont mis dans un seau de bois, et mélangés avec 6 à 8 centilitres de graine de lin ; on verse de l'eau bouillante en quantité suffisante pour tremper les grains. On recouvre de 1 litre de son de froment, on enveloppe le seau dans une couverture de laine. Au bout de quatre à cinq heures, le tout est brassé et donné aux animaux ; il ne faut pas qu'il reste d'eau, mais le mélange doit être onctueux. Les quantités indiquées conviennent

(1) G. COLIN, *Traité de physiologie comparée des animaux,* 3ᵉ édition, 1886, t. I.

pour le repas d'un cheval. Les grains que l'on introduit peuvent varier, mais on se gardera d'employer des farines qui formeraient un empois.

Le *thé de foin* est donné surtout pour les animaux malades, les jeunes au moment du sevrage ou les mères après la parturition. Afin de le bien préparer, il faut prendre 2 kilos de bon foin, le faire infuser dans 5 litres au plus d'eau bouillante dans un vase bien clos, en bois de préférence pour retarder le refroidissement ; six heures sont nécessaires dans ces conditions. On obtient ainsi un breuvage qui renferme 16 p. 100 de la matière protéique du fourrage, c'est-à-dire, d'après Isidore Pierre, autant qu'en contient 1 litre de lait et quinze fois plus de matières minérales. Le foin qui a servi à le faire peut être séché et consommé par le bétail.

La même infusion faite à froid pendant douze heures donnerait, d'après l'auteur précité, une boisson encore plus riche renfermant 36,5 p. 100 de la matière azotée du fourrage, mais ce dernier serait alors impropre à l'alimentation ; devenu presque blanc, il ressemblerait aux foins lavés par les pluies.

Les préparations que l'on connaît dans certains pays sous les noms de *barbotages*, *buvailles*, *boitures*, *soupes*, *provendes*, *bouillies*, *luvées*, sont en général des macérations ; quelquefois, cependant, tout ou partie des aliments qui les composent subissent une véritable cuisson.

Cuisson. — Cette préparation rend certains aliments plus digestibles ; elle peut être appliquée avantageusement aux racines, aux grains, aux fruits, aux fourrages secs et durs qu'elle assouplit. Elle fait gonfler la fécule et la prépare à être dissoute par les sucs digestifs ; elle dissocie les fibres ligneuses ; mais il ne faut pas oublier qu'elle rend l'albumine insoluble en la coagulant, et, à cause de cela, est nuisible pour les substances riches en protéine.

Elle enlève souvent les principes âcres ou odorants ; c'est ainsi qu'elle permet de donner des crucifères aux vaches laitières sans craindre de voir leur lait acquérir un mauvais goût. Elle diminue les propriétés nocives de certaines variétés de lupin. On peut la réaliser de plusieurs manières : soit à sec, soit par l'action de l'eau bouillante ou de la vapeur.

La *torréfaction* est d'un usage peu répandu, mais la cuisson au four convient très bien aux substances aqueuses.

Cette dernière méthode est usitée par M. Egasse dans ses expériences sur la pomme de terre que nous avons rapportées (p. 206).

La cuisson à la vapeur est très employée pour tous les aliments ; elle en régularise l'hydratation. Mais elle nécessite des appareils spéciaux que l'on ne trouve pas dans les petites exploitations.

Lorsqu'on effectue la cuisson à l'eau, il importe de réduire autant que possible la masse du liquide ; aussitôt qu'elle sera terminée, avant le refroidissement, on mettra la nourriture cuite à égoutter ; si cette précaution n'était pas observée, cette dernière absorberait l'eau et serait mal appétée des animaux et moins nutritive. Il faut choisir une eau de bonne qualité ; si sa richesse en calcaire est telle que les légumes durcissent, on ajoutera un peu de carbonate ou de bicarbonate de soude.

Les aliments cuits conviennent surtout aux animaux à l'engrais. Nous avons vu (p. 205) que les expériences de Cornevin et d'Aimé Girard permettaient de conclure que la pomme de terre crue convenait seulement à l'alimentation des vaches laitières.

C'est un fait acquis de vieille date par la pratique que la cuisson *pousse à la graisse*.

Pour cette raison, elle n'est pas favorable aux animaux de travail, qu'elle rend mous, et aux femelles laitières, qu'elle fait tarir ; on dit vulgairement de celles-ci que *leur lait tourne en graisse*.

Fermentations. — Les fermentations qui peuvent se développer dans les masses alimentaires aqueuses sont nombreuses, mais il ne faut chercher à produire que celles qui transforment les principes amylacés et sucrés en alcool. Encore doivent-elles être arrêtées dès leur début, car le travail des ferments consiste toujours en une réduction des composés organiques, avec production de chaleur, c'est-à-dire perte d'énergie potentielle, dégagement d'acide carbonique et de vapeur d'eau, d'où résulte une diminution des substances alibiles. Le but que l'on poursuit est de rendre les aliments plus sapides, de ramollir les tissus cellulosiques, d'humidifier les matières sèches et aussi d'évaporer un peu l'excès d'eau en réchauffant la masse. Il ne convient pas de faire développer des fermentations en présence de produits riches en protéine, parce que celle-ci est modifiée, transformée en partie en corps amidés, et les sous-produits qui se forment ont une odeur repoussante.

La fermentation peut être recommandée pour les mélanges de racines, de drèches et de pulpes fraîches avec les féculents, les farines, les grains concassés, les balles, les siliques, les pailles hachées, les coques d'arachides, les brindilles, les sarments de vigne, etc. ; mais les additions de tourteaux, par exemple, seront faites au moment de la distribution.

C'est à tort que l'on croit généralement que la fermentation facilite la digestibilité ; les expériences de Hellriegel et Lucanus ont démontré que de ce côté il n'y a pas de modification avantageuse. On doit rechercher une mastication plus facile et surtout un développement de la saveur, qui incite les animaux à consommer davantage.

Aussi une fermentation de vingt-quatre heures à une température ambiante moyenne de 15° environ est-elle suffisante pour atteindre le but poursuivit. On assurera la réussite en choisissant convenablement le local où elle devra se développer. C'est souvent un emplacement voisin de l'étable, parce que la chaleur de celle-ci aide à la multiplication des ferments. Toutefois, il ne faudra pas oublier que la masse dégage de l'acide carbonique, qui incommoderait les animaux, s'il se répandait dans leur atmosphère respirable.

Ce mode de préparation est surtout recommandable pour la nourriture des ruminants. Il est quelquefois appliqué à celle des porcs, quoique plus généralement la cuisson convienne mieux dans ce cas.

Ensilage (1). — L'ensilage est une méthode de conservation qui est employée pour deux sortes de produits : les fourrages verts et les résidus aqueux des industries agricoles. On ne doit y avoir recours que dans les cas où tous les autres procédés ne peuvent être appliqués.

D'après ce que nous avons vu antérieurement (p. 200), les pertes qui résultent de l'ensilage atteignent en moyenne 25 p. 100 de la matière alimentaire, ce que montrent d'ailleurs les analyses suivantes de Weiske faites sur des fourrages avant et après l'ensilage :

	HERBE DE PRAIRIE.		LUZERNE.		MAÏS.	
	Avant.	Après.	Avant.	Après.	Avant.	Après.
Matières azotées brutes.	18,56	15,53	26,6	16,9	9,60	6,0
Graisse brute..........	2,89	4,57	4,4	6,0	2,14	9,9
Hydrates de carbone...	38,90	23,47	37,1	20,8	42,20	25,5
Cellulose..............	33,63	26,74	22,5	20,0	33,96	23,9
Cendres...............	6,02	5,50	9,4	8,9	12,10	8,9

Il faut remarquer aussi que la perte de protéine est plus grande encore qu'elle ne paraît, car près des deux tiers de celle-ci se transforment en corps amidés. Le gain

(1) Pour les méthodes d'ensilage, consulter : GAROLA, *Plantes fourragères*, p. 231 ; BOULLANGER, *Industries agricoles de fermentation*, p. 437 ; DIFFLOTH, *Agriculture générale*, p. 284 (ENCYCLOPÉDIE AGRICOLE de G. Wery).

17.

que l'on observe dans les matières grasses brutes n'est qu'apparent ; il résulte de la dissolution dans l'éther d'acides organiques (butyrique, lactique, acétique) nuisibles s'ils sont en excès, ce qui se produit dans les cas d'ensilage acide.

Lorsque la fermentation est bien conduite, on doit toujours obtenir un ensilage doux, c'est-à-dire éviter la formation des acides, par une élévation rapide de température et une oxydation active.

Quand la masse aura une couleur brune plus ou moins claire, qu'elle dégagera une odeur mielleuse, qu'elle ne sera pas envahie de moisissures, on pourra sans crainte donner cet aliment au bétail, toujours sous la réserve d'être très modéré pour la ration destinée aux femelles laitières. Car le lait acquiert un goût désagréable, ne se conserve pas et est nuisible aux nouveau-nés.

Lorsque, au contraire, l'ensilage aura une odeur sûre, que la matière sera de teinte verdâtre, on se montrera circonspect dans la distribution, bien que dans ces conditions les animaux ne fassent souvent aucune difficulté pour accepter cette nourriture.

Germination. — La germination détermine la solubilisation des matériaux entassés par la plante dans la graine, pour nourrir l'embryon pendant les premières phases de son existence. Cette transformation est produite par un ferment soluble, que l'humidité ambiante fait agir.

L'activité vitale qui se manifeste nécessite des dépenses de matière et de chaleur ; il y a donc, comme pour la fermentation et l'ensilage, une perte.

Nous avons déjà dit (p. 246) que pour l'orge les expériences de Lawes et Gilbert avaient démontré qu'il n'y avait pas avantage à préparer ainsi le grain.

La germination modifie quelquefois la saveur désagréable de certaines graines ; elle a, dit-on, une heureuse influence sur les glands et les marrons d'Inde.

Pour que la germination soit bien réglée, il faut l'exécuter dans des locaux dont la température est toujours
égale, car on prépare les grains plusieurs jours avant
leur distribution; si des variations brusques se produisaient pendant ce temps, on pourrait se trouver en
face de plusieurs rations prêtes à consommer à la fois
par suite d'un excès de chaleur; dans le cas contraire,
un retard de la germination priverait les animaux de leur
aliment.

En résumé, on rencontre des difficultés assez sérieuses
qui ne sont compensées par aucun avantage; c'est donc
une méthode à ne pas employer en règle générale.

Panification. — Les substances farineuses présentées
aux animaux sous forme de pains sont toujours accueil-
lies volontiers, et facilement digérées quand la pâte est
bien levée. On profite souvent de cette préparation pour
introduire certains produits dans l'alimentation, tels
que lait écrémé, mélasse, farine de viande, sang desséché.

Nous avons dit, à propos des résidus de la meunerie,
quels étaient les avantages et les inconvénients de ces
préparations; nous croyons inutile de compléter ces renseignements, ce mode d'utilisation étant d'ailleurs peu
répandu.

CONDIMENTS.

On introduit souvent dans les rations des substances
qui ne sont pas à proprement parler des aliments; elles
sont destinées à rendre la nourriture plus savoureuse, à
masquer les mauvais goûts, à exciter l'appétit, à corriger
les effets laxatifs ou astringents, à compléter enfin la
quantité de matières minérales absorbées : on les appelle
des *condiments*. Il ne faudrait pas les confondre avec les
produits médicamenteux donnés dans le but de guérir
ou de remédier à un état pathologique de l'organisme;
l'étude de ces derniers rentre dans le domaine de l'art

vétérinaire, tandis que les condiments font partie du régime des animaux en bonne santé.

Nous pensons qu'il ne faut pas abuser des stimulants, quelle qu'en soit la nature. Si un animal manque d'appétit, c'est généralement le premier symptôme d'un état maladif, dont il importe de chercher la cause, pour la combattre; ce sera le meilleur moyen de faire disparaître l'effet.

On fait dans le commerce des réclames engageantes pour prôner tel ou tel produit, à composition secrète, devant procurer des résultats surprenants : d'abord une économie de nourriture, par une utilisation plus complète de celle qui est donnée habituellement, puis un accroissement de l'appétit du bétail permettant un engraissement rapide. On peut être assuré, en faisant usage de ces préparations, de contribuer à la fortune de ceux qui les vendent, au détriment des bénéfices que l'on pourrait réaliser soi-même.

Ces produits sont en général des mélanges contenant du sel marin, des plantes aromatiques, gentiane, gingembre, quinquina, genièvre, anis, fenugrec, etc., et quelques farines inférieures leur servant de véhicule. Ces panacées universelles ont souvent le grave défaut de ne pas répondre aux goûts des animaux auxquels ils sont destinés, car ceux-ci sont variables avec les sujets.

L'éleveur habile saura trouver, parmi les substances que nous venons d'énumérer brièvement, celles qui conviennent à son bétail, et en faire une sage application s'il le juge nécessaire.

Comme toniques, il emploiera la racine de gentiane, l'écorce et les feuilles de chêne, l'écorce de saule; il mélangera l'un de ces produits réduit en poudre aux aliments, ou en fera des décoctions qu'il ajoutera aux boissons. Ces stimulants sont dangereux pour les sujets vigoureux, de constitution pléthorique.

Parmi les ombellifères, les corymbifères, les labiées et

les crucifères, il trouvera des plantes aux propriétés excitantes ; les boissons alcooliques rempliront le même but.

Lorsque, par les fortes chaleurs, les animaux de travail souffriront de la température, on peut les rafraîchir avec une boisson légèrement acidulée de vinaigre, ou se contenter de leur en faire des lotions sur les naseaux, les lèvres, entre les cuisses.

Sel marin. — Nous avons vu que les végétaux qui servent de nourriture au bétail contiennent des sels de potasse, mais souvent la quantité de sels de soude qu'ils apportent ne suffit pas aux nécessités de l'organisme. Les animaux, guidés par le besoin, recherchent les matières salées ; il en résulte des aberrations du goût qui leur font consommer des substances non alimentaires ; ils lèchent les murs, dévorent les écorces, les bois, mangent de la terre, deviennent parfois coprophages. Le meilleur moyen de remédier à ces manifestations est de mettre du sel marin à leur disposition ; on placera dans l'auge, ou dans un coin des locaux qu'ils habitent, un morceau de sel gemme, ou un rouleau de sel comprimé.

On peut aussi ajouter ce condiment à leur ration, en arrosant les fourrages à l'eau salée, en mélangeant le sel en grain aux aliments solides ; mais, dans ce cas, on les oblige à consommer des quantités souvent supérieures à celles qui leur sont nécessaires ; et il faut se garder d'un excès qui pourrait être plus dangereux que l'abstinence partielle.

Nous conseillons, en tout cas, de ne pas dépasser les doses journalières suivantes :

Bœuf de travail......	60 grammes.		
— à l'engrais.....	80 à 150	—	(suivant le poids).
Vache à lait........	60	—	
Cheval.............	30	—	
Moutons...........	1gr,5 à 2	—	
— à l'engrais...	2 à 4	—	
Porcs.............	30 à 60	—	(suivant le poids).

Le sel donné en excès incite les animaux à boire et nuit aussi aux fonctions de l'appareil digestif; il active la désassimilation des matières albuminoïdes.

En sage proportion, au contraire, il facilite la digestion, augmente les ardeurs génésiques, rend le poil luisant et joue un rôle très important dans l'engraissement.

Acide phosphorique. — Les composés phosphatés sont indispensables aux fonctions vitales ; nous les voyons constamment absorbés par les animaux, traverser l'organisme, et être expulsés dans les produits de désassimilation. Ils se trouvent en abondance principalement dans les tissus nerveux et osseux. On a donc pensé depuis longtemps qu'il serait avantageux de favoriser le développement et l'entretien de ces diverses parties du corps, en augmentant les quantités d'acide phosphorique contenues dans les aliments. Mais on s'est heurté à une grosse difficulté : c'est de présenter ce produit sous une forme qui permette son assimilation. Pour expliquer ce que l'on entend ainsi, nous ne saurions mieux faire que de reproduire l'exposé si clair de cette question, fait par notre savant maître, M. le Dr Paul Regnard, au Congrès de la Société d'alimentation rationnelle du bétail en 1904.

« Je donne de l'acide phosphorique solide ; il se divise en trois parties : l'une se mêle aux aliments et sort tout simplement — passez-moi l'expression — par l'autre bout comme si on l'avait fait entrer par une extrémité d'un tube pour la faire sortir par l'autre. On la retrouve telle qu'elle était entrée.

« La deuxième partie va dans l'estomac; elle se dissout et passe dans les vaisseaux, dans la circulation ; elle se trouve ensuite, lorsqu'elle est en excès, en présence du rein qui l'élimine par les urines; elle est *absorbée* et non pas assimilée. Elle n'a pas fait partie une minute de l'organisme; c'est comme un ivrogne qui avale de l'alcool; il ne l'assimile pas, et le pisse une heure après sans qu'une molécule d'alcool ait été assimilée par l'organisme.

« La troisième partie, au contraire, se combine avec l'organisme ; celle-là est devenue protoplasma, elle a été *assimilée*. Elle a donc été introduite, absorbée, assimilée ; et, pour que cette troisième partie soit ensuite rejetée avec l'urine, il faudra que la molécule protoplasmique soit elle-même détruite et devienne un produit de déchet. »

Depuis plusieurs années, MM. André Gouin et Andouard de Nantes, poursuivent des recherches sur l'assimilation des phosphates par les jeunes bovidés. Nous reviendrons ultérieurement sur leurs expériences, mais nous dirons d'ores et déjà qu'il semble que l'on peut conclure, des résultats obtenus que la poudre d'os verts est un adjuvant précieux en élevage.

D'autres expériences ont été entreprises par MM. Nicolas, Lavalard et Joulie ; elles ont permis de s'apercevoir que les accroissements rapides de poids, observés à la suite d'un régime phosphaté, pouvaient provenir d'une augmentation de l'hydratation du corps. Enfin M. Regnard disait au Congrès cité plus haut : « Je me suis amusé, à cet égard, à faire un calcul : si les quantités de phosphate de chaux non reparues dans les urines et dans les fèces, pendant deux ans, avaient été fixées par l'organisme, le cheval serait devenu un véritable bloc de pierre, le cheval aurait été tout entier en phosphate de chaux. »

On voit par ce qui précède combien cette question est encore obscure.

Ce qui est certain, c'est que le phosphate de chaux donné sous forme de poudre d'os verts ne peut nuire à l'organisme, que son emploi n'entraîne à aucune dépense exagérée, et qu'il est possible qu'il soit assimilé dans une certaine mesure.

ALIMENTATION DES ÉQUIDÉS

GÉNÉRALITÉS.

Le cheval est un des premiers animaux que l'homme ait réduit à la domestication. Il est probable qu'il s'en servit d'abord pour son alimentation, ainsi qu'en attestent les importants dépôts d'ossements fossiles de Solutré, qui font supposer que les populations de cette époque se livraient surtout à la chasse de cet animal. Dès que l'homme se fut rendu maître du cheval, il l'employa aux transports, il en fit son auxiliaire à la chasse et à la guerre.

Puis, quand il abandonna la vie nomade pour se livrer à la culture du sol, il l'utilisa à ses travaux agricoles.

A l'état sauvage le cheval vit en bandes, sous la conduite d'un vieil étalon, paissant les prairies naturelles ; la constitution de son appareil digestif le force à de nombreux repas, peu copieux, puisque nous avons vu que son estomac a une capacité maxima de 20 litres (p. 52).

Pour pouvoir l'employer dans les divers travaux, ce mode d'alimentation a dû être modifié. Il fallait lui donner des substances nutritives en quantité suffisante pour lui permettre de développer une grande énergie dans ses efforts, sous une forme assez concentrée pour espacer ses repas tout en ne dépassant pas la capacité de ses organes digestifs. Afin de satisfaire à ces conditions, on a été conduit à remplacer, en partie du moins, l'herbe de prairie, sa nourriture naturelle, par des aliments plus riches. On introduisit donc dans sa ration une proportion d'autant plus forte de grains, que les travaux qui lui étaient demandés étaient plus pénibles et le temps consacré au repos plus court.

Le régime primitif du pâturage convient aux jeunes, aux poulinières et aux invalides du travail; il ne peut être appliqué aux chevaux qui sont utilisés d'une façon suivie.

Toutefois la nourriture verte, qui est très recherchée par ces animaux, pourra intervenir en partie dans leur alimentation dans un but hygiénique, surtout au printemps pour rafraîchir l'organisme, échauffé par le régime sec auquel il a été soumis pendant toute la période hivernale. On donne surtout, à ce point de vue, le trèfle incarnat, la luzerne, le seigle vert avant la floraison, parfois l'avoine, suivant les conditions de la culture ou la facilité avec laquelle on peut se procurer ces divers fourrages. Il est bon de rappeler encore que, pour éviter les indigestions gazeuses si graves, il est toujours recommandé de faire précéder la distribution du vert par l'administration d'un fourrage sec, d'en limiter sagement les quantités, faibles au début.

Voici les recommandations que fait M. Lavalard au sujet de ce régime :

1º Suivre une progression lente pour mettre les chevaux au vert ;

2º L'herbe doit être fauchée chaque jour et il faut éviter de la laisser fermenter ;

3º On ne doit pas donner plus de 4 kilogrammes au commencement et ne pas dépasser une ration de 20 à 25 kilogrammes ;

4º On aura soin d'enlever des râteliers la vieille herbe avant d'en donner de nouvelle;

5° Le pansage sera fait avec le plus grand soin, et l'effet produit par le vert sur l'état général des animaux sera bien observé ;

6° Une ration d'avoine, qui sera au moins le tiers de la ration ordinaire, sera maintenue pendant tout le régime du vert ;

7° On veillera à bien abreuver les animaux.

« Quinze jours à deux mois de ce régime doivent suffire pour remettre un cheval convalescent ou fatigué. Il ne peut tirer aucun bénéfice d'un traitement plus long.

« La mise au vert en liberté ne donne pas toujours les résultats qu'on espère ; en effet, les chevaux qui souffrent des membres ou des pieds prennent quelquefois trop d'exercice et leur situation s'aggrave. »

Pendant longtemps, sous notre climat on a considéré l'avoine comme l'aliment indispensable des équidés ; on lui attribuait des propriétés excitantes que rien n'est venu démontrer d'une façon certaine. Cependant, en Espagne, en Afrique et en Orient, l'orge est pour ainsi dire exclusivement employée, tandis que depuis longtemps en Angleterre on fait consommer les fèves ; les Américains utilisent le maïs ; aux Indes les pois chiches et les vesces au Bengale sont donnés aux chevaux.

Les Compagnies de transport, les premières, furent amenées à rechercher dans un but économique des succédanés de l'avoine. Il est maintenant reconnu que l'on peut faire intervenir toutes sortes de grains dans l'alimentation du cheval ; on se sert notamment du maïs, du seigle, de l'orge, du blé, de la féverole ; on y ajoute même des résidus industriels, les sons d'abord, puis les tourteaux, la mélasse, etc.

Pour faciliter la mastication de ces substances et augmenter leur digestibilité, on leur fait subir des préparations appropriées à leur nature : concassage, aplatissage, cuisson, macération.

Afin de compléter la ration et de satisfaire l'appétit en

remplissant l'estomac, on ajoute des fourrages séchés. Ce sont d'abord des foins de prairie de bonne qualité ; nous savons que les équidés se montrent mauvais utilisateurs des fourrages grossiers, parce qu'ils ont une faible puissance digestive pour la cellulose. On donne également des foins de luzerne, de trèfle, de sainfoin, et des pailles de céréales ; ces dernières ont une très faible valeur nutritive. Le dicton ancien : « Cheval de paille, cheval de bataille » vient sans doute de ce que cet aliment oblige à ajouter une forte ration de substances concentrées qui donnent à l'animal une grande énergie.

On peut établir comme règle qu'il suffit de donner au cheval 2 p. 100 de son poids en matières sèches pour calmer son appétit.

Pendant la saison d'hiver, afin de combattre l'échauffement causé par la nourriture sèche, on ajoute souvent des racines et principalement des carottes, dont le cheval se montre très friand ; on peut aussi utiliser les betteraves, les pommes de terre, les topinambours, les panais dans certaines régions. Ces végétaux devront être coupés avec soin, car les sujets, qui absorbent gloutonnement leur ration, pourraient avaler de gros fragments déterminant une obstruction de l'œsophage.

Dans les climats marins, on coupe et l'on broye les jeunes pousses d'ajonc, qui fournissent une alimentation saine, assez riche et très économique.

Il faut bien se persuader d'ailleurs que, par l'usage, on habitue les chevaux à toutes espèces de produits ; ne voit-on pas les petits poneys islandais se contenter en hiver de lichens et de débris de poissons salés, tandis qu'au Thibet les chevaux mangent de la viande crue.

Lorsqu'il s'agit de faire accepter de nouveaux aliments, il faudra les présenter progressivement avec patience, en les mélangeant en très faible proportion avec les substances de la ration habituelle qui sont les plus recherchées ; le son particulièrement rend dans ces cas de grands services; puis on augmentera peu à peu la dose. Cette méthode est bien préférable au jeûne, qui force souvent à interrompre le service et fatigue l'organisme. On peut développer ainsi le goût du cheval au point de lui faire préférer un aliment que tout d'abord il refusait. Les équidés sont, de tous nos animaux domestiques, ceux qui se montrent les plus réfractaires aux modifications de régime, les plus méfiants pour les denrées qu'ils ne connaissent pas.

La boisson qui devra leur être donnée sera une eau saine, fraîche et de bonne qualité, une eau potable en un mot.

Ce liquide pourra être mis à la disposition des animaux; on veillera seulement au retour du travail, lorsqu'ils ont chaud, à ce qu'ils n'en absorbent pas de trop grandes quantités; il en résulterait pour eux des refroidissements ou des coliques, indispositions généralement graves.

Le plus communément, on abreuve les chevaux au moment du repas, alors qu'ils ont déjà consommé une partie de leur ration fourragère, avant de leur donner les aliments concentrés. Il est sage surtout, pour les animaux qui voyagent, de les faire boire dans toutes les circonstances, aussi bien au seau qu'à l'abreuvoir ou à la rivière, car, comme nous le disions, le cheval est délicat et il est difficile de lui faire changer ses habitudes. Pour cette raison également, on devra consacrer les seaux à son usage exclusif, et tenir les mangeoires dans un grand état de propreté.

On a souvent l'habitude de *blanchir* l'eau destinée à la boisson des animaux de grande valeur avec un peu de farine d'orge; les propriétés adoucissantes de celle-ci rendent l'eau moins crue et ont un effet salutaire sur les intestins.

Dans certaines maladies, on abreuve les chevaux avec du *thé de foin*; nous avons expliqué p. 294 la manière de le préparer.

Il est utile de donner aux chevaux une certaine quantité de sel ; on peut l'ajouter à la ration de grain, ou arroser le fourrage d'eau salée. Mais il est préférable de mettre à leur disposition, dans un coin des mangeoires, une pierre de sel gemme qu'ils lèchent quand ils en éprouvent le besoin.

Cette précaution est particulièrement recommandable quand on remarque des perversions du goût, lorsque les animaux lèchent les murs, mangent la terre ou les excréments (coprophagie).

RATIONNEMENT DU POULAIN.

Allaitement. — Il est de règle constante de nourrir le poulain à sa naissance en lui faisant teter sa mère. On ignore les limites entre lesquelles varie la quantité de lait sécrétée par une jument pendant les 24 heures ; on suppose toutefois que la production moyenne doit être voisine de 10 litres.

Il peut arriver, surtout pendant les premiers jours de l'existence du jeune, que celui-ci ne puisse pas consommer tout le lait sécrété par sa mère ; dans ces conditions, on devra traire celle-ci partiellement, pour la soulager, éviter les inflammations des glandes mammaires, et empêcher un tarissement précoce. Cette précaution permettra également de remédier aux diarrhées des poulains trop avides, qui absorbent plus qu'ils ne peuvent digérer.

Pendant les huit premiers jours au moins, la jument sera laissée avec le poulain en liberté, dans une box. On devra, si la température le permet, les mettre dans un paddock ou au pâturage dans la journée.

Au bout du premier mois on peut déjà séparer le jeune et réglementer ses repas. Cela permet d'utiliser la jument pour des travaux peu pénibles pendant quelques heures le matin et l'après-midi, mais il faudra éviter de la rentrer en sueur, car le lait consommé dans ces conditions peut provoquer des coliques.

L'allaitement artificiel ne sera tenté que dans les cas où, par suite d'un accident, le jeune sera privé de tout ou partie du lait maternel, par exemple par suite de la mort de la jument, de son tarissement, d'une affection de la mamelle, de parturition gémellaire. Cette méthode est très aléatoire et demande beaucoup de soin, parce que les animaux de cette espèce présentent une grande susceptibilité des intestins.

Le lait de vache dont on se sert généralement diffère notablement par sa composition de celui de jument ; il est plus riche en matières azotées et en beurre et plus pauvre en sucre ; aussi devra-t-on choisir de préférence celui provenant d'une jeune bête au début de sa période de lactation. On pourra aussi essayer de le *materniser*, c'est-à-dire d'en modifier la composition pour la rapprocher le plus possible de celle du lait de jument.

	Lait de jument.	Lait de vache		un tiers d'eau bouillie.
		normal.	écrémé.	
Caséine.....	2,18	4,20	3,81	2,80
Beurre......	0,55	3,20	0,04	2,14
Lactose.....	5,50	4,30	3,90	2,86
Sels........	0,40	0,70	0,63	0,46
Eau........	91,37	87,60	91,62	91,74

Il semble qu'en ajoutant 20 grammes de sucre par litre au lait écrémé, ou au lait contenant un tiers d'eau bouillie, on se rapprocherait beaucoup de la composition du lait de jument.

M. Dumont fit en 1898 une communication au Congrès de la Société de l'alimentation rationnelle du bétail, relatant une expérience de M. Hennequin, agriculteur à Sivry (Meurthe-et-Moselle). Cet éleveur donna du lait écrémé à trois poulains âgés de trois mois et demi comme supplément de ration. Deux de ces animaux acceptèrent cette nourriture et acquirent un développement beaucoup plus précoce que le troisième qui la refusa obstinément. A la suite de cet exposé, M. Lavalard crut devoir conseiller une grande réserve dans l'application de cette méthode, surtout pour les poulains de sang et de demi-sang. Nous ajouterons que, pour avoir des chances de réussite, il est indispensable d'écrémer le lait aussitôt après la traite, afin d'éviter toute fermentation, et, pour la même raison, il devra être consommé à sa sortie de l'appareil centrifuge. M. Dumont est d'avis que cette alimentation peut être complétée par l'addition d'un peu de graine de lin ou de fécule bouillie ; nous préférons le sucre à cause de sa grande digestibilité.

Nous tenons à insister sur les difficultés que présente l'allaitement artificiel ; ces conseils peuvent servir à faire des expériences, lorsque les circonstances y contraindront l'éleveur ; ils ne doivent pas être considérés comme résultant de faits acquis par la pratique.

L'affection la plus fréquente, et l'une des plus à craindre chez le poulain, est la diarrhée. Elle peut provenir de l'alimentation de la mère à laquelle on doit veiller avec soin, mais elle résulte le plus souvent d'un lait trop riche ou trop abondant (1).

Le premier soin sera de modifier la nourriture de la jument, en diminuant les aliments concentrés et le foin, en leur substituant la paille et des barbotages rafraîchissants, de farine d'orge par exemple. On donnera au jeune des lavements préparés avec une décoction de graine de lin additionnée de 2 à 3 grammes de laudanum. On pourra également lui donner la même préparation en breuvages. La médication par le dermatol (sous-gallate de bismuth), qui a donné dans ces dernières années d'excellents résultats pour combattre les diarrhées infantiles, pourrait être essayée sur l'espèce chevaline.

Sevrage. — Le sevrage, plus que toute autre modifi-

(1) Voy. Cagny et Gobert, *Dictionnaire vétérinaire.*

cation dans l'alimentation, doit être progressif. Cette règle est d'autant plus impérieuse qu'il faut que l'appareil digestif tout entier se modifie pour passer de la nourriture animale et liquide aux substances végétales et solides. On fixe souvent d'une manière empirique la durée de la période d'allaitement pour nos espèces domestiques, en posant comme principe qu'elle doit être égale à la moitié de la durée de la gestation. On ne doit considérer cette règle que comme un moyen mnémonique pour calculer approximativement combien durera le régime lacté.

L'époque du sevrage est marquée par deux circonstances indépendantes de la volonté de l'éleveur : le tarissement de la mère et l'apparition des premières molaires chez le poulain ; il faut, pour que le jeune s'alimente, que sa dentition lui permette de broyer les fourrages.

Ce phénomène se manifeste entre le sixième et le huitième mois ; parfois il est retardé jusqu'au neuvième ; les parturitions se produisant au début du printemps en général, c'est donc au commencement de la mauvaise saison que le jeune animal devra être sevré.

Lorsque la mère et le poulain vivent ensemble au pâturage, cette transition se fait tout naturellement. Ce dernier, par esprit d'imitation, pour jouer d'abord, coupe et mâche les herbes les plus tendres, puis peu à peu il prend goût à cette alimentation, qui lui devient de plus en plus nécessaire au fur et à mesure que le lait maternel diminue en quantité.

Quand le poulain est isolé de la mère une partie de la journée, on profite de ces absences pour lui présenter des bouillies claires de farines ; cette nourriture est facilement digestible et n'exige pas de travail de mastication ; on arrivera à donner de 400 à 500 grammes de farine par 24 heures, mais il est bien entendu que la dose sera très faible au début. Lorsque le jeune animal consommera facilement cette bouillie, au bout d'une huitaine de jours par exemple, on réduira à trois le nombre de ses tetées, le matin, à midi et le soir. On ajoutera alors un peu d'avoine aplatie ou de fèves cuites à sa ration, jusqu'à en doubler le poids.

La troisième semaine on supprime encore une tetée, celle de midi, et on donne au jeune un kilo de foin de très bonne qualité et bien tendre qu'il mangera pendant la nuit. On a commencé depuis un mois à préparer le sevrage ; dès lors le poulain ne sera plus conduit à sa mère qu'une fois par jour, le matin, et la quantité de grains sera doublée. Après huit jours de ce nouveau régime il est définitivement sevré et sa ration peut être ainsi composée :

$$\text{Avoine et féveroles par moitié}\ldots\ldots\ 2^{kg},500$$
$$\text{Foin de prairie, 1}^{re}\ \text{qualité}\ldots\ldots\ldots\ 2^{kg},500$$

Calcul de la relation nutritive.

Fourrages.	Quantités.	M. A.	M. G.	M. H.
Foin, 1re qualité..	2kg,500	0,187	0,032	1,000
Avoine...........	1kg,250	0,103	0,051	0,591
Féveroles.........	1kg,250	0,275	0,017	0,942
		0,565	0,100	2,533

$$RN = \frac{0,565}{2,4 \times 0,100 + 2,533} = \frac{1}{4,9}.$$

On pourra d'ailleurs faire dans cette ration les substitutions que l'on jugera utile, sans l'élargir sensiblement, mais on ne devra choisir que des aliments facilement digestibles.

Voici deux autres rations, indiquées par Cornevin pour des poulains de six à huit mois :

Fourrages.	Quantités.	M. A.	M. G.	M. H.
Tourteau de lin....	0kg,8	0,197	0,076	0,238
Avoine............	2 kil.	0,166	0,080	0,946
Foin de trèfle......	3 kil.	0,243	0,042	1,149
		0,606	0,198	2,333

$$RN = \frac{1}{4,6}.$$

Fourrages.	Quantités.	M. A.	M. G.	M. H.
Tourteau de noix...	0ᵏᵍ,8	0,248	0,089	0,225
Carottes	3 kil.	0,030	0,003	0,342
Foin..............	3 kil.	0,225	0,039	1,200
Fèves égrugées	1 kil.	0,220	0,014	0,500
		0,723	0,145	2,267

$$RN = \frac{1}{3,5}.$$

Si la saison n'est pas trop avancée, le foin pourra être remplacé en tout ou partie par le pâturage ou un fourrage vert ; pendant l'hiver une petite quantité de carottes bien coupées la rendra moins échauffante.

Les jeunes équidés sont très vifs, très turbulents ; ils se donnent beaucoup de mouvement ; en dehors de la forte proportion d'albuminoïdes nécessaire à tout animal en croissance, il faudra leur fournir des quantités de matières hydrocarbonées suffisantes pour satisfaire à leurs dépenses. Afin que leurs muscles acquièrent par la gymnastique fonctionnelle tout le. développement désirable, il est nécessaire de les laisser toujours en liberté, soit dans de grandes boxes, soit dans des paddocks (1).

Élevage. — Le régime variera peu maintenant pour les poulains jusqu'à l'époque du dressage ; on accroîtra progressivement les quantités d'aliments en suivant le développement du sujet.

Quand la mauvaise saison sera passée, que les prés auront reverdi, le séjour sur un pâturage riche et sec sera la condition la plus favorable pour l'élevage. On devra toutefois continuer à donner, comme complément à la ration verte, une certaine quantité d'aliments concentrés ; la proportion en variera suivant la qualité de l'herbe. Nous répéterons encore que la parcimonie dans l'alimentation des jeunes est une économie mal comprise.

(1) Pour ces soins, consulter la *Production des jeunes équidés* (1ᵉʳ volume de la *Zootechnie* de DIFFLOTH, ENCYCLOPÉDIE AGRICOLE de G. WERY.)

L'organisme doit acquérir tout le développement possible pour que la machine puisse plus tard donner un rendement élevé pendant sa période d'exploitation. C'est un cas où l'on peut dire que le temps perdu ne se rattrape jamais.

Comme indication de l'échelle de croissance, nous reproduisons les chiffres publiés par M. Crevat, concernant deux pouliches de son élevage.

Amie : née le 10 mars 1875, père anglo-normand, mère percheronne.

Belle : née le 26 février 1887, père et mère de race commune.

Ages.	Poids vif.		Accroissement journalier moyen.	
	Amie. kil.	Belle. kil.	Amie. kil.	Belle. kil.
Naissance......	48	55		
			1,65	2,07
1 mois.........	99	113		
			1,00	1.42
3 —	160	200		
			1,00	0,77
6 —	250	270		
			0,82	0,61
12 —	400	400		
			0,76	0,61
18 —	540	530		

Ces animaux ont montré une grande précocité, à cause de leur origine et de leur alimentation copieuse; mais il ne faudrait pas considérer ces chiffres comme une moyenne normale.

Voici, d'après M. Ayraud, les rations convenant aux poulains de deux et trois ans suivant les saisons :

Poulain de deux ans, poids moyen : 200 à 250 kilogr.

FOURRAGES.	Quantité.	RATION D'ÉTÉ.			Quantité.	RATION D'HIVER.		
		M. A.	M. G.	M. H.		M. A.	M. G.	M. H.
	kil.				kil.			
Foin de pré (1re qualité).	2	0,150	0,026	0,800	2,5	0,187	0,032	1,000
Avoine	1	0,083	0,040	0,473	1,5	0,124	0,060	0,709
Luzerne verte.	12	0,372	0,036	1,080	»	»	»	»
Paille	1,5	0,012	0,006	0,534	2,0	0,016	0,008	0,712
Fèves	»	»	»	»	1,5	0,330	0,021	0,750
Carottes	»	»	»	»	2,0	0,020	0,002	0,228
Totaux.		0,617	0,108	2,887		0,677	0,123	3,399

$$RN = \frac{1}{5,1}. \qquad RN = \frac{1}{5,4}.$$

Poulain de trois ans, poids moyen : 300 à 360 kilogrammes.

ALIMENTS.	Quantité.	RATION D'ÉTÉ.			Quantité.	RATION D'HIVER.		
		M. A.	M. G.	M. H.		M. A.	M. G.	M. H.
	kil.				kil.			
Foin de pré ...	2,500	0,187	0,032	1,000	4,000	0.300	0,052	1,600
Avoine	1,500	0,124	0,060	0,709	2,500	0,207	0,100	1,182
Luzerne verte.	16,000	0,496	0,048	1,440	»	»	»	»
Paille	1,500	0,012	0,006	0,534	2,500	0,020	0,010	0,890
Fèves	»	»	»	»	2,000	0,440	0,028	1,000
Totaux		0,819	0,146	3,683		0,967	0,190	4,672

$$RN = \frac{0,819}{0,146 \times 2,4 + 3,683} = \frac{1}{4,9}. \qquad \frac{0,967}{0,190 \times 2,4 + 4,672} = \frac{1}{5,3}$$

Ces deux dernières rations permettent de soumettre le jeune animal au dressage ou à un travail léger.

Pour que l'élevage du poulain réussisse, il importe que son alimentation soit riche en acide phosphorique, afin de permettre le développement de la charpente osseuse ; si cette substance est rare dans le sol de l'exploitation, les fourrages récoltés en seront également pauvres. On remédie à ce grave inconvénient par de copieux épandages d'engrais phosphatés sur les prairies naturelles et artificielles. On peut aussi acheter au dehors des aliments concentrés contenant l'acide phosphorique en proportion élevée, et les employer à compléter la ration. Certains auteurs ont conseillé l'introduction dans la nourriture de sang ou de viande desséchés ; nous ne connaissons pas d'expériences concluantes à cet égard ; ces matières sont difficilement acceptées par les chevaux et provoquent souvent des troubles intestinaux ; aussi sommes-nous d'avis d'être très prudent dans les essais que l'on voudrait tenter dans cette voie. Les doses indiquées étaient de 30 à 40 grammes de sang desséché par 100 kilogrammes de poids vif. M. Gayot, l'un des premiers, a préconisé l'emploi direct du phosphate de chaux dans l'alimentation des poulains. De nombreuses tentatives ont été faites pour s'assurer de l'assimilation de ce sel et les opinions ont été très variables. Si l'on se rappelle que l'organisme animal se montre réfractaire à l'utilisation des matières minérales, on comprend ces divergences dans les conclusions suivant que le phosphate employé avait ou non une origine organique. Les expériences de M. André Gouin sur les veaux semblent autoriser à accorder une certaine valeur au phosphate provenant des os ; nous reviendrons plus loin sur ce sujet. En tout cas on n'aura pas à craindre d'accidents en ajoutant à la ration journalière de la poudre d'os verts dans une proportion de 15 grammes par 100 kilos de poids vif, ou du glycérophosphate de chaux : 10 à 20 grammes par jour et par tête.

RATIONNEMENT DES ÉTALONS.

L'année pour l'étalon se divise en deux parties bien distinctes. Au printemps commence pour lui la période des fatigues qui dure de quatre à cinq mois. La sécrétion

18.

du sperme nécessite une notable quantité de matières albuminoïdes et phosphatées, et les muscles font une grande dépense d'énergie. Le nombre des saillies pour la saison a été fixé à 60 pour les étalons de l'État, mais ce chiffre est souvent dépassé. Dans les haras particuliers il atteint fréquemment 100 et ne devrait jamais être supérieur, pour assurer une bonne fécondation. Cependant certains étalons rouleurs en fournissent souvent le double. Dans ces conditions il faut donner à l'animal une nourriture concentrée, jusqu'au refus, car aux fatigues génésiques viennent encore s'ajouter celles résultant d'une vie nomade continuelle.

Pendant l'autre partie de l'année, les étalons sont en général au repos ; on se contente de leur faire faire des promenades dans un but hygiénique. Cependant le travail ne pourrait que leur être salutaire, mais on craint qu'en les utilisant ils ne soient victimes d'accidents, qui détermineraient des pertes d'autant plus grandes que leur valeur est plus considérable. L'administration des haras de l'État fixe comme suit la ration journalière de ses chevaux au repos :

Fourrages.	Quantités.	M. A.	M. G.	M. H.
Foin de 1re qualité.....	4 kil.	0,300	0,052	1,600
Avoine...............	5 —	0,415	0,200	2,365
Paille alimentaire.....	3 —	0,024	0,012	1,080
— pour la litière...	3 —	»	»	»
		0,739	0,264	5,045

$$RN = \frac{1}{7,6}.$$

Toute latitude est d'ailleurs laissée aux directeurs des dépôts pour faire les substitutions qu'ils jugeront nécessaires, sans toutefois pouvoir s'écarter du prix de revient de la ration type. Pour les étalons de trait, la quantité d'avoine est portée à 6 kilos au maximum.

Enfin, pendant la saison de la monte on ajoute un supplément de :

Fourrages.	Quantités.	M. A.	M. G.	M. H.
Son	1 kil.	0,106	0,024	0,444
Farine d'orge.........	0kg,750	0,071	0,019	0,375
Précédente ration.....	»	0,739	0,264	5,045
		0,916	0,307	5,864

$$RN = \frac{1}{7,2}.$$

Nous indiquons ci-dessous la ration donnée aux étalons mulassiers dans un haras particulier, le poids moyen des sujets étant de 600 kilos.

FOURRAGES.	PENDANT LA MONTE.				HORS LA MONTE.			
	Quantité.	M. A.	M. G.	M. H.	Quantité.	M. A.	M. G.	M. H.
Foin moyen.	kil. 12	0,720	0,120	5,100	kil. 12	0,720	0,120	5,100
Avoine......	5	0,415	0,200	2,365	2,5	0,207	0,100	1,182
Carottes.....	»	»	»	»	4	0,040	0,005	0,456
Totaux.		1,135	0,320	7,465		0,967	0,225	6,738

$$RN = \frac{1}{7,2}. \qquad RN = \frac{1}{7,5}.$$

Lorsque pendant la monte les étalons sont échauffés, on substitue en tout ou partie le son à l'avoine en le mouillant légèrement.

En Angleterre on donne souvent aux chevaux, pendant la saison de la monte, des mashs tièdes, on mélange le foin avec un fourrage vert, trèfle ou luzerne ; ces pratiques sont très recommandables au point de vue hygiénique et ne peuvent nuire à l'ardeur des reproducteurs.

Il est évident que l'on pourra également remplacer une partie de l'avoine par d'autres grains, maïs, orge, féveroles, pois, etc. Les excitants tels que chènevis, fenugrec, sennegrain, devront être proscrits.

L'étalon ne doit pas être gras ; il faudra régler sa nourriture pour éviter cet état qui aurait pour conséquence de le rendre mou et de diminuer son énergie de reproducteur.

Le meilleur moyen d'éviter cet écueil et de maintenir l'animal en bonne santé consiste à le faire travailler en dehors des périodes de monte ; ce qui a l'avantage de le rendre plus sociable, qualité dont hérite la descendance. Si on ne peut l'utiliser, il faut au moins le promener tous les jours.

RATIONNEMENT DES JUMENTS POULINIÈRES.

Les juments poulinières sont en France pour le plus grand nombre employées aux travaux de culture peu pénibles. Seules celles qui appartiennent aux races de pur sang ou de demi-sang trotteuses sont entretenues dans de grands haras, surtout en Normandie, et passent la majorité de l'année dans les pâturages (1). Dans ces conditions, le poulain atteint dès sa naissance une valeur élevée, puisque, au prix de la saillie, il convient d'ajouter l'amortissement du capital représenté par la mère et la nourriture de celle-ci pendant la gestation. Pour les animaux de ces races de luxe, toujours joindre à la ration une petite quantité d'aliments concentrés, qui peuvent être représentés par 2 kilos d'avoine par exemple.

M. Ayraud indique l'alimentation suivante pour une jument de 450 kilos environ, en état de gestation, après le sevrage de son poulain, et passant les journées dans un paddock, ou étant promenée en main au moins une heure.

Fourrages.	Quantités.	M. A.	M. G.	M. H.
Foin ordinaire........	5 kil.	0,275	0,050	2,040
Avoine..............	2 —	0,166	0,080	0,946
Fèves..............	0kg,5	0,110	0,007	0,250
Paille.............	3 kil.	0,024	0,012	0,068
		0,575	0,149	4,304

$$RN = \frac{1}{8,1}.$$

(1) Guenaux, *L'élevage en Normandie*. Paris 1902, p. 92.

On devra toujours éviter, surtout à la fin de la gestation, de faire consommer des fourrages grossiers, qui, par leur volume, détermineraient une compression des organes abdominaux, au moment où le poulain est déjà très développé. Il faudra également s'abstenir de donner des fourrages moisis, des boissons froides, en un mot tout ce qui pourrait occasionner des accidents intestinaux.

Lorsque la jument est au pâturage, on n'est pas renseigné sur la quantité d'herbe verte qu'elle peut consommer. Toutefois, en se basant sur les chiffres qui précèdent, indiquant la proportion de principes alimentaires nécessaires pour son entretien, on en déduit qu'elle doit absorber environ 40 ou 45 kilos d'herbe.

	Quantité.	M. A.	M. G.	M. H.
Herbe de pâturage...	45 kil.	1,125	0,180	3,555

$$RN = \frac{1}{4,4}.$$

Un travail peu fatigant, surtout pendant les sept premiers mois, sera très salutaire à la poulinière. Lorsqu'elle sera attelée en limon, on s'assurera que le choc des brancards se produit sur les panneaux du collier et non sur les flancs.

Au delà du septième mois de gestation, le poulain comprime les organes, retarde la digestion. Il est utile alors d'avoir recours à des aliments rafraîchissants, des barbotages, des mashs dans lesquels on fera entrer de la farine d'orge, de la graine de lin, et de temps en temps il sera bon de donner 100 grammes de sulfate de soude. La jument qui travaille à la ferme peut payer sa nourriture et diminuer ainsi le prix du poulain. Elle recevra une ration analogue à celle des autres chevaux de l'exploitation ; l'économie qui pourrait en résulter pour elle, puisqu'on lui demande des efforts moindres, sera utilisée au développement du fœtus. Pendant l'allaitement, la relation nutritive a besoin d'être plus étroite, ce qui résulte naturellement de la distribution des fourrages verts ou de la pâture; cette alimentation coïncide le plus souvent avec la naissance du poulain.

Nous avons dit que l'on pouvait estimer à environ 10 litres la production laitière par jour d'une jument, ce qui correspond à une élimination par la sécrétion mammaire de 200 grammes de protéine.

Voici, à cette époque, un rationnement qui conviendrait pour une jument de trait, pesant 500 kilos environ et nourrissant son poulain.

	Quantité.	M. A.	M. G.	M. H.
Foin	2kg,5	0,137	0,025	1,020
Trèfle incarnat.......	35 kil.	0,560	0,105	2,625
Paille.................	2 —	0,016	0,008	0,712
		0,713	0,138	4,357

$$RN = \frac{1}{6,5}.$$

Nous ferons remarquer que ces chiffres se rapprochent de ceux que nous indiquons dans les tables à la fin de ce volume pour des chevaux du même poids soumis à un travail moyen :

$$MA = 0,750, \qquad MG = 0,200, \qquad MH = 4,750.$$

Si, au moment de la récolte des foins ou de la moisson, l'agriculteur était obligé de demander un surcroît de travail à la poulinière, il serait sage d'ajouter une certaine quantité d'avoine, 2 kilos par exemple.

Pendant la gestation aussi bien que pendant l'allaitement, une alimentation largement calculée est nécessaire; mais il faut aussi se garder d'un excès contraire : l'embonpoint exagéré, l'état pléthorique seraient pernicieux dans les deux cas.

RATIONNEMENT DU CHEVAL DE TRAVAIL.

On peut demander la production du travail aux chevaux de trois manières différentes.

La plus fréquente consiste à atteler l'animal sur la charge qu'il devra déplacer; celle-ci pourra être un véhicule, voiture ou traineau, un instrument agricole (charrue, herse, etc.), enfin le fardeau pourra reposer sur le sol (un arbre, une pierre). Le second mode est sans doute aussi le plus ancien : le cheval porte sur son dos un cavalier ou un bât.

Enfin, depuis quelques années on construit des manèges à plans inclinés que le cheval fait mouvoir par son poids.

Puisque, par l'alimentation, nous devons fournir aux moteurs animés la quantité d'énergie qui leur est nécessaire pour effectuer les travaux que nous leur demandons, il est indispensable que nous puissions évaluer l'intensité des efforts dans les différentes circonstances.

Il est nécessaire tout d'abord de définir les termes que nous aurons à employer.

Le but à atteindre étant le transport d'une charge (P) d'un point à un autre, le chemin parcouru étant E, nous appellerons *travail utile* T_u le produit des deux facteurs :

$$T_u = P \times E.$$

Le travail mécanique dépensé pour obtenir le résultat cherché comprendra en outre le travail nécessaire au déplacement du moteur et à celui du véhicule.

L'ensemble de ces efforts pendant la journée donne le *travail journalier* qui se mesure en kilogrammètres (1). Cette dépense d'énergie pour un animal sert à établir la ration qui doit l'équilibrer.

Plus la vitesse est grande et plus le rendement en travail utile diminue, d'après cet axiome de mécanique : « Ce que l'on gagne en temps, on le perd en force ».

Le tableau suivant rend compte de cette différence :

(1) Force nécessaire pour élever un poids de 1 kilogramme à 1 mètre de hauteur en 1 seconde.

Travail journalier d'un cheval de 500 kilogrammes.

ALLURE.	EFFORT en kilogr.	VITESSE par seconde.	TRAVAIL par seconde.	DURÉE en heures.	CHEMIN parcouru par jour.	TRAVAIL journalier.
		mèt.	kgm.		kilom.	kgm.
Pas......	65,5	1,20	75	8	34,56	2 160 000
Trot.....	31	2,40	75	4	34,56	1 080 000
Galop....	15	4,80	75	2	34,56	540 000

Ces chiffres n'ont rien d'absolu, évidemment; il faut tenir compte des aptitudes individuelles, desquelles il résulte parfois que certaines allures sont incompatibles avec la conformation du sujet.

Pour mettre cette influence en évidence, nous rappellerons une course au trot qui a eu lieu en 1891 entre Berlin et Bœrmick (22 kilomètres).

Le travail utile a été le même pour les sept concurrents; tous l'ont fourni, mais dans des conditions de fatigue bien différentes.

Noms des chevaux.	Vitesse au kilomètre.	Pouls.	Respiration.	État constaté à l'arrivée.
Prijatnaja....	1'48" 4/5	98	70	Normale.
Aquilea......	1'52" 3/10	56	64	—
Lottie	1'52" 5/10	120	60	Difficile.
Santuzza.....	1'55" 1/5	60	102	Pas de fatigue.
Wisapur.....	1'58" 2/5	60	80	Pénible.
Lola.........	2'00" 2/5	112	108	Très fatiguée.
Revolver.....	2'03" 3/5	112	128	Tout à fait épuisé.

La nature du sol influe également sur la fatigue suivant qu'il est résistant, mou, glissant.

L'habileté du conducteur a une grande importance. M. Lavalard a constaté, dans ses expériences de traction, que l'effort de démarrage dans les mêmes conditions pouvait varier de 275 à 450 kilogrammes suivant le cocher qui menait l'attelage.

Il faut enfin prévoir que les routes ont des pentes, qui nécessiteront pour être gravies un accroissement de dépense énergétique. Si le cheval travaille au trot en palier, il suffira de ralentir l'allure pour lui permettre d'y satisfaire. Si la charge est voisine de la limite des efforts normaux, l'animal marchant au pas, il sera prudent d'atteler un cheval de renfort.

On estime que l'effort maximum que peut fournir un cheval de 500 kilos pendant quelques secondes est égal à son poids; s'il se prolonge quelques minutes, il est réduit de moitié. Cet effort est nécessairement variable avec le tempérament de l'animal, mais on peut admettre qu'il est proportionnel au carré du périmètre thoracique.

Poids.	Périmètre thoracique.	Carré du périmètre.	Effort maximum.
250 kilogr....	1^m,462	2,137	315 kilogr.
500 —	1^m,842	3,393	500 —
1000 —	2^m,321	5,387	794 —

Travail de traction. — Le mode d'utilisation du cheval le plus important est la traction des charges, et notamment des voitures. De nombreuses expériences ont été faites pour son évaluation; les plus intéressantes sont dues au général Morin, à M. de Gasparin, et plus récemment à MM. Lavalard et Grandeau.

Pour mesurer l'effort constant de l'animal pendant le travail, on se sert du dynamomètre enregistreur. Le général Morin, en collaboration avec Poncelet, en imagina un qui plus tard, modifié par Clair, a servi à M. Lavalard. Nous n'entreprendrons pas la description de cet appareil; disons seulement que les variations des efforts sont tracées au crayon sur une bande de papier qui se déroule automatiquement. Ce diagramme obtenu se présente sous forme d'une courbe très sinueuse, dont les ordonnées sont les efforts produits, tandis que la ligne des abscisses est proportionnelle au temps. On constate de forts maxima aux endroits correspondants aux démarrages du véhicule.

On obtient l'*effort moyen* F pendant l'expérience, soit par le calcul, soit par un artifice ingénieux. En appelant E l'espace parcouru dans l'expérience, on aura le travail total T développé par la formule

$$T = F \times E.$$

Pour préciser, cherchons quel serait le travail journalier d'un cheval attelé pendant 8 heures à une charrette pesant 500 kilos et chargée de 1500 kilogrammes, l'effort moyen F $= 68,2$ et la vitesse étant de $1^m,10$ par seconde, c'est-à-dire un peu plus de 4 kilomètres à l'heure :

$$T = 68^{kg},2 \times (8\ h. \times 3600 \times 1^m,10) = 68^{kg},2 \times 31,680.$$
$$T = 2\,160\,576 \text{ kilogrammètres.}$$

La même formule nous permet d'obtenir le travail par seconde T_s :

$$T_s = F \times v, \qquad T_s = 68^{kg},2 \times 1^m,10 = 75,02.$$

La force produite dans ces conditions en une seconde a été choisie comme unité de mesure. C'est le *cheval-vapeur* qui équivaut à 75 kilogrammètres.

La traction est à la fois fonction de la charge totale M et du coefficient de roulement K :

$$F = M \times K.$$

Connaissant F $= 68,2$ et M $= 2000$,

$$K = \frac{68.2}{2\,000}, \qquad K = 0,034.$$

Ces coefficients ont été déduits de l'expérience par le général Morin d'après l'état des routes, et sont reproduits dans le tableau suivant. Ils varient non seulement avec l'état du sol, mais aussi avec le diamètre des roues du véhicule ; plus ce dernier est grand, et moins le tirage est fort.

DÉSIGNATION DE LA ROUTE.	ALLURE.	CHARRETTES de roulage.		CHARRETTES.		DILIGENCES. $R' + R'' = 1^m,15$.	VOITURES à trains suspendus. $R' + R'' = 1^m,15$.
		$R' + R'' = 1^m,20$.	$R' + R'' = 1^m,40$.	$R' = 0^m,86$.	$R'' = 1^m$.		
Empierrement solide en très bon état.	Pas.	0,020	0,017	0,015	0,012	0,021	0,020
	Trot.	»	»	»	»	0,024	0,023
	G. trot.	»	»	»	»	0,025	0,024
Empierrement solide avec boue et ornière.	Pas.	0,045	0,038	0,033	0,027	0,047	0,046
	Trot.	»	»	»	»	0,054	0,054
	G. trot.	»	»	»	»	0,058	0,058
Pavé en grès de Sierc Ksaré.	Pas.	0,016	0,013	0,011	0,009	0,016	0,015
	Trot.	»	»	»	»	0,023	0,023
	G. trot.	»	»	»	»	0,027	0,027
Pavé en grès de Fontainebleau ordinaire sec.	Pas.	0,017	0,014	0,012	0,010	0,017	0,017
	Trot.	»	»	»	»	0,026	0,025
	G. trot.	»	»	»	»	0,030	0,030

Nous ajouterons quelques coefficients de tirage pour les voitures dans les conditions ordinaires de la culture :

Sur rails		0,005
Pavé de grès	Bon, sec	0,010
	Boueux	0,015
Route empierrée.	Solide, unie, sèche	0,020
	Poussiéreuse ou mouillée, pierres détachées	0,030
	Mauvaise, frayer léger, boue molle	0,040
Chemin rural	Sec, petites ornières	0,040
	Ordinaire, ornières inégales	0,050
	Mauvais, ornières 0^m,10	0,060
Route rechargée.	0^m,03 à 0^m,04 de gravier	0,070
	0^m,10 à 0^m,15 —	0,090
Chemin de sable		0,120
Chaume	Sec	0,100
	Mouillé	0,200
Terre labourée	Sèche	0,300
	Collante	0,400

Il est très facile, à l'aide de l'un de ces coefficients, de calculer le travail produit. M représentant le poids total de la charge, K le coefficient de roulement, E l'espace parcouru,

$$T = M \times K \times E.$$

Dans l'exemple choisi,

$$M = 500 + 1500 = 2000 \text{ kilogrammes.}$$
$$T = 2000 \text{ kg.} \times 0{,}0341 \times 31680 \text{ m.} = 2160536 \text{ kilogrammètres.}$$

Le tirage sur le sol mou sera inversement proportionnel à la largeur des jantes, tant qu'il y aura déformation du terrain.

La traction s'effectuera dans les meilleures conditions lorsque sa direction (xy) sera parallèle au plan de roule-

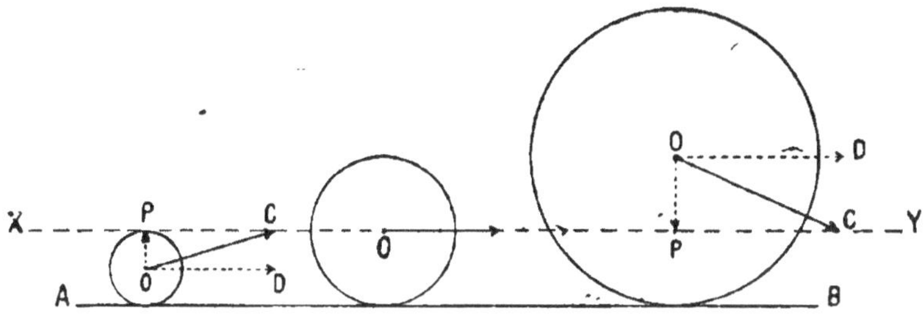

Fig. 7.

ment AB (fig. 7); dans les deux autres cas elle se décompose en deux forces dont l'une OP est annulée, soit par la charge, soit par la résistance du sol; tandis que l'effet utile OD est toujours plus petit que l'effort développé OC.

Nous venons de voir rapidement les conditions de la traction en palier, c'est-à-dire sur un plan horizontal.

Lorsqu'on doit gravir une pente, le travail est augmenté de la quantité de kilogrammètres nécessaire pour élever la charge et le poids du moteur (p) au point culminant.

Soit i le nombre de centimètres par mètre de pente ; le travail par seconde T_s dans ce cas sera représenté par la formule

$$T'_s = T_s + (M + p)i.$$

Supposons $T_s = 75$ kilogrammètres comme précédemment, $i = 0,05$, $M = 2\,000$ kilogrammes et $p = 500$ kilogrammes,

$$T'_s = 75 + (2\,000 + 500)\ 0,05,$$

$$T'_s = 200 \text{ kilogrammètres.}$$

D'après ce que nous avons vu précédemment, c'est un effort qui, pour un cheval de 500 kilogrammes, ne pourra être prolongé au delà de quelques minutes.

Le graphique (fig. 8) permet de se rendre compte de l'intensité de l'effort à ajouter à la traction pour annuler la force OE résultant de la décomposition de la pesanteur OP,

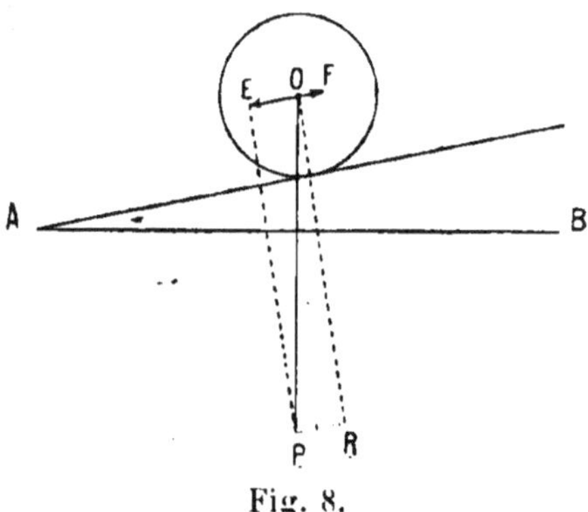

Fig. 8.

l'autre composante OR étant annulée par la résistance du sol.

Pour descendre la même pente, le cheval devra faire des efforts pour ralentir la marche de la charge ; dans ce cas, on peut négliger son propre poids et la formule devient

$$T''_s = T_s - Mi = M(K - i).$$

On voit que l'effort sera nul pour $K = i$, ce qui se produit généralement pour une pente de 0,03 par mètre sur une route ordinaire.

En prenant les chiffres que nous avons choisis comme exemple,

$$T''_s = 2\,000 \times 0{,}034 - 2\,000 \times 0{,}05,$$

$$T''_s = -\,32 \text{ kilogrammètres.}$$

Mais il faut se rappeler que le cheval ne peut développer, pour retenir une charge, qu'un effort beaucoup plus faible que celui qu'il fournit à la traction; aussi sera-t-il prudent de munir de freins les véhicules devant parcourir des chemins accidentés.

Lorsque le cheval est attelé à un instrument de culture, l'appréciation du travail produit est beaucoup plus difficile à cause des variations résultant de la nature et de l'état du sol d'une part, et d'autre part de la construction de cet instrument.

M. Crevat donne les renseignements suivants pour la traction d'une bonne charrue, la largeur du labour étant de $0^m{,}30$.

NATURE DU SOL.	Tirage par décim. carré	1° LABOUR DE DÉCHAUMAGE. PROFONDEUR.			Tirage par décim. carré	2° LABOUR D'ENSEMENCEMENT. PROFONDEUR.		
		$0^m{,}10$	$0^m{,}15$	$0^m{,}20$		$0^m{,}10$	$0^m{,}15$	$0^m{,}20$
	kil.	kil.	kil.	kil.	kil.	kil.	kil.	kil.
Terre forte........	90	270	405	540	60	180	270	360
— moyenne....	60	180	270	360	40	120	180	240
— légère	40	120	180	240	30	90	135	180

On compte pour la traction des herses $1^{kg}{,}300$ à $2^{kg}{,}400$ par dent, la pression étant de 1 kilogramme sur chacune.

Les faucheuses exigent de 73 à 135 kilogrammes par mètre superficiel coupé.

La traction des moissonneuses varie dans les mêmes limites, tandis que pour la moissonneuse-lieuse elle atteint de 130 à 150 kilogrammes par mètre de longueur de coupe.

Pour préciser la mesure du travail que peut fournir un cheval dans une journée, on a fait de nombreuses expériences.

M. de Gasparin a établi qu'un cheval pesant 362 kilogrammes pouvait traîner en palier pendant dix heures une charge de 1440 kilogrammes à une vitesse de 1^m,19 par seconde. L'effort moyen correspondait dans ces conditions à 45 kilogrammètres, le travail moyen par seconde était :

$$T_s = 45 \times 1,19 = 53 \text{ kilogrammètres.}$$

L'effort moyen par 100 kilogrammes du poids du moteur, ce que l'on appelle *par quintal vif*, était dans ces conditions

$$\frac{45}{3,62} = 12^{kg},5,$$

et le travail moyen par quintal vif

$$\frac{53}{3,62} = 14^{kg},8.$$

Ce chiffre correspondrait pour un animal de 500 kilogrammes à un peu moins d'un cheval-vapeur :

$$14,8 \times 5 = 74.$$

M. Lavalard, pour se rendre compte des efforts de la traction au pas, a enregistré au dynamomètre les efforts fournis par les chevaux attelés sur les tombereaux à quatre roues qui transportent le charbon de la gare du Nord. Les résultats obtenus sont reproduits dans le tableau suivant :

	TOMBEREAU A 4 ROUES.		
	3^{tonnes},5 non suspendu.	3^{tonnes},5 suspendu.	5 tonnes suspendu.
	kilogr.	kilogr.	kilogr.
Résistance moy. du véhicule par tonne remorquée en palier sur le pavé.... (Au démarrage.....	67	66	60
(En marche.	20	18	20
Effort moyen développé par cheval sur le pavé............	88	82	75
Travail moyen par cheval et par seconde sur le pavé...........	84	79	77
Résistance moyenne sur macadam en très bon état.........	»	15	18,9

Il est à remarquer que la suspension a pour effet de diminuer sensiblement la résistance et par conséquent la traction.

Pour se rendre compte du travail fourni par un cheval à l'allure du trot, nous ne saurions donner des renseignements plus exacts que ceux qui résultent des calculs faits par l'administration de la Compagnie générale des omnibus sur l'ensemble de sa cavalerie pendant une année. Cette société s'efforce d'obtenir le maximum de rendement de ses moteurs ; la longueur de la période choisie et le nombre des chevaux sont une garantie pour que toute influence individuelle disparaisse.

	Omnibus.	Tramways.
Travail par seconde........	95 kgm.	82 kgm.
Vitesse par seconde........	2^m,50	3 mètres.
Travail exprimé en fractions de cheval-vapeur........	13/10	11/10
Durée de la course. Moyenne....	48 min.	46 min.
Minima......	26 —	32 —
Maxima	60 —	70 —
Chemin parcouru..........	16 à 17 kilomètres.	

Travail journalier par cheval	Voiture à 2 ch.	$600\,247^{kgm},12$	$438\,704^{kgm},85$
	Voiture à 3 ch.	$528\,335^{kgm},30$	
Rapport de l'effort moyen au poids total de la charge par tonne.......	Voiture à 2 ch.	20,8	9.80
	Voiture à 3 ch.	18.2	

MM. Grandeau et Leclerc ont relevé, sur une durée de six mois, le travail journalier fourni par un des chevaux de cette société attelé sur un coupé pesant environ 600 kilogrammes ; il a été de 1 625 000 kilogrammètres, le chemin parcouru étant de 62 kilomètres et le travail moyen par seconde de 45 kilogrammes (1).

Voici, d'après divers auteurs, quel serait le travail que l'on pourrait obtenir d'un bon cheval pendant dix heures à une vitesse variant entre $0^m,90$ et $1^m,16$ par seconde :

2 392 000 kilogrammètres....	Sanson.	
2 568 000 —	.... Courtois.	
2 268 000 —	.... Général Morin.	
2 168 000 —	.... Navier.	
2 592 000 —	.... Poncelet.	
2 362 000 —	.... Ruhlmann.	

En résumé, plus l'effort moyen est élevé et l'allure rapide, moins le rendement en travail est considérable.

Travail des bêtes de somme et de selle. — Il est rare que l'on charge le cheval d'un fardeau ; son usage le plus fréquent dans ce mode de travail consiste à transporter un cavalier à vive allure.

On estime que la charge que cet animal peut porter atteint les 4/10 de son poids. Le tableau suivant donne une idée de la concordance des charges et des vitesses.

(1) *Études expérimentales sur l'alimentation du cheval de trait*, rapport adressé au Conseil d'administration de la Compagnie des Omnibus. Paris, Berger-Levrault.

ALLURE.	CHARGE.	VITESSE à la seconde.	DURÉE du travail.	CHEMIN parcouru.	EFFET utile.
	kilogr.	mèt.	heures.	kilom.	kgm.
Pas.....	200	1,20	8	34,5	6 900 000
Trot	80	3,00	4	43,2	3 450 000
Galop...	60	6,00	2	43,2	2 590 000

L'effet utile obtenu dans ces conditions est environ huit fois moindre que celui que le même animal pourrait produire par la traction. Pour le comprendre, il suffit de remarquer que la charge totale est supportée par le moteur, tandis que dans l'autre cas elle est portée par le véhicule. Nous avons vu que le travail à développer est égal au poids multiplié par un coefficient de tirage toujours plus petit que 1. Si, par suite des difficultés de la route, ce coefficient devenait plus grand que 1, il y aurait avántage à exécuter le transport à dos.

L'àne et le mulet sont beaucoup mieux conformés que le cheval pour ce mode de travail; on estime que la charge maxima peut être évaluée pour ces animaux aux 6/10 de leur poids vif.

Travail développé au manège à plan incliné. — Dans ce mode d'utilisation, le travail produit est proportionnel au poids de l'animal, et se rapproche de celui que fournissent les moteurs mécaniques.

On ne peut espérer un effort intense momentané, c'est-à-dire qu'il ne peut pas y avoir de *coups de collier*, ce qui constitue la principale supériorité des moteurs animés.

Le travail dépensé par l'animal consiste dans l'élévation continuelle de son corps sur une rampe dont l'inclinaison varie en général entre 20 et 25 centimètres par mètre, au pas accéléré le plus souvent, sauf quand la force demandée est voisine de celle que la machine peut développer.

Voici les résultats d'expériences qui ont été faites en 1886 par M. Ringelmann, à l'aide du frein de Prosny.

DÉSIGNATION DU MANÈGE.	POIDS des animaux.	PENTE du tablier.	VITESSE de l'animal.	TRAVAIL par seconde.		RENDE-MENT.	VITESSE de l'arbre à la seconde.
				Dé-pensé.	Utile.		
	kilogr.	mèt.	mèt.	kgm.	kgm.	p. 100.	tours.
A un cheval........	625	0,264	0,894	148,5	103,1	69	218
Id.	540	0,169	0,818	75,4	53,9	72	200
A deux chevaux...	1175	0,243	0,852	240,0	149,7	62	208
Id. ...	1090	0,184	0,646	133,0	91,0	68	176
Le même avec bœuf non dressé........	790	0,228	0,492	90,8	54,0	60	120

Il est avantageux, dans ces appareils, de n'employer que des animaux d'un fort poids; les résistances étant toujours les mêmes, le rendement croîtra rapidement. Lorsqu'on accentue la pente, on accélère la vitesse, mais le travail du cheval est beaucoup augmenté et le rendement diminue.

On remarquera que le travail par seconde est toujours élevé; le cheval de 625 kilogrammes, par exemple, ne pourrait pas fournir plus de quatre heures de travail, ayant ainsi développé plus de 2 000 000 de kilogrammètres.

Détermination de la ration de travail.

L'alimentation du cheval de trait a préoccupé les maîtres de poste tout d'abord; il ne nous reste que peu de renseignements sur les essais qu'ils ont pu tenter. Ils étaient guidés par la nécessité de réaliser des économies, tout en assurant un service pénible; mais les connaissances acquises ont toujours été personnelles, aucune publication ne permettant de les répandre, et, pour cette même raison, sont restées ignorées. Ce fut Boussingault qui le premier s'occupa de cette question avec un esprit scientifique.

Il conclut de ses recherches que le minimum de principes alimentaires pour un cheval de 500 à 550 kilogrammes était :

Matières azotées ou aliments plastiques.... 1 kilogr.
— hydrocarbonées ou aliments respi-
ratoires........................... $2^{kg},540$

Nous verrons par la suite que ces quantités sont trop faibles.

Baudement entreprit des recherches à Versailles, sur les chevaux de deux régiments de cavalerie ; les rations étaient ainsi composées :

Chevaux de réserve.

Foin............ 5 kilogr.) M. A. = $909^{gr},0$
Paille........... 5   — }
Avoine .... $4^{kg},2$) M. H. = $3184^{gr},6$

Chevaux de ligne.

Foin............ 4 kilogr.) M. A. = $757^{gr},9$
Paille.......... 5   — }
Avoine .... $3^{kg},4$) M. H. = $2694^{gr},4$

Cette ration fut estimée insuffisante pour le travail demandé.

Expériences de Wolff. — Wolff rechercha à Hohenheim quels étaient les besoins nutritifs d'un cheval maintenu au repos, puis il détermina ensuite la proportion entre le travail effectué et la chaleur dégagée par les aliments utilisés à le produire. Remarquons une fois pour toutes que les chiffres que cet auteur obtient dans ses expériences, et qui constituent le rendement, sont toujours très élevés parce qu'il ne tient pas compte de la cellulose digérée.

Il estime la ration nécessaire pour un cheval de 500 kilogrammes au repos, c'est-à-dire la *ration d'entretien*, à 3350 grammes de matières sèches digestibles, dont 80 à 100 grammes de protéine ; on devra ajouter à cette quanlité 100 grammes par 85 400 kilogrammètres de travail produit.

Or 100 grammes de principes alimentaires développent en moyenne 173 840 kilogrammètres, ce qui supposerait un rendement de 48 p. 100 pour la machine animale.

Ces chiffres ont été déduits d'expériences dont nous allons donner quelques résultats.

Deux chevaux reçoivent pendant une période préparatoire une ration déterminée et fournissent un travail sans variation de poids. Ceci établi, on augmente le travail journalier de 500 000 kilogrammètres ; les chevaux maigrissent ; on rétablit l'équilibre par un supplément de nourriture dont la valeur alimentaire correspond à l'excédent de travail demandé :

1re période.

	1re expérience.	2e expérience.
Poids du cheval.....	530 kilogr.	490 kilogr.
Ration..............	6 kil. foin. 6 kil. avoine.	6 kil. foin. $3^{kg},5$ orge. $1^{kg},5$ tourteau lin.
Mat. sèche digérée ..	5 547 gr.	5 269 gr.
Durée de la période préparatoire.......	52 jours.	»
Travail journalier...	1 450 000 kgm.	1 550 000 kgm.

2e période.

Accroissement de travail journalier.....	500 000 kgm.	500 000 kgm.
Supplément de ration	930 gr. amidon de riz contenant 570 gr. de substance sèche.	Graine de lin contenant 219 gr. de mat. grasse digestible.
Équivalent du supplément en kilogrammètres..........	990 880	874 700
Rendement........	50,4 p. 100.	57,1 p. 100.

On peut aussi, par ces deux expériences, contrôler les

résultats obtenus par Rubner, puisque 570 grammes d'amidon sont équivalents à 219 de matière grasse.

$$\frac{219}{570} = \frac{1}{x}, \qquad x = \frac{1}{2,6},$$

chiffre très voisin de 2,4, généralement adopté.

On en déduit donc que la valeur nutritive des graisses est 2,4 fois plus forte que celle des autres principes alimentaires, ce que M. Sanson s'est obstinément refusé à admettre. Trois autres expériences furent faites à Hohenheim en 1882 et 1884, que l'on peut ainsi résumer :

	I.	II.	III.
Ration. { Foin	7 kilogr.	6 kilogr.	5 kilogr.
Ration. { Avoine	5 —	6 —	7 —
Substances sèches	10 446 gr.	10 197 gr.	10 365 gr.
Protéine brute	820	831	786
Graisse digestible	166	267	344
Cellulose	847	1 041	881
Extractifs non azotés.	3 761	3 844	4 098
Matière nutritive totale	5 832	6 366	6 604
Matière nutritive sans cellulose	4 985	5 325	5 723
Ration d'entretien	3 350	3 350	3 350
Quantité disponible pour le travail	1 635	1 975	2 373
Quantité de travail (en kilogrammètres)	1 396 290	1 686 650	2 026 542

Expériences de Müntz et Girard. — M. Müntz entreprit en 1876, avec la collaboration de M. Ch. Girard, une longue série de recherches à la Compagnie générale des omnibus. Ce qui rend ces expériences particulièrement intéressantes, en dehors du soin et de l'habileté des opérateurs, c'est qu'elles portaient sur un grand nombre de chevaux (350 en moyenne) effectuant un travail régulier (service des tramways Louvre-Vincennes) et que chacune a eu une durée d'environ six mois ; dans ces conditions, par le nombre des sujets et la longueur du temps de l'épreuve, toute influence individuelle disparaissait.

Pendant la première série, les auteurs se proposaient de vérifier si la ration fixée par M. Lavalard, directeur de la Compagnie, était nécessaire et suffisante.

Le maïs était donné concassé, la féverole après macération de quelques heures et le son en barbotage en même temps que le foin.

	Ration fixée.	Ration consommée	
		Quantité totale.	Par tête.
			kg.
Avoine.......	4kg,500	257 713 kilogr.	4,836
Maïs.........	3kg,000	161 563 —	3,032
Féveroles....	1kg,000	51 271 —	0,962
Foin........	5kg,000	250 400 —	4,695
Paille.......	5kg,000	265 130 —	4,970
Son.........	0kg,400	28 038 —	0,526

Composition de la ration.

Eau	2,909
Matière minérale..................	1,063
— azotée	1,595
— grasse	0,451
Amidon et analogues..............	6,284
Sucre...........................	0,151
Matières pectiques	0,129
Cellulose brute....................	3,132
Substances indéterminées..........	3,018

Les 362 chevaux soumis à l'expérience pesaient en moyenne 548 kilogrammes.

Date des pesées.	Poids total.	Poids moyen.
		kg.
30 novembre 1878......	198 403 kilogr.	548,1
3 janvier 1879........	198 203 —	547,5
25 mars 1879	198 409 —	548,1
13 avril 1879..........	198 653 —	548,7

Le poids total vivant était donc resté fixe.

On donna à 24 animaux un supplément de ration égal

au quart; ils pesaient au début 13 357 kilogrammes; quinze jours après on les passa à la bascule et l'on obtint 13 739 kilogrammes, soit un accroissement de 382 kilogrammes. La ration fixée était donc suffisante.

Dans une deuxième série d'expériences, on se proposa de réaliser une économie sur le prix de la ration par des substitutions.

	Quantité consommée	
	totale.	par cheval.
		kg.
Avoine	199 842 kilogr.	3,189
Maïs...............	276 110 —	4,406
Féverole...........	91 750 , —	1,464
Son	27 974 —	0,446
Foin	189 145 —	3,015
Paille	375 385 —	5,985

Composition de la ration.

Matières grasses	0,423
Amidon et analogues..............	6,570
Sucre.............................	0,141
Corps pectiques...................	0,122
Matière azotée....................	1,620
Cellulose brute....................	3.052
Substances indéterminées.........	2,893

Résultats des pesées.

Dates.	Poids total.	Poids moyen.
		kg.
Du 8 au 11 mai..........	226 541 kilogr.	555,2
— juin	227 048 —	556,4
— juillet	229 222 —	561,7
— août.........	228 145 —	559,1
— septembre ...	227 416 —	557,3

Les auteurs se proposèrent, dans une troisième série d'expériences, tout en essayant une nouvelle formule de rationnement, de rechercher la ration d'entretien sur un petit nombre de chevaux choisis parmi les meilleurs mangeurs. A cet effet, ces animaux furent enfermés dans des boxes, et reçurent d'abord le tiers de l'alimentation journalière du restant de la cavalerie. On constata une perte de poids. La fraction fut portée à la moitié ; le résultat fut inverse. Après quelques tâtonnements, la proportion des cinq douzièmes de la ration de travail a paru le mieux convenir, puisque, les six chevaux soumis à ce régime pesant 3138 kilogrammes au début, on constata, quarante jours après, un poids de 3187 kilogrammes, soit un accroissement de poids de 8 kilogrammes par cheval.

La ration d'entretien était ainsi composée :

	Ration	
	d'entretien.	de travail.
	kg.	kg.
Avoine......................	1,250	1,521
Maïs	1,875	5,456
Féverole....................	0,625	1,506
Son........................	0,166	0,431
Foin	1,250	3,025
Paille......................	2,500	6,255

MM. Muntz et Girard déterminèrent aussi la ration de transport, c'est-à-dire l'alimentation nécessaire pour un cheval effectuant un parcours de 30 kilomètres en main, et ils estiment qu'elle est comprise entre les huit douzièmes et les neuf douzièmes de la ration de travail.

Les expérimentateurs se demandèrent s'il ne serait pas possible d'accroître le travail, en donnant une ration plus forte aux chevaux.

	Quantité	
	consommée.	par cheval.
		kg.
Avoine	136 843 kilogr.	2,764
Maïs	272 410 —	5,502
Féverole.............	59 394 —	1,199
Tourteau de maïs...	580 —	0,011
Son	48 427 —	0,978
Foin..............	150 115 —	3,030
Paille..............	292 795 —	5,910

L'expérience s'est poursuivie du 16 mai au 21 juillet ; on a augmenté progressivement le chemin parcouru et le poids de la cavalerie diminuant, on a donné un supplé-

ment de 1 kilogramme d'avoine pendant les deux derniers
mois; aussi peut-on constater à partir de ce moment une
reprise dans le tableau suivant :

Chemin parcouru. km.	Poids moyen.
17,039	555 kilogr.
17,192	555 —
17,553	544 —
17,639	543^{kg},5
18,101	549 kilogr.

Nous avons vu dans la formule précédente qu'une
petite quantité de tourteau de maïs avait été introduite;
les animaux s'étant habitués à ce nouvel aliment, on
entreprit d'en accroître l'usage à cause des avantages
économiques que l'on y trouvait. Du 9 août au 30 octobre
on a fait consommer 2^{kg},414 de tourteau de maïs par
jour à chaque cheval, et, les résultats ayant été satisfaisants, on étendit à cette date la ration nouvelle à toute
la cavalerie de la Compagnie.

La sixième série présente un intérêt tout particulier;
les chevaux en expérience ont été divisés en quatre catégories, qui ont reçu la même somme d'unités nutritives,
mais on fit varier la relation nutritive.

	1re CA-TÉGORIE.	2e CA-TÉGORIE.	3e CA-TÉGORIE.	4e CA-TÉGORIE.
Cellulose brute	3,015	3,147	3,188	3,248
Matière grasse	0,602	0,515	0,466	0,633
M. A.	1,309	1,882	1,267	1,432
M. G. × 2,4	1,444	1,236	1,118	1,519
M. H.	9,986	9,569	9,953	9,818
Tot. des unités nutritives.	12,739	12,687	12,338	12,769
RN =	$\frac{1}{8,7}$	$\frac{1}{5,7}$	$\frac{1}{8,7}$	$\frac{1}{7,9}$

Voici d'ailleurs les formules de ces quatre rations :

	FOIN.	PAILLE.	AVOINE.	SON.	MAÏS.	TOUR-TEAU.	FÉVE-ROLE.	PRIX de revient.
1re catégorie.	2,985	5,970	3,250	0,208	6,000	»	»	2,2944
2e —	4,025	5,125	2,500	0,496	1,496	1,999	3,001	2,4503
3e —	4,025	5,000	8,932	0,305	»	»	»	2,4002
4e —	3,025	6,250	3,013	0,200	3,996	2,206	0,199	2,2692

On obtint les résultats suivants :

Moyenne des pesées.

DATE du pesage.	1re CATÉGORIE. Peu Az.	2e CATÉGORIE. Riche Az.	3e CATÉGORIE. Avoine.	4e CATÉGORIE. Ration générale.
	kilogr.	kilogr.	kilogr.	kilogr.
30 octobre....	562	565	546	548
3 décembre..	556	559	550	546
23 — ..	557	556	545	544
13 janvier	558	562	547	545
3 février.....	560	560	547	550
23 —	558	556	543	546
14 mars......	557	551	541	541
Différence.	—5	—14	—5	—7

On peut donc considérer l'équivalence de ces rations comme absolue, celle-ci dépendant de la somme des principes nutritifs, quelle qu'en soit la nature, c'est-à-dire indépendamment de la relation nutritive dans les limites déterminées (1/5 à 1/9). Au contraire, le rapport le plus étroit s'est montré beaucoup plus coûteux et un peu moins satisfaisant. Enfin la prédominance de l'avoine, cette nourriture considérée généralement comme essentielle pour le cheval, n'a procuré aucun avantage.

La ration de la quatrième catégorie était celle donnée à toute la cavalerie de la Compagnie, et devait servir de point de comparaison ; elle était aussi la plus économique, réalisant un bénéfice de 20 centimes environ, ce qui, pour un effectif moyen de 12 000 chevaux, correspond à 2 400 francs par jour.

Expériences de Grandeau et Leclerc. — MM. Grandeau et Leclerc se sont proposé de rechercher si la ration des chevaux de la Compagnie générale des petites voitures était suffisante pour le travail qui est demandé à ces animaux, et dans quelles limites peuvent varier les rations d'entretien et de transport. L'administration de cette compagnie, pour les guider, leur avait fourni les renseignements suivants : le poids des chevaux est en moyenne de 440 kilogrammes, ils ont une journée de repos succédant à celle de travail, pendant laquelle le parcours est au minimum de 50 kilomètres, avec une charge de 704 kilogrammes pour le coupé n° 3. L'effort moyen de traction étant de $17^{kg},8$, le travail utile est donc de

$$17,8 \times 50\,000 = 890\,000 \text{ kilogrammètres.}$$

Puisqu'il y a vingt-quatre heures de repos, le travail moyen journalier est donc de 445 000 kilogrammètres.

La ration des chevaux était la suivante :

	Jour de repos. kil.	Jour de travail. kil.	Moyenne des deux jours. kil.
Foin	2,500	0,975	1,737
Paille	1,500	0,400	0,950
Avoine	2,000	4,550	3,275
Féverole	0,500	0,900	0,700
Maïs	3,750	1,100	2,425
Tourteau de maïs...	0,750	0,200	0,475
Son	0,200	»	0,200
Brisures de fèves...	0,500	»	0,500

Trois chevaux furent choisis et retirés du service le 17 octobre 1880 ; leur travail fut supprimé et remplacé

par une promenade hygiénique en main d'une heure
par jour; ces animaux laissèrent une partie de leur ration,
environ les deux cinquièmes, et augmentèrent de poids.

	Pesées.	
	17 octobre.	1er novembre.
Cheval n° 1.......	405 kilogr.	441 kilogr.
— n° 2.......	395 —	429 —
— n° 3.......	397 —	450 —

Cette observation permit de fixer la ration d'entretien
aux trois cinquièmes de la ration de travail, mais les auteurs
de l'expérience se sont aperçu que l'alimentation était
trop forte et adoptèrent la composition énoncée dans la
deuxième colonne:

	Rations			
	d'entretien fixée 3/5.	d'entretien corrigée.	de transport.	de travail.
	kil.	kil.	kil.	kil.
Foin.............	1,044	0,940	1,148	1,568
Paille d'avoine....	0,564	0,508	0,620	0,848
Avoine	1,968	1,772	2,164	2,952
Féverole.........	0,420	0,380	0,464	0,632
Maïs.............	1,452	1,308	1,600	2,180
Tourteau de maïs..	0,288	0,260	0,316	0,432
	5,736	5,168	6,312	8,612

M. Lavalard fait remarquer que les rapports qui existent
entre ces diverses rations se rapprochent beaucoup de ceux
obtenus dans les expériences de MM. Muntz et Ch. Girard
à la Compagnie des Omnibus, si l'on tient compte de la
paille-litière, dont une forte partie est consommée par
les chevaux pendant les heures de repos.

Les recherches de M. Grandeau se divisent en quatre
séries ; la première dura quatre mois. Ils consacrèrent
d'abord un mois à l'établissement de la ration d'entretien ;
les trois chevaux furent maintenus au repos. Pendant les
trois autres mois, l'un des chevaux travailla tous les jours
pendant quatre heures au manège dynamométrique à

l'allure du pas ; un autre le suivait sans développer d'effort et le troisième restait à l'écurie. On changea chaque mois la fonction des trois chevaux, de manière à éliminer l'influence de l'individualité.

Nous reproduisons comme exemple les chiffres obtenus pendant la journée du 15 janvier, le cheval n° 1 étant à l'écurie :

	NOMBRE de tours du manége.	PISTE. — Circonfé- rence.	CHEMIN parcouru. E.	EFFET UTILE. Poids moyen de l'animal $\times$ E.	TRAVAIL de traction. Effort $20^{kg},896$ $\times$ E.
		mè·.	mèt.	kgm.	kgm.
Cheval n° 2...	739	28,475	21 043,36	9 015 295	439 722,1
— n° 3...	739	29,292	21 646,90	9 493 786	—

Pendant la deuxième série on renouvela les mêmes essais à l'allure du trot, la vitesse étant à peu près doublée ; la durée du travail était réduite à deux heures. Le 8 mai le cheval n° 1 a parcouru 22 203^m,54 et produit un travail de traction de 460 545^{kgm}, 9.

La troisième série fut employée pour la traction des trois animaux attelés à un camion dont la charge totale était de 9 740 kilogrammes ; on lui fit parcourir 32^{km},109 en trois jours ; chaque cheval produisit par jour un travail utile de 319 759 kilogrammètres.

Enfin pendant la quatrième série on soumit les chevaux à un travail analogue à celui qu'effectuent ceux de la Compagnie sur la place de Paris. Attelés à un coupé un jour sur deux, ils parcourent en moyenne 62^{km},859 avec un travail total moyen par jour de sortie de 1 597 126 kilogrammètres, la voiture pesant 669 kilogrammes, l'effort de traction étant de 26^{kg},1. D'après les analyses de MM. Grandeau et Leclerc, la ration de travail contient les principes nutritifs suivants :

Extractifs non azotés.....	5938 gr.....	5938
Graisse	228 — ×2,4 =	547
Matières azotées.........	875 —	875
	Unités nutritives........	7360

Chaque unité fournit à l'organisme, d'après ce que nous avons dit (p. 106 et 112), $4^{cal},1$ et chaque calorie correspond à 425 kilogrammètres :

$$7360 \times 4,1 \times 425 = 12824800 \text{ kilogrammètres},$$

dont le tiers est utilisé pour la production de la force d'après les auteurs, soit 4277266 kilogrammètres, et les deux tiers pour l'entretien de l'organisme et le transport du moteur.

Il résulte de la mesure directe que 1597126 kilogrammètres ont été employés en deux jours à la traction de la voiture, c'est-à-dire que la moitié correspond à une ration, soit 798563 kilogrammètres :

$$\frac{4277260 \text{ force disponible}}{798563 \text{ force utilisée}} = \frac{100}{x}.$$

Le rendement du moteur sera $x = 18,5$ p. 100.

Pour expliquer ce chiffre, nous ferons observer qu'il s'agit de principes nutritifs bruts.

En faisant les mêmes calculs pour d'autres expériences faites par Muntz, Wolff et Gautier, on obtient les résultats suivants :

	AUTEURS			
	GRANDEAU et LECLERC (cheval).	MUNTZ et GIRARD (cheval).	WOLFF (cheval de ferme).	GAUTIER (homme).
Poids du moteur (en kilogr.)	430	550	500	70
Matiéres azotées (en grammes) ...	874	1 537	831	150
Extractifs non azotés (en grammes).	5 938	9 371	3 844	263
Graisses (en gr.)...	228	475	267	60
RN...............	$\frac{1}{7,4}$	$\frac{1}{6,4}$	$\frac{1}{5,4}$	$\frac{1}{4,1}$
Total des principes nutritifs (en grammes)	7 360	12 048	5 316	857
Part consacrée au travail mécanique (en grammes)....	1/3 2453	3/12 3 000	3/7 1975	2/7 230
Sa valeur en énergie (en kgm.)...	4 277 266	5 227 500	3 968 784	400 775
Travail effectué (en kgm.).......	798 563	1 113 806	1 686 650	70 600
Rendement du moteur (p. 100).....	18,5	21,3	42,5	17,5

Nous ferons remarquer que le rendement élevé obtenu dans l'expérience de Wolff s'explique pour plusieurs raisons : d'abord cet auteur n'a considéré que les principes digestibles et a négligé la cellulose ; ensuite le travail au pas du cheval de ferme donne toujours un meilleur rendement que celui exécuté aux allures vives.

Expériences de Saint-Yves Ménard et Geoffroy Saint-Hilaire. — Les expériences entreprises à la Compagnie générale des Omnibus ont été contrôlées au Jardin d'Acclimatation par MM. Saint-Yves Ménard et Geoffroy Saint-Hilaire sur des poneys.

Trois chevaux ont été mis au repos pendant deux mois, et ont reçu les cinq douzièmes de leur ration de travail.

On n'a pas observé de variation de poids sensible à la fin de cette période.

Le travail consistait pour ces animaux en un parcours d'environ 30 kilomètres tous les deux jours, pour lequel ils recevaient les rations suivantes :

	Cheval entier irlandais.	Jument landaise.	Cheval entier javanais.
Age............	10 ans.	8 ans.	11 ans.
Poids	200 kil.	190 kil.	154 kil.
	gr.	gr.	gr.
Avoine	1200	1140	924
Maïs	1770	1680	1362
Féverole........	600	570	462
Son	170	162	130
Foin...........	1200	1140	924
Paille..........	2400	2280	1848

EXEMPLES DE RATIONNEMENTS.

Nous croyons utile de reproduire ici quelques exemples de rationnements usités dans la culture, par les Compagnies de transport, pour les chevaux de course et dans les armées.

Chevaux de culture. — En général, dans les fermes, la nourriture donnée aux chevaux n'est pas pesée; on la mesure approximativement, avec largesse lorsque les greniers sont abondamment garnis, avec parcimonie si les récoltes ont été mauvaises.

L'état des animaux est un reflet de la production de l'année. Le cultivateur ne sait pas épargner pour les périodes de disette; trop heureux lorsqu'au commencement de l'hiver il répartit également ses ressources sur les mauvais mois à passer.

Souvent, à la fin de cette saison, il y a pénurie de fourrages, les animaux jeûnent; aussi ont-ils une grande voracité quand, au printemps, les fourrages verts leur sont donnés, et combien d'accidents en sont la conséquence !

On peut affirmer que, dans la grande majorité des fermes, il y a d'importants bénéfices à réaliser par une réglementation rationnelle de l'alimentation du bétail.

Nous reproduisons ci-après quelques chiffres pris dans la comptabilité de la ferme de la Haute-Maison (Ardennes), si bien administrée par M. Fagot, ingénieur agronome ; la Prime d'honneur a, d'ailleurs, été la juste consécration de son travail.

	Ration	
	10 octobre 1880.	7 février 1881.
	Cheval 560 kil.	Cheval 550 kil.
	kil.	kil.
Foin..................	4,000	2,600
Luzerne...............	8,000	3,300
Paille.................	6,000	8,000
Avoine................	5,000	2,600
Son...................	1,300	1,000
Balle de blé..........	1,500	0,500

Pour expliquer cette différence dans le rationnement, il suffit de remarquer que l'automne est la saison des grands travaux : on prépare les terres pour les semailles d'hiver ; tandis qu'en février les chevaux sont peu occupés ; ceci résulte d'ailleurs du tableau des journées de travail établi pour trois années :

ANNÉES.	JANVIER.	FÉVRIER.	MARS.	AVRIL.	MAI.	JUIN.	JUILLET.	AOÛT.	SEPTEMBRE.	OCTOBRE.	NOVEMBRE.	DÉCEMBRE.
1877.........	18	9	39	107	110	120	76	131	135	127	69	45
1878.........	35	76	52	82	110	90	135	126	135	134	56	63
1879.........	71	46	113	92	95	53	64	96	144	136	94	50
Moyennes.	41	44	68	94	105	88	92	118	138	132	73	53

Voici maintenant le compte des attelages et des instruments pour l'année 1876; l'écurie se composait de six chevaux de trait et d'un cheval arabe :

Débit.

fr.

Différence entre l'inventaire d'entrée et celui de sortie............................	82,00
Achat de traits............................	7,00
Note du bourrelier........................	154,25
Ferrure des chevaux et maréchalerie	312,50
Achat d'un bisoc Dombasc	259,50
Note du charron..........................	50,00
Salaire et nourriture du domestique.......	840,00
Pièces de rechange et réparations aux machines..............................	149,50

Consommation des chevaux.

650 doubles décalitres d'avoine à 180 fr.	1170	
8 300 kil. de foin à 50 fr................	415	
17 200 kil. de luzerne à 50 fr...........	860	3 164,00
10 600 kil. de paille à 30 fr.............	318	
2 900 kil. de son à 15 fr................	335	
2 200 kil. de balles de blé à 30 fr.......	66	
Frais généraux................		240,00
Total du débit.........		5 018,75

Crédit.

Travail des chevaux au manége, estimé ...	272,00
Entretien d'un cheval arabe, estimé........	200,00
Transport du fourrage vert, estimé........	100,00
60 000 kil. de fumier à 8 fr. 50 les 1 000 kil....	510,00
Travail du domestique porté à d'autres comptes	455,00
Pour solde, 992 journées de travail à 3 fr. 51.	3 481,75
Total du crédit........	5 018,75

Prenons un autre exemple à la ferme d'Arcy-en-Brie (Seine-et-Marne), en comparant les rations avant et après l'introduction de la mélasse :

	1re ration.		2e ration.	
	Poids. kil.	Prix. fr.	Poids. kil.	Prix. fr.
Avoine	7,500	1,20	»	»
Son	2,000	0,27	6,000	0,81
Foin...............	8,000	0,48	»	»
Paille..............	6,000	0,24	6,000	0,24
Balle de blé........	»	»	6,000	0,26
Mélasse............	»	»	1,500	0,10
Prix de la ration..		2,19		1,39
Relation nutritive.		$\frac{1}{7}$		$\frac{1}{8,1}$

Nous pensons que dans la deuxième ration il eût été préférable de laisser une petite quantité d'avoine et de réduire celle de son, qui nous semble exagérée.

Les rations suivantes sont données par M. Lambert, fabricant de sucre à Toury:

	1re ration.		2e ration.	
	Poids. kil.	Prix. fr.	Poids. kil.	Prix. fr.
Avoine aplatie.....	7,650	1,530	3,366	0,673
Foin...............	6,000	0,660	6,000	0,660
Son de froment...	1,500	0,195	»	»
Mélasse, tourbe,...	»	»	3,000	0,297
		2,385		1,630
Relation nutritive.		$\frac{1}{9,4}$		$\frac{1}{12,5}$

Rationnement dans les Compagnies de transport. — En relatant les expériences de MM. Muntz et Ch. Girard avec la collaboration de M. Lavalard, nous avons indiqué plusieurs rations adoptées à la Compagnie générale des omnibus; nous reproduirons donc seulement le tableau des distributions :

Travail de jour.	*Travail de nuit.*

Heures.		Heures.	
4	{ 1/6 grains. { 1/2 foin.	5	{ 1/6 grains. { 1/2 foin.
5	Faire boire.	6	{ Faire boire. { 1/6 grains.
6	1/6 grains.		
10	{ 1/6 grains. { 1/2 paille.	8	1/2 paille.
11	Faire boire.	12	{ Faire boire. { 1/6 grains.
12	1/6 grains.	2 1/2	1/6 grains.
2	1/6 grains.	3	{ 1/2 foin. { Son en barbotage.
3 1/2	{ 1/2 foin. { Son en barbotage.	6	{ Faire boire. { 1/6 grains.
7	{ Faire boire. { 1/6 grains. { 1/2 paille.	A la ren-trée.	{ Faire boire. { 1/2 paille. { 1/6 grains.

A la Compagnie des petites voitures, les chevaux travaillent un jour sur deux, les rations sont ainsi réparties :

	JOUR DE TRAVAIL.		JOUR DE REPOS.	
	1er repas.	Sac de ville.	4 rations composées chacune de :	Ration journalière totale.
	grammes.	grammes.	grammes.	grammes.
Foin.............	577	250	577	2 308
Paille d'avoine....	339	»	339	1 356
Avoine...........	281	4 500	281	1 124
Féverole.........	153	500	153	1 012
Maïs	872	»	872	3 488
Tourteau........	173	»	173	692

Nous réunissons dans le tableau ci-après les rations de diverses compagnies.

COMPAGNIES.	AVOINE.	MAÏS.	FÈ-VEROLE.	POIS.	FOIN.	PAILLE.	SON.	PAIN.	DIVERS.	ORGE.
	kil.	kil.	kil.	kil.	kil.	kil.	kil.	kil.	kil.	kil.
Tramway Nord Metropolitan	1,360	5,896	0,453	0,453	3,177	1,360	»	»	»	»
London	1,360	3,177	»	1,360	5,443	0,453	»	»	»	»
London Street	1,360	5,443	0,453	»	4,989	»	0,453	»	»	»
South-London	3,177	3,177	0,453	»	4,989	1,360	»	»	»	»
Birmingham	4,535	2,721	1,814	»	5,443		»	»	»	»
Liverpool	»	5,443	1,814	»	6,350		0,453	»	»	»
Manchester	»	6,803	»	»	6,803		»	»	»	»
Glascow	2,721	4,989	»	»	3,855	0,453	0,225	»	»	»
Edimbourg	3,628	1,814	1,814	»	6,350		»	»	»	»
Dublin	1,360	6,350	»	»	5,413		0,225	»	»	»
Omnibus de Londres	»	7,500	»	»	3,000	1,500	»	»	»	»
Tramways de Rouen, 1886	2,950	4,950	»	»	5,120	2,700	0,160	»	1,830	»
— de Lille, 1884	7,927	»	0,270	»	3,570	5,517	0,096	»	»	»
— d'Odessa, 1884	8,965	»	»	»	5,375	4,271	0,078	»	»	»
— de Cologne, 1883	8,166	»	»	»	5,282	3,421	0,001	»	»	»
— de Constantinople, 1882	0,474	»	»	»	0,125	7,234	0,076	0,469	»	5,907
— de Bruxelles, 1886	5,655	»	»	»	3,574	2,076	0,051	0,875	1,198	2,790
— de Milan, 1886	4,950	1,167		»	9,128	4,088	0,390	»	»	»
— de Barmen-Elberfeld, 1885	5,096	3,272	»	»	4,961	1,499	»	»	2,535	»
— de Berlin, 1886	3,160	4,780	»	»	4,000	3,180	»	»	»	»
— de Vienne, 1886	7,850	»	»	»	5,400	2,000	»	»	»	»
— de Paris, 1886	2,498	5,877	0,047	»	3,920	3,320	»	»	»	»
— de Genève, 1886	5,415	1,105	0,527	»	4,474	3,122	0,374	»	0,084	»
— de Lisbonne (mulets), 1883	0,118	0,835	2,622	»	1,659	4,955	»	»	»	2,321
— de Francfort-s.-Mein, 1886	8,450		»	»	5,680	3,610	»	»	»	»
— de Copenhague, 1885	9,000	»	»	»	2,500	6,000	0.500	»	»	»
— de Hambourg, 1885	5,792	1,869	1,061	»	3,663	2,037	»	»	0,091	»

Rationnement dans l'armée. — Nous avons vu que Baudement avait trouvé que la nourriture donnée aux chevaux des carabiniers de Versailles était insuffisante. Depuis, on a beaucoup amélioré le régime, mais il faut remarquer que le travail qui est demandé aux animaux a suivi une progression au moins parallèle. Aussi M. Lavalard conclut-il dans un ouvrage récent à l'insuffisance de l'alimentation des chevaux de l'armée.

Nous reproduisons ci-dessous le tableau des rations d'après le tarif A du 12 octobre 1887 ; néanmoins le tarif B du 10 octobre 1881 est resté facultatif. C'est-à-dire que certaines parties prenantes, désignées à cet effet, peuvent choisir celui des deux qu'elles préfèrent. On a conservé les rations un peu plus copieuses en fourrages du tarif B pour les services dont les chevaux ont le plus de poids.

Enfin, par décision ministérielle du 4 août 1894, un tarif spécial est appliqué aux 1er, 9e et 16e corps d'armée.

Nous renvoyons pour ces derniers tarifs au *Journal militaire officiel.*

Tarif A (12 octobre 1887).

			1re CLASSE.		2e CLASSE.		3e CLASSE.		4e CLASSE.
			A.	B.	C.	D.	E.	F.	
Pied de paix et de rassemblement.	États-majors, corps de troupe et isolés.	Foin....	3,50	2,75	2,50	2,50	2,50	2,50	2,50
		Paille...	4,00	3,75	3,50	3,50	3,50	3,50	3,50
		Avoine .	5,25	5,25	5,25	5,00	4,75	4,50	4,00
	Dépôts de remonte.	Foin....	3,00	3,00	3,00	3,00	3,00	3,00	2,50
		Paille...	4,00	4,00	4,00	4,00	4,00	4,00	3,50
		Avoine .	5,00	5,00	4,50	4,50	4,00	4,00	4,00
Camp de manœuvres.	Animaux baraqués.	Foin....	3,50	2,75	2,50	2,50	2,50	2,50	2,50
		Paille...	4,00	3,75	3,50	3,50	3,50	3,50	3,50
		Avoine .	5,25	5,25	5,25	5,00	4,75	4,50	4,00
	Animaux bivouaqués.	Foin....	4,50	3,75	3,50	3,50	3,50	3,50	3,50
		Avoine .	5,75	5,75	5,75	5,50	5,25	5,00	4,50
Rations en mer.......		Foin....	3,50	3,50	3,00	3,00	2,50	2,50	2,50
		Orge ...	2,50	2,50	2,00	2,00	1,75	1,75	1,75
		Far. d'orge.	1,50	1,50	1,50	1,50	1,50	1,50	1,50
		Son	0,50	0,50	0,50	0,50	0,50	0,50	0,50
		Eau (lit.)	16	16	15	15	15	15	15
Rations de route de terre		Foin....	4,50	3,75	3,50	3,50	3,50	3,50	3,50
		Avoine .	5,75	5,75	5,75	5,50	5,25	5,00	4,50
Rations de chemin de fer		Foin....	5,00	5,00	5,00	5,00	5,00	5,00	5,00
		Avoine .	2,00	2,00	2,00	2,00	2,00	2,00	2,00
Rations de guerre....		Foin....	3,50	2,75	2,50	2,50	2,50	2,50	2,50
		Paille...	2,25	2,00	2,00	2,00	2,00	2,00	2,00
		Avoine .	5,75	5,75	5,75	5,50	5,25	5,00	4,50
Chevaux au vert......		Vert....	50	50	45	45	40	40	40
		Paille...	2,50	2,50	2,50	2,50	2,50	2,50	2,50
		Avoine .	3,00	3,00	2,50	2,50	2,00	2,00	2,00

1re classe. A. Cuirassiers. Batt. d'artillerie attachées aux divisions de cavalerie.
B. Officiers généraux. Chevaux de carrière. Écoles.
2e classe. C. Artillerie de campagne et à pied.
D. Dragons. Chevaux de manège, des écuvers et instructeurs. Train des équipages. Officiers d'état-major, officiers brevetés. Officiers employés à l'administration centrale. Gendarmerie et Garde Républicaine.
3e classe. E. Compagnies de sapeurs-conducteurs du génie.
F. Chasseurs. Hussards. Officiers du cadre des écoles. Officiers d'infanterie, du génie, de la remonte. Chevaux de trait des équipages d'infanterie. Officiers des états-majors particuliers de l'artillerie et du génie. Officiers du corps de santé. Vétérinaires. Intendance. Administration. Aumôniers. Agents du Trésor et des postes, du télégraphe. Transports auxiliaires. Imprimerie nationale.
4e classe. Mulets de toutes provenances.

Rationnement des chevaux de courses. — C'est à
un tout autre point de vue que celui auquel nous nous
sommes placé jusqu'ici que l'on doit envisager l'alimentation des chevaux de courses. On se propose de préparer
une machine pouvant développer le maximum d'efforts
dans le minimum de temps ; son poids doit être aussi
réduit que possible, proportionnellement à sa taille, tandis que le côté économique de la question devient tout à
fait secondaire.

Pour éviter le développement du ventre, on doit avoir
recours aux aliments concentrés. La plupart des entraî-
neurs considèrent le foin et l'avoine comme devant former la base de la nourriture. Cependant le commandant
de Sainte-Chappelle rapporte qu'en Autriche il a vu des
chevaux à l'entraînement qui, comme grain, ne mangeaient
que du maïs. M. Lavalard, qui a longtemps dirigé une
écurie de course, est parvenu à remettre sur pied une
pouliche *sucée* par l'avoine, en la nourrissant de maïs, et
elle est arrivée, sous l'influence de ce régime, à se faire
classer seconde dans le Grand Prix de Paris. L'avoine
n'est donc pas un aliment indispensable.

L'autre règle, qui régit ce genre d'alimentation, consiste
à donner aux animaux le maximum d'aliments qu'ils
pourront consommer et digérer.

En général, on déterminera cette quantité en augmentant progressivement la ration, jusqu'à ce que l'on constate un refus. Toutefois, pour certains sujets gloutons, on
devra fixer une ration inférieure à leur appétit, parce
qu'ils pourraient dépasser leur limite de digestibilité et
se rendre malades.

Il faut, en effet, satisfaire à la fois à la croissance des
chevaux et aux fortes dépenses occasionnées par le travail de l'entraînement.

La pratique a encore une fois confirmé ce que nous
avons dit précédemment au sujet du nombre des repas,
par suite de la structure de l'appareil digestif ; les dis-

tributions seront nombreuses, en général de quatre à cinq par jour. On abreuve les chevaux deux ou trois fois dans la journée, suivant la saison, à moins que l'eau ne soit laissée à leur discrétion.

On fait intervenir une petite quantité de féveroles ou de pois en mélange avec leur avoine.

On remplace l'un des repas, deux ou trois fois par semaine, par des mashs.

En hiver, pour les rafraîchir, on donne quelques poignées de carottes coupées, et pendant la belle saison on mélange le foin d'un tiers de fourrage vert.

Lorsque les animaux se déplacent, pour éviter les indispositions qu'un changement dans les aliments pourrait produire, on emporte avec eux l'avoine et le foin auxquels ils sont habitués, parfois même leur eau de boisson.

M. Carter, qui dirige l'écurie d'entraînement de Compiègne, règle ainsi l'alimentation des chevaux qui lui sont confiés :

6 heures du matin......	1/6 de la ration	d'avoine.
10 —	2/6 — 1/2 —	— de foin.
5 h. 1/2 du soir.........	1/6 —	d'avoine.
7 h. 1/2 —	2/6 — 1/2 —	— de foin.

Il donne aux animaux de 12 à 14 litres d'avoine, 2 à 4 kilogrammes de foin et deux bottes et demie de paille, dont une moitié est employée comme litière et l'autre dressée autour de la box.

Deux fois par semaine il remplace le repas du soir par un mash contenant 2 litres d'avoine, 4 litres de son et un tiers de litre de graine de lin.

M. Bartholomew, ancien entraineur du haras de Chamant, près Senlis (Oise), a fixé un mode de distribution qui diffère peu de celui qui précède.

5 heures du matin......	Pansage.
6 — —	Un peu de boisson. / 2 litres d'avoine.
9 — —	Un peu de foin. Boisson à discrétion.
10 — —	4 litres d'avoine. Une poignée de foin placée dans la box.
6 — du soir.......	Boisson à discrétion. 2 litres d'avoine.
7 h. 1/2 —	Boisson à discrétion. 4 litres d'avoine.

L'avoine est toujours mélangée avec un peu de foin ou de luzerne hachée, et deux fois par semaine le repas du soir est remplacé par un mash tiède.

ALIMENTATION DE L'ÂNE ET DU MULET.

Rationnement de l'âne. — L'âne reçoit pour ainsi dire depuis le jour de sa naissance la ration la plus stricte; modeste serviteur d'un maître peu fortuné, il doit se contenter de la maigre pitance qu'on lui abandonne souvent à regret, il connaît plus de jours de jeûne que d'abondance, et son lot de misère lui est largement attribué. Il traverse l'existence avec une patience, une résignation, nous dirons même une philosophie, dont il se départit rarement.

Il se contente de fourrages grossiers, et, avec cette alimentation parcimonieuse et maigre, il parvient à produire une somme de travail relativement considérable.

A ce propos, il est une distinction sur laquelle nous croyons devoir insister de nouveau : c'est la différence qui existe entre la digestibilité des aliments, qui varie peu suivant les espèces, les races et les individus, et l'utilisation des principes digérés par l'organisme, leur transformation en *effet utile* : travail, poids vif, lait, etc. ; en un mot le rendement, qui diffère beaucoup selon les individus, les races et les espèces. Pour se représenter ce qui se passe dans le corps de l'animal, phénomènes que nous connaissons jusqu'alors très incomplètement, nous prendrons comme comparaison ce que l'on peut voir dans le fonctionnement de la machine à vapeur. On a souvent abusé de ce parallèle entre les moteurs mécaniques et les animaux; mais, dans le cas présent, notre intention n'est pas de rapprocher ces deux sources d'énergie; nous voulons, par une image, faire comprendre la différence que l'on constate entre la digestion et la transformation des aliments. Les déchets de la première sont les fèces, leur proportion par rapport aux substances ingérées donne le coefficient de digestibilité; ceux de la seconde sont les urines, qui contiennent à la fois les résidus résultant de la production énergétique et ceux provenant de pertes fort variables suivant le degré de perfectionnement des organes, leur état de santé et leur degré d'usure. Le charbon que l'on introduit dans le foyer de la machine à vapeur est destiné à dégager l'énergie potentielle qu'il contient, qui se manifeste sous forme de chaleur, dont la plus grande partie est perdue par le tirage de la cheminée et par le rayonnement. Le reste est introduit dans les organes avec la vapeur vive, mais une fraction seulement produira un effet utile, se présentant sous forme de force sur l'arbre moteur. Cette fraction variera dans les machines suivant le mode de distribution et de détente, le nombre des cylindres, l'étanchéité des segments, la nature de l'échappement.

Cependant le résultat final, la vapeur détendue qui s'échappe dans l'atmosphère est toujours la même, plus ou moins chaude, plus ou moins abondante. Nous voyons donc : premièrement un rendement brut dépendant de la chaudière ; et secondement un rendement net qui dépend de la construction des organes moteurs.

Chez les animaux, le rendement brut résulte du fonctionnement du tube digestif et le rendement net est soumis à l'action des cellules chargées de l'utilisation des principes. Elles font plus ou moins de déchet en réalisant les transformations.

Eh bien, l'âne, et après lui le mulet, qui hérite d'une partie de ses qualités, ont des fonctions physiologiques qui nécessitent moins de dépenses que celles du cheval. Nous en déduisons cette conséquence pratique que, par rapport au poids vif, les quantités d'éléments nutritifs pourraient être diminuées comparativement à celles calculées pour le cheval. Mais, d'autre part, nous savons que plus les animaux sont petits, plus cette proportion augmente. En résumé, nous pouvons admettre que ces deux causes se neutralisent, et prendre pour facteurs de rationnement ceux indiqués pour le cheval.

Industrie mulassière (1). — L'étude qui présente le plus d'intérêt en ce qui touche à l'espèce asine est sans contredit l'alimentation des animaux mulassiers.

Nous nous trouvons ici en présence de quatre reproducteurs : les baudets, qui saillissent à la fois les ânesses pour assurer la reproduction de leur espèce, et les juments, qui donnent les mulets; d'autre part, les chevaux étalons, qui, accouplés avec les juments, servent à maintenir la race poitevine mulassière. Les haras où sont entretenus les reproducteurs mâles s'appellent des *ateliers*.

Le régime du baudet est tout à fait particulier. Enfermé dans une box assez spacieuse, bien garnie de litière, il n'en sort que pour la monte. Il ne reçoit aucuns soins hygiéniques, ni pansage, ni promenades. On lui fait faire deux repas par jour, le premier à 6 heures du matin, le second à 4 heures du soir; pendant l'été, on donne à midi une petite distribution supplémentaire.

Sa ration journalière se compose :

> Foin, trèfle ou luzerne séchés..... 5 kilogr.
> Avoine... .... 1^{kg},500

(1) Nous devons à M. Sagot, secrétaire de la Société centrale d'agriculture des Deux-Sèvres et propriétaire d'un haras à Échiré, les renseignements que nous reproduisons.

– On y ajoute en hiver 3 à 4 kilogrammes de racines coupées, carottes ou betteraves, et pendant la saison de la monte on double la ration d'avoine.

Les ânesses doivent se contenter d'une nourriture aussi pauvre que possible ; elles vivent souvent dans les pacages et ne reçoivent à l'atelier que les restes des autres animaux. Quand elles sont pleines ou suitées on ajoute une petite quantité de grains.

Le jeune baudet tette sa mère jusqu'à dix ou douze mois ; mais dès le sixième mois on commence à lui donner un peu de bon foin et d'avoine, en augmentant progressivement jusqu'à l'âge de deux ans, époque à laquelle il se trouve recevoir la même ration que les baudets étalons. M. Sagot a cette année ajouté, à l'avoine concassée, deux cuillerées à soupe de phosphate d'os précipité et se montre déjà satisfait du résultat.

Le cheval étalon mulassier reçoit à Échiré la nourriture suivante :

Foin de bonne qualité, trèfle ou luzerne. 12 kilogr.
Avoine................................. 3   —
Son de froment....................... 1ᵏᵍ,500 (6 lit.).

Pendant la monte on double la ration d'avoine et on donne à midi un repas supplémentaire.

En hiver on ajoute quelques betteraves entières ; la paille est laissée à discrétion ; avec le son on fait un barbotage très clair.

Les juments sont entretenues dans les fermes, et subissent les régimes variables auxquels les condamne généralement l'imprévoyance des cultivateurs.

Le jeune poulain est sevré vers le mois de novembre qui suit sa naissance ; on lui donne de l'avoine et du foin dès qu'il peut en manger. Il passe sa première année au pâturage. Lorsqu'il a environ vingt-deux mois, de novembre à janvier, on le soumet à un véritable engraissement : il reçoit 12 à 15 kilogrammes du foin le meilleur et 25 à 30 litres d'une pâtée cuite composée de pommes de terre, de froment, de son, d'avoine et de graine de lin. Il acquiert plus de poids pendant ces trois mois que dans le reste de l'année qui suit. Ils sont alors vendus au commerce, ou commencent la monte malgré les prescriptions de la loi.

Rationnement du mulet. — Nous avons dit que le mulet, comme l'âne son ascendant, est peu difficile sur la qualité de la nourriture, et se montre meilleur utilisateur des fourrages grossiers que le cheval. On lui réservera donc les aliments que ce dernier ne pourrait consommer avantageusement, et on établira pour lui une ration un peu inférieure au point de vue de la quantité de substance sèche par quintal vif. Nous reproduisons à titre d'exemple les rations indiquées par M. Ayraud en admettant un poids moyen de 450 kilogrammes.

Ration d'hiver des mulets de cultivateurs.

	Quantité.	Substance sèche.	M.A.	M.G.	M.H.
Foin, trèfle commun...	6 kilogr.	5,034	0,510	0,102	2,280
Paille...............	9 —	2,568	0,030	0,015	0,960
Totaux......		7,602	0,540	0,117	3,240

Proportion de la substance sèche au poids vif.   1,69 p. 100.

$$RN = \frac{MA}{2,4\,MG + MH} = \frac{0,540}{3,521} = \frac{1}{6,5}.$$

Ration pendant les grands travaux de culture.

	Quantité.	Substance sèche.	M.A.	M.G.	M.H.
Foin de luzerne.......	6 kilogr.	5,010	0,570	0,084	4,800
Maïs en grains........	2 —	1,712	0,180	0,110	1,156
Paille...............	3 —	2,568	0,030	0,015	0,960
Totaux......		9,290	0,780	0,209	3,916

Proportion de la substance sèche au poids vif.   2 p. 100.

$$RN = \frac{0,780}{4,417} = \frac{1}{5,6}.$$

Ration d'été.

	Quantité.	Substance sèche.	M.A.	M.G.	M.H.
Luzerne verte........	20 kilogr.	5,200	0,660	0,080	2,000
Foin, trèfle commun..	2 —	1,678	0,170	0,034	0,760
Paille................	2 —	1,712	0,020	0,010	0,640
Totaux......		8,590	0,850	0,124	3,400

Proportion de la substance sèche au poids vif. 1.9 p. 100.

$$RN = \frac{0,850}{3,697} = \frac{1}{4,3}.$$

ALIMENTATION DES BOVIDÉS

GÉNÉRALITÉS.

L'exploitation des animaux de l'espèce bovine est poursuivie dans trois buts distincts. On se propose la production du lait qui, avec ses dérivés, sert à la nourriture humaine et à quelques industries. On peut aussi demander à ce bétail de développer de la force motrice; dans bien des régions encore, ce sont les bœufs ou même les vaches qui sont attelés aux instruments de culture. Enfin, à tout âge de leur existence et quel que soit leur sexe, les bovidés sont destinés à la boucherie; c'est le terme obligatoire de leur plus ou moins courte carrière. On ne devra jamais perdre de vue ce but final, aussi bien pour sélectionner les races que pour régler leur première alimentation.

Dès leur jeune âge, les sujets qui ne présenteront pas une conformation satisfaisante, qui ne promettront pas d'avoir des qualités suffisantes par héritage, devront être engraissés et livrés au boucher. Le prix de revient d'un mauvais animal arrivé à l'âge adulte est plus élevé que celui d'un bon, parce que l'organisme de ce dernier a mieux profité de la nourriture qui lui a été donnée. Si les besoins de l'étable l'exigent, on aura tout profit à acheter la bête dont on a besoin, et que l'on pourra choisir, plutôt que d'élever un produit médiocre que l'on possède déjà.

On ne se rend généralement pas compte de cette économie, parce qu'elle nécessite une sortie de capital en bloc qui effraie, tandis que par l'élevage les déboursés sont journaliers et par petites sommes; mais si l'on récapitule les deux opérations, on découvre où est le véritable bénéfice. A cela il faut ajouter qu'on a introduit dans le troupeau un animal qui, par sa descendance et par lui-même, en améliore l'ensemble, et est un véritable créateur de capital.

Pour nous résumer en deux mots, l'alimentation d'un sujet défectueux coûte toujours trop cher et son élevage se solde par une perte.

A tous les âges, mais surtout pendant la période de croissance, l'économie n'est pas forcément dans la réduction des dépenses pour la nourriture; il faut voir l'effet produit et le temps employé pour l'obtenir. Si l'on réalise une réduction d'un quart sur les frais journaliers, mais que celle-ci ait pour conséquence d'augmenter dans la même proportion la durée de l'engraissement, il en résultera encore une perte, car on aura manqué de renouveler le capital d'exploitation et, par conséquent, l'intérêt de l'argent qu'il représente sera lui-même perdu pendant ce temps supplémentaire.

Nous avons insisté longuement sur ces conditions économiques, parce qu'elles ont une importance capitale dans l'exploitation rationnelle du bétail et que, trop souvent, nos cultivateurs ne comprennent pas la valeur de ces principes.

RATIONNEMENT DES VEAUX.

De ce qui précède, il résulte que, à la naissance des jeunes bovidés, une première question se pose à l'éleveur:

il doit décider à quelle fin il destinera le nouveau-né ; aura-t-il avantage à le conserver, ou devra-t-il commencer immédiatement son engraissement? Pour y répondre, quelques jours de réflexion et d'observation lui sont accordés, car l'alimentation sera toujours la même pendant la première semaine : c'est le lait de la mère sans aucune modification qui sera donné au jeune. Ce *colostrum*, qui sort de la mamelle au début de la lactation, est particulièrement nécessaire pour son organisme ; il est d'une digestion plus facile, et par ses propriétés laxatives il facilite l'expulsion des matières fécales, qui se sont amassées dans l'intestin pendant la vie utérine et que l'on appelle le *méconium*. Toute autre pratique, tout autre usage du colostrum doivent être considérés comme nuisibles.

Ce temps écoulé, l'éleveur aura apprécié les qualités apparentes et héréditaires du jeune animal ; il aura déterminé les besoins de rajeunissement de son troupeau, les exigences de la vente du lait et de ses dérivés, les ressources alimentaires dont il dispose, les cours plus ou moins avantageux du moment, et c'est en toute connaissance de cause qu'il décidera du sort du nouveau-né. Dès maintenant il sera destiné à l'élevage ou à la boucherie.

Allaitement naturel. — L'allaitement naturel consiste à laisser le veau teter directement sa mère, ou une autre nourrice, si cette dernière est malade ou dans le cas de parturitions gémellaires, si l'on prévoit que la quantité de lait sécrété par la mamelle sera insuffisante.

Il est toujours imprudent de laisser le jeune en liberté dans l'étable ; si le mouvement est favorable à son développement, les chances d'accidents sont trop nombreuses pour compenser cet avantage. On peut l'attacher près de la mère, mais nous pensons qu'il est préférable de le séparer immédiatement. Dans beaucoup d'étables, de petites stalles sont réservées aux veaux ; dans d'autres, ce sont de grandes boxes, dans lesquelles on les laisse libres en séparant les sexes. Lorsque ces jeunes animaux sont en liberté, il importe de les surveiller activement, car souvent ils prennent de mauvaises habitudes, se tettent réciproquement par exemple.

Plusieurs fois par jour à heures fixes, on conduira les veaux à leurs mères pour prendre leur repas. Plus ils seront jeunes et plus les tetées devront être fréquentes ; on pourra en faire varier le nombre entre trois et cinq, suivant les nécessités du service, mais en apportant toujours la plus grande régularité dans l'alimentation : c'est le principal avantage de ce mode d'élevage.

On peut faire à l'allaitement naturel plusieurs reproches. Il ne convient pas aux vaches fortement laitières. Le veau consomme environ le sixième de son poids de lait ; s'il pèse 40 kilogrammes dans la première semaine, il prend 6 à 8 litres de lait ; l'excédent restant dans le pis nuit à la lactation, d'après ce principe fondamental : c'est la fonction qui fait l'organe ; la mamelle étant insuffisamment excitée, la production diminue. Pour y remédier, les vachers font une traite partielle avant le repas du veau, mais ils ne peuvent savoir s'ils lui laissent une quantité suffisante, et c'est la partie la plus crémeuse qui sera consommée par lui ; il vaudrait mieux passer après que le jeune a fait son repas et traire à fond.

La première méthode est préférée quand on fait un élevage parcimonieux, et que les femelles sont peu laitières, afin d'être sûr d'obtenir le lait que l'on destine à l'alimentation du personnel, ou à la fabrication du beurre et des fromages. Nous ne saurions approuver cette pratique, et conseillons de faire la mulsion une fois le veau repu.

L'allaitement naturel n'est pas économique, car il ne permet pas d'opérer des substitutions alimentaires; il est employé surtout pour les races peu laitières, qu'elles soient perfectionnées pour la boucherie ou qu'elles vivent au pâturage.

Allaitement artificiel. — Les bovins se prêtent facilement à ce mode d'élevage ; nous avons vu, au contraire, qu'il est très difficile de l'employer chez les équidés. Toutefois, pour assurer la réussite, il faut une grande régularité, une propreté minutieuse et une surveillance continuelle, afin de porter remède aux indispositions dès qu'elles se manifestent.

Quand on applique l'allaitement artificiel, les veaux doivent être séparés de leur mère dès la naissance. Certains praticiens ne les laissent même pas lécher par la vache, et remplacent cette action stimulante par une friction à la main.

On apporte le colostrum tiède dans un baquet, on plonge de force le museau du jeune animal dans le liquide ; quelquefois il se met à boire de lui-même, mais plus généralement il faut plonger la main, et présenter entre ses lèvres un doigt qu'il commence à sucer ; quelques personnes leur font teter l'extrémité d'un linge. Peu à peu on les déshabitue de cette manœuvre, et on les laisse boire seuls.

Certains veaux, très gourmands, absorbent trop rapidement le lait qui leur est ainsi présenté et le digèrent mal ; pour y remédier il suffit de retirer de temps en temps le baquet pour les faire reposer un peu, ou bien de ne verser le lait dans le baquet que par fractions.

Lorsque des substitutions sont faites pour compléter la valeur nutritive du lait écrémé, et que les substances employées ne sont pas solubles, le liquide doit être fréquemment agité pour les tenir en suspension, ce qui trouble un peu l'animal dans son repas ; mais, sans cette précaution, les produits tombent au fond du baquet et ne sont pas consommés.

Si ces succédanés ont une odeur, les veaux la sentent en mettant le nez dans le baquet, et on éprouve de grandes difficultés à faire accepter la nourriture ainsi préparée, même en commençant par de très faibles quantités. Les baquets doivent être tenus très propres, car, si le lait aigrit, les jeunes peuvent se dégoûter et refuser de manger, ou être atteints de diarrhée. Pour ces diverses raisons, on donne souvent la préférence à un petit appareil très simple imaginé et construit par Massonnat. C'est un vase en porcelaine, à la partie inférieure duquel se trouve un orifice fermé par une tetine en caoutchouc.

Les veaux s'habituent très rapidement à son usage; ils ne peuvent absorber trop vite leur lait; les substances

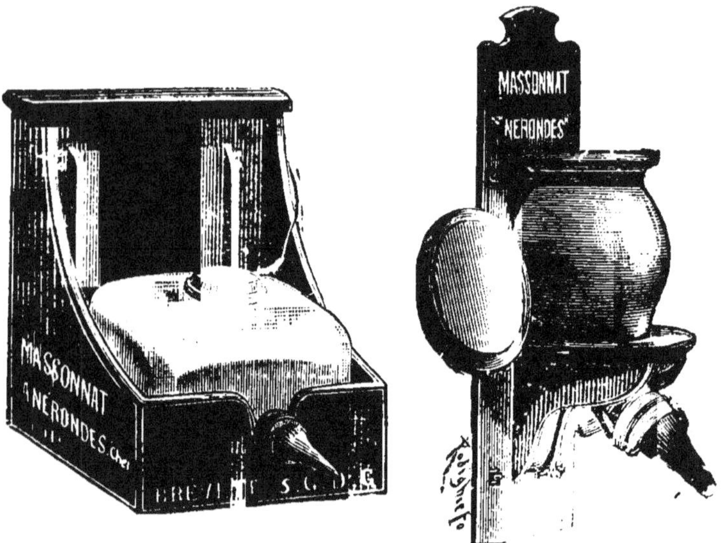

Fig. 9 et 10. — Biberons pour l'allaitement artificiel.
(Massonat, à Nérondes.)

solides sont consommées au fur et à mesure qu'elles se déposent, enfin les animaux ne peuvent flairer l'odeur toujours plus forte que le goût.

L'allaitement artificiel peut être effectué avec le lait de l'étable mélangé, que l'on fera bouillir avant sa distribution. Cette pratique aura pour but de détruire les germes de maladies infectieuses, et notamment les bacilles de la tuberculose. En mêlant le lait des différentes vaches, on obtient un produit de composition moyenne, dont la valeur nutritive se trouvera ainsi régularisée, et on facilite les manipulations; la ration quotidienne varie entre 1/5 et 1/6 du poids vif du veau. Dans ces conditions, on pourra compter sur un accroissement journalier pouvant atteindre 1 kilogramme, mais rarement dépasser ce chiffre. Nous reproduisons comme exemple une expérience faite par Crusius en Saxe sur trois veaux de quatorze jours.

RATION.	POIDS INITIAL.	CONSOMMATION par semaine.				RN.	AUGMENTATION de poids par semaine.
		Substance organique.	Caséine.	Lactose.	Beurre.		
	kil.	kil.	kil.	kil.	kil.		kil.
6 l. lait normal..... / 6 l. lait de fromage.	53	7,400	1,700	4,100	1,600	$\frac{1}{4,67}$	6,000
10 l. lait écrémé.....	59	6,200	2,250	3,250	0,700	$\frac{1}{2,19}$	3,650
8 l. lait normal..... / 1 l. 1/2 crème......	52	9,450	2,300	3,250	3,900	$\frac{1}{5,40}$	10,750

Si nous examinons les résultats économiques, nous trouvons les chiffres suivants :

<table>
<tr><td></td><td align="right">fr.</td><td align="right">Prix de revient
du kilogr.
d'augmentation.
fr.</td><td align="right">fr.</td></tr>
<tr><td>42 litres de lait normal à 0,10.....</td><td>4,20)</td><td rowspan="2">5,04</td><td rowspan="2">0,84</td></tr>
<tr><td>42   —   —   de fromage à 0,02.</td><td>0,84)</td></tr>
<tr><td>70   —   —   écrémé à 0,05.....</td><td>3,50</td><td>3,50</td><td>0,95</td></tr>
<tr><td>56   —   —   normal à 0,10.....</td><td>5,60)</td><td rowspan="2">11,35</td><td rowspan="2">1,05</td></tr>
<tr><td>10^{lit},5 de crème à 0,55..............</td><td>5,75)</td></tr>
</table>

Le lait normal contenait seulement 2,6 p. 100 de matière grasse, et la crème 13,8.

De cette expérience nous pouvons déduire que l'alimentation des veaux avec le lait normal est trop coûteuse, tandis qu'avec le lait écrémé on ne peut amener un développement suffisamment rapide. On est donc conduit à rechercher des substances pouvant être bien digérées par l'estomac du jeune animal et complétant sa ration, sans en élever le prix d'une façon exagérée.

On trouve dans le commerce une série de farines lactées à formules secrètes qui, si l'on écoute les réclames des vendeurs, produisent des effets merveilleux. Nous condamnons en bloc toutes ces substances, dont le résultat le plus certain est de faire payer très cher des sous-produits de meunerie, dont la qualité n'est même pas toujours irréprochable. Les éleveurs pourront préparer eux-mêmes des farines analogues à bien meilleur compte, en effectuant des mélanges de farine de fève ou de pois, avec de la fécule de pomme de terre et un peu de farine de graine de lin.

M. André Gouin conseille la formule suivante :

Farine de lin.......	600 grammes.	
Brisures de riz.....	280 —	Pour 6 litres 1/3 de lait écrémé.
Farine de viande...	120 —	

La farine de viande ne convient qu'aux animaux d'élevage, parce qu'elle donne à la chair une coloration rouge qui déprécie les veaux de boucherie.

L'éleveur que nous venons de citer commence, dès le dixième jour qui suit la naissance, un régime composé de 5 litres de lait entier, 5 litres de lait écrémé et 250 grammes de farine de viande ; si la diarrhée apparaît, on essaye de l'arrêter par l'emploi du sous-nitrate de bismuth ; on se servirait avantageusement, à notre avis, de dermatol ; si l'indisposition se prolonge, on met le veau à une diète relative, en lui donnant à boire du lait coupé d'eau de riz. Quand l'animal est guéri, on revient à l'alimentation économique.

Certains auteurs préconisent les *soupes de Liebig* pour faciliter le sevrage précoce. La quantité de lait est diminuée progressivement chaque jour, tandis que l'on augmente proportionnellement cette préparation. On donne en même temps une poignée de bon foin. Ces soupes se composent de 2 litres de lait écrémé que l'on coupe de 4 litres d'eau ; on y ajoute 280 grammes de farine de froment. Ce mélange est porté à l'ébullition pour former une bouillie sans grumeaux, que l'on dilue avec 2 autres litres de lait écrémé et 36 grammes d'une solution potassique (2 parties de bicarbonate de potasse dans 11 parties d'eau). On agite ce liquide pendant une demi-heure à douce température, puis on fait bouillir et l'on tamise. Lorsque l'aliment s'est suffisamment refroidi, on distribue aux veaux. Ce produit ne peut se conserver plus de vingt-quatre heures.

Julius Lehmann a préconisé l'alimentation suivante :

1° Pendant les six premières semaines, le veau reçoit une moyenne de 12 litres de lait par jour. On met dans une auge à sa portée une petite quantité du mélange d'aliments que nous indiquons plus loin, à côté un seau d'eau et une pierre de sel gemme ;

2° A la septième semaine, on commence à remplacer progressivement le lait par de l'eau tiède, et on augmente la ration solide ;

3° Dès la dixième semaine, la ration variera dans les limites suivantes :

Avoine aplatie..........	375 à 500 grammes.
Tourteau de lin concassé.	375 à 500 —
Farine de lin...........	125 —
Foin haché.............	Une poignée.

On met dans le râtelier une certaine quantité de foin de pré de bonne qualité ;

4° Le cinquième mois la ration aura atteint progressivement les chiffres suivants :

Avoine aplatie.....................	1 kilogr.
Tourteau de lin concassé......... ..	0^{kg},500
Son de seigle....................	0^{kg},500

Il faut y ajouter une quantité de foin suffisante pour compléter la nourriture.

Au bout de la première année, un veau ainsi nourri aura consommé :

	Prix du kilogr. fr.	Quantité. kilogr.	Prix de revient fr.
Lait...............	0,10	635	63,50
Tourteau de lin.....	0,20	145	29,00
Son de seigle..	0,12	140	16,80
Avoine............	0,18	290	52,20
Foin..............	0,04	1 300	52,00
Total.............			213,50

A ce moment le poids du jeune bovidé varie entre 350 et 450 kilogrammes, suivant la race et la précocité.

Les aliments doivent contenir la quantité de substances minérales nécessaires pour l'accroissement du squelette. Si les terrains qui produisent les fourrages renferment peu de chaux, on conseille de mélanger une certaine quantité de craie lavée.

Depuis longtemps on a préconisé l'addition de phosphates à la ration ; une dose de 12 à 15 grammes de poudre d'os ne peut nuire à la santé des jeunes et semble donner de bons résultats. M. André Gouin, dans ses expériences, a beaucoup dépassé ces quantités sans jamais avoir observé d'accidents lorsque l'acide phosphorique était donné sous cette forme.

Le veau a besoin, pour satisfaire à la croissance du squelette et à l'entretien de son organisme, de 15 à 20 grammes d'acide phosphorique par jour. Lorsqu'il reçoit du lait normal pour son alimentation, celui-ci apporte par litre environ 2 grammes d'acide phosphorique. On voit qu'une ration de 7 à 10 litres suffit pour satisfaire à cette exigence. Mais, lorsque le jeune animal est nourri avec du lait écrémé, ce dernier est dépouillé de près de la moitié de ses sels phosphatés qui, à l'état solide, dans l'émulsion que forme ce liquide, se trouvent entraînés à la périphérie du bol et emprisonnés dans la croûte de caséine coagulée et d'impuretés qui se dépose contre la paroi.

Il peut être intéressant dès lors de suppléer à cette absence par des phosphates assimilables. Souvent les adjuvants ajoutés à la ration afin de la compléter sont assez riches en acide phosphorique pour remplir ce but. S'il en était autrement, nous pensons que la poudre d'os verts est la meilleure forme que l'on puisse adopter au double point de vue de l'assimilation et du prix de revient. Nous verrons ultérieurement que, après le sevrage, M. A. Gouin a obtenu par son emploi des résultats satisfaisants.

Engraissement des veaux. — Pour préparer un veau pour la boucherie, il importe de choisir une alimentation qui conserve à sa chair la blancheur estimée par le consommateur. On doit s'efforcer de réaliser un engraissement rapide, mais il faut que le prix de revient du kilo de viande soit rémunérateur. Si la nourriture avec le lait entier répond à ces premières conditions, il n'en est pas de même pour la dernière. On a constaté dans la pratique que, chez les jeunes veaux, il fallait en moyenne 12 litres de lait pour produire un accroissement de poids de 1 kilo. En admettant que le cours des veaux sur pied soit de 1 franc, le prix du litre de lait ressort à 0 fr. 083, sans compter les autres frais de production, tels que soins, risques d'élevage, etc.

Ces chiffres montrent que ce mode d'engraissement ne donne pas de bénéfice. On a donc recherché les substances que l'on pourrait substituer à une partie du lait pour abaisser le prix de revient de la ration.

Nous reproduisons dans le tableau suivant les résultats de recherches faites dans ce but par MM. Dickson et Malpeaux à l'École de Berthonval.

NOMBRE de veaux.	DURÉE de l'engraissement.	ACCROISSEMENT moyen par tête.	RECETTES.			DÉPENSES.				BÉNÉFICE.
			Denrées.	Prix du kilo.	Prix total.	Denrées.	Poids.	Prix du kilo.	Prix total.	
	Jours.	kil.		fr.	fr.		kil.	fr.	fr.	fr.
1	90	107	Viande........	1,10	117,70	Lait pur........	980	0,10	98,00	
			Beurre	»	19,20	— écrémé.....	240	0,02	4,80	34,10
					136,90				102,80	
2	92	71	Viande........	0,85(1)	60,35	Lait pur........	28	0,10	2,80	
			Beurre	»	85,84	— écrémé.....	1073	0,02	21,46	
					146,19	Farine de riz....	50,67	0,24	12,16	109,77
									36,42	
1	90	84	Viande........	1,00	84,00	Lait pur........	50	0,10	5,00	
			Beurre	»	81,60	— écrémé.....	1020	0,02	20,40	
					165,60	Fécule..........	43	0,40	17,20	115,50
						Graine de lin....	25	0,30	7,50	
									50,10	
2	100	93	Viande........	1,00(2)	93,00	Lait pur........	50	0,10	5,00	
			Beurre	»	82,00	— écrémé.....	1150	0,02	23,00	
					175,00	Farine de riz....	46	0,24	11,00	127,00
						Graine de lin....	30	0,30	9,00	
									48,00	
2	90	91	Viande........	1,00(2)	91,00	Lait pur........	50	0,10	5,00	
			Beurre	»	84,80	— écrémé.....	1060	0,02	21,20	
					175,80	Oléo-margarine.	30	1,40	42,56	85,96
						Sucre roux.....	20,200	1,00	20,20	
									89,96	
1	90	84,700	Viande........	1,10	93,17	Lait pur........	702	0,10	70,20	
			Beurre	»	39,00	Malt de brasserie.	25,201	0,39	9,82	52,15
					432,17				80,02	

(1) Ce bas prix s'explique, parce que la viande était rouge, et qu'il y avait très peu de graisse aux rognons.
(2) Viande blanche de belle qualité.

On voit par les chiffres qui précèdent que la production économique ne correspond pas toujours à l'alimentation donnant une viande de belle qualité.

M. André Gouin, qui a fait de nombreuses expériences sur la nourriture des veaux, préconise tout particulièrement l'emploi de la fécule de la façon suivante :

Dans la moitié du lait écrémé destiné au repas et chauffé à feu doux, il met 100 grammes de fécule par litre, en agitant constamment pour éviter la formation de grumeaux. Il fait jeter un bouillon, puis ajoute l'autre moitié de lait froid avant de distribuer aux animaux. Ce régime peut être appliqué à l'âge de huit jours à raison de 1 litre contenant 50 grammes de fécule par 6 kilogrammes de poids vif.

M. Florimond Després a appliqué cette méthode pour l'engraissement de sept veaux ; il en a été très satisfait et a obtenu les résultats suivants pour trois d'entre eux :

	I.	II.	III.
Date de la naissance..........	25 juin 1899.	3 août 1898.	18 août 1899.
Commencement de l'engraissement..........	3 juillet 1899.	11 août 1898.	25 août 1899.
Fin de l'engraissement et vente.	7 septembre.	20 octobre.	3 novembre.
Poids { au début.	40 kil.	40 kil.	36 kil.
{ à la fin....	122 —	125 —	122 —
Prix de vente du kilo vif.........	1^{fr},10	1^{fr},10	1^{fr},10
Prix total........	134^{fr},20	137^{fr},50	134^{fr},20
Lait écrémé consommé à 0^{fr},05 le litre.........	1215 lit. 60,75	1310 lit. 65,50	1210 lit. 60,50
Fécule consommée à 0^{fr},35 le kil.	44^{kg},200 15,47	51^{kg},90 18,18	45 kil. 15,75
	76,22	83,66	76,25
Valeur du veau à la naissance....	40 fr.	40 fr.	35 fr.
Bénéfice.........	17^{fr},97	13^{fr},84	22^{fr},95

Nous ferons remarquer que le lait écrémé pourrait être compté à un prix moins élevé, le bénéfice serait bien plus sensible.

Rationnement des veaux d'élève après le sevrage. — Comme pour les autres espèces domestiques, on ne peut fixer de date précise pour le sevrage des jeunes bovidés. Le moment propice dépend de la formation des organes digestifs, qui se manifeste par l'apparition des dents nécessaires à la mastication des aliments solides. Cette époque est fort variable suivant le degré de précocité des sujets, selon la race et les aptitudes individuelles. On peut admettre toutefois que c'est vers le troisième ou le quatrième mois de l'existence du jeune que cette si importante modification se raréalisée. Elle ne sera effectuée que progressivement, suivant la règle, sans exception, qui doit dominer tous les changements de nourriture.

Si le veau est élevé au baquet ou au biberon, l'opération sera très simple : elle consistera à diminuer peu à peu la ration liquide et à mettre à sa disposition les aliments solides qu'on lui substitue. Les conditions les plus heureuses consisteront à le laisser au pâturage dans l'intervalle de ses repas ; si elles ne sont pas réalisables, on lui donnera à l'étable des fourrages fraîchement coupés. S'ils proviennent de légumineuses, on fera précéder leur distribution par la consommation d'un peu de foin sec de bonne qualité, pour éviter les accidents dus à la météorisation ; on prendra la même précaution lorsque les jeunes seront conduits sur des prairies artificielles.

En hiver, les carottes finement coupées, les feuilles de choux interviendront pour une partie dans la ration ; on y ajoutera du foin, du son et un peu de tourteau.

M. Ayraud indique les deux rations suivantes pour des veaux de cinq mois :

I.

	Quantité. kil.	M.A. gr.	M.G. gr.	M.H. gr.	RN.
Regain de pré......	3	270	45	1350	
Choux............	20	300	80	1640	$\dfrac{1}{5,8}$
Betteraves........	10	150	15	900	
		720	140	3890	

II.

	Quantité. kil.	M.A. gr.	M.G. gr.	M.H. gr.	RN.
Regain de pré......	2,500	225	37	1125	
Choux............	10,000	150	40	820	
Betteraves........	10,000	150	7	900	$\dfrac{1}{5}$
Tourteau de colza..	0,400	102	31	80	
Son de froment...	0,150	16	5	56	
		643	120	2981	

Voici deux autres formules préconisées par M. Cornevin :

I.		II.	
Tourteau de coton dé-cortiqué...........	0kg,900	Tourteau de pavot...	0kg,900
Lait écrémé.........	2 lit.	Racines divisées.....	5kg,000
Petit-lait...........	2 lit.	Maïs en grains.......	0kg,600
Graines de foin épu-rées...............	2kg,000	Regain.............	2kg,000

A ce moment le jeune animal pèsera en moyenne entre
150 et 200 kilogrammes. On peut d'ailleurs imaginer
toutes sortes de substitutions, en se conformant à la
quantité de principes nutritifs nécessaires indiquée dans
les tables contenues à la fin du présent ouvrage.

Lorsque les jeunes tettent leurs mères, généralement ils
les suivent au pâturage. Il s'agit d'arriver à ce que celles-
ci ne se laissent plus approcher par leurs veaux ; on y
parvient en adaptant de petits appareils sur le museau de
ces derniers. Les plus répandus sont des demi-couronnes

garnies de pointes qui blessent la mamelle à l'approche. Dans la République Argentine on se sert d'une planchette portant une échancrure, qui se fixe dans les narines et empêche de pouvoir saisir le trayon. Pendant les premiers jours du sevrage, on retire à certaines heures ces appareils afin que les animaux prennent leur repas, que l'on interrompt quand on juge la quantité absorbée suffisante; on achève ensuite de vider la mamelle. On diminue tous les jours le temps de la tetée, on réduit le nombre des repas et on arrive au sevrage complet en une quinzaine de jours.

A partir de ce moment, les veaux doivent recevoir une nourriture copieuse pour permettre un développement normal, harmonique et accroître la précocité. Cependant toute exagération déterminant l'engraissement doit être considérée comme nuisible.

Wilckens rapporte que, dans l'espoir d'obtenir des aptitudes laitières très développées, il laissait les génisses élevées à l'étable de Pogarth teter leurs mères jusqu'au troisième mois, puis il leur distribuait une alimentation riche et abondante. Le développement fut rapide, les formes s'arrondirent, mais elles devinrent de très médiocres laitières; tandis que plus tard, croisées avec des taureaux Durham, elles donnèrent une descendance d'excellents produits de boucherie. Cette expérience montre la grande influence de l'alimentation sur le développement des aptitudes, et par conséquent sur la formation des familles et des races.

En général on n'élève que les veaux venus au printemps; ils ont eu le temps de se développer avant l'hiver, qui marque toujours un temps d'arrêt dans la croissance, quels que soient les soins dont on entoure le jeune. Cette observation, connue de tous les éleveurs, a été bien exposée par M. Saint-Yves Ménard à la Société d'alimentation en 1897.

M. A. Cruickshank, à Sittyten (Angleterre), donne aux

génisses Durham de son élevage âgées de dix à douze
mois la ration suivante :

Tourteau de coton décortiqué.	500 grammes.
Orge ou avoine concassée...	500 —
Tourteau de lin	900 —
Son......................	115 —
Balle d'avoine.............	675 —
Turneps..................	25 à 30 kilogr.
Paille...................	2 à 3 —

Donc, lorsque le premier hiver est passé, les jeunes
élèves achèvent l'âge d'un an. C'est encore au pâturage
qu'il conviendra le mieux de les conduire dès que ceux-ci
commenceront à verdir sous les premiers rayons du soleil
printanier. Nous avons vu (p. 142) le déplorable effet
d'un changement brusque de régime sur des bouvillons ;
nous conseillons donc de consacrer au moins huit jours
d'alimentation mixte pour ménager une transition progressive.

Dès maintenant les jeunes taureaux pourront être
employés pour la monte, sans toutefois les fatiguer, car
leur ardeur dépasserait leur résistance. Dans la plupart
des pays, on attend la deuxième année pour faire saillir
les génisses ; c'est une erreur, surtout pour développer
l'aptitude laitière. En Hollande, c'est dès l'apparition des
premières chaleurs, vers le douzième mois, que les
femelles sont fécondées et la race hollandaise ne souffre
pas de cette pratique. Il n'y a qu'une seule condition pour
assurer la réussite : c'est de donner à l'animal en gestation une alimentation suffisante, en azote surtout, pour
répondre à la fois au développement du fœtus et à
l'achèvement de sa croissance.

On voit que pendant le second hiver la ration pourra
différer notablement pour les animaux du même âge
suivant leur état. La relation nutritive sera notablement
élargie pour les bouvillons et les taureaux, quitte à
donner à ces derniers un petit supplément lorsqu'on leur

impose des fatigues génésiques ; au contraire, elle devra rester étroite pour les femelles en gestation.

Nous croyons intéressant de reproduire une expérience faite en 1901 par M. Prunier sous la direction de M. Laurent, professeur d'agriculture de la Seine-Inférieure, sur douze bovidés de quinze à dix-huit mois, divisés en quatre groupes uniformes. Les quatre lots sont d'abord soumis pendant dix jours à la ration exclusivement fourragère, puis successivement chacun d'eux reçoit pendant quatorze jours un complément de $1^{kg},666$ de tourteau, l'expérience durant ainsi cinquante-six jours. (Voy. le tableau, p. 382.)

On voit par les chiffres du tableau suivant quel bénéfice considérable on peut réaliser par un faible complément à la ration. On déduira de ces résultats que les accroissements sont sensiblement proportionnels à la somme des unités nutritives.

Nous ferons remarquer enfin que le bénéfice d'une bonne alimentation ne se fait pas sentir dès le début ; il faut que l'organisme se prépare à augmenter son assimilation ; ceci résulte des chiffres suivants pris dans la même expérience :

	Accroissement moyen par tête et par jour. kil.	Prix de revient du kilogr. vif d'accroissement des 12 animaux. fr.
24 janvier au 3 février (ration fourragère).................	0,033	»
7 au 17 février... Rations	0,285	1,15
17 févr. au 3 mars. complétées	0,333	0,97
3 au 17 mars .... avec les	0,666	0,46
17 au 31 mars .... tourteaux.	0,654	0,47

M. Ayraud rendait compte en 1885 à la Société nationale d'agriculture d'une expérience qu'il avait faite sur 13 veaux vendéens dans son exploitation du Lys. Il en concluait qu'avec les ressources ordinaires du pays le kilogramme d'accroissement de poids vif lui revenait en

ALIMENTS.	POIDS.	M.A.	M.G.	M.H.	RN.	ACCROISSEMENT moyen journalier par tête.	PRIX de revient du kilogr. vif d'accroissement.
Ration fourragère.	kil.	gr.	gr.	gr.		kil.	fr.
Betteraves fourragères............	8,00	80	4,8	552			
Menue paille.....	3,00	42	21,0	684			
Paille de blé......	2,00	16	8,0	712	$\frac{1}{17}$	0,033	»
— d'avoine ...	1,60	19	9,6	616			
Totaux..		157	43,4	2574			
Ration précédente.	»	157	43,4	2574			
Tourteau de lin...	1,66	395	153,6	478	$\frac{1}{6,3}$	0,464	0,72
Totaux...		552	197,0	3052			
Ration précédente.	»	157	43,4	2574			
Tourteau de gluten de maïs........	1,66	593	144,0	701	$\frac{1}{4,9}$	0,512	0,49
Totaux...		750	187,4	3275			
Ration précédente.	»	157	43,4	2574			
Tourteau de sésame......	1,66	536	184,0	248	$\frac{1}{4,8}$	0,505	0,53
Totaux...		693	227,4	2822			
Ration précédente.	»	157	43,4	2574			
Tourteau d'arachides décortiquées.	1,66	646	104,0	376	$\frac{1}{4,1}$	0,458	0,66
Totaux...		803	147,4	2950			

moyenne à 0 fr. 666 depuis le sevrage jusqu'à l'âge de
un an, et à 0 fr. 456 pendant la deuxième année.

Ce prix est fort variable suivant les sujets, puisque cet
auteur a observé pendant la première année des écarts de
0 fr. 95 à 0 fr. 45, provenant de ce que les veaux employaient
de 24^{kg},040 à 10^{kg},465 de substance sèche pour faire
un kilo de poids vif. Ces résultats montrent l'avantage
que l'on trouve à bien choisir ses sujets d'élève ; ils sont
produits par l'aptitude individuelle, qui fait ainsi varier
du simple au double le bénéfice de l'opération.

Nous avons dit à plusieurs reprises que l'addition de
phosphates à la ration des jeunes semblait produire des
effets satisfaisants. M. André Gouin, qui a publié de
nombreuses expériences sur ce complément du régime,
conclut qu'il en résulte une augmentation très sensible
de l'accroissement de poids journalier. Pendant vingt-
quatre jours il ajoute de la poudre d'os verts à la ration
d'un veau de 163 kilos, dont l'accroissement journalier
n'avait jamais dépassé 1^{kg},100 antérieurement ; ce
dernier atteint en moyenne 1^{kg},500 pendant cette période.
Il cesse de donner du phosphate, l'accroissement journalier pendant les vingt-quatre jours qui suivent revient
à 1^{kg},125.

Une autre fois, M. A. Gouin choisit un taurillon nor-
mand de trois mois et demi, et entreprit une expérience
de deux cent dix jours divisés en sept périodes alterna-
tives ; l'accroissement moyen journalier fut de 0^{kg},856
quand l'animal ne reçut pas d'acide phosphorique, tandis
que pendant les cent trente jours où il absorba quoti-
diennement de 120 à 150 grammes de poudre d'os verts
cet accroissement atteignit 1^{kg},227. Le prix de cette poudre
étant d'environ 14 francs les 100 kilos, la dépense qui
résulte de sa consommation est pour ainsi dire insignifiante ; il sera donc facile de vérifier les résultats obtenus.
Et, cette méthode n'aurait-elle que l'avantage de faire
peser très fréquemment les animaux d'élève, qu'on y

trouverait encore un bénéfice ; il est impossible de faire
de l'élevage rationnel et économique, si l'on n'établit
pas pour chacun de ses animaux une échelle des poids.

RATIONNEMENT DES VACHES LAITIÈRES.

La production du lait est une fonction zootechnique
très importante chez les bovidés. Limitée au début de la
domestication à la nutrition du jeune, elle a été beaucoup
développée depuis des siècles par la sélection et la gymnastique fonctionnelle pour contribuer à l'alimentation
humaine. Le besoin de lait devient chaque jour plus
considérable, en dehors de l'usage de ce liquide pour
l'élevage, que l'on s'efforce de restreindre de plus en
plus ; sa consommation prend une grande extension,
soit qu'on l'emploie en nature, soit qu'on le transforme en
beurre et en fromage. Les industries laitières notamment
ont pris depuis quelque trente ans un essor qui est loin
de se ralentir.

Pour faire face à ces exigences, on s'est efforcé de multiplier le nombre des vaches, d'augmenter leur production, et aussi de réduire le prix de revient.

L'alimentation est sans contredit un facteur très important de l'exploitation laitière, mais il en est d'autres qui
ont aussi une grande influence et que nous n'avons pas à
étudier ici ; tels sont la race, l'individualité, l'âge, la durée
de la lactation, le nombre et l'heure des traites, etc.

La nourriture que reçoivent les vaches agit sur la quantité et la qualité du lait qu'elles sécrètent ; son prix a une
influence directe sur la valeur du produit obtenu. Telles
sont les données du problème que nous allons étudier.

Influence sur la quantité. — De nombreuses expériences ont montré que la richesse de l'alimentation de
la vache avait une influence considérable sur la production laitière. On conçoit en effet que, si la vache ne reçoit
pas dans sa ration suffisamment de principes nutritifs

pour satisfaire aux dépenses de son entretien et à celles de la sécrétion du lait, cette dernière périclite tout d'abord, puisque la différence devra être fournie par l'organisme. Ces conditions sont défavorables; elles déterminent l'émaciation du sujet, l'affaiblissement de ses forces vitales; son épuisement l'empêche de réagir contre les maladies et le prédispose aux affections contagieuses; on sait en particulier combien la tuberculose fait de victimes dans les étables.

Pour montrer l'influence de la richesse de la ration sur la production, nous reproduirons les résultats obtenus en Danemark par Fjord; mais, avant, nous allons exposer la méthode qu'il suivit dans ses recherches, entreprises d'ailleurs sur les demandes réitérées des agriculteurs.

C'est à la ferme même que se poursuit l'expérience; sur un troupeau de 150 à 200 vaches on choisit un certain nombre de sujets *normaux* qui sont répartis en deux ou plusieurs lots, composés d'au moins dix têtes. Les groupes doivent être *équivalents* entre eux sous tous les rapports : poids, âge, production laitière, etc. On s'assure que ces conditions sont réalisées en soumettant l'ensemble de ce bétail à un régime préparatoire, le même pour tous. On suit les modifications qui peuvent se produire; elles doivent être semblables pour chacun des lots; il faut parfois effectuer quelques changements pour réaliser cette équivalence. Quand elle est obtenue, la période d'essai commence : l'un des groupes restant comme témoin, la ration de l'autre est modifiée peu à peu jusqu'à ce qu'elle arrive à la composition mise à l'étude. Ce régime d'essai est poursuivi pendant un temps suffisamment long pour qu'un équilibre soit constaté. Puis on revient à l'alimentation du début, que le lot témoin a toujours continué à recevoir, et, si les groupes sont restés équivalents, les chiffres doivent de nouveau être concordants pendant cette période finale. Pour effectuer ces études, Fjord créa des *stations d'essais nomades*, c'est-à-dire qu'un employé du laboratoire de recherches de Copenhague fut détaché dans la ferme, pour faire, sous la surveillance du propriétaire, les distributions d'aliments, le pesage des animaux, le mesurage du lait et le prélèvement des échantillons, envoyés ensuite au laboratoire, pour y être analysés. On voit combien cette méthode présente de garanties et combien elle est économique, puisque les sujets en expérience continuent à produire; aussi ne saurions-nous trop la recommander pour toutes les recherches de ce genre.

Fjord essaya de cette manière trois rations variant entre elles par la somme des éléments nutritifs; il obtint les chiffres suivants :

	Nombre d'unités alimentaires par tête et par jour.	Kilogr. de lait par jour.	Teneur du lait en mat. grasses. P. 100.
Rations faibles.....	7,7	10,2	3,2
— moyennes .	8,4	11,0	3,2
— fortes......	9,2	12,2	3,2

Il faut bien se garder d'exagérer le principe qui se dégage de cette expérience; quand l'alimentation contient une somme d'unités nutritives supérieure à ce qui peut être consommé par l'organisme, et que la mamelle a atteint son maximum de capacité de production, les excédents constituent des réserves graisseuses dont le développement nuit à la lactation et cause un tarissement précoce.

Comme preuve, nous pouvons rappeler l'expérience suivante. M. Malpeaux donnait à deux vaches la ration ci-dessous à laquelle il ajouta successivement, par périodes, 1 kilogramme, puis 2 kilogrammes, etc., de tourteau de sésame :

Ration au début.

Betteraves fourragères............	30 kilogr.
Foin.........................	5 —
Paille	5 —
Son	1 —

PÉRIODES.	ROSA.			BRISKA.		
	Lait par jour.	Mat. grasse		Lait par jour.	Mat. grasse	
		par litre.	par jour.		par litre.	par jour.
	lit.	gr.	kil.	lit.	gr.	kil.
15 janvier au 9 février (1 kil. de tourteau)...	13,60	32,1	0,436	8,80	38,2	0,336
10 février au 3 mars (2 kil. de tourteau)...	12,90	27,7	0,357	8,75	38,6	0,337
4 mars au 16 mars (3 kil. de tourteau)..	12,50	24,5	0,306	8,60	37,5	0,322
9 avril au 25 avril (5 kil. de tourteau)...	11,40	23,8	0,271	8,00	38,4	0,307

Ces essais manquent de point de comparaison ; nous ne retrouvons là ni le lot témoin, ni la période finale des expériences de Fjord ; nous ne connaissons pas davantage l'augmentation de poids des sujets, mais on peut néanmoins en déduire que l'accroissement de dépense n'a pas été compensé par une recette équivalente.

L'engraissement peut se produire avec une ration moyenne, si la quantité de matières albuminoïdes est insuffisante, c'est-à-dire si la relation nutritive est trop large. En effet, quand l'organisme a prélevé la protéine nécessaire à son entretien, la sécrétion laitière utilise ce qui reste, mais la partie disponible ne permet pas d'atteindre le maximum de production des mamelles ; celle-ci se trouve donc limitée ; il en résulte qu'une certaine proportion d'hydrocarbonés qui n'est pas utilisée se dépose dans le corps ; l'animal augmente de poids, tandis que le lait sécrété diminue.

On voit tout l'intérêt qui se rapporte à la détermination aussi exacte que possible de la ration de production d'une vache laitière, puisque l'excès comme la pénurie sont préjudiciables à la fonction.

La quantité d'eau absorbée par les vaches a, comme

on peut le supposer *a priori*, une influence marquée sur
la sécrétion laitière, puisque le lait contient de 83 à
88 p. 100 de ce liquide. Il semble que les aliments
aqueux ont une action plus directe que la boisson;
toutefois, il est possible d'augmenter l'effet de cette dernière en la donnant tiède aux animaux. Dans tous les cas,
ce que l'on peut dire c'est que l'on réalise une dilution
du lait, car, si la quantité augmente, la proportion de
substances sèches diminue inversement, et, tout compte
fait, la production des matières en solution ou en émulsion
reste sensiblement la même.

D'ailleurs, dans l'une des recherches de Fjord, conduite
comme il vient d'être exposé, les vaches qui recevaient
plus d'eau par leur nourriture dans les betteraves fourragères substituées aux tourteaux en consommaient
moins comme boisson.

	Ration		
	sèche au tourteau.	10 k. betteraves substitués à une partie du tourteau.	20 k. betteraves substitués à une partie du tourteau.
	kil.	kil.	kil.
Eau de boisson ...	44,5	37,0	28,0
Lait produit......	109,0	110,9	110,0
Mat. grasse p. 100.	3,22	3,17	3,15

La quantité de lait et de beurre n'a pas varié d'une
façon très appréciable; mais, avec des aliments plus
aqueux, comme des drèches, ou une boisson tiède, on
aurait observé des écarts plus considérables. L'influence
de la température de l'eau de boisson a été mise en
évidence par des chiffres publiés par M. Laurent et
recueillis au cours d'une expérience dont nous parlerons
ultérieurement. Les animaux étaient abreuvés dans
une mare qui a gelé pendant la durée des essais;
l'alimentation restant la même pour l'ensemble des lots,
cet auteur a constaté les variations suivantes dans la
production laitière totale :

			lit.
1re période.		La mare n'est pas gelée..	2 600,5
2e	—	La mare est gelée.......	2 436,5
3e	—	—	2 347,5
4e	—	La mare est dégelée.....	2 379,5

On a préconisé certaines plantes comme *galactogogues*, c'est-à-dire favorisant la sécrétion. Le comte de Pinto de Mettkau fait distribuer dans ce but à ses vaches des décoctions de fenouil, que l'on administre à la bouteille. Cornevin a recherché l'effet des principes contenus dans cette plante en procédant par des injections hypodermiques, et n'est arrivé qu'à des résultats négatifs. Il en a conclu que les faits qui ont été observés dans la pratique ont une cause indirecte : il pense que le fenouil agit comme stomachique excitant l'appétit, améliorant les fonctions digestives et facilitant la nutrition ; il active ainsi les fonctions de sécrétion. On attribue la même propriété galactogogue à la pimprenelle, aux baies de genièvre, au galiga, au polygala, aux racines de gentiane. Il semble résulter d'expériences qu'elle ne saurait être déniée à l'asparagine.

Influence sur la qualité. — La qualité d'un lait doit être envisagée au point de vue de l'usage auquel il est destiné : lorsque ce produit est vendu en nature, on s'efforce surtout d'obtenir l'abondance, une conservation facile et un goût agréable ; s'il est employé à la fabrication du beurre, on recherche la richesse en matières grasses et l'arome ; pour l'industrie fromagère, c'est la caséine qui joue le rôle prédominant.

Vente en nature. — Dans ce cas le lait est souvent appelé à remplir une mission particulièrement délicate en servant d'aliment aux nouveau-nés. L'allaitement artificiel des enfants nécessite un lait d'une richesse modérée, exempt de toute fermentation et de tout principe nocif, auxquels le jeune organisme se montre très sensible. On sait aussi avec quelle rapidité les substances solubles non assimilables, médicamenteuses ou autres, qui pénètrent dans le courant circulatoire, sont éliminées par la mamelle. C'est pourquoi il est à conseiller dans ce cas de donner aux vaches une ration simple, composée d'éléments dont il est facile de vérifier la qualité. Les foins de prairies artificielles seront préférés à ceux de prairies naturelles qui peuvent contenir des plantes vénéneuses, du colchique d'automne par exemple; car, bien qu'on en ait dit, celui-ci ne perd pas ses propriétés toxiques par la dessiccation. On surveillera les sons qui peuvent provenir de grains niellés ou ergotés; les tourteaux, dont les falsifications sont souvent à craindre. Enfin on devra s'abstenir de toute nourriture fermentée, d'ensilages notamment qui nuisent à la conservation du lait et causent des diarrhées chez les jeunes enfants.

Kuhn conseille, comme tout particulièrement favorables dans la ration, les foins de luzerne et de sainfoin, les grains, l'avoine principalement, et la graine de lin.

L'arome du lait est modifié par certains aliments; l'ail, les oignons, les poireaux lui communiquent un goût peu agréable; il peut aussi devenir amer, et on adresse ce reproche à la paille d'avoine donnée en abondance; dans le même cas les crucifères, les tourteaux lui procurent leur odeur. Les médicaments, même employés à l'usage externe, se retrouvent dans ce liquide. On doit donc veiller tout spécialement à éloigner de la consommation des vaches laitières les substances qui pourraient altérer l'arome du lait.

Variations de la richesse en beurre. — La richesse du lait en matières grasses est avant tout une qualité individuelle : une vache est beurrière ou ne l'est pas; si, par le régime, il est possible d'améliorer cette proportion, c'est dans des limites tellement restreintes qu'on peut dire que cela ne présente aucun intérêt pratique. Bien des causes font varier la richesse en beurre pour le même animal : l'âge, la durée de la lactation, le moment de la traite, etc. L'alimentation a également une influence, mais elle n'est pas telle qu'on la suppose généralement. Si dans les expériences on observe une augmentation permanente, c'est-à-dire indépendante des variations suivant immédiatement tout changement de régime, on constate en même temps qu'elle correspond à une diminution de la sécrétion, telle que la quantité journalière de beurre produit reste fixe.

Les résultats suivants, obtenus par M. Malpeaux dans ses recherches, mettent ce fait en évidence :

NOMS des VACHES.	VARIATIONS DANS LA RATION.				VARIATIONS DANS LA SÉCRÉTION.	
	Feuilles de betteraves. $RN = \frac{1}{9}$.		Racines et tourteaux. $RN = \frac{1}{6}$.			
	Lait.	Beurre par litre.	Lait.	Beurre par litre.	Lait.	Beurre par litre.
	lit.	gr.	lit.	gr.	lit.	gr.
Stella......	9,75	37,00	7,75	40,75	+ 1,00	— 3,75
Neriette...	9,25	36,25	8,25	39,00	+ 1,00	— 2,75
Belotte....	9,25	34,75	8,50	38,00	+ 0,75	— 3,25
Marjolaine.	10,00	34,50	8,75	37,75	+ 1,25	— 3,25

On avait pensé que les aliments riches en matières grasses introduits dans la ration pourraient modifier le rendement en beurre. Les résultats obtenus notamment par Kuhn et Fleicher en faisant absorber aux animaux 500 grammes d'huile de lin furent négatifs. Cependant, Wolff rapporte qu'à Mockern on avait remarqué un accroissement à la suite de la consommation de farine de graine de palme par une vache. Dans des expériences faites à Halle, en donnant à une chèvre de l'huile de pavot, on augmenta notablement la proportion de matière grasse dans le lait. Enfin, en 1897, Soxhlet publiait les résultats de ses recherches sur des vaches auxquelles il donnait de l'huile de sésame ou de la stéarine en émulsion tiède, et qui semblaient prouver qu'une partie au moins de la graisse ainsi absorbée venait accroître celle contenue normalement dans le lait.

MM. Malpeaux et Dickson reprirent ces essais et, pour donner la matière grasse sous une forme facilement assimilable, ils ajoutèrent à la ration des animaux 1 kilogramme de farine de graine de lin contenant 365 grammes d'huile. Ils obtinrent les chiffres suivants, d'où il résulte qu'aucune modification ne s'est produite :

DATES.	MUGUETTE.		EUROPA.		YO.		ESCURA.	
	Lait.	Beurre par litre.	Lait.	Beurre par litre.	Lait.	Beurre par litre.	Lait.	Beurre par litre.
	Régime à la graine de lin.				*Régime ordinaire.*			
10 juin ...	11,75	34,5	9,25	33,0	10,75	42,0	7,75	38,0
15 juin....	12,25	35,0	9,00	33,0	11,50	42,0	8,25	38,5
	Régime ordinaire.				*Régime à la graine de lin.*			
22 juin....	11,50	35,5	8,75	35,5	10,25	42,0	8,00	37,0
26 juin....	10,75	36,0	8,00	35,5	11,25	41,5	7,75	38,0

	Régime ordinaire.	Régime à la graine de lin.
Lupuline verte	60 kilogr.	60 kilogr.
Paille d'avoine	5 —	5 —
Tourteau de coton...	1 —	1 —
Farine de lin	» —	1 —

Remarquons toutefois que la lupuline est dans la circonstance un mauvais choix, si l'observation que nous avons faite sur le troupeau de la ferme d'Arcy est confirmée

p. 176), et cela semble résulter d'une autre expérience faite par les mêmes auteurs sur quatre vaches ; ils ont obtenu une augmentation journalière moyenne par tête de 1^{lit},10 de lait et de 42^{gr},8 de beurre due à l'influence de ce fourrage.

Si nous pouvons déduire de ce qui précède qu'il n'y a pas d'aliments favorisant pratiquement la production du beurre comme quantité, il n'en est pas de même au point de vue de sa qualité. Les goûts qu'ils peuvent lui communiquer, la consistance plus ou moins grande, la texture de la pâte, la facilité de la séparation de la crème et du barattage ont une grande importance, parce qu'il en résulte des différences très sensibles dans la valeur du produit et, par conséquent, dans les bénéfices réalisés par l'entreprise.

Variation de la richesse en caséine. — Le Dr Pagès, dans son ouvrage sur *l'Hygiène des animaux domestiques dans la production du lait*, attribue une influence favorable à l'élaboration de la caséine à certains aliments qu'il appelle *fromagés*. Il signale à ce point de vue la betterave, la luzerne, le son.

En résumé, nous pensons que l'alimentation a un effet direct sur la somme de matière sèche contenue dans le lait, mais elle ne peut déterminer que de faibles changements dans la proportion des éléments qui la composent. Par un régime bien réglé, on peut arriver à augmenter la production journalière de matière sèche par un accroissement de la sécrétion ou de la concentration du lait. C'est ce résultat optime que l'on doit s'efforcer d'atteindre pour réaliser le bénéfice le plus élevé en faisant le minimum de dépense. C'est pourquoi la composition de la ration de la vache laitière est particulièrement délicate à fixer ; elle se meut entre deux limites, et dans ce cas le principe de l'alimentation maxima préconisé par certains auteurs est en défaut.

Régime de la vache laitière.

Suivant les conditions de l'exploitation, le régime auquel sont soumises les vaches laitières est variable. Tandis qu'en Normandie, par exemple, elles passent une grande partie de l'année dans les pâturages, dans la Lombardie et dans les étables urbaines elles sont constamment attachées à la crèche ; dans d'autres régions, ces deux régimes sont alternés : les animaux sont conduits dans les prairies une partie du jour et rentrent dans les étables pour compléter par des repas la nourriture insuffisante qu'elles ont pu prendre. Ce sont les procédés de culture, la richesse du sol, le climat, les ressources dont on dispose qui fixeront la méthode que l'on doit adopter.

Régime du pâturage. — La vie au grand air dans la prairie, où les animaux choisissent les herbes qui leur plaisent, mangent à leur faim, est sans contredit celle qui convient le mieux à l'hygiène des bovidés, celle qui se rapproche le plus de leur existence naturelle. C'est ainsi que les vaches donnent le lait le meilleur, le plus savoureux, et proportionnellement le plus abondant. Mais il faut que les prairies dont on dispose aient une étendue suffisante, et que l'herbe qui y croît soit assez riche pour assurer une alimentation copieuse et complète. Les animaux devront avoir à leur disposition une eau claire et potable. On veillera à ce qu'ils soient dérangés le moins possible ; au moment des traites, pour faciliter leur approche et la mulsion, on leur donne souvent dans un seau quelques poignées de son sec qu'ils mangent pendant cette opération.

Comme nous l'avons déjà dit, il est difficile d'apprécier la quantité de vaches qu'une prairie peut entretenir pour les alimenter complètement en évitant le gaspillage. Ce nombre peut d'ailleurs varier d'une année à l'autre suivant les conditions météorologiques. La consommation d'une vache de 500 kilogrammes produisant 15 litres de lait peut atteindre 70 kilogrammes d'herbe dans sa journée.

Ce mode d'alimentation est-il économique? Si nous ne considérons que le prix de revient de la nourriture, si nous ne tenons pas compte de la qualité du lait obtenu, de l'hygiène de l'animal, d'où résulte une prolongation de sa durée, la réponse ne paraît pas douteuse : l'économie de main-d'œuvre réalisée sur la récolte et la distribution du fourrage à l'étable n'est pas compensée par le gaspillage d'herbe par le bétail dans la prairie et les dépenses d'énergie causées par le mouvement et l'accroissement du rayonnement calorique. M. Bouthier de la Tour, qui avait remplacé le régime du pâturage par celui de la stabulation, prétendait que la même prairie fauchée nourrissait le double de têtes. Nous donnons ces indications tout en pensant qu'il n'est pas toujours avantageux de faire cette substitution. C'est à l'éleveur à étudier les conditions qui lui sont imposées, à apprécier la main-d'œuvre, les moyens de transport dont il dispose; il adoptera ensuite la solution conforme à ses intérêts. Dans le régime de la transhumance, par exemple, il est impossible de renoncer au pâturage, de même lorsque les prairies sont très étendues ou peu productives. On a proposé comme plus économique le pâturage au piquet; cependant il nécessite une surveillance constante pour déplacer l'animal, lui donner à boire, et pendant les chaleurs il souffre souvent du manque d'abri. Cette méthode est surtout employée pour faire paître les prairies artificielles. Nous pensons toutefois que, dans les années de disette fourragère, on n'envisage pas assez souvent l'économie que l'on réaliserait par la stabulation.

Régime de la stabulation. — L'entretien des animaux à l'étable est le plus fréquent; c'est la condition qui se prête le mieux à l'application des règles de l'alimentation rationnelle et économique. Dans presque tous les pays, on se trouve contraint à rentrer le bétail à certaines époques pour le protéger contre les rigueurs du climat. Les vaches qui fournissent le lait aux agglomérations urbaines sont le plus souvent soumises à la stabulation. Dans le nord de l'Italie, c'est le régime adopté, parce que les aménagements coûteux permettant l'irrigation des prairies seraient détériorés par les pieds des animaux.

Lorsqu'il s'agit de fixer la ration d'une vache laitière, il importe de tenir compte de la quantité de lait qu'elle sécrète journellement. Cette production nécessite de grandes dépenses de matières azotées qui doivent être compensées par une alimentation suffisamment riche en protéine, car nous savons que les autres principes nutritifs ne sauraient lui être substitués. Chaque litre de lait contient en moyenne 35 à 40 grammes de caséine, ce qui correspond à 700 ou 800 grammes de substance albuminoïde pour une production journalière de 20 litres. Si nous admettons que l'entretien à l'étable d'une bête bovine de 500 kilogrammes nécessite une consommation de 350 grammes de corps protéiques assimilables, cette quantité se trouvera portée à 1 200 grammes au moins pour la vache laitière de même poids sécrétant 20 litres de lait. Nous verrons, dans les exemples de rationnement qui vont suivre, que trop souvent on reste au-dessous de ce chiffre, ce qui explique pourquoi, au début de la lactation, il est fréquent de voir les vaches maigrir. Cette réduction se produit surtout au détriment des masses musculaires.

Nous résumons dans le tableau ci-dessous les rations données pendant une année au troupeau laitier de la ferme d'Arcy-en-Brie où l'on apporte le plus grand soin à la nourriture et à l'entretien des sujets qui le composent. On remarquera cependant de grands écarts dans la somme des unités nutritives suivant les périodes et aussi des variations considérables dans la relation nutritive.

FOURRAGES.	NOVEMBRE A AVRIL.		MAI.		JUIN.		JUILLET.		AOUT.		SEP-TEMBRE.		OCTOBRE.	
	Poids.	Prix.	Poids.	Prix.	Poids.	Prix.	Poids.	Prix.	Poids.	Prix.	Poids.	Prix.	Poids.	Prix.
	kil.	fr.	kil.	fr.	kil.	fr.	kil.	fr.	kil.	fr.	kil.	fr.	kil.	fr.
Paille à 20 fr. les 100 bottes de 6 kil.	8	0,27	8	0,27	8	0,27	7	0,23	7	0,23	7	0,23	7	0,23
Fourrages secs, 30 fr. les 100 b. de 5 kil.	5	0,30	»	»	»	»	»	»	»	»	2	0,12	2,5	0,15
Luzerne, 30 fr. les 100 b. de 20 kil.	»	»	»	»	»	»	35	0,52	35	0,52	»	»	»	»
Minette, 12 fr. 50 les 1 000 kil....	»	»	35	0,44	»	»	»	»	»	»	»	»	»	»
Trèfle incarnat, 12 fr. 50 les 1 000 kil.	»	»	»	»	35	0,44	»	»	»	»	»	»	»	»
Maïs, 1 fr. les 1 000 kil.	»	»	»	»	»	»	»	»	»	»	42	0,42	40	0,40
Betteraves à sucre, 18 fr. les 1 000 kil.	40	0,72	»	»	»	»	»	»	»	»	»	»	»	»
Son et remoulage, 15 fr. les 100 kil.	1	0,15	1	0,15	2	0,30	1	0,15	1,5	0,25	2	0,30	2	0,30
Tourteaux, 15 fr. 50 les 100 kil...	3	0,46	2,5	0,39	1,5	0,23	2	0,31	2	0,31	3	0,46	3	0,46
Sel.	0,04	»	0,04	»	0,04	»	0,04	»	0,04	»	0,04	»	0,04	»
Salaire et nourriture du vacher, 101 fr. par mois par 27 têtes..	»	0,13	»	0,13	»	0,13	»	0,13	»	0,13	»	0,13	»	0,13
Prix de la ration journalière.		2,03		1,38		1,37		1,34		1,42		1,66		1,67

Nous établissons à titre d'exemple le calcul des éléments nutritifs de deux de ces rations; les premières colonnes contiennent les chiffres des principes digestibles tels qu'on les trouve dans les tables, les secondes les nombres résultant de leur multiplication par le poids de l'aliment :

ALIMENTS.	POIDS.	MA.		MG.		MH.		UNITÉS nutritives.
	k.	p.100	total.	p.100	tot.	p.100	total.	
Ration d'hiver. $RN = \dfrac{1}{7,4}$								
Paille de blé.....	4	0,8	32	0,4	16	35,6	1424	1496
Foin de luzerne...	5	10,0	500	1,0	50	33,5	1675	2295
Betteraves à sucre.	40	0,8	320	0,05	20	15,8	6320	6680
Son.............	1	10,6	106	2,4	24	44,4	444	608
Tourteaux (coton non décortiqué).	3	18,0	540	5,9	177	17,7	531	1497
Totaux.....			1498		287		10394	12576
Ration de septembre. $RN = \dfrac{1}{6}$								
Paille...........	4	0,8	32	0,4	16	35,6	1424	1496
Foin de luzerne..	2	10,0	200	1,0	20	33,5	670	918
Maïs vert........	42	0,7	294	0,2	84	8,2	3444	3948
Son.............	2	10,6	212	2,4	48	44,4	888	1216
Tourteaux (coton non décortiqué).	3	18,0	540	5,9	177	17,7	531	1497
Totaux.....			1278		345		6957	9075

Si nous nous reportons aux tables de rationnement, nous voyons que pour des vaches de 600 kilos donnant en moyenne 10 litres de lait par jour, conditions réalisées dans l'étable dont nous reproduisons le régime les quantités de principes nutritifs sont les suivantes :

$$MA = 1,500, \qquad MG = 0,300, \qquad MH = 7,800,$$

et la somme des unités nutritives $SUN = 10,020$.

Pour montrer l'influence d'une addition d'aliments concentrés sur la production du lait et le bénéfice de l'opération, M. Laurent, professeur départemental de la Seine-Inférieure, a fait ajouter par M. Luguet, à une ration assez pauvre du pays, comparativement du son de blé et trois sortes de tourteaux à raison de 3 kilos par tête. L'expérience a duré du 28 janvier au 24 mars 1901. Nous en résumons les résultats en estimant le prix du lait à 0 fr. 15 le litre, et celui de l'accroissement de poids vif à 0 fr. 65 le kilo.

ALIMENTS CONCENTRÉS. — (3 kil. ajoutés à chaque ration journalière.)	LAIT produit par 4 vaches en 56 jours.	VARIATION totale du poids vif.	PRODUIT net total.
	lit.	kilogr.	fr.
Son de blé à 15 fr. les 100 kil.	2333,5	— 58	211,30
Tourteau de coton décortiqué à 16 fr. 50 les 100 kil.	2462,0	+116	333,70
Tourteau d'arachides décortiquées à 18 fr. les 100 kil.	2494,5	— 38	228,45
Tourteau de sésame à 16 fr. 50 les 100 kil.	2473,5	— 24	224,40

Composition de la ration.

Betteraves fourragères. . . . .   12 kilogr.
Menue paille.   1   —
Foin de pré   10   —
Paille de blé.   2   —

Le son, qui est si généralement employé pour l'alimentation des vaches laitières, s'est montré tout à fait inférieur aux tourteaux dans cette expérience.

En 1901, M. Nicolas a essayé d'introduire la nourriture mélassée dans le régime des vaches laitières de son étable. Il en opérait le mélange comme il a été expliqué (p. 255). Chaque lot mis en expérience était aussi homogène que possible, et les animaux auxquels on avait donné la mélasse pendant le premier mois, servirent de témoins le mois suivant, étant ramenés à la ration ordinaire dont nous donnons la composition.

DATES.	1er LOT.		2e LOT.	
	Lait produit.	Poids total.	Lait produit.	Poids total.
	lit.	kil.	lit.	kil.
	Ration mélassée.		*Ration ordinaire.*	
20 novembre 1901..	161,5	6 045	170	»
20 décembre 1901..	127,0	5 925	164	»
	Ration ordinaire.		*Ration mélassée.*	
20 décembre 1901..	127,0	5 925	164	6 135
20 janvier 1902....	135,5	6 090	130,5	5 835

M. Nicolas conclut de ces résultats que l'alimentation mélassée ne convient pas aux vaches laitières.

Cet échec est facile à expliquer si l'on fait le calcul de la composition de la ration. On verra que ce n'est pas l'aliment lui-même qu'il faut accuser de la diminution de sécrétion du lait et de poids des animaux, mais l'insuffisance notoire de la valeur alimentaire de la ration.

L'auteur de l'expérience a en effet substitué la mélasse aux substances protéiques; il a élargi la relation nutritive de 1/5,7 à 1/8,9 et il a réduit en même temps la somme des éléments nutritifs de 9 132, chiffre déjà faible, à 6 172, quantité tout à fait insuffisante.

Ration ordinaire.

	kil.	MA.	MG.	MH.	SUN.
Betterave demi-sucrière.	25,000	200	1,3	3 000	
Tourteau (coton non décort.?).	2,150	387	12,68	381	1 382
Son	2,500	265	51,60	1 110	612
Foin (luzerne ?)........	5,000	500	50,00	1 675	7 138
Paille d'avoine........	2,500	30	15,00	962	9 132
Sel................	0,040	»	»	»	
		1 382	254,7	7 138	

$$RN = \frac{1}{5,7}$$

Ration mélassée.

	kil.	MA.	MG.	MH.	SUN.
Paille de blé............	5,500	77	38,5	1 254	
Mélasse................	1,500	66	»	92	619
Son	3,400	360	84,6	1 509	343
Betteraves demi-sucr...	10,000	80	5,0	1 200	5 210
Paille d'avoine.........	3,000	36	48,0	1 155	6 712
Sel................ ...	0,040	»	»	»	
Eau...................	6 lit.	»	»	»	
		619	143,1	5 210	

$$RN = \frac{1}{8.9}$$

M. Garola a indiqué la ration suivante pour les vaches laitières; elle eût certainement donné un tout autre résultat que celui obtenu par M. Nicolas.

		Protéine.	Hydrates de carbone.
Paille-mélasse.......	7 kil.	144 gr.	3 750 gr.
Tourteau de sésame.	2 —	560 —	828 —
Betteraves	20 —	220 —	2 200 —
Balle de blé........	2 —	28 —	664 —
		952 gr.	7 442 gr.

$$RN = \frac{1}{7,7}.$$

On s'est demandé en Allemagne s'il ne serait pas avantageux de soumettre les vaches laitières au régime sec pendant toute l'année. Cette question a été étudiée par le Dr Kramer, qui se montrait partisan de cette méthode, malgré l'accroissement de main-d'œuvre et les risques auxquels expose le séchage des fourrages. Le plus sérieux argument que l'on puisse faire valoir en faveur de ce procédé réside dans la variation continuelle de la valeur alimentaire de la ration.

Nous savons en effet que la quantité de protéine digestible dans les plantes croît jusqu'à la floraison et diminue ensuite. D'autre part, à chaque saison le changement d'alimentation est nuisible au rendement de la machine animale. Cependant, dans les étables, on remarque toujours au printemps, quand les fluctuations passagères sont terminées, que la nourriture verte a une heureuse influence sur la production laitière en quantité et en qualité.

Nous pensons qu'il est facile de remédier aux inconvénients signalés, en ménageant la transition entre les deux régimes comme nous avons déjà conseillé de le faire. Pour les variations de richesse, l'agriculteur aura tout avantage à sécher le fourrage qui n'aura pas été consommé, dès que la floraison sera générale ; il obtiendra un foin de meilleure qualité et évitera le gaspillage à l'étable.

On a aussi proposé de hacher les fourrages verts ; Zimmermann, à sa ferme de Benkendorf, a adopté cette méthode parce qu'elle lui permet le mélange avec un tiers de paille hachée, auquel il ajoute $0^{kg},500$ à 1 kilo de grains concassés par tête ; il y trouve un avantage économique, il évite les météorisations, et la production laitière est au moins égale et souvent supérieure à celle qu'il obtenait précédemment.

Il est certain qu'ainsi les animaux perdent moins d'aliments ; il faut seulement que le bénéfice réalisé dépasse le prix de revient ; c'est un calcul dont la solution peut varier suivant les circonstances. A l'appui de cette opinion, nous rappellerons une expérience faite par Gustave Kuhn sur une vache de 400 kilos à laquelle il donna d'abord du trèfle haché à discrétion ; elle en consomma de $56^{kg},2$ à $74^{kg},7$ par jour. Elle recevait ainsi par 1000 kilos de poids vif, 33,9 de substances sèches contenant :

$$MA = 3^{kg},5, \quad MG = 0^{kg},9, \quad MH = 13^{kg},81, \quad RN = \frac{1}{4.2}.$$

Cet auteur, dans la deuxième période d'essais, remplaça le cinquième des substances sèches du trèfle par de la paille ; la ration devint, par 1000 kilos de poids vif, de 26,5 de substance sèche :

$$MA = 2^{kg},7, \quad MG = 0^{kg},7, \quad MH = 10^{kg},8.$$

Pendant la première période, la quantité de lait produite par kilogramme de matière sèche était de 0,96 ; elle devint de 0,92 pendant la seconde, c'est-à-dire qu'elle subit une variation insensible.

Régime mixte. — La stabulation complète à l'étable est un régime de production intensive : les vaches qui y sont soumises s'épuisent rapidement et les chances de contagion des maladies sont accrues, ainsi que cela se remarque dans toutes les agglomérations animales. La tuberculose notamment étend ses ravages dans les troupeaux.

Aussi, lorsque l'étendue des prairies est insuffisante ou quand on estime plus économique d'assurer presque entièrement l'alimentation des vaches à l'étable, s'efforce-t-on de remédier à ces inconvénients en les conduisant pendant une partie de la journée dans un pâturage. Cette méthode présente de grands avantages au point de vue hygiénique.

En Lombardie, où les animaux sont enfermés presque toute l'année à cause des conditions de la culture, les agriculteurs abreuvent leur bétail à une auge disposée dans la cour de la ferme. Le terrain qui y conduit est pavé ; il descend en pente douce et l'eau qui déborde largement forme une mince nappe dans laquelle les animaux sont contraints de se rafraîchir les pieds. Ils sont laissés ainsi en liberté pendant un quart d'heure environ deux fois dans la journée. Cet exercice très modéré et ces soins hygiéniques ont le plus heureux effet sur leur santé.

Dans beaucoup de fermes de la Brie, on conduit les vaches dans les prés voisins des bâtiments, le matin après la traite et le premier repas ; faute de meilleur emplacement, on les met aussi sur les luzernes qui commencent à repousser après la fauchaison d'une coupe. On les rentre dès que le soleil monte dans sa course et que la chaleur commence à les incommoder.

La nourriture que les animaux prennent dans ces conditions est comptée pour peu dans la ration ; toutefois elle compense largement la dépense d'énergie qui résulte de ce déplacement.

Par ce moyen, on peut rendre moins fréquentes certaines maladies causées par l'immobilité, les arthrites notamment, et l'on prolonge la durée de l'exploitabilité des vaches laitières. Ce sont des résultats très appréciables qui doivent faire préconiser cette méthode.

RATIONNEMENT DU BŒUF DE TRAVAIL.

Avec les progrès de l'agriculture on voit diminuer peu à peu le nombre des attelages de bœufs ; ceux-ci sont remplacés par des chevaux. Cependant les conditions économiques de la production de la force par ces deux moteurs sont essentiellement différentes ; elles peuvent se rencontrer à la fois dans la même exploitation ; il n'y a pas incompatibilité entre ces deux modes de traction, et nous pensons que souvent, en faisant un choix exclusif, on néglige une source de profits.

Pour le cheval il est nécessaire de disposer de fourrages de bonne qualité et d'aliments concentrés, afin d'obtenir un rendement satisfaisant ; le capital engagé, c'est-à-dire le prix du moteur, va en diminuant par l'usure, sauf le cas où l'on se livre à l'industrie de l'élevage, d'où la nécessité de calculer un amortissement. Enfin il est construit pour développer le travail en intensité beaucoup mieux qu'en résistance ; il donne de puissants coups de collier, il prend une allure plus ou moins rapide.

Le bœuf semble au contraire réunir toutes les qualités opposées. La conformation de son appareil digestif lui permet de tirer parti des fourrages grossiers ; il utilise les nourritures volumineuses. Son prix augmente avec l'âge, puisqu'il acquiert du poids et fait de la viande ; aussi, dans l'exploitation du bœuf pour la traction, ne doit-on jamais dépasser l'âge où cette valeur a atteint son maximum ; c'est le moment marqué pour l'engraissement ; donc l'amortissement se transforme dans ce cas en plus-value. Le mode de déploiement de la force est tout autre : c'est à un pas lent et régulier qu'il déplace les charges sans efforts apparents par une traction forte et continue ; avec lui pas d'à-coups. On comprend que dès lors ce moteur soit employé pour les transports des industries agricoles, qui fournissent en outre des résidus pour son alimentation ; il convient aussi pour la traction des instruments de culture si l'on n'est pas limité par le temps. Le kilogrammètre est produit à un prix de revient inférieur, puisque les matières premières brûlées par l'organisme sont de moindre valeur.

Quand on doit faire intervenir comme facteur, dans le calcul de la production de la force, la durée du travail, les conditions sont changées. Supposons qu'il s'agisse de hâter la rentrée des récoltes : les chevaux conviendront mieux pour la traction des moissonneuses ou des faucheuses et pour effectuer les transports.

Telles sont les raisons qui devront faire choisir entre ces deux moteurs, étant donnés les fourrages à utiliser, le travail à exécuter et le temps dont on dispose.

Mathieu de Dombasle estime que, proportionnellement au poids vif, les bœufs développent les quatre cinquièmes du travail des chevaux, lorsque leur alimentation est suffisante. Cette quantité est un peu exagérée si l'on considère que la ration est calculée d'une façon plus parcimonieuse pour les bovidés, afin de profiter de leur puissance digestive ; les auteurs sont généralement d'accord pour admettre le chiffre des trois quarts.

Jusqu'aux expériences de Gustave Kuhne (p. 96) on admettait que le rapport nutritif ne devait pas dépasser un septième ; d'après ce que nous connaissons maintenant de l'utilisation des divers principes alimentaires, nous pouvons déduire que, l'entretien de l'organisme étant assuré par une quantité suffisante de protéine, l'excédent nécessaire à la production de la force peut être donné exclusivement sous forme de matières hydrocarbonées, ce qui élargit le rapport à un dixième et même au delà. Comme conséquence, le prix de revient de la force en sera réduit. On trouvera dans les tables la composition théorique de la ration suivant l'intensité du travail demandé.

Voici, comme exemple, les rations données à la ferme d'Arcy à des bœufs pesant de 850 à 1000 kilos :

ALIMENTS.	PRIX des 100 k.	RATION ORDINAIRE.				RATION MÉLASSÉE.			
		Poids.	MA.	MG.	MH.	Poids.	MA.	MG.	MH.
	fr.	kil.				kil.			
Betteraves demi-sucrières.	2,00	35,0	280	18,5	4200	10,0	80	5	1200
Son.............	13,50	2,0	212	48,0	888	5,0	530	120	2220
Foin ordinaire.	6,00	2,5	137	25,0	1020	»	»	»	»
Tourteau de coton............	15,00	2,0	360	118,0	354	»	»	»	»
Paille d'avoine.	4,00	6,0	72	36,0	2310	3,0	36	18	1155
Mélasse........	7,00	»	»	»	»	1,5	67	»	919
Balle de blé ...	4,00	»	»	»	»	5,0	70	35	1140
Totaux....			1061	245,5	8772		783	178	6634

$$\text{SUN} = 10\,422. \qquad \text{SUN} = 7\,830.$$

$$\text{RN} = \frac{1}{9,8}. \qquad \text{RN} = \frac{1}{10}.$$

Prix de revient. $1^{\text{fr}},66$ $1^{\text{fr}},30$

Dans le calcul de la protéine contenue dans la mélasse nous avons déduit les substances non albuminoïdes qui se composent surtout de nitrates.

Nous ferons remarquer que la deuxième ration qui a été substituée à la première ne lui est pas équivalente. Si nous comparons ces formules au point de vue de leur valeur alimentaire avec celles données dans les tables de rationnement calculées pour des bœufs d'un poids moyen de 900 kilos, nous trouvons pour la somme des principes nutritifs les chiffres suivants :

Ration ordinaire d'Arcy....... SUN = 10,422
    —   de travail moyen...... SUN = 13,230
    —   —   faible....... SUN = 10,890
    —   mélassée d'Arcy........ SUN = 7,830

Pour que les deux régimes fussent identiques, on aurait dû ajouter au second la paille d'avoine ; le prix de revient aurait été augmenté de 0 fr. 24 et la somme des unités nutritives serait devenue :

Ration mélassée + 6 kil. paille d'avoine..   SUN = 10,31

Il est toujours avantageux de nourrir un peu largement les bœufs de travail ; on les prépare ainsi à l'engraissement final.

Si l'alimentation est insuffisante pour le travail demandé et que cette situation se prolonge, les animaux arriveront à un état d'épuisement qu'il sera ensuite très difficile et très coûteux de réparer, quand on devra les préparer à la boucherie. Les conditions les meilleures pour un engraissement rapide et économique seront réunies lorsque le bœuf sera bien en chair, arrivé au terme de sa croissance et aura travaillé normalement. M. Ayraud indique pour un bœuf de 600 kilos la ration de travail ci-dessous :

	Quantité. kil.	MA.	MG.	MH.
Foin de trèfle.........	10	850	710	3,800
Betteraves fourragères..	50	750	100	4,500
		1,600	810	8,300

SUN = 1,600 + 810 × 2,4 + 8,300 = 10,548.

Ration de travail fort d'après les tables, pour un bœuf de 600 kilos.

SUN = 1,680 + 480 × 2,4 + 7,800 = 10,632.

Nous ferons remarquer que, dans les tables de rationnement, le travail moyen correspond à peu près au double du travail faible, et le travail fort au triple de ce dernier :

$$\text{Travail}\begin{cases}\text{faible}\ldots & (12,100-8,900)1\,738,4\ (1) = 5\,562\,880 \\ \text{moyen}.. & (14,700-8,900)1\,738,4 \quad\ = 10\,082\,720 \\ \text{fort}\ldots.. & (17,700-8,900)1\,738,4 \quad\ = 15\,297\,920\end{cases}\begin{matrix}\text{kilogram-}\\ \text{mètres}\\ \text{disponibles.}\end{matrix}$$

Ces chiffres se rapportent à 1 000 kilos de poids vif.

Ils subiront une réduction variable avec le rendement du moteur pour obtenir la force utilisable.

L'allure ordinaire du bœuf est de $0^m,95$ par seconde, mais elle est fort variable avec les races. Dans l'Oberland badois, à Stokach, on a fait au mois d'octobre 1889 un concours de traction ; une paire de bœufs a parcouru un kilomètre avec une charge de 2000 kilos en huit minutes, c'est-à-dire à une vitesse de 2 mètres à la seconde. Une autre paire a remorqué une charge de 16 250 kilos, répartie sur deux véhicules ; le chemin était un peu détrempé par les pluies.

Nous pensons que dans l'industrie de l'élevage on trouvera le maximum de profit en dressant les jeunes bœufs au joug dès l'âge de deux ans ; on en augmentera suffisamment le nombre pour ne leur demander qu'un travail modéré qui facilitera leur croissance ; ils seront réformés vers cinq ou six ans quand ils auront acquis leur complet développement. Si l'on prolonge leur carrière davantage, leur engraissement devient plus difficile, leur valeur n'augmente plus, et la nourriture d'un bœuf est presque aussi coûteuse que celle des jeunes qui le remplaceraient. M. Risler écrit les lignes suivantes à propos du travail demandé aux bœufs dans le Limousin, pays dont l'élevage peut servir de modèle : « Là, on a soin de leur donner du travail seulement dans la proportion qui favorise leur développement. On attelle à la charrue

(1) Le facteur 1 738,4 correspond au nombre de kilogrammètres fournis par 1 gramme d'albumine : $4,1 \times 424 = 1\,738,4$.

8 bœufs, quand 4 suffiraient, s'il ne s'agissait pas de jeunes bêtes qu'il faut ménager et maintenir en chair. Ce travail modéré n'en paie pas moins les fourrages et, au bout de deux ou trois ans, les animaux sont revendus avec 400 ou 500 francs de bénéfice aux herbagers des alluvions de la Charente-Inférieure ou de la Vendée, qui les engraissent pour les marchés des grandes villes. »

Dans les petites exploitations, le cultivateur attelle souvent ses vaches. C'est une coutume qu'il n'est pas possible de condamner, parce que, ayant peu de terre à exploiter, le nombre des journées de travail des bêtes de trait serait insuffisant. Nous lui recommandons toutefois d'équilibrer ce surcroît de dépense de l'organisme en donnant la veille un supplément à la ration journalière. Il est certain que cette pratique nuit à la lactation, mais on doit se rappeler que la division du travail, comme la spécialisation des animaux, ne sont économiques que dans les grandes entreprises.

Dans certaines régions on se sert des taureaux pour rentrer les fourrages destinés à l'étable et transporter les fumiers qui en sortent. C'est une très bonne coutume ; elle est favorable à la santé des animaux, elle rend leur caractère plus facile ; toutefois les avantages économiques qui en résultent sont peu importants, car leur conduite nécessite des précautions qui déterminent une perte de temps.

RATIONNEMENT DES BOVIDÉS A L'ENGRAISSEMENT.

La carrière de tous les bovins se termine à l'abattoir, quelles que soient les fonctions qu'ils aient remplies pendant leur existence. Ainsi que nous l'avons déjà dit, c'est un but ultime qu'il ne faut jamais perdre de vue, aussi bien pendant l'élevage que dans les différents modes d'exploitation auxquels ils sont soumis. Pour que la viande soit appréciée du consommateur, qu'elle ait plus de saveur et soit plus digestible, le sujet est préparé par un engraissement préalable. Les frais que nécessite cette amélioration sont payés à la fois par la plus-value qui en résulte et par l'accroissement du poids total.

Ainsi, un bœuf de 1024 kilos a été payé 0 fr. 71 le kilo vif; il pèse, après quatre-vingt-cinq jours d'engraissement, 1110 kilos et est vendu 0 fr. 78 le kilo.

$$
\begin{array}{lr}
 & \text{fr.} \\
\text{Prix de vente} \dots\dots\dots\dots\dots\dots & 865,80 \\
\text{Prix d'achat} \dots\dots\dots\dots\dots\dots & 727,04 \\
\hline
\text{Différence} \dots\dots\dots & 138,76
\end{array}
$$

Cette différence se répartit en deux :

$$
\begin{array}{lll}
 & & \text{fr.} \qquad \text{fr.} \\
\text{Plus-value} \dots\dots\dots\dots & (0,78-0,71)1\,024 = 71,68 & \left.\right\} \\
\text{Augmentation de poids.} & (1\,110-1\,024)0,78 = 67,08 & 138,76
\end{array}
$$

On déduira de cette somme le prix de revient de 85 rations = 126 fr. 65; on obtiendra un bénéfice de 12 fr. 11 qui représente l'intérêt à 7 p. 100 du capital engagé.

L'engraissement est poussé à un degré plus ou moins avancé suivant le bénéfice qui peut en résulter, soit que l'on constate que l'accroissement de poids continue à être suffisant pour payer les frais, soit que l'on espère obtenir une plus forte plus-value. On dit que les animaux sont *en chair* ou *en état*, qu'ils sont *demi-gras* ou *assez gras*, *gras* et *fin-gras*, suivant le degré de perfectionnement auquel ils sont arrivés. Ces différents états se reconnaissent aux dépôts graisseux apparents, qui se forment dans le tissu adipeux sous-cutané de certaines régions du corps, et qu'on appelle les *maniements*. Leur volume, leur étendue, leur nombre guident l'engraisseur, en même temps qu'ils permettent au boucher d'apprécier la qualité de l'animal. Voici la nomenclature des divers maniements et leurs lieux d'élection :

1° Le *bord*, *abord*, *cimier* ou *couard* est un dépôt qui se forme de chaque côté de la queue, un peu en avant de la pointe de la fesse ;

2° Le *grasset*, *lampe*, *œillet* ou *gras* existe au devant de la rotule dans le repli de la peau ;

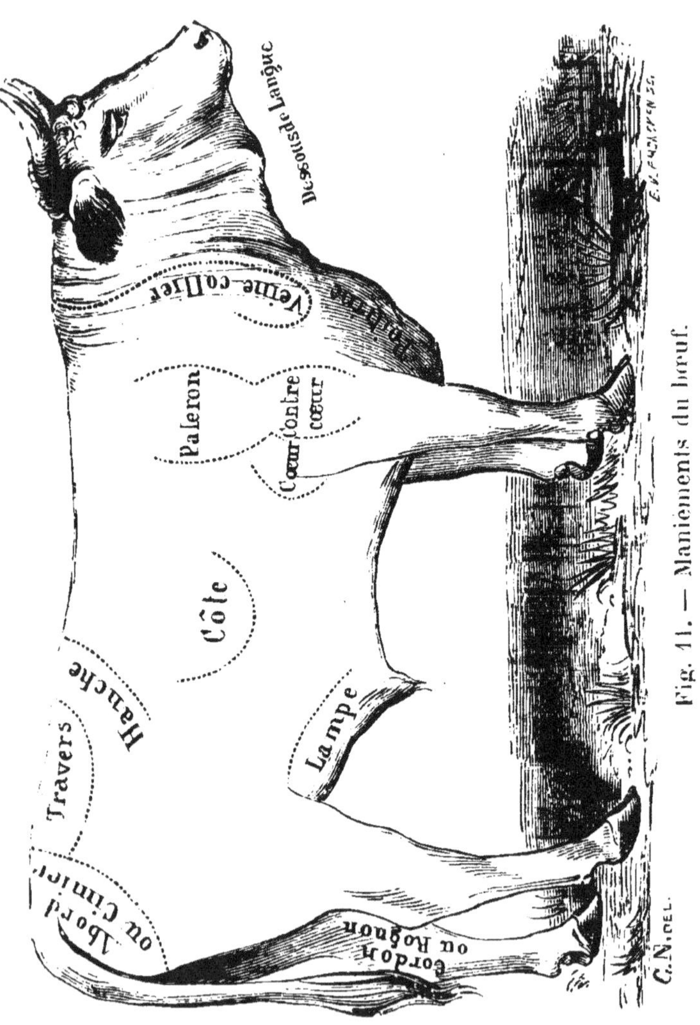

Fig. 11. — Maniements du bœuf.

3° L'*aloyau*, *travers* ou *pavé de graisse* est dans la région lombaire ;

4° Le *paleron* est situé au tiers supérieur de l'épaule ;

5° La *maille* ou *hanche* correspond à la pointe de la hanche en avant de l'aloyau ;

6° La *côte* se trouve sur les dernières côtes sternales ;

7° La *brague, scrotum, dessous de rognon*, occupe chez le bœuf l'emplacement des testicules ;

8° Le *cordon, entre-deux, entre-fesses, braie*, est placé dans la région comprise entre l'anus et les testicules ou les mamelles ;

9° Le *contre-cœur* est un peu au-dessous du paleron, dans l'axe du membre antérieur ;

10° La *poitrine* est formée par la graisse qui se dépose dans le fanon ;

11° L'*oreillette* sur le sommet de la tête en arrière des cornes ;

12° Le *langon, dessous de langue, sous-mâchelière, gros de langue*, dans la région de l'auge ;

13° L'*avant-lait* se trouve en avant des mamelles ;

14° Le *flanc* ou *croûte*, dans la région du flanc ;

15° Le *cœur* est un peu en arrière du contre-cœur ;

16° Le *collier*, sur le bord de l'omoplate, surtout sensible chez le taureau ;

17° La *veine* ou *avant-cœur*, à la pointe de l'épaule ;

18° La *veine du cou*, en avant du collier.

Les maniements n'apparaissent pas tous simultanément ; ils ne se montrent même pas dans un ordre fixe ; on constate des variations suivant la race, l'âge et le sexe ; on peut admettre comme guide les indications suivantes, que l'on complétera par l'observation et la pratique.

Le développement du cimier, du grasset, de l'aloyau et du contre-cœur indique un animal demi-gras ; le volume plus considérable de ces maniements et l'apparition de la côte marquent le troisième degré d'engraissement ; on voit ensuite se dessiner le paleron, la hanche, la poitrine et l'oreillette. Mais, lorsqu'on constate la présence du cordon, du scrotum et du dessous de langue, le sujet est arrivé à l'apogée, il est fin-gras.

Les animaux que l'on destine à l'engraissement se divisent en trois catégories, et pour chacune d'elles les régimes et surtout les résultats de l'entreprise seront différents.

Les races précoces, spécialisées pour la boucherie, donnent des bêtes qui sont adultes dès leur troisième année et dont la croissance est alors presque terminée. Elles ont surtout vécu au pâturage et sont vendues aux engraisseurs pour être *herbagées* le plus souvent.

Elles sont *tendres*, prennent rapidement du poids et peuvent être poussées jusqu'aux dernières limites de l'engraissement. On leur ménagera une relation nutritive suffisamment étroite pour qu'elles trouvent dans la ration la quantité de protéine nécessaire à l'achèvement du développement de leurs muscles.

Lorsque l'agriculteur a conservé ses animaux jusqu'à l'âge de cinq à sept ans, il leur a demandé de payer leur nourriture par la production de la force ou du lait. Généralement, on ne réforme à ce moment que les vaches mauvaises laitières, ou celles auxquelles sont arrivés des accidents. La préparation de ces sujets pour la boucherie laisse un large bénéfice, mais il est rarement avantageux de tenter d'arriver à un engraissement extrême. La graisse est déjà plus abondante en couverture, quoiqu'elle pénètre aussi l'épaisseur du muscle et produise une viande *persillée*, ayant même plus de saveur que celle des jeunes animaux.

C'est toujours à cette époque que les taureaux sont livrés à la boucherie, parce que, en vieillissant, ils deviennent d'un caractère difficile, et sont trop lourds pour faire leur service de reproducteurs. Il est inutile de tenter la castration, qui ne produirait pas beaucoup d'effet sur la qualité et dont la guérison ferait perdre quelques mois d'entretien. On ne doit compter pour payer les frais que sur l'accroissement du poids, la plus-value étant faible.

Enfin, dans les industries agricoles ou autres, et dans

quelques fermes où l'on n'attache pas assez d'importance au renouvellement incessant du capital, on garde les bœufs de trait jusqu'à ce qu'ils manifestent un commencement de fatigue. Les bonnes vaches laitières, celles qui donnent une descendance estimée, restent souvent dans les étables au delà de leur douzième année. Pour ces animaux âgés, on devra se contenter de les mettre en chair, car ils sont *durs*, et donnent une viande de deuxième et souvent de troisième qualité. Le bénéfice sera réalisé sur l'augmentation de poids; aussi devra-t-on arrêter la préparation dès que celle-ci ne paiera plus la ration. La graisse se dépose surtout autour des rognons (dégras) et des viscères (suif). .

C'est au début de l'engraissement que l'animal profite davantage et que la bascule montre les écarts journaliers les plus forts. En effet, la proportion d'eau contenue dans le corps joue un rôle important dans le phénomène que nous étudions. Il résulte des expériences de Lawes et Gilbert (1) qu'elle atteint 66 p. 100 environ du poids vif chez un animal maigre; quand ce dernier a atteint l'état de mi-gras, elle est réduite à 51 et tombe à 45 quand il est devenu fin-gras. Parallèlement à l'accumulation de graisse, il y a donc une élimination d'eau qui a pour conséquence de masquer le résultat et d'augmenter les qualités nutritives de la viande. Ces chiffres nous permettent de montrer que, dans la pratique, les cours de la viande suivant la qualité progressent moins rapidement que cette dernière.

En effet, si la viande maigre contenant 33 p. 100 de matière sèche, et par conséquent nutritive, vaut 0 fr. 70 le kilo vif, on en déduit que le kilo de substance sèche vaut 2 fr. 10. Quand la viande grasse en renferme 550 grammes par kilo, le cours étant de 0 fr. 78 le kilo vif, la valeur de la matière sèche tombe à 1 fr. 41.

(1) Voy. Léouzox, *Agronomes et Éleveurs*, p. 170.

C'est pour cette raison qu'il est rarement avantageux de pousser l'engraissement jusqu'à ses dernières limites, surtout si l'on considère la dépréciation énorme que les suifs ont subie depuis une trentaine d'années. L'engraisseur se rendra compte à la fois de la qualité que l'animal peut acquérir, et des débouchés qui lui sont ouverts; c'est seulement lorsqu'il pourra effectuer la vente dans un grand centre que la plus-value lui permettra de payer les frais d'un engraissement perfectionné; dans les petites villes et les campagnes, les consommateurs qui peuvent acheter la viande de premier choix sont trop peu nombreux pour que les bouchers en trouvent un écoulement suffisant.

Engraissement au pâturage. — L'engraissement au pâturage se pratique dans beaucoup de régions, mais il faut que le sol présente une richesse suffisante pour donner une herbe de première qualité, repoussant rapidement sous la dent du bétail. Aussi toutes les prairies ne conviennent-elles pas à ce mode d'exploitation; ce sont surtout les *herbages* de la Normandie et les prés d'*embouche* du Charolais qui ont acquis la plus grande réputation. Dans ces pays on commence à *charger* les prairies dès les derniers jours de mars; on augmente peu à peu le nombre de têtes de bétail au fur et à mesure que la végétation devient plus active. A chaque addition, l'herbager surveille son troupeau, car les nouveaux venus sont souvent mal accueillis, et il faut rétablir l'ordre jusqu'à ce que les animaux se soient habitués à vivre ensemble.

Dans le pays d'Auge (1), on estime que 35 ares de prairie de première qualité suffisent pour engraisser un bœuf de forte taille; cette surface doit être considérée comme un minimum, et dans tous les cas il n'est pas économique de trop charger un herbage: on retarde ainsi

_____

(1) Voy. G. GUÉNAUX, *l'Élevage du gros bétail en Normandie,* 1902, p. 224.

l'engraissement et on nuit à la pousse de l'herbe, par conséquent à la production fourragère.

Les conditions pour un bon engraissement sont les mêmes que celles de la vie au pâturage des vaches laitières : il faut le plus grand calme aux bêtes, par conséquent le voisinage des chemins de fer et des grandes routes est nuisible ; lorsque ces voies bordent la prairie, on agira sagement en les masquant par un épais rideau de verdure. Les ombrages, les abris, les arbres pour se gratter, les abreuvoirs sont également utiles. Le coup d'œil du maître le matin aux premiers feux de l'aurore ne peut être remplacé par aucune autre surveillance.

Lorsqu'un bœuf reste turbulent après quelques jours de liberté, on le retire immédiatement pour qu'il ne trouble pas la quiétude du troupeau. On agit de même lorsqu'on remarque qu'un sujet ne profite pas : on dit qu'il *faillit* ; ces animaux sont vendus, ou préparés à l'étable. Quand, au contraire, l'herbager voit une bête engraisser trop rapidement, afin de prévenir les accidents pléthoriques il fait pratiquer une saignée.

Pour être rémunérateur, l'engraissement ne doit pas durer plus de cinq mois, mais souvent dès le commencement de juin on trouve des *bœufs d'herbe* sur les marchés. On considère généralement l'opération comme terminée, quand l'accroissement atteint environ le cinquième du poids vif, c'est-à-dire qu'un animal de 700 kilos devra peser 850 kilos au moment de la vente.

Lorsqu'on prépare des vaches pour la boucherie, on a soin de les faire saillir avant de les mettre au pré, afin d'éviter le retour des chaleurs qui leur causent un retard et déterminent des troubles pour le troupeau entier.

Quand l'engraissement est terminé à l'automne, on met souvent sur la prairie pour y passer l'hiver un petit nombre de bœufs *trembleurs* ; on les choisit d'un tempérament robuste ; ils utilisent les refus laissés par ceux qui les ont précédés, mangent la pousse de l'herbe lente à cette époque de l'année ; leur nourriture est complétée tous les jours par un apport de foin en quantité suffisante, variable d'ailleurs avec la température ; au retour du printemps, ces animaux sont les premiers prêts pour la boucherie.

Les bénéfices de l'entreprise dépendent avant tout de l'habileté de l'engraisseur, des soins qu'il apporte dans la surveillance de son troupeau, du choix judicieux des animaux (1).

La méthode d'engraissement mixte, c'est-à-dire en complétant la pâture par d'autres aliments, est très peu usitée. Toutefois, il peut arriver que l'on y soit contraint lorsque la pousse de l'herbe n'est pas aussi rapide qu'on l'avait espéré, à cause de la sécheresse ou du froid par exemple ; il y est remédié en apportant du foin aux animaux. Dans certaines régions du Nord, on dispose dans les prairies des baquets que l'on remplit de drèches.

Engraissement à l'étable. — Les prairies propices à l'engraissement ne se rencontrent que dans certaines régions privilégiées ; partout ailleurs les agriculteurs préparent à l'étable les animaux qu'ils réforment de leur troupeau : bœufs, vaches et taureaux.

Enfin, dans les industries agricoles on utilise les résidus de la fabrication pour engraisser un certain nombre de bœufs, soit achetés directement dans ce but, soit en les prenant dans les attelages employés aux transports et aux cultures. Cette méthode, appelée *engraissement de pouture*, n'exige pas, de la part de celui qui la pratique, une habileté moindre que celle dont l'herbager doit faire preuve. Il s'agit en effet de faire absorber à des animaux au repos absolu, dont l'appétit n'est stimulé ni par la vie au grand air, ni par un exercice modéré, une quantité d'aliments dépassant les besoins de leur organisme.

(1) Pour le choix des animaux d'engrais, nous renvoyons le lecteur à l'ouvrage de M. DIFFLOTH, *Zootechnie : Bovidés*, p. 74 (ENCYCLOPÉDIE AGRICOLE).

Les substances qui entreront dans la ration doivent être judicieusement choisies pour plaire aux bêtes, et en même temps réaliser les conditions les plus économiques. Aussi les engraisseurs n'hésitent-ils pas à passer dans les premiers temps des journées entières près de leurs animaux pour observer leurs goûts, avant de fixer définitivement la ration leur convenant le mieux.

On devra disposer d'étables sombres, suffisamment aérées, isolées, pour éviter les allées et venues des attelées employées aux travaux. La température y sera maintenue assez élevée, aussi voisine que possible de 18° pour ménager les pertes par rayonnement; les litières seront abondantes et les soins réguliers. Un bon pansage aidant aux fonctions de la peau est favorable à l'engraissement; certains auteurs conseillent même de tondre les animaux.

Le changement de régime doit être progressif; ceci permet tout d'abord d'éviter les accidents pléthoriques; mais on y trouve aussi une réelle économie, car l'organisme a besoin de s'habituer à utiliser une ration plus forte, dont une partie serait perdue si l'on ne prenait cette précaution. On fixera enfin une relation nutritive convenable suivant l'âge du sujet.

L'engraissement se divise en trois périodes distinctes.

Nous venons d'examiner les conditions de la première, que l'on peut appeler *préparatoire*. C'est un temps d'études pour l'engraisseur, et d'entraînement pour l'animal.

La seconde période est la plus longue et celle pendant laquelle l'augmentation de poids est la plus rapide. Depuis le début, la relation alimentaire a été rétrécie peu à peu pour arriver à 1/6, chiffre conseillé par les auteurs allemands et indiqué dans les tables qui terminent le présent ouvrage.

Ce rapport est surtout recommandable pour les jeunes animaux dont la croissance n'est pas entièrement terminée, dont les muscles augmentent encore de volume en même temps que commencent les dépôts graisseux.

Mais nous ferons remarquer que pour les sujets ayant dépassé l'âge adulte, il résulte d'expériences récentes qu'un rapport aussi étroit, ayant pour conséquence une élévation notable du prix de revient de la ration, n'est pas nécessaire. D'excellents résultats ont été obtenus avec des relations nutritives beaucoup plus larges, si l'on a soin d'employer des substances très facilement assimilables.

La dépression de la digestibilité que l'on a observée et que nous avons signalée (p. 78) est surtout sensible pour les aliments grossiers et par conséquent de peu de valeur. Les expériences de Gustave Kuhne (p. 96), celles de Kellner et de Köhler ont montré que l'on avait beaucoup exagéré l'influence des matières azotées dans l'engraissement.

Enfin les recherches de notre regretté maître Aimé Girard sur l'alimentation avec la pomme de terre (p. 205) sont absolument décisives.

La ration dont cet auteur s'est servi est la suivante :

	Quantité. kil.	MA.	MG.	MH.
Pommes de terre	25	400	20	5,250
Foin haché............	3	675	117	3,600
— en botte.........	6			
		1,075	137	8,850

$$RN = \frac{1}{8,5}.$$

Cependant il a obtenu des accroissements moyens journaliers variant entre 1^{kg},010 et 2^{kg},079.

Ce qu'il importe surtout de considérer, à notre avis, c'est la digestibilité des aliments et la somme des unités nutritives. Il faut flatter le goût, satisfaire l'appétit des animaux, et arriver à la consommation la plus élevée. Le principe de l'alimentation maxima, préconisé par certains auteurs pour toutes les entreprises zootechniques, est vraiment et seulement applicable pour l'engraissement.

On conseille pendant la troisième période d'élargir un peu la relation nutritive, ce que l'on obtient généralement en remplaçant les tourteaux par des grains cuits, des farines ou des résidus de meunerie.

Dans tous les cas, pour exciter l'appétit des animaux, on fera bien de varier la nourriture, surtout à la fin de l'engraissement. Ces changements seront partiels et progressifs, sans toutefois modifier sensiblement l'alimentation, qui devra rester équivalente en quantité et en qualité.

Voici quelques exemples de rations adoptées par des praticiens ou conseillées par des auteurs :

Ration d'engraissement adoptée par M. Bernot, sénateur du Nord, pour des bœufs de 650 à 700 kilos.

	Quantité. kil.	MA.	MG.	MII.
Pulpes de diffusion ensilées.	50	350	50	3,900
Paille hachée..............	5	40	20	1,780
Drèche de distillerie séchée (froment)	1	200	42	452
Maïs en farine	1	80	40	686
Tourteau de lin...........	1	296	33	323
— d'œillette........	1	288	88	196
		1,254	273	7,337

$$SUN = 9\,232, \qquad RN = \frac{1}{6,3}.$$

Ration de M. Tiersonnier.

Betteraves.....................	40 kilos.
Tourteau.....................	2 —
Bon foin haché.................	4 à 5 —
Grain cuit, orge ou maïs........	6 litres.

MM. de Ruzé et Samson ont engraissé à Sidi-Mabrouch 11 bœufs algériens en cent seize jours. Le poids total était de 3 432 kilogrammes au début ; il atteignit 4 365 kilogrammes à la fin, soit un accroissement moyen journalier par tête de 1^{kg},500. Ils ont consommé :

	Poids total.	Moyenne journalière par tête.
	kil.	kil.
Regain de luzerne, 2e coupe....	7 907	6,200
Turneps.....................	18 090	14,100
Orge concassée et détrempée..	5 236	4,100
Tourteaux de lin mélangés d'un		
peu de paille hachée........	855	0,670
Sel.........................	117	0,100

En Vendée, on retire les bœufs du travail souvent dans le courant du mois d'août, on les met à paître les regains de prairie, puis, après un séjour plus ou moins long, on les achève à l'étable avec les rations suivantes :

I.

	Quantité. kil.	M.A.	MG.	MH.	RN.
Foin de pré...........	10	500	100	3,800	1
Feuilles de choux......	50	750	200	4,100	‾‾6,6
Navets...............	25	250	25	1,500	
Betteraves fourragères..	30	450	45	2,700	
		1,950	370	12,100	

II.

	Quantité. kil.	M.A.	MG	MH.	RN.
Foin de pré...........	10	500	100	3,800	1
Feuilles de choux......	37	562	150	3,075	‾‾6,1
Navets...............	20	200	20	1,200	
Betteraves fourragères..	25	375	37	2,250	
Son de froment........	4	440	128	1,504	
		2,077	435	11,829	

Toutefois, on n'emploie la deuxième ration que quand on s'aperçoit que l'appétit des animaux diminue ; elle nécessite, en effet, une dépense supplémentaire d'environ 0 fr. 85 par jour.

GOUIN. — *Alimentation du bétail.*   24

En Angleterre, l'engraissement se pratique souvent dans des *cours ouvertes* contenant 10 à 20 têtes de bétail ; elles ont une superficie de 30 mètres carrés par tête. On reproche à ce système une perte de chaleur et une dépense élevée de litière. Certains éleveurs y remédient par l'emploi de *cours couvertes*. Ils réduisent dans ce cas l'espace pour chaque animal à 25 mètres. Plus rarement on adopte l'usage de boxes ayant 3 mètres sur $2^m,70$. Dans tous les cas la ration le plus généralement adoptée est la suivante :

Foin..............	A discrétion.
Turneps	50 kil.
Tourteau de lin...	{ 3 kil. au début et progressivement. { 6 kil. à la fin.

Bien des éleveurs ont remplacé cette alimentation par la nourriture cuite, préconisée il y a une trentaine d'années par M. Warnes, de Trinmingham (Norfolk). Cet éleveur jetait dans une chaudière, contenant environ six seaux d'eau bouillante, un seau de farine de graine de lin ; puis, le mucilage étant formé, il déposait au fond d'un baquet de 115 litres environ une couche de paille hachée mêlée à des turneps coupés ; il arrosait de 36 litres de mucilage chaud, remuait le tout, formait une nouvelle couche et agissait de même ; le baquet étant rempli, il le recouvrait, laissait macérer deux ou trois heures, et distribuait ensuite encore tiède aux animaux.

ALIMENTATION DES OVIDÉS

GÉNÉRALITÉS

On peut dire que l'élevage du mouton est lié à la culture pastorale ; plus les méthodes d'exploitation du sol se perfectionnent, moins il devient lucratif. Le mouton était l'animal de la jachère, de la lande et des chaumes. Les jachères ont presque disparu en France ; tous les jours on défriche les landes, et les phosphates sont de puissants adjuvants pour leur mise en valeur ; les chaumes, eux-mêmes enfin, sont rompus de très bonne heure, soit pour préparer les terres en vue d'une culture dérobée, pour un engrais vert, soit seulement dans le but de débarrasser le sol des plantes adventices qui y croissent, et servent de nourriture aux troupeaux.

Si l'on ne dispose plus pour nourrir les moutons que des aliments que consomme le gros bétail de la ferme, fourrages, racines et résidus, ces animaux se montrent moins bons utilisateurs de ces produits que les bovidés.

En effet nous savons que plus un animal est de petite taille et plus est élevé le poids de matière sèche digestible nécessaire par kilogramme de poids vif. Donc, pour que l'alimentation du mouton soit économique, il faut qu'on dispose de substances convenant à lui seul, et fournissant l'unité nutritive à un prix inférieur. C'est ce qui se produit pour la nourriture qu'il trouve sur les pâtures ; sa conformation lui permet de tondre d'assez près les plantes qui y croissent. Dès qu'il devient nécessaire de l'alimenter avec les mêmes ressources fourragères que les bovidés, ceux-ci donnent une production plus élevée pour le même poids d'aliments.

Ainsi nous voyons par les tables de rationnement qu'un bœuf de 660 kilos doit trouver dans sa ration $5^{kg},800$ de principes digestibles, tandis que 12 moutons de 55 kilos, pesant ensemble 660 kilos, en exigent 8 kilos. Cette différence de $2^{kg},200$ de substance sèche correspond à une quantité de foin de $4^{kg},350$; c'est-à-dire qu'il faudra au lot d'ovidés un supplément de nourriture de près d'une botte par jour.

Cette raison explique la différence de prix qui existe entre la viande des bovidés et celle des moutons ;

cependant elle est encore insuffisante; pour combler l'écart, il faudrait qu'il y ait proportionnalité et les chiffres suivants montrent qu'il n'en est point ainsi :

$$\frac{5,8 \text{ Ration des bovins}}{8 \text{ Ration des ovins}} = \frac{72,5}{100}.$$

$$\frac{0,75 \text{ Prix moyen du kilogramme des bovins}}{1,20 \text{ Prix moyen du kilogramme des ovins}} = \frac{62,5}{100}.$$

Cette égalité se produira naturellement par la loi de l'offre et de la demande, le jour où, la culture intensive s'étant généralisée, il n'y aura plus sur les marchés de moutons élevés dans le régime pastoral.

Il est à remarquer que, à cause de sa forte toison, le mouton est protégé contre la déperdition de calorique par rayonnement. Pour cette raison, il souffre d'un excès de chaleur; aussi les bergeries devront-elles être bien aérées, ouvertes même sur un de leurs côtés, et l'on s'efforcera d'y maintenir une température voisine de 10° à 12°. La transpiration étant considérable, l'élimination d'eau et de sel, qui en est la conséquence, nécessitera que ces substances soient rendues à l'organisme.

On notera que, dans les explications qui vont suivre, la ration ne peut être envisagée individuellement, puisque tous les animaux de même sorte prennent leur repas ensemble; elle sera donc calculée pour un poids moyen, et multipliée par le nombre de têtes de la fraction considérée du troupeau.

RATIONNEMENT DES AGNEAUX.

L'exploitation laitière des femelles constituant une exception pour les ovidés, la première alimentation du jeune est assurée par l'allaitement maternel. Les parturitions gémellaires sont assez fréquentes dans l'espèce ovine, et généralement la lactation de la brebis ne peut fournir aux deux agneaux une nourriture suffisamment abondante; elle ne permet pas une croissance rapide et le développement des qualités de précocité, qui sont une des conditions de l'élevage économique. Le berger devra donc choisir dans le troupeau une nourrice pour l'un des deux agneaux et le lui faire adopter, ce qui ne présente pas de difficultés. S'il n'a pas à sa disposition de brebis en lait ayant perdu son agneau, il pourra l'alimenter au lait de vache ou de chèvre à l'aide d'un biberon; ceux de Dutertre et de Massonnat conviennent également bien.

Il faut régler les repas des agneaux dès la naissance. Pour cela on les enferme dans un enclos séparé de celui des mères par une claie, dans laquelle se trouvent ménagées quelques ouvertures suffisantes pour les laisser passer quand on leur ouvre les portes au moment des tetées. On fixe à quatre le nombre de ces dernières que l'on répartit également dans la journée. Les jeunes, une fois repus, regagnent facilement leur enclos; au besoin le berger les y contraint au début.

Tel est le régime des jeunes jusqu'à l'apparition de la première dentition qui se manifeste vers le quatrième mois. Dès lors il faut commencer à préparer le sevrage. On met à leur disposition dans leur compartiment des aliments très délayés, farines, recoupes ou tourteaux, en augmentant peu à peu la dose de manière que la quantité donnée soit toujours absorbée. En même temps on réduit à trois le nombre des tetées.

Après une quinzaine de jours, on diminue de nouveau les tetées et on prolonge pendant une durée égale ce mode de rationnement, mais on ajoute un peu d'herbe verte ou de foin très tendre suivant la saison, tandis que les bouillies sont de plus en plus épaisses. Puis les agneaux n'auront plus qu'une seule tetée par jour; enfin on les espace encore davantage en ne les envoyant à la mère qu'une fois tous les deux jours, puis tous les trois jours. Le sevrage est alors terminé, les agneaux ont atteint leur cinquième ou sixième mois.

Il faut dès lors distinguer suivant la saison : pendant l'été, la meilleure alimentation consistera à conduire trois fois dans la journée les jeunes sur de riches pâtures à proximité de la bergerie ; ils recevront le matin avant de sortir un repas de fourrage sec pour éviter la météorisation. Le berger rentrera les agneaux quand ils seront repus. Pour ménager à l'automne une transition entre les deux régimes, on réduit peu à peu le nombre des sorties, qui sont remplacées par des repas à la bergerie. Lorsque le sevrage a eu lieu en hiver, les rations suivantes par tête conviendront ; on y fera les substitutions jugées économiques en ne s'adressant qu'à des aliments facilement digestibles et bien préparés.

	Ration de Sanson.	Ration de Dumont (agneau de 15 kilogr.).
	kil.	kil.
Foin de pré, 1re qualité..........	0,085	0,050
Foin de luzerne, trèfle ou sainfoin.	0,250	0,125
Betteraves......................	0,400	0,100
Paille d'avoine.................	0,250	0,125
Féveroles concassées	0,340	0,200
Son de froment.................	0,170	0,050

Le poids des agneaux de six mois étant d'ailleurs très variable suivant les races, il conviendra de faire le calcul de la ration d'après les tables pour chaque cas particulier, en leur donnant de 2,5 à 3 p. 100 de leur poids de matières sèches, la relation nutritive étant voisine de 1/5. Nous rappellerons aussi que les aliments d'origine animale, comme le sang desséché, la farine de viande, se sont montrés très favorables au développement précoce des agneaux dans les expériences de M. Regnard, dont nous avons donné antérieurement les résultats (p. 286).

Dans certaines exploitations, lorsque les débouchés le permettent, on commence dès le sevrage l'engraissement des agneaux qui sont vendus pour la boucherie à sept ou huit mois sous les noms d'*agneaux blancs* ou *agneaux de Paris*. Pour arriver à ce résultat, on conserve les animaux à la bergerie ; en leur donnant une ration analogue à celles que nous venons de reproduire, toutefois on pourra réduire la quantité de fourrages et augmenter celle de graines ; la féverole, notamment, facilitera à la fois la croissance et l'engraissement.

RATIONNEMENT DES ANTENAIS.

Le groupe des moutons de un an se divise suivant les sexes en trois catégories : les mâles, les femelles et les émasculés. Certains éleveurs croient utile de faire intervenir l'avoine dans la ration des premiers ; nous pensons que c'est s'imposer une dépense inutile. Il est également nécessaire pour tous de favoriser le développement de la précocité ; le même régime leur convient donc. Dans la saison d'été, c'est le pâturage sur un sol sec qui satisfera le mieux à leurs besoins et aux nécessités économiques ; on y ajoutera, s'il le faut, quelques fourrages donnés à la bergerie ou dans le parc.

Pour l'alimentation d'hiver, M. Dumont conseille les rations suivantes :

I.	kil.	II.	kil.
Farine d'orge..........	0,200	Farine de seigle.......	0,150
Tourteaux.............	0,050	Son de froment........	0,100
Betteraves fourragères.	1,200	Navets ou pommes de	
Foin, luzerne ou sain-		terre............. .	1,000
foin................	0,300	Foin de trèfle.........	0,400
Paille d'avoine	0,300	Paille d'avoine........	0,300

Avant la fin de leur deuxième année, on demande aux reproducteurs de remplir leurs fonctions ; ils deviennent dès lors des béliers ou des brebis en gestation ; et les moutons émasculés sont confondus dans l'ensemble du troupeau.

RATIONNEMENT DES BÉLIERS.

Les béliers vivent le plus souvent séparés; cependant, en dehors de la saison de la monte, il n'est pas nécessaire de les soumettre à un régime spécial. Ce qu'il importe d'éviter chez eux, c'est l'embonpoint qui les rend lourds et peu ardents.

Bakewell, le grand éleveur anglais, engraissait les mâles pour les présenter dans les concours, et avant les locations, car un animal gras plaît toujours davantage; mais il avait soin de conclure ces locations un mois au moins avant la saison de la monte, et il employait le temps qui restait à courir à faire maigrir lentement ses béliers, pour les mettre en état de remplir leurs fonctions de reproducteurs.

M. Sanson préconise l'avoine comme aliment au moment de la lutte seulement, pour donner de l'ardeur aux mâles à cause des propriétés excitantes qu'il attribue à cette céréale. Il conseille, un mois avant cette époque, de la substituer en partie à un aliment concentré, féverole, son, tourteau ou grain, en augmentant peu à peu la quantité, puis, la monte terminée, on la supprime progressivement.

Ce régime est facile à appliquer lorsque les béliers vivent isolés dans des boxes; mais, quand la monte se fait en liberté et qu'ils sont au milieu du troupeau, ils en partagent la nourriture. On pourra, dans ces conditions, leur donner sous forme de supplément l'aliment destiné à suffire à leurs fatigues génésiques. On débutera par une poignée et l'on arrivera à leur faire consommer, par exemple, un litre d'avoine ou 200 grammes de féveroles.

Voici une ration d'hiver indiquée par M. Ayraud pour un bélier de 90 kilos :

	kil.	M.A. gr.	M.G. gr.	M.H. gr.	R.N.	S.U.N.
Foin de pré............	1,500					
Betteraves fourragères...	2,000	151	26	945	$\frac{1}{6,5}$	1 138
Foin de vesce..........	0,600					

Quand l'animal a complètement terminé sa croissance,
on peut rétrécir le rapport nutritif.

RATIONNEMENT DES BREBIS.

Pendant la plus grande partie de leur gestation, les
brebis vivent au milieu du troupeau dont elles partagent
la nourriture, soit aux champs, soit à la bergerie. Vers la
fin de cette période on les sépare pour surveiller leur
alimentation, l'améliorer, éviter les chocs, les pressions
qui pourraient leur être funestes. Dans ces conditions,
la ration ne devra pas contenir une forte proportion
d'aliments grossiers, qui déterminerait des compressions
sur les organes de la génération. Les fourrages moisis,
avariés, seront rejetés, parce qu'ils peuvent déterminer
des avortements. Si la saison le permet, le berger conduira les brebis sur de bonnes pâtures assez rapprochées
de la ferme; un peu d'exercice ne pourra que leur être
salutaire.

Après la parturition, elles resteront à la diète pendant deux jours; on ne leur donnera que des boissons
tièdes blanchies d'un peu de farine d'orge, ou du thé de
foin. Elles seront nourries copieusement pendant la
durée de l'allaitement, car elles doivent trouver dans la
ration une quantité suffisante de protéine pour équilibrer
la production laitière et leur développement. Nous supposons en effet que le troupeau ne contient que de
jeunes femelles, à leur premier ou second agnelage, que
l'on réforme aussitôt qu'elles cessent de prendre de la
valeur.

Ce n'est qu'exceptionnellement qu'on en conservera
pour donner un troisième agneau; soit à cause de leur
valeur comme reproducteurs; soit que l'effectif du troupeau ait été sensiblement diminué par une épidémie ou
des avortements; soit enfin qu'il faille, pour l'exploitation, augmenter rapidement le nombre de têtes ovines.

M. Sanson rapporte que pendant l'hiver 1883-84 les brebis du troupeau de l'École de Grignon reçurent la ration suivante. Nous en comparons d'autre part la composition théorique avec celle indiquée dans les tables de rationnement pour des femelles pesant en moyenne 50 kilos.

	kil.	MA.	MG.	MH.	SUN.	RN.
Foin de sainfoin	0,500					
Betteraves fourragères	1,200					
Carottes	1,200	129	21	661	840	$\frac{1}{5,5}$
Menue paille	0,250					
Bisaille (pois gris)	0,500					
Facteurs des tables de rationnement calculés pour des brebis pesant 50 kilogrammes		145	25	750	955	$\frac{1}{5,6}$

Production laitière. — La production laitière est une exception pour les brebis, parce qu'elle n'a pas été développée par la sélection et la gymnastique fonctionnelle. Toutefois, dans certaines régions, sur les plateaux du Larzac par exemple, on entretient des races laitières; dans le pays que nous venons de citer, leur lait sert à la fabrication du fromage de Roquefort, dont la renommée est universelle. Mais ce résultat n'est pas obtenu par une alimentation spéciale; il est la conséquence d'une aptitude développée par un usage plusieurs fois séculaire.

Il en est de même dans les contrées sèches, où l'on demande le lait pour la consommation humaine aux ovidés, parce que les conditions climatériques s'opposent à l'entretien de vaches laitières.

RATIONNEMENT DU TROUPEAU.

Le troupeau se compose des antenais, des animaux de deux ans, et exceptionnellement des brebis de trois ans; il comprend, en dehors des femelles, les sujets émasculés qui sont conservés pour la production de la viande.

Production de la laine. — Depuis que les laines provenant des pays à culture très extensive sont venues faire fléchir sur nos marchés les cours de cette matière première, on ne peut plus considérer sa production que comme un corollaire de l'exploitation des ovidés. C'est la viande de boucherie qui devient le but de l'élevage ; la laine n'est qu'un sous-produit de fabrication, que l'on ne doit pas négliger, mais sur lequel il ne serait pas économique de baser l'exploitation du troupeau ; il en était tout autrement jadis.

Aucun aliment ne paraît favoriser particulièrement la production de la laine, et, contrairement à ce qu'avançaient certains praticiens, nous pouvons dire que le poids de la toison croît en même temps que la richesse de la ration. Telle était l'opinion de Baudoin, célèbre éleveur de mérinos. Elle a été confirmée par les expériences de Krocker à Proskau ; cet auteur a constaté que, pour 1000 kilos de poids vivant, la production journalière de la toison était de :

0^{kg},958 de laine par une alimentation sur un bon pâturage.
0^{kg},691   —   avec une maigre nourriture d'hiver.
0^{kg},870   —   avec une abondante ration de foin de 1re qual.
1^{kg},080 à 1^{kg},240 de laine avec une ration d'engraissement.

Au sujet de la qualité et notamment du diamètre du brin, l'accord ne s'est pas produit entre les auteurs. Tandis que Sanson prétend que la précocité, conséquence d'une alimentation riche, n'a aucune influence sur la finesse de la toison du mérinos, Bernardin, ancien directeur de la Bergerie de Rambouillet, affirme au contraire qu'elle détermine un grossissement.

Les différences trouvées par ce dernier portent sur des chiffres tellement faibles, qu'il est permis de supposer qu'elles sont surtout causées par des variations individuelles. Nous pouvons donc conclure que la production de la laine (*ériagogie*) n'est point opposée, au contraire, aux conditions économiques de la production de la viande, et qu'une alimentation copieuse est favorable à l'une comme à l'autre.

On a considéré l'usage du sel comme très recommandable; ce condiment n'agit pas directement, mais, facilitant l'assimilation, augmentant l'appétit, aidant aux fonctions de la peau, ayant de très heureux effets sur l'hygiène générale, il favorise indirectement la sécrétion des organes piligènes.

Régime du pâturage. — Nous avons dit que le régime du pâturage est celui qui convient le mieux aux moutons; ces animaux peuvent tondre le sol de très près, ce qui leur permet de trouver leur nourriture sur un terrain qui paraît presque nu. Pour cette même raison, il peut être dangereux de conduire le troupeau sur des prairies artificielles de légumineuses, surtout lorsque les plantes sont encore jeunes, parce que celles qui sont coupées au-dessous du collet périssent.

Les moutons craignent beaucoup l'humidité; elle leur cause une maladie, la *cachexie aqueuse*, dont la cause est un parasite, la *douve*, qui se développe dans le foie; les races se montrent plus ou moins résistantes à cette affection. Cependant il est toujours dangereux de faire paître aux ovidés des prairies humides, ou des herbes encore couvertes de rosée avant que le soleil ou le vent ne les ait séchées.

Une bonne précaution au point de vue hygiénique consiste à donner au troupeau, avant qu'il ne quitte le parc ou la bergerie, un léger repas de fourrage sec, 15 à 20 kilos de foin, par exemple, par cent têtes. On évite ainsi les météorisations, surtout lorsque les animaux vont paître des prairies artificielles.

Quand la pâture est peu abondante, un bon berger doit laisser son troupeau se disperser un peu, limitant avec ses chiens les zones qu'il peut parcourir sans échapper à la surveillance continuelle. Si, au contraire, l'herbe est dense, il groupe ses animaux afin de ne pas gaspiller par le piétinement une trop grande étendue.

Lorsque le soleil monte à l'horizon, que la température s'élève, les animaux cessent de manger : ils se groupent pour mettre leur tête à l'abri et se garantir des mouches. À ce moment on doit les rentrer ou les conduire à l'ombre d'une haie ou d'un arbre. Puis, quand la forte chaleur sera passée, on leur fera prendre un nouveau repas avant de les rentrer à la nuit tombante. Si le troupeau n'a pas trouvé une alimentation suffisante, ce qu'un berger habile doit apprécier, on la complétera par un peu de fourrage sec donné dans le parc ou à la bergerie. On peut se renseigner sur la quantité d'aliments absorbés en pesant le matin un lot de dix têtes à jeun, et en faisant passer le soir, à la rentrée, les mêmes animaux sur la bascule.

Les moutons boivent peu, surtout s'ils sont nourris au pâturage ; cependant il faut les désaltérer une ou deux fois dans la journée.

La distribution de sel a une grande importance dans l'alimentation du mouton ; aussi doit-on conseiller d'en mettre toujours à leur disposition dans les locaux qu'ils habitent. On peut aussi le répandre sur les aliments, mais dans ce cas il importe de le doser, car l'excès est aussi nuisible que l'insuffisance. La quantité la plus convenable varie entre 2 et 4 grammes par tête suivant le poids.

Dans les fermes où l'on possède un petit nombre de moutons, on met souvent les animaux au pâturage avec le reste du bétail ; ils utilisent ainsi les refus.

Dans certaines régions, en particulier en Normandie, les moutons sont attachés souvent deux par deux par les pattes au piquet. C'est ainsi que sont utilisés les pâturages qui couvrent les falaises où l'on obtient les *prés salés* dont la chair est si réputée pour sa qualité.

Régime de la bergerie. — Pendant la mauvaise saison, le troupeau est nourri dans la bergerie, les rations sont calculées d'après le nombre de têtes et le poids moyen des animaux. Il importe de disposer d'une longueur suffisante d'auge et de râtelier pour que les bêtes puissent toutes manger à la fois, sans quoi on risquerait de voir dépérir les sujets les plus faibles, ceux justement qui ont le plus besoin d'être fortement alimentés.

Quand une belle journée permet de sortir le troupeau sur un pâturage voisin de la ferme, ne fut-ce que quelques heures, il faut en profiter; cet exercice modéré sera salutaire à sa santé et la nourriture qu'il pourra ainsi prendre économisera un peu les réserves fourragères. Voici deux rations employées par des éleveurs réputés de la Champagne :

Ration de M. Renard-Malra, à Luthernay (Marne).	kil.	Ration de M. Chevalier, à Braux-Ste-Cohières (Marne).	kil.
Jarosse (paille et grains)...	2	Jarosse, dravières ou lentilles (paille et grains), le matin	1
Foin de légumineuses	1	Betteraves et menues pailles, à midi..	3
Betteraves et menues pailles.	2	Foin, le soir	1
		Paille... A volonté.	

La ration d'entretien du mouton a été très exactement déterminée par les auteurs allemands; mais, sauf dans des circonstances particulièrement défavorables, il faut se convaincre qu'elle n'est pas économique. Il faut, au contraire, s'efforcer de nourrir abondamment les animaux pour développer leur précocité et permettre le renouvellement aussi rapide que possible du capital engagé. D'ailleurs, plus le troupeau sera en bon état et plus la période d'engraissement sera courte.

On devra toujours se montrer très modéré dans la distribution des aliments fortement aqueux, tels que les drèches et les pulpes; ils conviennent beaucoup ou mieux aux bovidés qu'aux ovidés, non seulement dans l'intérêt de la santé de ces derniers, mais aussi au point de vue du profit que leur organisme leur permet d'en retirer.

Engraissement. — L'engraissement peut être pratiqué au pâturage, mais il est de longue durée, trois ou quatre mois environ ; il n'atteint jamais le degré de perfectionnement que l'on peut donner à la bergerie ; il est toutefois plus économique. Pour le réaliser, il faut éviter aux animaux les fatigues de la marche, et les conduire sur d'abondantes pâtures d'où ils sortent tous les jours entièrement repus.

Lorsque l'éleveur ne possède pas de pâturages assez étendus ou suffisamment riches pour réaliser l'engraissement, il a recours au régime mixte, soit en complétant la ration le soir et le matin par des distributions de fourrages dans le parc ou dans la bergerie, soit qu'il achève la préparation à la bergerie, ayant fait pâturer ce dont il disposait.

Les Allemands conseillent, pour réaliser un prompt engraissement, l'usage de rations à relation nutritive étroite (1/5) ; cependant, M. Laurent a fait aux Anthieux, chez M. Brayé, l'expérience dont les résultats suivent. Elle montre que l'on peut obtenir de très bons effets d'une relation nutritive beaucoup plus large. Chaque lot était composé de cinq moutons aussi semblables que possible. A la ration commune était ajouté un aliment concentré comme supplément, maïs ou tourteaux à raison de 500 grammes par tête pendant les quarante premiers jours et 600 grammes pour les vingt derniers.

Ration commune par tête et par jour.

	kil.
Paille de blé	1,000
Menue paille de blé	0,500
Betteraves fourragères	5,000
Regain de luzerne.................	1,000

N° des LOTS.	DÉSIGNATION des ALIMENTS COMPLÉMENTAIRES.	PRIX des 100 K.	POIDS DES LOTS. Initial.	Après 60 jours.	PLUS-VALUE des LOTS (1).	RELA-TION NUTRI-TIVE.	QUALITÉ DE LA VIANDE.	CLASSEMENT.
		fr.	kil.	kil.	fr.			
1	Maïs bigarré d'Amérique..........	16	259,5	289,0	55,50	$\frac{8,}{1}$	Viande très colorée.	2
2	Tourteau de colza du pays........	16	283,5	304,5	52,10	$\frac{1}{5,3}$	Belle viande.	3
3	Tourteau de coton décortiqué.....	17	285,5	306,5	50,90	$\frac{1}{4,4}$	Viande pâle.	5
4	Tourteau de sésame du Levant. ..	17	280,0	301,5	50,30	$\frac{1}{4,6}$	Belle viande.	4
5	Tourteau d'arachides décortiquées.	18	282,0	295,5	39,50	$\frac{1}{4,1}$	Très belle viande.	1
6	Tourteau de lin du pays..........	21	311,0	325,0	41,00	$\frac{1}{5,5}$	Viande pâle.	6

(1) Déduction faite du prix des aliments concentrés.

M. Malpeaux a voulu essayer l'emploi du sucre dans l'engraissement des ovins; nous ne parlerons que de la première partie de cette expérience, parce qu'elle ne peut avoir aucune conséquence pratique; mais les chiffres que nous allons donner montrent l'importance de la relation nutritive sur des animaux en période de croissance surtout. Deux lots de moutons reçoivent chacun une ration de pulpes, à laquelle on ajoute du tourteau de lin pour l'un, du sucre roux pour l'autre.

Rationnement par lot.

	POIDS.	I.—TOURTEAU DE LIN.				II. — SUCRE...			
		M.A.	M.G.	M.H.	RN.	M.A.	M.G.	M.H.	RN.
	k.								
Pulpes.........	26	312	52	3588		312	52	3588	
Tourteau de lin.	2	494	192	596	1/5,9	»	»	»	1/15,7
Sucre..........	1	»	»	»		»	»	1186	
		802	244	4184		312	52	4774	
Quantités indiquées aux tables pour 140 kil. de poids vif.............		616	126	2170	1/4	616	126	2170	1/4

Les résultats que l'on devait obtenir étaient évidents.

Le lot n° 1 gagna 7 kilos en quinze jours, tandis que pendant le même temps le lot n° 2 maigrissait et perdait 4 kilos.

Voici un exemple de ration d'engraissement donné par M. Ayraud pour des moutons de 50 kilos.

	Quantités. kil.	MA.	MG.	MH.	RN.
Foin de pré	0,500	25	5	190	
Carottes.........	1,000	12	2	95	
Betteraves.......	1,000	15	1,5	90	1/2,8
Fèves..........	0,500	115	7	218	
Tourteau de colza.	0,500	127	39	100	
		204	54,5	693	

L'engraissement très intensif du mouton, pour arriver à obtenir ces cubes de suif que l'on admire dans les concours, réserve d'amères déceptions aux éleveurs. M. Muntz entreprit un essai de ce genre à la ferme de la Faisanderie (Vincennes) avec la collaboration de M. Viet. Nous résumons les résultats qu'il obtint avec 17 agneaux de six mois.

DATES DES PÉRIODES.	ACCROISSEMENT journalier moyen.	PRIX du kilogramme d'accroissement.
	kil.	fr.
1er au 12 juillet................	0,120	1,34
12 au 30 juillet	0,152	0,74
31 juillet au 13 août..	0,139	1,39
13 au 27 août................	0,160	1,55
27 août au 10 septembre..... .	0,161	1,55
10 au 24 septembre...........	0,188	1,46
24 septembre au 8 octobre....	0,105	2,78
8 au 22 octobre	0,153	1,85
22 octobre au 5 novembre.....	0,113	2,84
5 au 19 novembre............	0,088	2,91
19 novembre au 3 décembre..	0,100	3,65
3 au 17 décembre	0,107	2,20
17 au 31 décembre	0,092	3,31
31 décembre au 14 janvier....	0,000	»
14 au 28 janvier..............	0,243	3,72
28 janvier au 11 février.......	0,056	6,79

Six agneaux succombèrent à partir du 2 novembre, avant la fin de l'engraissement ; ceux qui survécurent doublèrent de poids : ils pesaient à un an de 46 à 66 kilos.

Pendant l'engraissement surtout, il est urgent d'enlever les restes d'un repas incomplètement consommé, avant de faire une nouvelle distribution, et de tenir les auges très propres ; car le mouton se dégoûte facilement et il faut éviter toute cause pouvant diminuer son appétit.

RATIONNEMENT DES CHÈVRES.

Nous ne pouvons nous étendre sur l'alimentation de la chèvre ; c'est la vache du pauvre : elle se contente du peu qu'on lui donne. Tantôt elle paît sur le bord des routes, broutant de préférence les haies qui les bordent, car elle montre une grande prédilection pour les jeunes pousses des bois. Ce goût, si elle n'est surveillée, peut la porter à commettre des dégâts.

Jointe au troupeau, son humeur vagabonde l'entraîne : elle cherche toujours à s'en écarter. Dans les montagnes, elle se plaît sur les roches escarpées, se suspend au bord des précipices pour tondre les arbustes qui y croissent.

Au printemps, elle donne des chevreaux dont un très petit nombre sont élevés ; les autres sont sacrifiés et mangés sur place ou envoyés dans les grands centres, où ils sont consommés par la population ouvrière ; leur principale valeur réside dans la peau, utilisée pour la ganterie ou la fabrication des chaussures de luxe. .

Nulle part on ne soumet les sujets adultes à l'engraissement ; on garde les chèvres comme laitières jusqu'à leur complet épuisement.

ALIMENTATION DES SUIDÉS.

GÉNÉRALITÉS.

L'alimentation des suidés diffère beaucoup de celle des autres espèces domestiques que nous venons d'étudier. Ces dernières étaient herbivores, tandis que le porc est omnivore ; c'est-à-dire qu'il se nourrit de toutes sortes de substances d'origine végétale ou animale. Nous avons vu toutefois (p. 54) que la structure de son appareil digestif ne lui permet pas de tirer un bon profit des fourrages grossiers ; tout au contraire il utilise très bien les matières hydrocarbonées (p. 79) et de ce fait une relation nutritive très large convient à son rationnement. Il est même dangereux de la rétrécir, car une forte proportion d'albuminoïdes détermine souvent chez lui des accidents de paralysie et d'arthritisme. Les sous-produits des industries, les résidus de la ferme, les eaux grasses, les épluchures, les grains et les racines avariés dans une certaine mesure, trouvent un emploi dans son alimentation. Et ce qui est surtout remarquable c'est sa puissance d'assimilation qui dépasse de beaucoup celle des autres animaux. Nous avons dit que pour faire un kilogramme de poids vif, les bovidés consommaient de 10 à 20 kilogrammes de substance sèche (p. 383) ; les suidés arrivent à la même production avec une quantité moitié moindre.

Le seul but que l'on poursuit dans l'exploitation zootechnique de ces animaux est la production de la viande ; c'est donc seulement à leur mort que l'on réalise la totalité des recettes, si l'on excepte toutefois les fumiers, qui sont utilisés au fur et à mesure des besoins de la culture.

Il n'y a pas à proprement parler de rationnement pour le porc ; le principe de l'alimentation au maximum doit dominer pendant toute sa carrière. On s'efforcera de lui faire consommer la plus grande quantité possible d'aliments, pour accroître sa précocité et l'amener au poids le plus élevé dans le temps le plus court.

Nous ne citons que pour mémoire une aptitude spéciale pour la recherche des truffes ; elle est utilisée dans certaines régions où croissent ces précieux champignons, le Périgord notamment.

RATIONNEMENT DES PORCELETS.

Les jeunes porcs sont laissés auprès de leur mère après la parturition ; ils trouvent dans l'allaitement maternel une nourriture suffisante en général, au moins pendant les premiers jours. Souvent ils adoptent une tetine ; aussi doit-on s'efforcer de faire choisir aux plus faibles les mamelles les mieux développées, pour régulariser la croissance de la portée. S'ils sont nombreux, ou lorsque la mère est mauvaise laitière, on complète leur nourriture dès qu'il est nécessaire en leur donnant une certaine quantité de lait tiède de vache ou de chèvre.

L'élevage des porcs est une opération très lucrative, mais très aléatoire ; les soins minutieux, la surveillance constante ne suffisent pas parfois pour assurer sa réussite. Ayraud cite une truie qui en cinq ans donna neuf portées. Les 80 porcelets qui en résultèrent furent vendus en moyenne 20 francs pièce à 8 ou 10 semaines ; elle fut engraissée ensuite et payée 160 francs. Si l'on estime à 0 fr. 30 par jour le prix de sa nourriture et que l'on déduise son prix d'achat, 90 francs, on trouve que le bénéfice net s'est élevé à 1 122 fr. 50. C'est un résultat qu'il est rare d'obtenir.

A partir de la quatrième semaine on commence à préparer le sevrage. Deux fois par jour, pendant que la mère est sortie, on donne à la portée du lait tiède additionné d'une petite quantité de farineux, de la farine d'orge par exemple. On peut se contenter de lait écrémé, mais celui-ci ne doit avoir subi aucune fermentation. Peu à peu on augmente la quantité donnée et la proportion de farine. Puis on sépare les jeunes de leur mère et on réduit à deux le nombre des tetées. A la sixième semaine on ne les fait plus teter qu'une fois par jour, et à son expiration ils peuvent être définitivement sevrés.

On fixe le nombre des repas entre trois et cinq par jour ; ils sont toujours donnés tièdes et l'on a soin d'enlever ce qui reste dans l'auge avant de mettre de nouvelle nourriture. Ces excédents, qu'il est préférable d'éviter, peuvent être ajoutés à la ration des animaux adultes.

C'est à partir de cette époque que, dans les exploitations où l'on ne fait que l'élevage, les porcelets sont vendus.

Pendant les mois qui suivent, les jeunes sont soumis à deux régimes distincts suivant les pays et les ressources dont le cultivateur dispose.

Dans certaines contrées, on envoie les porcelets dans les champs, dans les bois, sur les trèfles où ils cherchent leur nourriture ; si elle est insuffisante, on la complète le soir lorsqu'ils rentrent à la porcherie. C'est une méthode très économique : les animaux acquièrent par l'exercice un développement plus grand de leurs masses musculaires, et sont très appréciés des engraisseurs quand ils atteignent l'âge de sept à huit mois, mais les conditions de la culture intensive diminuent de plus en plus le nombre des sujets soumis à ce régime. On utilise ainsi des pâtures de peu de valeur ; on les fait passer dans les champs de pommes de terre après la récolte, ils se nourrissent de glands, de faînes et de châtaignes, déterrent les racines. Mais il faut se méfier de leur instinct qui les pousse à fouiller le sol avec leur groin, ce qui pourrait nuire à certaines cultures.

Plus généralement, les jeunes animaux restent enfermés à la porcherie où ils reçoivent la nourriture qui leur est préparée. Leur alimentation est fort variable suivant les résidus dont on dispose. Les sous-produits de la laiterie ou des industries agricoles sont ainsi utilisés.

Une relation nutritive très étroite n'est pas nécessaire pour arriver à un développement satisfaisant, ainsi que le prouve l'expérience suivante de Meitzl et Strohmer.

| RÉGIME. | DIGÉRÉ par jour et par tê.e. | | TOTAL MA+MH+2.3 MG. | RELATION NUTRI-TIVE. | MATIÈRE azotée. | | MATIÈRE GRASSE FIXÉE. |
	Mat. azotées.	Matières hydrocar-bonees.			Excrétée.	Fixée.	
Riz.........	113,0	1 580,6	1 693,6	1/ 14,3	64,1	48,9	409,8
Orge........	122,0	1 251,5	1 373,5	1/ 10,2	87,9	34,1	173,9
Riz et farine de viande.	426,5	984,0	1 410,5	1/ 2,3	381,4	45,1	259,4

Dans tous les cas, sauf lorsqu'il s'agit d'élever des animaux reproducteurs, chez lesquels un excès d'embonpoint nuirait à leurs fonctions, on s'efforce dès maintenant de développer la précocité et l'engraissement par une alimentation copieuse.

Voici quelques exemples de rationnement indiqués pour des animaux d'un poids moyen de 50 kilogrammes :

Ration (Ayraud).		Ration (Dumont).		Ration (Dumont).	
	kil.		kil.		kil.
Débris de légumes.....	6,0	Pommes de terre cuites..	4,0	Drèches fraiches........	3,5
Petit-lait.....	3,0	Petit-lait.....	3,0	Petit-lait.....	3,0
Son..........	0,250	Farine 3e ou remoulages.	0,6	Tourteau de coco...	0,500

On pourra d'ailleurs effectuer toutes les substitutions que l'on jugera avantageuses en se conformant aux quantités de principes nutritifs prescrites dans les tables de rationnement.

RATIONNEMENT DES REPRODUCTEURS.

Ce qu'il importe surtout d'éviter chez les sujets de cette catégorie, c'est un engraissement prématuré qui rendrait les mâles peu ardents et pourrait chez les femelles déterminer la stérilité, causer des avortements, rendre les parturitions difficiles et diminuer les facultés laitières.

Nous avons déjà signalé ces inconvénients pour les autres espèces, mais chez les suidés, l'aptitude à l'engraissement étant beaucoup plus développée que pour les autres animaux, cet écueil est d'autant plus à craindre. Plus les races seront perfectionnées et précoces et plus grandes seront les difficultés.

La ration suivante convient, d'après M. Ayraud, pour un verrat pesant environ 100 kilogrammes et auquel un service modéré est demandé.

	kil.	M.A.	MG.	MH.	R.N.
Pommes de terre........	4	80	12	824	
Choux, carottes. navets...	5	75	20	400	1
Lait de beurre...........	3	96	30	156	——
Eaux grasses........	3	45	45	240	11,5
		296	107	1 620	

Une ration analogue convient aux truies pendant la période de gestation, mais elle sera modifiée lorsque, après la naissance des porcelets, elles devront satisfaire aux dépenses de la lactation. Nous savons que le lait de truie contient une proportion de matière azotée double environ de celle qu'on trouve dans le lait de vache (p. 93). La relation nutritive devra donc être beaucoup rétrécie, et l'alimentation sera d'autant plus copieuse que les porcelets seront nombreux et qu'ils avanceront en âge. On la fera varier de nouveau progressivement quand on commencera à préparer le sevrage. Nous reproduisons quelques rations usitées par divers éleveurs, à titre d'exemple pour des animaux pesant environ 100 kilogrammes :

Ration (Ayraud).		Ration (Poussingault).		Ration (Sanson).	
	kil.		kil.		kil.
Pommes de terre...... ..	4,0	Pommes de terre........	6,0	Petit-lait.....	2,0
Choux ou carottes	3,0	Farine de seigle.	1,225	Eaux grasses.	6,0
Lait de beurre.	6,0	Lait écrémé ou caillé....	6,0	Viande cuite.	0,500
Son	1,5			Son............	1,0
				Pommes de terre........	4,0

Composition.		Composition.		Composition.	
MA......	482	MA.....	447	MA.....	444
MG.....	132	MG.....	102	MG.....	164
MH.....	1.946	MH.....	2.344	MH.....	1.784

Si, au premier abord, il semble avantageux de ne pas conserver les reproducteurs beaucoup au delà de l'âge adulte, parce qu'ils perdent de leur valeur comme animaux de boucherie, d'un autre côté il faut considérer les difficultés que l'on éprouve à trouver des sujets remplissant bien ces fonctions, et notamment des truies fécondes, laitières et bonnes mères. Il en résulte que la dépréciation subie est souvent largement compensée par les bénéfices que l'on retire de l'élevage, et comme preuve nous rappellerons l'exemple cité précédemment d'une truie ayant donné neuf portées en cinq ans.

RATIONNEMENT DES PORCS A L'ENGRAISSEMENT.

D'après ce que nous avons vu précédemment, les porcs que l'on achète pour l'engraissement sont de deux âges distincts.

Les uns, ayant été élevés par le mode économique, pèsent en moyenne 50 à 60 kilogrammes à sept ou huit mois et coûtent en général 1 franc le kilogramme vif.

Les porcelets achetés aussitôt après le sevrage valent environ 20 francs; leur poids étant de près de 17 kilogrammes à deux mois, le kilo vif vaut près de 1 fr. 20. Nous remarquerons que la facilité et la rapidité de l'engraissement, d'une part, et les difficultés de l'élevage, d'autre part, ont pour conséquence que le prix de vente des porcs de boucherie est inférieur à celui des animaux maigres; il oscille, suivant les cours et la qualité, entre 0 fr. 70 et 0 fr. 90 le kilogramme vif. Nous constatons, à l'inverse de ce qui se produit pour les bovidés et les ovidés, une diminution de valeur. Le bénéfice brut se compose donc de l'accroissement de poids diminué de la moins-value entre la viande grasse et la viande maigre.

Si nous supposons un animal de boucherie pesant 140 kilogrammes, on établira, suivant l'âge au moment du début de l'engraissement, le bénéfice comme suit :

$$140 \text{ k.} \times 0 \text{ fr. } 85 = 119,00 \text{ fr.}$$
$$17 \text{ k.} \times 1 \text{ fr. } 20 = 20,40$$
$$\text{Bénéfice brut} \dots 98,60$$

$$140 \text{ k.} \times 0 \text{ fr. } 85 = 119,00 \text{ fr.}$$
$$70 \text{ k.} \times 1 \text{ fr. } 00 = 70,00$$
$$49,00$$

qui se décompose :

$$123 \text{ k.} \times 0 \text{ fr. } 85 \dots = 104,55 \text{ fr.}$$
$$17 \text{ k.} \times (1.20 - 0,85) = 5,95$$
$$98,60$$

$$70 \text{ k.} \times 0 \text{ fr. } 85 = 59,50 \text{ fr.}$$
$$70 \text{ k.} \times (1 - 0,85) = 10,50$$
$$49,00$$

Il n'y a pas lieu d'établir de ration pour les porcs à l'engrais; il faut s'efforcer de leur faire consommer le plus possible, de satisfaire complètement leur appétit à chaque repas. On augmente donc progressivement la quantité d'aliments et l'on ne s'arrête que quand on constate un léger excédent; la distribution est réglée pour qu'il ne reste rien dans l'auge quand le repas suivant y est versé. On évite ainsi la satiété et le dégoût. Puis, au bout de quelques jours, on tente une nouvelle augmentation pour voir si l'appétit s'est développé. Ce dernier est excité en apportant un peu de variété dans la composition de la ration.

Le nombre des repas est généralement fixé à deux en hiver et trois quand les jours deviennent plus longs. Il importe qu'ils soient donnés à des heures régulières pour éviter toute agitation des animaux. Le calme, le sommeil et la chaleur sont les principaux adjuvants de l'engraissement.

Comme la mastication est souvent incomplète, qu'il n'y a pas de rumination pour y suppléer, que le pouvoir digestif des suidés pour la cellulose est relativement faible, il est nécessaire de faire subir aux aliments des préparations destinées à les rendre plus facilement assimilables. Nous savons que celle qui convient le mieux pour l'engraissement est la cuisson.

Les matières amylacées contenues dans les végétaux sont ainsi rendues plus solubles et plus hydratées, les éléments cellulosiques sont dissociés. Cette préparation convient aussi aux substances d'origine animale, aux viandes en particulier; elle détruit les germes de maladies infectieuses et parasitaires que celles-ci peuvent contenir.

On concassera finement les tourteaux et on les ajoutera à la masse tiède des aliments, avant leur distribution. Nous rappelons que la chaleur, en coagulant l'albumine, diminue la digestibilité et développe les odeurs des tourteaux qui déplaisent en général aux animaux.

Les grains seront cuits ou moulus suivant leur nature et les ressources dont on dispose.

Les aliments ligneux sont très mal utilisés par les suidés, contrairement à ce que l'on constate chez les ruminants : on ne les fait intervenir dans leur nourriture que pour diluer une ration trop concentrée, et apaiser l'appétit en remplissant l'estomac. Le son en particulier n'est pas un aliment économique pour les porcs à l'engrais.

Il ne faut pas craindre, à notre avis, d'élargir la relation nutritive indiquée dans les tables de rationnement ; telle est aussi l'opinion de Wolff, qui n'hésite pas à conseiller pour les sujets adultes un rapport de 1/8 à 1/10. L'expérience de Meitzl et Strohmer (p. 443) montre que l'accroissement de poids est proportionnel à la somme des unités nutritives assimilées, indépendamment de la quantité d'azote contenue dans la ration.

Dans le choix des aliments, il importe de tenir compte de la qualité de la viande qui en résulte. Les matières d'origine animale conviennent particulièrement pour l'élevage et pendant la première période d'engraissement; on pourra en prolonger l'usage, mais vers la fin il faudra en réduire beaucoup la quantité, si ce n'est les supprimer complètement, car elles communiquent à la viande un goût peu apprécié, nuisent à sa conservation et produisent un lard sans fermeté.

Certains tourteaux, ceux de noix par exemple, qui sont souvent plus ou moins rances, donnent leur odeur à la viande.

Dans le choix de ces produits, il importe de tenir compte de la nature des corps gras qu'ils contiennent. Il a été démontré, en effet, que ces substances se déposent sans subir de transformation dans les tissus de l'organisme ; on comprend que les huiles donnent une consistance molle au lard, ainsi s'explique la supériorité constatée des tourteaux de coprah et de palmiste dont la graisse est solide à la température ordinaire.

Des essais ont été faits notamment en Danemark, pour l'emploi de la mélasse dans l'alimentation du porc; on a expérimenté le plus fréquemment un mélange de 3/8 de son, 4/8 de mélasse, 1/8 de tourteau de palmiste. Les résultats ont prouvé que relativement à l'accroissement du poids vif, 1 kilogramme de grains était l'équivalent d'une quantité de mélasse comprise entre 1 kilogramme et 1 kil. 250.

En Angleterre, on apprécie peu les porcs engraissés au maïs ; cependant ce grain est très recommandé dans le midi de la France. Cette contradiction peut être expliquée par les résultats obtenus par Frijs en Danemark. Il a observé en effet que la diminution de la fermeté du lard causée par cette alimentation est dépendante de la température extérieure; peu sensible en été, elle s'accentue beaucoup pendant la période hivernale. Le fait ne permet aucun doute, quoique jusqu'ici on n'ait pu en fournir une explication.

On en peut déduire dans la pratique qu'il y a intérêt à maintenir les porcs à l'engrais dans des locaux chauds, non seulement au point de vue de l'économie par la diminution de la chaleur perdue par rayonnement qui en est la conséquence, mais aussi parce qu'il en résulte une amélioration de la qualité de l'animal.

D'après les recherches de Frijs, il suffit, pour éviter cette influence nuisible, de mélanger deux tiers de maïs à un tiers de tourteau de palme; les aliments mélassés produisent un effet améliorateur analogue.

Au début de l'engraissement, le porc consomme des quantités considérables d'aliments; le rapport entre la matière sèche et le poids vif atteint souvent 4 p. 100. Mais au fur et à mesure que son embonpoint augmente l'appétit diminue; il faut, par de légers changements dans le régime, l'inciter à manger davantage. On conseille également, dans cette deuxième période, d'élargir la relation nutritive, ce que l'on obtient en général en introduisant les grains dans la ration, l'orge notamment, qui donne une chair savoureuse et une graisse ferme. Cette modification présente en outre l'avantage de réduire les chances de maladies pléthoriques.

Voici, à titre d'exemple, quelques rations conseillées par divers auteurs pour des animaux pesant environ 70 kilogrammes :

CORNEVIN.

I	kil.	II	kil.
Tourteau de pavot......	0,250	Farine de coco	0,250
Farine d'orge...........	0,500	Viandes d'équarrissage cuites, déchets d'abattoirs cuits.........	0,500
Pommes de terre cuites.	4,000	Pommes de terre cuites..	3,000
Eaux de vaisselle.......	5 lit.	Lait de beurre.........	2 lit.

DUMONT.

<table>
<tr><td colspan="2">III</td><td colspan="2">IV</td></tr>
<tr><td></td><td>kil.</td><td></td><td>kil.</td></tr>
<tr><td>Résidus de triperie</td><td>1,500</td><td>Carottes cuites</td><td>6,000</td></tr>
<tr><td>Farine de maïs</td><td>0,600</td><td>Farine de sarrasin</td><td>0,600</td></tr>
<tr><td>Eaux grasses et petit-lait</td><td>5 lit.</td><td>Lait écrémé</td><td>4 lit.</td></tr>
</table>

AYRAUD.

V

	kil.
Pommes de terre	4,0
Carottes	2,0
Farine d'avoine et son	0,666
Petit-lait	1,666
Eaux grasses	1,250

L'alimentation du porc se prête encore plus facilement que celle des autres espèces domestiques à toutes sortes de substitutions, parmi lesquelles on recherchera les plus avantageuses d'après les conditions locales.

On arrêtera l'engraissement lorsque l'accroissement de poids journalier ne paiera plus la ration.

TABLES

RELATIVES

A LA COMPOSITION CHIMIQUE DES ALIMENTS

ET AU

RATIONNEMENT DES ANIMAUX DOMESTIQUES

Dressées par Mallèvre,

Professeur de zootechnie à l'Institut national agronomique,

d'après les tables de Wolff remaniées par Lehmann

PUBLIÉES

PAR LA SOCIÉTÉ D'ALIMENTATION RATIONNELLE DU BÉTAIL

Remarques explicatives.

1° Chaque colonne contient exprimée en *grammes* la quantité de substance contenue dans 100 grammes de l'aliment désigné.

2° La sixième colonne comprend la protéine et les corps amidés.

3° La septième colonne donne le dosage des matières grasses. Ce chiffre devra être multiplié par 2,4 pour le calcul des unités nutritives.

4° La huitième colonne contient les hydrocarbonés et la cellulose digestibles.

5° La neuvième colonne renferme la somme des chiffres des colonnes 6 et 8 plus ceux de la colonne 9 multipliés par 2,4.

6° La dixième colonne comprend le dosage des corps amidés qui devront être déduits de la colonne 6 et ajoutés à la colonne 8 pour le calcul de la relation nutritive comme il a été indiqué page 92.

7° La onzième colonne contient la cellulose digestible comprise dans la huitième colonne ; on pourra donc en déduire la moitié du total inscrit dans cette dernière pour se conformer à l'opinion de Grandeau (p. 82).

8° La douzième colonne contient le dénominateur de la relation nutritive, calculée avec les chiffres contenus dans les colonnes 6 et 8 et ceux de la colonne 7 multipliés par 2,4.

TABLE I.

COMPOSITION MOYENNE DES ALIMENTS ET LEUR TENEUR EN MATIÈRES DIGESTIBLES.

DÉSIGNATION DES ALIMENTS.	MATIÈRE SÈCHE.	PRINCIPES BRUTS.				PRINCIPES NUTRIFIFS DIGESTIBLES.				Y COMPRIS :		RELATION NUTRITIVE 1 :
		Protéine (matière azotée totale).	Matière grasse.	Extractifs non azotés.	Cellulose brute.	Protéine (MA).	Matière grasse (MG).	Matières hydrocarbonées (MH).	Somme des principes nutritifs digestibles (MA + MG × 2.4 + MH).	Amidon.	Cellulose.	
	gr.	2	3	4	5	6	7	8	9	10	11	12
I. FOURRAGES VERTS.												
(a) GRAMINÉES.												
Avoine fourrage (à l'épiage)	19.0	2.4	0.5	8.0	6.6	1.4	0.2	8.5	10.4	0.2	3.6	6.4
Herbe de gras pâturage	22.0	4.5	1.2	10.1	4.0	3.4	0.7	11.0	16.1	1.1	2.9	3.7
Herbe de pâturage	20.0	3.5	0.8	9.5	4.2	2.5	0.4	9.9	13.1	0.9	2.6	4.4
Dactyle pelotonné	22.0	3.1	0.9	[illegible]	[illegible]	[illegible]	[illegible]	[illegible]	[illegible]	[illegible]	[illegible]	[illegible]
Maïs fourrage (d'Amérique)	17.2	1.4	0.4	8.9	5.0	0.7	0.2	8.2	9.4	0.3	2.7	12.4
Maïs fourrage (précoce)	19.4	1.7	0.5	10.4	5.6	1.0	0.3	9.8	11.5	0.4	3.1	10.5
Moha de Hongrie	26.0	3.1	0.6	11.5	8.8	1.8	0.3	12.0	14.5	0.7	5.0	7.0
Seigle fourrage	24.0	3.0	0.8	12.0	6.7	1.8	0.4	12.4	15.2	0.7	4.4	7.4
Ray grass anglais	26.5	3.0	0.8	12.0	8.2	1.6	0.3	12.0	14.3	0.5	4.7	7.9
Ray grass d'Italie	26.0	3.4	1.0	12.0	6.8	2.1	0.4	12.5	15.5	0.5	3.7	6.4
Sorgho	21.5	2.3	0.6	10.8	6.6	1.4	0.3	10.8	12.9	0.4	3.7	8.2
Herbe de prairie douce (moyenne)	28.0	3.3	0.8	12.4	9.4	1.9	0.4	13.2	16.1	0.5	4.8	7.5
Fléole des prés (timothy)	30.0	2.5	0.7	14.8	10.0	1.2	0.3	15.0	16.9	0.4	5.1	13.1
(b) TRÈFLES ET ANALOGUES.												
Mélilot blanc	16.0	4.0	0.7	6.0	3.1	2.7	0.3	5.3	8.7	1.1	1.3	2.2
Sainfoin	19.0	3.7	0.7	7.6	5.8	2.7	0.5	8.3	12.2	0.9	2.3	3.5
Minette	20.0	3.5	0.8	8.2	6.0	2.2	0.5	8.7	12.1	0.8	3.0	4.5
Trèfle incarnat	18.5	2.9	0.6	7.2	6.0	1.6	0.3	7.5	9.8	0.6	2.5	5.1
Luzerne très jeune	19.0	5.5	0.7	6.5	4.4	4.3	0.3	6.7	11.7	1.6	1.9	1.7
Luzerne, début de la floraison	24.0	4.3	0.8	8.7	8.2	3.1	0.3	9.0	12.8	1.2	3.2	3.1
Trèfle rouge, avant la floraison	18.0	3.4	0.7	7.9	4.5	2.4	0.4	7.8	11.2	0.9	2.5	3.7
Trèfle rouge en pleine floraison	20.0	3.1	0.6	9.1	5.8	1.7	0.4	9.0	11.7	0.6	2.9	5.9
Luzerne rustique	22.0	3.8	0.7	7.8	7.9	3.0	0.3	7.9	11.6	0.9	3.0	2.9
Trèfle hybride	17.5	3.4	0.7	6.2	5.6	2.2	0.3	6.6	9.5	0.7	2.3	3.3
Serradelle	19.0	3.7	0.8	7.0	5.7	2.5	0.5	6.4	10.1	0.7	2.5	3.0
Trèfle blanc en fleurs	19.5	4.0	0.8	7.5	5.2	2.6	0.5	7.8	11.6	0.8	2.5	3.5
Anthyllide	18.0	2.5	0.5	8.2	5.5	1.5	0.2	8.2	10.2	0.6	2.7	5.8

100 GRAMMES DE L'ALIMENT DÉSIGNÉ RENFERMENT.

<table>
<tr><td rowspan="3">DÉSIGNATION DES ALIMENTS.</td><td colspan="11">100 GRAMMES DE L'ALIMENT DÉSIGNÉ RENFERMENT.</td><td rowspan="3">RELATION NUTRITIVE : 1 :</td></tr>
<tr><td rowspan="2">MATIÈRE SÈCHE.</td><td colspan="4">PRINCIPES BRUTS.</td><td colspan="4">PRINCIPES NUTRITIFS DIGESTIBLES.</td><td colspan="2">Y COMPRIS :</td></tr>
<tr><td>Protéine (matière azotée totale).</td><td>Matière grasse.</td><td>Extractifs non azotés.</td><td>Cellulose brute.</td><td>Protéine (MA).</td><td>Matière grasse (MG).</td><td>Matières hydrocarbonées (MH).</td><td>Somme des principes nutritifs digestibles (MA + MG × 2.4 + MH).</td><td>Amides.</td><td>Cellulose.</td></tr>
<tr><td></td><td>1</td><td>2</td><td>3</td><td>4</td><td>5</td><td>6</td><td>7</td><td>8</td><td>9</td><td>10</td><td>11</td><td>12</td></tr>
<tr><td colspan="13">(c) AUTRES LÉGUMINEUSES.</td></tr>
<tr><td>Féverolle fourrage</td><td>15.0</td><td>3.4</td><td>0.6</td><td>6.3</td><td>3.2</td><td>2.5</td><td>0.4</td><td>5.7</td><td>9.2</td><td>0.8</td><td>1.5</td><td>2.7</td></tr>
<tr><td>Pois fourrage</td><td>18.5</td><td>3.5</td><td>0.6</td><td>7.4</td><td>5.5</td><td>2.4</td><td>0.3</td><td>7.2</td><td>10.3</td><td>0.7</td><td>2.7</td><td>3.3</td></tr>
<tr><td>Vesce fourrage</td><td>18.0</td><td>3.7</td><td>0.6</td><td>6.6</td><td>5.5</td><td>2.6</td><td>0.3</td><td>6.7</td><td>10.0</td><td>0.7</td><td>2.7</td><td>2.8</td></tr>
<tr><td>Lupin jaune, début de la formation de la cosse</td><td>15.0</td><td>3.2</td><td>0.4</td><td>6.1</td><td>4.5</td><td>2.2</td><td>0.2</td><td>7.0</td><td>9.7</td><td>1.3</td><td>3.5</td><td>3.4</td></tr>
<tr><td>Vesce velue</td><td>16.5</td><td>4.2</td><td>0.6</td><td>5.1</td><td>5.0</td><td>2.9</td><td>0.4</td><td>5.3</td><td>9.2</td><td>1.0</td><td>2.5</td><td>2.2</td></tr>
<tr><td>Gesse des bois (lathyrus sylvestris)</td><td>17.0</td><td>5.1</td><td>0.4</td><td>5.6</td><td>4.9</td><td>3.8</td><td>0.2</td><td>6.1</td><td>10.4</td><td>1.1</td><td>2.4</td><td>1.7</td></tr>
<tr><td>Vesce multiflore</td><td>25.0</td><td>6.0</td><td>0.7</td><td>11.6</td><td>5.0</td><td>4.3</td><td>0.4</td><td>10.2</td><td>15.5</td><td>1.5</td><td>2.5</td><td>2.6</td></tr>
<tr><td>Lentille ers</td><td>16.2</td><td>3.9</td><td>0.5</td><td>6.7</td><td>3.4</td><td>2.9</td><td>0.3</td><td>6.0</td><td>9.6</td><td>0.9</td><td>2.0</td><td>2.3</td></tr>
<tr><td>Spergule</td><td>20.0</td><td>2.3</td><td>0.7</td><td>9.7</td><td>5.3</td><td>1.5</td><td>0.3</td><td>9.8</td><td>12.0</td><td>0.4</td><td>3.3</td><td>7.0</td></tr>
<tr><td>Sarrasin</td><td>15.0</td><td>2.4</td><td>0.6</td><td>6.5</td><td>4.1</td><td>1.5</td><td>0.4</td><td>6.6</td><td>9.1</td><td>0.4</td><td>2.5</td><td>5.1</td></tr>
<tr><td>Chardon très jeune</td><td>13.3</td><td>2.9</td><td>0.9</td><td>6.1</td><td>1.4</td><td>2.2</td><td>0.6</td><td>6.0</td><td>9.6</td><td>0.3</td><td>1.0</td><td>3.4</td></tr>
<tr><td>Bruyère</td><td>45.2</td><td>3.7</td><td>3.0</td><td>15.1</td><td>19.7</td><td>1.9</td><td>1.0</td><td>15.6</td><td>19.9</td><td>0.3</td><td>6.5</td><td>9.5</td></tr>
<tr><td>Navette</td><td>14.1</td><td>2.8</td><td>0.8</td><td>5.7</td><td>3.5</td><td>2.0</td><td>0.5</td><td>5.8</td><td>9.0</td><td>0.6</td><td>1.9</td><td>3.5</td></tr>
<tr><td>Moutarde</td><td>17.0</td><td>2.5</td><td>0.5</td><td>7.2</td><td>5.4</td><td>1.7</td><td>0.3</td><td>7.4</td><td>9.8</td><td>0.5</td><td>2.7</td><td>3.7</td></tr>
<tr><td>Ajonc épineux</td><td>50.0</td><td>5.2</td><td>1.2</td><td>17.1</td><td>24.0</td><td>2.2</td><td>0.5</td><td>19.9</td><td>23.3</td><td>0.5</td><td>9.6</td><td>9.6</td></tr>
<tr><td>Consoude du Caucase</td><td>12.3</td><td>3.0</td><td>0.4</td><td>5.0</td><td>1.7</td><td>1.8</td><td>0.3</td><td>4.6</td><td>7.1</td><td>0.7</td><td>0.3</td><td>2.9</td></tr>
<tr><td>Anacharis alsinastrum</td><td>12.0</td><td>2.2</td><td>0.3</td><td>5.1</td><td>2.0</td><td>1.4</td><td>0.1</td><td>4.5</td><td>6.1</td><td>0.2</td><td>1.0</td><td>3.4</td></tr>
<tr><td colspan="13">(ρ) FANES, FEUILLES, ETC.</td></tr>
<tr><td>Choux fourrage</td><td>14.3</td><td>2.5</td><td>0.7</td><td>7.1</td><td>2.4</td><td>1.8</td><td>0.4</td><td>7.4</td><td>10.2</td><td>0.6</td><td>1.7</td><td>4.7</td></tr>
<tr><td>Fanes de pommes de terre (octobre)</td><td>22.0</td><td>2.3</td><td>1.0</td><td>9.7</td><td>6.0</td><td>1.0</td><td>0.3</td><td>8.3</td><td>10.0</td><td>0.4</td><td>2.3</td><td>9.0</td></tr>
<tr><td>Fanes de pommes de terre (juillet, août)</td><td>15.0</td><td>3.6</td><td>0.7</td><td>6.2</td><td>3.0</td><td>2.1</td><td>0.2</td><td>5.2</td><td>7.8</td><td>0.7</td><td>1.4</td><td>2.7</td></tr>
<tr><td>Feuilles de chou-rave</td><td>14.3</td><td>3.0</td><td>0.5</td><td>7.3</td><td>1.7</td><td>2.1</td><td>0.2</td><td>7.1</td><td>9.7</td><td>0.7</td><td>1.1</td><td>3.6</td></tr>
<tr><td>Feuilles de rutabagas</td><td>11.6</td><td>2.1</td><td>0.5</td><td>5.2</td><td>1.6</td><td>1.5</td><td>0.3</td><td>5.1</td><td>7.3</td><td>0.5</td><td>1.0</td><td>3.9</td></tr>
<tr><td>Feuilles de carottes</td><td>18.0</td><td>3.3</td><td>0.9</td><td>7.2</td><td>3.0</td><td>2.2</td><td>0.5</td><td>7.0</td><td>10.4</td><td>0.6</td><td>1.7</td><td>3.7</td></tr>
<tr><td>Feuilles de betteraves fourragères</td><td>11.0</td><td>2.4</td><td>0.4</td><td>4.6</td><td>1.6</td><td>1.6</td><td>0.2</td><td>4.4</td><td>6.5</td><td>0.7</td><td>1.0</td><td>3.1</td></tr>
<tr><td>Fanes de topinambours</td><td>32.3</td><td>3.4</td><td>1.0</td><td>17.5</td><td>5.4</td><td>2.0</td><td>0.6</td><td>15.4</td><td>18.8</td><td>0.3</td><td>2.2</td><td>8.4</td></tr>
<tr><td>Chou cabus</td><td>10.0</td><td>1.9</td><td>0.2</td><td>4.9</td><td>1.8</td><td>1.4</td><td>0.1</td><td>4.9</td><td>6.5</td><td>0.5</td><td>1.0</td><td>3.6</td></tr>
<tr><td>Feuilles de betteraves à sucre</td><td>12.0</td><td>2.6</td><td>0.4</td><td>4.4</td><td>2.2</td><td>1.7</td><td>0.2</td><td>4.6</td><td>6.8</td><td>0.4</td><td>1.2</td><td>3.0</td></tr>
</table>

DÉSIGNATION DES ALIMENTS.	MATIÈRE SÈCHE.	Protéine (matière azote totale).	Matière grasse.	Extractifs non azotés.	Cellulose brute.	Protéine (MA).	Matière grasse (MG).	Matières hydrocarbonées (MH).	Somme des principes nutritifs digestibles (MA + MG × 2.5 + MH).	Amides.	Cellulose.	RELATION NUTRITIVE : 1 :
		PRINCIPES BRUTS.				**PRINCIPES NUTRITIFS DIGESTIBLES.**				**Y COMPRIS :**		
	1	2	3	4	5	6	7	8	9	10	11	12

(f) FEUILLES D'ARBRES ET BRINDILLES.

DÉSIGNATION DES ALIMENTS.	1	2	3	4	5	6	7	8	9	10	11	12
Feuilles de bouleau (août)	45.0	7.9	3.9	24.7	6.9	4.8	2.5	20.0	30.8	0.9	3.7	5.4
Feuilles de hêtre	43.0	6.9	1.5	21.7	9.8	2.3	0.6	15.0	18.7	0.7	3.5	7.1
Feuilles et tiges de houblon	34.0	4.7	1.3	14.7	9.2	3.0	0.9	13.2	18.4	0.8	3.8	5.1
Feuilles de peuplier (octobre)	45.0	5.8	4.6	21.3	9.3	3.2	3.0	17.1	27.5	0.8	3.1	7.6
Brindilles [1] (en hiver)	75.0	4.6	1.9	40.3	26.7	0.7	0.3	20.1	21.5	0.1	4.0	29.7
Brindilles (au printemps)	70.0	2.6	1.4	36.2	28.2	0.3	0.2	13.7	14.5	0.1	2.8	47.3
Brindilles et feuilles de peuplier (juillet)	76.4	6.0	2.6	34.4	30.4	2.3	1.1	25.7	30.6	0.3	8.2	12.3

(a) FOIN DE PRAIRIE.

DÉSIGNATION DES ALIMENTS.		1	2	3	4	5	6	7	8	9	10	11	12
Foin de très bonnes graminées et légumineuses	très jeune	84.0	15.0	3.5	38.0	20.0	10.8	2.2	40.9	57.0	4.5	13.2	4.3
	mûr	85.0	12.0	2.3	39.5	24.0	7.5	1.3	40.0	50.6	2.0	13.9	4.3
	vieux	86.0	8.5	2.0	39.0	30.3	4.4	1.0	39.3	46.1	1.0	15.2	9.5
Foin de bonnes graminées	très jeune	84.0	13.0	3.0	40.0	20.8	9.4	1.7	42.5	56.0	3.3	14.1	5.0
	mûr	85.0	10.0	2.0	42.0	26.0	6.0	1.0	42.5	50.9	1.6	15.3	7.5
	vieux	86.0	7.0	1.7	38.3	34.0	3.5	0.8	38.4	43.8	0.7	17.7	11.5
Foin de graminées et plantes adventices (2ᵉ qualité)	très jeune	84.0	12.0	2.8	41.2	21.0	8.2	1.6	42.7	54.7	3.0	13.9	5.7
	mûr	85.0	9.5	2.0	42.0	26.0	5.5	1.0	40.8	48.7	1.6	14.8	7.8
	vieux	86.0	7.0	1.7	38.0	34.3	3.4	0.7	36.9	42.0	0.7	17.1	11.3
Foin de graminées mélangées de joncs (3ᵉ qualité)	très jeune	84.0	11.0	2.5	38.0	25.5	6.9	1.3	41.5	51.5	2.2	15.3	6.5
	mûr	85.0	9.2	2.0	40.0	28.0	5.0	0.9	38.0	45.2	1.4	14.0	8.0
	vieux	86.0	6.0	1.5	38.0	35.5	2.6	0.5	34.6	38.4	0.5	15.6	13.8

(b) GRAMINÉES ET ANALOGUES.

DÉSIGNATION DES ALIMENTS.	1	2	3	4	5	6	7	8	9	10	11	12
Seigle fourrage à l'épiaison	87.0	10.1	2.8	39.0	30.0	6.4	1.3	45.0	54.5	1.7	19.0	7.5
Phalaris arundinacea	87.5	5.5	1.2	36.4	38.0	3.3	0.6	40.8	45.5	0.7	19.0	12.8
Avoine à la floraison	88.5	7.5	2.4	42.4	30.1	3.8	0.9	38.9	44.9	1.5	14.7	10.8

[1] Ces brindilles sont demi-sèches et ont un diamètre qui ne dépasse pas 2 centimètres.

DÉSIGNATION DES ALIMENTS	100 GRAMMES DE L'ALIMENT DÉSIGNÉ RENFERMENT :											RELATION NUTRITIVE : 1 :
		PRINCIPES BRUTS.				PRINCIPES NUTRITIFS DIGESTIBLES.				Y COMPRIS :		
	MATIÈRE SÈCHE.	Protéine (matière azotée totale).	Matière grasse.	Extractifs non azotés.	Cellulose brute.	Protéine (MA).	Matière grasse (MG).	Matières hydrocarbonées (MH).	Somme des principes nutritifs digestibles $(MA + MG \times 2.4 + MH)$.	Amides	Cellulose.	
	1	2	3	4	5	6	7	8	9	10	11	12
(b) GRAMINÉES ET ANALOGUES (*suite*).												
Panicum (millet)	86.0	7.5	1.5	42.5	28.5	4.5	0.8	40.8	47.2	1.5	17.7	9.5
Moha de Hongrie	86.6	10.8	2.2	38.5	29.4	6.1	0.9	41.0	49.3	2.0	17.6	7.1
Ray grass anglais	85.7	10.2	2.5	36.3	30.2	5.1	0.8	35.4	42.4	2.0	15.4	7.3
Fromental	86.0	11.2	2.3	32.5	30.1	5.6	0.7	33.5	40.8	2.2	16.0	6.3
Ray grass d'Italie	85.7	11.2	3.2	40.6	22.9	7.1	1.4	41.5	52.0	2.2	14.9	6.3
Plantes de prairies acides : carex	86.0	9.1	2.1	45.9	25.2	4.5	0.9	34.9	41.6	0.9	12.0	8.2
Plantes de prairies acides : prêle	86.0	14.9	1.7	43.3	14.7	8.9	0.9	27.0	38.1	1.5	6.0	3.3
Plantes de prairies acides : jonc	86.0	11.8	1.8	44.3	23.1	6.0	0.7	33.0	40.7	1.2	11.0	5.8
Plantes de prairies acides : scirpus	86.0	9.2	1.9	50.7	22.0	4.7	0.8	34.0	40.6	1.0	10.0	7.6
Fétuque ovine	85.8	10.4	2.9	34.6	33.2	5.2	1.1	34.0	41.8	1.9	16.0	7.0
Fléole des prés	87.0	7.0	2.2	46.0	27.3	3.6	1.1	45.2	51.4	1.0	15.7	3.3

(*c*) TREFLES ET ANALOGUES.

Mélilot blanc jeune	86.0	16.5	2.8	27.4	31.0	8.3	1.6	31.6	43.7	5.3	13.6	4.3
Sainfoin, début de la floraison	84.2	15.4	3.2	34.0	24.9	10.9	2.1	35.9	51.8	3.1	10.5	3.7
Sainfoin, pendant la floraison	84.8	13.3	2.5	34.5	28.5	9.3	1.6	35.7	48.8	2.0	10.3	4.2
Minette	83.3	14.6	3.3	33.2	26.2	9.2	2.0	36.3	50.3	2.0	13.1	4.5
Lotier corniculé	87.5	15.0	3.5	38.2	23.5	8.2	1.8	35.9	48.4	2.0	11.7	4.9
Trèfle incarnat	83.3	12.2	3.0	34.6	26.0	6.2	1.4	34.9	44.5	2.6	11.9	6.2
Luzerne, début de la floraison	83.5	16.0	2.5	31.6	26.6	12.3	1.2	33.5	48.7	3.9	11.3	3.0
Luzerne, pendant la floraison	84.3	14.4	2.5	31.3	29.0	10.0	1.0	33.5	45.9	3.6	12.5	3.6
Trèfle rouge, avant la floraison	84.0	15.5	3.0	36.0	22.0	11.2	1.9	37.6	53.4	3.8	11.6	3.8
Trèfle rouge, pendant la floraison	84.0	12.5	2.5	38.0	25.0	8.1	1.4	38.3	49.8	2.6	11.7	5.1
Trèfle rouge, à la fin de la floraison	85.0	9.0	2.0	38.0	30.5	4.9	1.0	37.3	44.6	1.0	12.2	8.1
Medicago media	83.3	15.2	3.0	28.9	30.1	11.7	1.2	33.1	47.7	3.5	12.9	3.1
Trèfle hybride	84.0	15.0	3.3	32.7	27.0	8.6	1.8	34.8	47.7	2.7	12.3	4.5
Serradelle, pendant la floraison	84.0	15.2	3.1	33.1	25.6	10.5	2.5	31.5	48.0	2.2	11.5	3.6
Trèfle blanc	83.5	14.5	3.5	33.9	25.6	8.1	2.0	35.9	48.8	2.5	12.2	5.0
Anthyllide, début de la floraison	83.5	11.0	2.5	36.0	27.5	6.4	1.4	36.8	46.6	1.6	13.8	6.3
Anthyllide, pendant la floraison	84.0	10.0	2.2	38.0	28.2	6.0	1.1	37.8	46.4	1.2	13.0	6.7

(*d*) AUTRES LÉGUMINEUSES.

Pois, début de la floraison	84.0	20.0	2.8	30.6	23.3	14.9	1.7	34.2	53.2	3.8	12.8	2.6
Pois, pendant la floraison	83.3	14.3	2.6	34.2	25.2	9.4	1.6	33.1	46.3	3.5	12.6	3.9
Vesce fourrage, début de la floraison	83.8	19.5	2.6	28.9	23.5	15.0	1.6	31.3	50.1	4.5	12.6	2.3

DÉSIGNATION DES ALIMENTS	100 GRAMMES DE L'ALIMENT DÉSIGNÉ RENFERMENT .										
	PRINCIPES BRUTS.				PRINCIPES NUTRITIFS DIGESTIBLES.				y compris :		RELATION NUTRITIVE 1 :
	Matière sèche.	Protéine (matière azotée totale).	Matière grasse.	Extractifs non azotés.	Cellulose brute.	Protéine (MA).	Matière grasse (MG).	Matières hydrocarbonées (MH).	Somme des principes nutritifs digestibles (MA + MG × 6 + MH).	Amides.	Cellulose.	
	1	2	3	4	5	6	7	8	9	10	11	12

(d) AUTRES LÉGUMINEUSES (suite).

DÉSIGNATION DES ALIMENTS	1	2	3	4	5	6	7	8	9	10	11	12
Vesce fourrage, pendant la floraison.	83.3	17.0	2.4	29.5	26 1	11.0	1.4	30.6	45.0	4.0	12.9	3.1
Vicia Dumetorum, début de la floraison.	86.0	21.9	2.9	35.6	20.2	15 3	1.7	34.6	54.0	5.3	11.0	2.5
Vicia Dumetorum, pendant la floraison.	84.0	21.0	2.8	34.2	20.8	15.0	1.8	33.5	52.8	5.0	11.0	2.5
Lupin, début de la floraison.	84.0	18.5	2.3	31.6	26.5	13.7	1.2	39.0	55.6	5.2	19.3	3.0
Lupin, à moitié défleuri.	84.0	15.3	2.1	33.1	29.0	10.2	1.0	38.6	51 2	4.5	18.8	4.0
Gesse des bois (lathyrus sylvestris).	84.0	20.0	3.5	28.8	26.0	14.3	2.4	31.6	51.7	4.8	13.0	2.6
Vesce velue.	86 0	23.0	2.5	25.5	27.5	18.3	1.5	29.8	51.7	5.5	13.2	1.8
Soja.	84.0	16.5	2 2	23 8	35.5	10 6	0 4	43.9	55.5	3.3	14.4	4.2
Mélange de vesce et avoine	83.3	12.6	2.3	33.2	28.0	7.2	1.1	35.0	44.8	2.0	15.4	5.2
Lentille ers.	84.0	20.3	2.4	35.0	17.5	14.2	1.5	36.8	54.6	3.8	8.8	2.8
Vicia sepium	84.0	19.2	2.4	28.9	27.5	14.6	1.5	34.4	52.6	4.6	14.1	2.6

(e) PLANTES FOURRAGÈRES DIVERSES.

DÉSIGNATION DES ALIMENTS	1	2	3	4	5	6	7	8	9	10	11	12
Spergule	83.3	12.0	3.0	36.8	22.0	7.6	1.8	36.9	48.8	1.6	13.1	5.4
Sarrasin.	87.0	10.5	1.7	38.1	30.1	6.5	0.9	38.1	46.8	2.0	17.0	6.2
Colza.	84.0	15.5	5.5	33.0	20.0	9.8	2.9	34.5	51.3	3.1	11.0	4.2
Moutarde blanche.	84.0	11.2	2.5	36.6	26.2	6.9	1.4	36.8	47.1	2.3	13.5	5.8
Ajonc épineux.	85.0	9.0	2.0	28.7	41.8	3.6	0.9	33.9	39.7	0.9	16.7	10.0
Consoude du Caucase, avant la floraison.	85.0	20.7	2.7	35.1	11.5	12.0	1.8	31.8	48.1	4.5	2.1	3.0
Anacharis alcinastrum.	83.0	15.3	1.9	35.5	19.9	9.0	0.7	31.1	41.8	1.5	6.6	3.6

(f) FANES, FEUILLES.

DÉSIGNATION DES ALIMENTS	1	2	3	4	5	6	7	8	9	10	11	12
Ortie dioïque.	88 6	18.3	7.7	38.0	10.6	12.8	4.9	36.0	60.6	"	6.0	3.7
Fanes de pommes de terre.	90.0	9.4	2.4	38.6	28.0	3.8	0.6	33.5	38.7	"	10.3	9.2
Feuilles de vigne (automne).	88.0	11.4	5.7	52.9	8.0	6.7	4.5	37.4	54.9	"	3.0	7.2
Fanes de topinambour	87.5	14.4	3.5	42.9	14.9	8.6	1.7	41.2	53.9	1.4	8.8	5.3

(g) FEUILLES D'ARBRES ET BRINDILLES.

DÉSIGNATION DES ALIMENTS	1	2	3	4	5	6	7	8	9	10	11	12
Feuilles de bouleau (juillet).	88.0	15.6	1.6	42 1	20.0	8.9	0.6	35.0	45.3	2.5	7.1	4.1
Feuilles de hêtre (juillet).	88.0	15.6	1.7	42.8	20.0	8.7	0.6	35.0	45.1	2.5	6.9	4.2

DÉSIGNATION DES ALIMENTS	MATIÈRE SÈCHE.	PRINCIPES BRUTS.				PRINCIPES NUTRITIFS DIGESTIBLES.				Y COMPRIS :		RELATION NUTRITIVE : 1 :
		Protéine (matière azotée totale).	Matière grasse.	Extractifs non azotés.	Cellulose brute.	Protéine (MA).	Matière grasse (MG).	Matières hydrocarbonées (MH).	Somme des principes nutritifs digestibles (MA + MG × 2,4 + MH).	Amides.	Cellulose.	
	1	2	3	4	5	6	7	8	9	10	11	12
(g) FEUILLES D'ARBRES ET BRINDILLES (suite).												
Feuilles et tiges de houblon	89.4	12.5	3.5	38.1	24.5	8.0	2.5	34.7	48.7	2.0	7.6	5.1
Houblon (brassé)	85.0	15.8	6.0	40.5	18.7	5.0	3.9	23.1	37.5	»	2.8	6.5
Feuilles de peuplier (octobre)	84.0	10.8	8.7	39.6	17.4	6.0	6.9	31.8	54.3	»	5.6	8.0
Brindilles de bêtre	89.9	4.5	1.6	42.7	38.5	1.2	0.2	9.6	11.3	»	2.7	8.4
Brindilles d'aune	93.1	7.1	1.7	42.5	39.0	3.5	0.4	12.0	16.5	»	3.0	3.7
Brindilles d'acacia	93.0	7.9	1.7	48.3	31.5	5.1	0.6	29.5	36.0	»	6.6	6.0
Feuilles d'orme	88.0	15.9	2.9	49.9	8.6	11.6	0.7	45.6	58.9	3.0	4.9	4.1
Sarments de vigne	88.0	»	»	»	»	3.9	1.1	23.0	29.1	»	»	»
III. FOIN BRUN.												
Bonnes graminées (couleur claire)	85.0	10.1	2.2	38.0	28.7	6.9	1.3	41.0	51.0	1.7	16.9	6.4
Bonnes graminées (couleur brune)	84.0	13.4	3.1	27.0	33.2	2.4	2.9	35.5	42.7	2.1	22.5	16.8
Sainfoin	89.0	17.5	4.2	50.2	31.0	11.4	2.8	52.5	50.4	5.9	18.0	5.4
Luzerne	80.0	12.9	3.1	33.8	21.4	9.0	1.6	28.2	41.0	2.8	9.6	3.5
Maïs	70.0	5.7	1.6	34.3	21.8	2.7	1.0	34.8	39.9	1.6	12.9	13.8
Trèfle rouge (couleur claire)	84.0	13.5	2.4	35.0	26.6	8.2	1.4	32.0	43.6	2.9	12.5	4.3
Trèfle rouge (couleur brune)	85.0	17.0	2.6	30.0	27.6	3.8	1.8	22.7	30.8	3.5	12.9	7.1
IV. FOURRAGES ENSILÉS ET PRESSÉS.												
(a) FOURRAGES ENSILÉS.												
Sainfoin, acide, clair	16.7	3.4	1.0	5.1	5.9	1.7	0.7	5.4	8.8	1.2	2.4	4.2
Sainfoin, doux, foncé	17.5	3.8	1.1	6.2	5.1	1.3	0.8	6.0	9.2	0.8	1.9	6.1
Seigle, fourrage, acide	13.1	1.6	0.5	5.7	4.4	0.9	0.3	6.0	7.6	0.4	2.6	7.4
Bonnes graminées, acides	22.5	2.6	1.1	9.2	7.1	1.7	0.7	9.6	13.0	0.8	4.2	6.6
Avoine fourrage, épiée, acide	23.7	1.9	0.8	10.7	8.5	1.1	0.4	11.0	13.1	0.5	5.1	10.9
Maïs fourrage, acide	17.7	1.4	0.8	8.6	5.5	0.8	0.6	9.1	11.3	0.4	3.3	13.1
Fanes de pommes de terre, acides	23.0	2.9	2.6	7.5	4.7	1.2	1.2	6.2	10.3	0.9	1.8	7.6
Lupin, acide	16.0	3.1	2.1	4.4	5.3	2.2	1.1	6.1	10.9	1.2	3.4	3.9
Luzerne, acide	17.1	3.8	1.5	4.7	5.0	2.8	0.9	5.3	10.3	1.3	2.0	2.7
Trèfle rouge, acide, clair	20.8	4.2	2.2	6.4	5.9	2.8	1.5	7.1	13.5	1.3	2.9	3.8
Trèfle rouge, doux, foncé	19.0	3.8	2.0	5.0	6.1	2.4	1.4	6.0	11.8	0.8	3.0	3.9
Feuilles de betteraves fourragères, acides	21.2	3.0	1.1	9.6	3.0	2.0	0.7	6.8	10.5	1.3	1.7	4.2
Trèfle hybride, acide	24.6	3.3	1.8	10.6	6.7	2.0	1.2	9.4	14.3	1.1	3.3	6.1
Serradelle, acide	21.7	3.9	0.9	9.2	5.8	2.6	0.5	9.4	13.2	1.2	2.9	4.1

DÉSIGNATION DES ALIMENTS.	100 GRAMMES DE L'ALIMENT DÉSIGNÉ RENFERMENT :											RELATION NUTRITIVE. 1 :
	MATIÈRE SÈCHE.	PRINCIPES BRUTS.				PRINCIPES NUTRITIFS DIGESTIBLES.				Y COMPRIS :		
		Protéine (matière azotée totale).	Matière grasse.	Extractifs non azotés.	Cellulose brute.	Protéine (MA).	Matière grasse (MG).	Matières hydrocarbonées (MH).	Somme des principes nutritifs digestibles (MA + MG × 2.4 + MH).	Amides.	Cellulose	
	1	2	3	4	5	6	7	8	9	10	11	12
(b) FOURRAGES PRESSÉS												
Sarrasin, clair, acide..........	29.7	2.4	0.8	16.5	7.8	1.5	0.5	14.6	17.3	0.9	3.9	10.5
Graminées, claires, acides.......	32.0	3.8	2.7	12.9	9.9	1.9	1.6	13.4	19.1	1.1	5.9	9.0
Lupin, clair, acide.,.........	19.7	2.9	1.0	4.9	9.5	1.8	0.6	8.1	11.3	1.1	5.2	5.3
Lupin, clair, acide...........	24.8	5.4	2.2	6.1	7.4	4.0	1.4	7.2	14.6	2.0	3.0	2.6
Luzerne, claire, acide.........	19.6	2.0	1.5	7.5	7.0	1.1	1.0	8.8	12.3	0.7	4.0	10.2
Maïs, clair, acide...........	30.0	5.6	2.0	11.6	8.5	3.9	1.3	11.6	18.6	1.9	3.8	3.8
Trèfle rouge, clair, acide.......	30.0	5.5	2.0	11.1	9.1	3.2	1.3	11.5	17.8	0.7	4.1	2.6
Trèfle rouge, clair, doux.......	33.0	6.0	2.2	10.5	11.9	3.0	1.5	11.8	18.4	0.6	5.0	5.1
Trèfle rouge, brun foncé.......	35.0	6.4	2.3	11.2	12.6	2.0	1.5	12.0	17.6	1.2	5.3	7.8
Serradelle, claire, acide........	34.7	7.0	1.5	13.5	10.4	4.5	0.9	15.6	22.3	2.5	6.2	3.9
Gesse des bois (lathyrus sylvestris).	35.0	10.3	2.5	10.1	8.9	2.0	0.5	7.0	10.2	3.8	3.0	4.1

V. PAILLES:

(a) GRAMINÉES.

Avoine	85.6	3.5	1.8	37.3	38.1	1.2	0.6	38.5	41.1	0.1	21.7	33.2
Panicum (millet)	85.0	4.6	2.5	35.5	35.0	1.4	0.9	33.1	36.7	0.2	19.3	25.2
Maïs	85.0	3.0	1.0	36.7	40.0	1.1	0.3	40.5	42.3	0.1	24.0	37.4
Riz	85.6	5.6	2.0	28.8	36.4	2.5	0.9	30.9	35.6	0.2	20.8	13.2
Orge de printemps	85.7	3.5	1.4	36.7	40.0	1.3	0.5	40.6	43.1	0.1	22.0	32.1
Orge avec trèfle	85.7	6.5	2.0	32.5	38.0	3.2	1.0	37.1	42.7	0.7	20.9	12.3
Paille de céréales de printemps moyennes	85.7	3.8	1.7	36.4	39.7	1.4	0.6	40.4	43.2	0.1	22.7	29.8
Paille de céréales de printemps très bonnes	85.7	6.9	2.5	32.9	36.7	2.5	0.8	36.9	41.3	0.2	20.2	15.5
Épeautre d'hiver	85.7	2.5	1.4	31.8	45.0	0.7	0.4	32.1	33.8	//	22.5	47.3
Orge d'hiver	85.7	3.3	1.4	32.5	43.0	0.8	0.4	31.4	33.2	//	21.5	40.0
Seigle d'hiver	85.7	3.0	1.3	33.3	44.0	0.8	0.4	36.5	38.3	//	24.2	46.9
Blé d'hiver	85.7	3.0	1.2	36.9	40.0	0.8	0.4	35.6	37.4	//	22.0	45.7
Paille de céréales d'hiver moyennes	85.7	3.0	1.3	34.6	42.0	0.8	0.4	36.0	37.8	//	23.1	46.2
Paille de céréales d'hiver très bonnes	85.7	4.5	1.4	36.7	37.8	1.2	0.4	34.4	36.6	0.1	20.9	29.5

(b) LÉGUMINEUSES.

Féveroles	82.0	9.2	1.0	32.2	35.0	4.7	0.5	34.4	40.3	0.8	14.6	7.6
Pois	86.2	8.8	1.5	33.8	35.7	4.3	0.8	32.5	38.7	0.8	14.1	8.0

DÉSIGNATION DES ALIMENTS.	MATIÈRE SÈCHE.	PRINCIPES BRUTS.				PRINCIPES NUTRITIFS DIGESTIBLES.				Y COMPRIS :		RELATION NUTRITIVE : 1 :
		Protéine (matière azotée totale).	Matière grasse.	Extractifs non azotés.	Cellulose brute.	Protéine (MA).	Matière grasse (MG).	Matières hydrocarbonées (MH).	Somme des principes nutritifs digestibles. $(MA + MG \times 2{,}4 + MH)$.	Amidon.	Cellulose.	
	1	2	3	4	5	6	7	8	9	10	11	12

(b) LÉGUMINEUSES (suite).

Vescea	84.0	7.5	1.3	28.9	41.0	3.4	0.6	31.5	36.3	0.8	16.4	9.7
Haricots	85.0	8.0	1.3	39.0	29.2	3.8	0.7	30.1	35.6	0.7	11.7	8.4
Paille de légumineuses moyennes	84.0	8.1	1.0	32.4	38.0	4.2	0.5	33.5	38.9	0.5	15.4	8.3
Paille de légumineuses très bonnes	84.0	10.2	1.3	33.2	34.2	5.0	0.6	34.6	41.0	1.0	15.0	7.2
Lentilles	84.0	14.0	2.0	27.9	33.6	6.9	1.2	30.8	40.6	2.2	14.0	4.9
Lupin	84.0	5.9	1.1	31.1	41.8	2.2	0.3	41.6	44.5	0.6	21.0	19.2
Gesse des bois	86.0	12.0	2.9	33.6	52.7	6.0	1.5	31.2	40.8	2.0	13.1	5.8
Vicia Monantha	84.5	7.0	1.4	31.2	41.0	3.2	0.7	33.3	38.2	0.8	16.4	10.9
Vesce velue	88.0	6.8	1.2	33.2	40.1	3.0	0.6	34.0	38.4	0.7	16.1	11.8
Soja	85.0	6.7	2.5	38.6	27.0	3.4	1.5	35.6	42.6	0.8	10.5	11.5
Trèfle de semence	84.0	9.4	2.0	23.5	43.5	4.2	1.0	28.6	35.2	0.8	16.6	7.4

(c) AUTRES PLANTES.

Sarrazin	84.0	4.5	1.2	34.3	38.0	2.2	0.5	33.6	37.0	0.5	16.8	15.8
Œillette	84.0	6.5	1.4	35.6	31.5	2.3	0.7	34.7	38.7	0.6	14.2	15.8
Colza	84.0	3.5	1.3	39.0	36.1	1.4	0.6	35.4	38.2	0.2	14.5	26.3
Trèfle de semence	84.0	9.4	2.0	23.5	43.5	4.2	1.0	28.6	35.2	0.8	16.6	7.4

VI. BALLES ET SILIQUES.

(a) GRAMINÉES.

Dari (sorghum tartaricum)	94.3	3.9	0.9	55.7	25.8	1.5	0.4	46.3	48.8	0.4	12.9	31.5
Épeautre	85.7	3.5	1.3	32.6	40.0	1.1	0.4	33.9	36.0	0.3	20.0	31.7
Avoine	86.0	4.5	2.1	38.8	30.3	1.7	1.0	32.6	36.7	0.5	13.6	20.6
Millet	88.0	4.8	2.2	29.0	40.8	1.9	1.0	30.5	34.8	0.5	16.0	17.3
Orge	85.7	3.0	1.5	38.2	30.0	1.2	0.6	35.0	37.6	0.3	16.5	30.3
Épi de maïs dépourvu de graine	86.9	3.5	1.0	41.2	38.9	1.6	0.4	41.7	44.3	0.4	19.5	26.7
Riz	90.3	3.4	1.4	27.0	42.8	1.2	0.5	31.4	33.8	0.3	17.5	27.2
Seigle	85.7	4.0	1.4	30.5	41.8	1.3	0.4	24.5	26.8	0.4	15.5	19.6
Blé	85.7	4.5	1.6	37.0	32.6	1.4	0.7	22.8	25.9	0.4	12.1	17.5

(b) LÉGUMINEUSES.

Féveroles	85.0	10.5	2.0	33.5	33.0	5.1	1.2	35.5	43.5	1.0	14.3	7.5
Pois	86.0	9.7	1.5	33.9	35.1	4.8	0.9	35.1	42.1	1.0	15.1	7.8
Lentilles	86.0	21.2	2.1	35.3	18.9	11.7	1.3	30.7	45.5	1.9	9.5	2.9

DÉSIGNATION DES ALIMENTS.	MATIÈRE SÈCHE.	PRINCIPES BRUTS.				PRINCIPES NUTRITIFS DIGESTIBLES.				Y COMPRIS :		RELATION NUTRITIVE : 1 :
		Protéine (matière azotée totale).	Matière grasse.	Extractifs non azotés.	Cellulose brute.	Protéine (MA).	Matière grasse (MG).	Matières hydrocarbonées (MH).	Somme des principes nutritifs digestibles (MA + MG × 2.4 + MH).	Amides.	Cellulose.	
	1	2	3	4	5	6	7	8	9	10	11	12
(b) LÉGUMINEUSES (suite).												
Lupin.	85.3	6.0	1.0	40.2	32.5	2.2	0.4	41.4	44.6	0.7	16.0	19.3
Soja.	86.0	5.1	1.3	42.5	29.0	2.2	0.8	45.8	49.9	0.6	14.7	21.7
Vesces.	85.0	9.5	2.0	33.5	31.5	4.7	1.2	43.6	51.2	1.0	13.5	9.9
(c) AUTRES PLANTES.												
Sarrasin.	86.8	4.6	1.1	35.3	43.5	2.1	0.6	27.9	31.4	0.5	13.1	13.9
Arachide.	89.4	7.1	3.2	15.3	60.8	2.5	1.4	24.3	30.2	0.6	18.2	11.1
Lin.	88.4	3.5	3.4	35.0	40.7	1.7	1.7	33.8	39.6	0.3	16.3	22.3
Cameline.	88.8	2.7	1.1	32.6	45.2	1.3	0.5	35.2	37.7	0.2	18.1	28.0
Colza.	87.1	4.0	1.6	35.5	38.4	2.0	0.7	34.9	38.6	0.3	17.2	18.3

VII. — RACINES ET TUBERCULES.

VII. Racines et tubercules.

Betteraves fourragères, petites	13.0	1.1	0.1	10.1	0.8	0.9	0.06	10.2	11.2	0.7	0.5	11.4
Betteraves fourragères, grosses	11.0	1.4	0.1	6.6	1.0	1.0	0.06	6.9	8.0	0.8	0.6	7.0
Pommes de terre moyennes	25.0	2.1	0.1	21.0	0.7	1.6	0.08	21.0	22.8	1.0	0.4	13.2
Pommes de terre très riches en eau	18.0	1.7	0.1	14.7	0.6	1.3	0.06	15.1	16.5	0.8	0.3	11.7
Pommes de terre passablement riches en eau	21.0	1.9	0.1	17.5	0.6	1.4	0.07	17.5	19.1	0.9	0.3	12.6
Pommes de terre pauvres en eau	26.0	2.1	0.2	21.9	0.7	1.6	0.10	21.9	23.7	1.1	0.4	13.8
Pommes de terre très pauvres en eau	32.0	2.5	0.2	27.2	1.0	1.9	0.12	27.6	29.8	1.2	0.5	14.7
Pommes de terre moyennes, gelées, cuites à la vapeur et ensilées	29.5	2.2	0.1	25.2	0.8	1.7	0.09	23.0	24.9	1.0	0.5	13.6
Pommes de terre moyennes, cuites à la vapeur, ensilées	31.4	1.6	"	28.0	1.0	1.1	"	27.0	28.1	0.8	0.6	24.5
Pommes de terre crues ensilées	44.7	2.1	0.1	40.5	1.1	1.4	0.07	38.2	39.8	1.2	0.6	27.4
Choux-raves	11.8	2.3	0.1	6.9	1.5	2.0	0.06	7.3	9.4	0.8	0.8	3.7
Rutabagas	13.0	1.3	0.1	9.5	1.1	0.9	0.09	9.5	10.6	0.6	0.6	10.8
Rutabagas ensilés	14.4	1.8	0.2	9.1	2.2	1.1	0.17	9.2	10.7	1.1	1.7	8.7
Carottes	15.0	1.4	0.2	10.8	1.7	1.0	0.13	11.4	12.7	0.5	1.0	11.7
Pañais	15.3	1.4	0.2	11.6	1.2	1.2	0.11	11.7	13.2	0.5	0.6	10.0
Raves	8.5	0.9	0.1	6.0	0.8	0.6	0.08	5.8	6.6	0.4	0.5	10.0
Topinambours	20.0	1.8	0.2	16.0	1.0	1.4	0.12	16.4	18.1	0.8	0.6	11.9
Turneps (navet)	8.0	1.1	0.1	5.3	0.8	0.7	0.08	5.2	6.1	0.5	0.5	7.7
Betterave à sucre	18.5	1.0	0.1	15.4	1.3	0.8	0.05	15.8	16.7	0.6	0.7	19.9

DÉSIGNATION DES ALIMENTS.	MATIÈRE SÈCHE.	PRINCIPES BRUTS.				PRINCIPES NUTRITIFS DIGESTIBLES.				Y COMPRIS :		RELATION NUTRITIVE 1 :
		Protéine (matière azotée totale).	Matière grasse.	Extractifs non azotés.	Cellulose brute.	Protéine (MA).	Matière grasse (MG).	Matières hydrocarbonées (MH).	Somme des principes nutritifs digestibles (MA + MG × 2.4 + MH).	Amides.	Cellulose.	
	1	2	3	4	5	6	7	8	9	10	11	12

VIII. Graines et fruits.

(a) Graminées.

DÉSIGNATION DES ALIMENTS.	1	2	3	4	5	6	7	8	9	10	11	12
Dari	88.9	10.2	3.1	71.3	1.7	8.2	2.5	67.2	81.4	//	0.8	8.9
Épeautre avec enveloppe	85.2	10.0	1.5	53.5	16.5	7.5	1.1	42.7	52.8	//	6.6	6.0
Épeautre sans enveloppe	85.5	13.5	2.0	66.8	1.5	12.2	1.7	64.1	80.4	//	0.8	5.6
Orge moyenne	85.7	9.5	2.1	67.7	3.9	7.0	1.9	63.5	75.1	//	1.2	9.7
Orge à grains pleins	85.7	8.9	1.7	70.4	2.5	6.3	1.6	64.6	74.7	//	0.8	10.8
Orge à grains plats	85.7	10.5	2.6	63.8	6.0	7.4	2.3	60.7	73.6	//	2.0	8.9
Avoine moyenne	86.7	10.5	4.8	58.0	10.3	8.3	4.0	47.3	65.2	0.5	2.6	6.8
Avoine à grains plats	86.7	12.5	5.5	50.7	14.5	9.5	4.5	42.0	62.3	0.6	3.3	5.5
Avoine à grains très pleins	[illegible]	[illegible]	[illegible]	[illegible]	[illegible]	[illegible]	[illegible]	[illegible]	[illegible]	[illegible]	[illegible]	[illegible]
Millet	86.0	11.8	4.0	57.4	9.5	8.9	3.2	45.0	[illegible]	[illegible]	[illegible]	[illegible]
Maïs	87.3	10.1	4.7	68.6	2.3	8.0	4.0	68.6	86.2	0.5	1.1	9.8
Maïs, l'épi entier	88.5	8.0	3.9	68.4	6.7	6.0	3.1	62.1	75.5	0.3	4.0	11.6
Moha de Hongrie	87.6	10.0	4.1	58.6	11.6	7.6	2.7	49.7	63.8	0.4	5.8	7.4
Riz décortiqué	86.0	7.7	0.4	75.2	2.2	6.9	0.3	72.7	80.3	0.7	1.1	10.6
Seigle moyen	86.0	11.0	2.0	68.7	2.5	9.9	1.6	65.8	79.5	0.5	1.3	7.0
Seigle à grains plats	86.0	14.0	2.5	63.6	4.0	12.2	2.0	61.5	78.5	0.6	1.9	5.4
Seigle à grains pleins	86.0	9.0	1.6	71.9	1.8	8.0	1.2	68.8	79.7	0.4	0.8	9.0
Sorgho (sorghum vulgare)	84.8	9.8	3.3	67.5	2.5	7.8	2.7	57.1	71.4	0.5	1.3	8.1
Blé moyen	85.6	12.5	2.0	67.1	2.3	11.3	1.6	64.9	80.0	1.1	1.1	6.1
Blé de printemps	86.0	13.2	2.0	66.0	3.0	12.0	1.6	64.3	80.1	1.2	1.4	5.7
Blé à grains plats	85.6	14.0	2.0	63.2	4.5	12.7	1.6	62.6	79.1	1.3	2.0	5.2
Blé à grains pleins	85.6	11.0	2.0	69.0	1.9	10.0	1.6	66.7	80.5	1.0	0.9	7.0

(b) Légumineuses.

DÉSIGNATION DES ALIMENTS.	1	2	3	4	5	6	7	8	9	10	11	12
Féveroles	85.6	25.0	1.6	48.9	6.9	22.0	1.4	50.0	75.4	1.9	5.0	2.4
Pois	85.6	22.6	1.9	53.0	5.4	20.1	1.4	53.0	76.5	2.5	3.5	2.8
Lentilles	85.7	24.6	2.2	50.7	5.2	22.2	1.9	51.1	77.9	1.8	3.4	2.5
Lupin bleu	86.0	29.5	6.2	36.2	11.2	26.3	5.2	41.3	80.1	3.0	10.1	2.4
Lupin blanc	86.0	29.4	7.2	34.2	12.2	26.1	6.1	40.5	81.2	2.9	11.1	2.1
Lupin jaune	86.0	36.6	4.7	27.2	14.2	32.9	4.2	38.9	81.9	3.8	14.2	1.5
Lupin jaune débarrassé de son principe amer	34.0	16.7	2.2	7.3	7.1	15.0	2.0	12.9	32.7	//	7.1	1.2

DÉSIGNATION DES ALIMENTS.	100 GRAMMES DE L'ALIMENT DÉSIGNÉ RENFERMENT :											RELATION NUTRITIVE : 1 :
		PRINCIPES BRUTS.				PRINCIPES NUTRITIFS DIGESTIBLES.				Y COMPRIS :		
	MATIÈRE SÈCHE.	Protéine (matière azotée totale).	Matière grasse.	Extractifs non azotés.	Cellulose brute.	Protéine (MA).	Matière grasse (MG).	Matières hydrocarbonées (MH).	Somme des principes nutritifs digestibles (MA + MG × 2,4 + MH).	Amides.	Cellulose.	
	.	2	3	4	5	6	7	8	9	10	11	12
(b) LÉGUMINEUSES (suite).												
Lupin jaune débarrassé de son principe amer, séché à l'air	86.0	42.3	5.5	18.4	18.0	38.1	5.0	32.7	83.0	#	18.0	1.2
Lupin noir	83.6	36.4	4.7	25.5	13.3	32.8	4.0	36.3	78.7	3.5	13.3	1.4
Gesse des bois (lathyrus sylvestris)	88.4	25.0	1.9	54.5	4.1	22.6	1.6	53.4	79.8	2.5	2.7	2.5
Vesce velue	84.0	23.1	1.5	49.3	7.1	20.4	1.4	50.5	74.3	2.5	4.7	2.6
Serradelle	91.3	22.0	7.3	37.5	21.0	16.5	6.2	28.8	60.2	2.7	6.3	2.6
Soja	90.0	33.4	17.6	29.2	4.8	30.1	15.8	25.1	93.1	2.7	7.0	2.1
Vesce	86.6	26.4	1.8	48.6	6.6	23.3	1.6	50.0	77.1	2.9	5.0	2.3
(c) GRAINES OLÉAGINEUSES.												
Faîne	89.0	13.4	27.4	25.5	18.5	10.7	24.1	24.2	92.7	0.6	7.4	7.7
Arachide	93.3	29.0	45.2	6.2	9.9	24.5	42.2	7.7	133.5	1.5	4.0	4.4
Chènevis	89.4	17.3	33.0	21.4	13.5	13.0	29.8	22.7	107.2	0.9	6.7	7.2
Cameline	91.6	21.5	30.0	21.8	11.5	17.2	27.0	21.0	103.0	1.1	5.7	5.0
Lin	87.7	20.5	37.0	19.6	7.2	20.1	35.2	18.9	123.5	1.0	6.5	5.1
OEillette	88.6	18.5	40.9	17.1	5.9	15.7	38.5	16.9	125.0	0.8	3.2	7.0
Noix de palme	92.2	8.4	49.2	26.8	6.0	8.0	48.2	30.3	154.0	0.4	4.9	18.2
Colza	90.4	19.5	43.7	15.0	8.2	16.1	42.2	15.3	132.7	1.0	3.3	7.2
Sésame	94.9	19.6	41.4	17.1	9.2	17.0	38.1	16.1	124.5	1.0	4.1	6.3
(d) AUTRES GRAINES, ETC.												
Pommes	15.2	0.4	0.3	12.5	1.5	0.3	0.2	11.2	12.0	#	0.6	39.0
Marc de pommes frais	26.0	1.6	1.2	17.5	4.9	0.8	0.7	14.3	16.8	#	2.0	20.0
Marc de pommes desséché	85.2	5.6	3.3	49.1	21.4	2.8	2.0	43.0	50.6	#	8.6	17.1
Marc de pommes ensilé	25.0	2.0	1.8	14.5	5.6	1.0	1.1	12.4	16.0	0.1	2.2	15.0
Poires	16.2	0.3	0.2	12.0	3.4	0.2	0.1	13.2	13.6	#	1.7	67.0
Sarrasin	86.8	10.1	1.5	58.4	15.0	7.5	1.1	51.8	61.9	#	8.0	7.2
Glands frais	44.7	2.5	1.9	34.8	4.4	2.0	1.5	34.0	39.6	#	2.7	18.8
Glands décortiqués et desséchés	83.0	5.1	4.0	67.4	4.5	4.1	3.2	63.5	75.0	#	2.8	17.3
Citrouilles	9.1	1.3	0.4	5.2	1.7	1.0	0.3	5.8	7.5	#	1.1	6.5
Caroubes	87.0	4.0	2.0	73.3	5.9	2.7	1.1	74.2	79.5	#	4.6	28.4
Marrons d'Inde frais	50.8	4.3	1.6	41.3	2.0	3.4	1.3	38.1	44.6	#	1.2	12.1
Marrons d'Inde frais, décortiqués	51.0	3.1	2.1	43.2	0.8	2.5	1.7	41.5	48.1	#	0.5	18.2

DÉSIGNATION DES ALIMENTS.	100 GRAMMES DE L'ALIMENT DÉSIGNÉ RENFERMENT :											RELATION NUTRITIVE : 1 :
	MATIÈRE SÈCHE.	PRINCIPES BRUTS.				PRINCIPES NUTRITIFS DIGESTIBLES.				Y COMPRIS :		
		Protéine (matière azotée totale)	Matière grasse.	Extractifs non azotés.	Cellulose brute.	Protéine (MA).	Matière grasse (MG).	Matières hydrocarbonées (MH).	Somme des principes nutritifs digestibles ($MA + MG \times 2.4 + MH$).	Amides.	Cellulose.	
	1	2	3	4	5	6	7	8	9	10	11	12

(d) AUTRES GRAINES, ETC. (*suite*).

DÉSIGNATION DES ALIMENTS.	1	2	3	4	5	6	7	8	9	10	11	12
Marrons d'Inde décortiqués, séchés.	85.4	7.0	4.3	68.6	3.4	5.0	3.5	65.2	78.6	"	2.1	14.7
Betterave fourragère.	86.1	11.9	5.3	28.8	33.2	7.2	3.2	29.4	44.3	"	11.6	5.1
Betterave à sucre.	87.8	10.8	4.2	32.5	32.6	6.5	2.5	30.7	43.2	"	11.4	5.6
Prunes.	18.8	0.8	0.3	11.6	5.4	0.6	0.2	12.6	13.7	"	1.8	21.8

IX. Produits et résidus industriels.

(a) RÉSIDUS DE MEUNERIE.

DÉSIGNATION DES ALIMENTS.	1	2	3	4	5	6	7	8	9	10	11	12
Son de sarrasin gros	81.8	9.8	2.3	34.0	33.0	6.3	1.6	32.2	42.3	0.5	9.9	5.7
Son de sarrasin fin	88.0	15.2	4.5	50.0	11.3	11.4	3.4	42.7	62.3	1.6	3.7	4.5
[illegible]	87.0	[illegible]	4	54.[illegible]	[illegible]	[illegible]	[illegible]	[illegible]	[illegible]	[illegible]	5.[illegible]	5.[illegible]

Son d'épeautre	87.0	14.0	4.3	54.9	8.2	10.9	3.8	47.1	67.1	1.4	2.1	5.1
Son de pois	87.7	8.0	2.5	30.5	43.7	5.6	2.0	46.3	56.7	0.7	21.9	9.1
Remoulage de pois	88.1	13.9	1.4	40.1	28.6	9.7	1.1	46.4	58.7	1.0	14.3	5.0
Farine de pois	88.6	23.6	3.5	53.5	4.5	20.9	2.8	55.4	83.0	2.5	2.9	3.0
Son d'arachide	89.2	22.4	19.2	23.8	18.7	16.8	16.3	25.0	80.9	0.5	9.3	3.8
Enveloppe d'arachide avec son	92.0	8.2	4.1	16.3	53.2	4.9	2.4	24.2	34.9	//	16.1	6.1
Remoulage d'orge	86.8	12.6	2.9	65.4	3.0	10.2	2.4	55.8	71.8	1.2	1.5	6.0
Farine de gruaux d'orge	87.5	12.2	3.3	60.2	7.2	9.5	2.6	50.0	65.7	1.2	2.4	5.9
Son d'orge	87.7	10.3	3.3	50.6	16.5	7.8	2.5	41.0	54.8	1.1	4.1	6.0
Débris d'orge mondé	89.1	13.4	3.9	52.2	13.2	10.7	2.7	48.4	65.6	1.8	6.6	5.1
Enveloppes d'avoine	90.6	2.7	1.3	52.2	27.9	1.3	0.6	30.1	32.8	0.1	14.0	24.2
Remoulage d'avoine gros	89.9	9.6	4.3	51.6	17.2	6.8	3.5	40.1	55.3	1.0	14.0	7.9
Remoulage d'avoine fin	89.7	13.6	5.6	53.5	11.0	10.5	4.5	44.8	66.1	1.4	8.6	5.3
Son d'avoine	89.0	8.4	3.4	47.3	21.6	4.0	1.6	34.4	42.2	0.4	10.8	9.5
Son de millet	89.4	4.4	3.6	28.3	41.6	2.4	2.0	25.4	32.6	0.2	10.4	12.6
Son de maïs	88.2	10.2	3.8	61.8	9.0	7.9	3.4	56.6	72.7	0.9	3.0	8.2
Remoulage de riz	88.6	12.0	12.0	47.4	8.0	7.6	10.2	42.9	75.0	0.7	2.1	8.9
Son de riz	90.1	5.3	2.7	39.7	30.0	2.6	1.3	28.6	34.3	//	9.0	12.2
Remoulage de seigle	88.0	13.6	2.9	63.2	4.2	10.6	2.3	53.3	69.4	1.1	2.1	5.5
Son de seigle	87.5	14.5	3.4	59.0	6.0	11.4	2.2	47.6	64.3	1.5	1.1	4.6
Gros son de seigle	89.0	16.0	5.0	51.0	12.0	12.0	3.5	42.0	62.4	1.7	2.0	4.2
Son de sorgho	89.5	13.8	4.5	65.8	3.4	11.0	3.2	54.0	72.7	1.3	1.4	5.6
Remoulage de froment	87.4	14.2	3.2	62.9	4.4	11.7	2.7	54.4	72.6	1.4	2.2	5.2
Son de froment fin	87.9	14.1	4.2	58.2	7.3	11.0	2.9	47.2	65.2	1.4	2.4	4.9
Son de froment gros	86.4	13.6	3.4	54.9	8.9	10.6	2.4	44.4	60.8	1.3	2.1	4.7

DÉSIGNATION DES ALIMENTS.	100 GRAMMES DE L'ALIMENT·DÉSIGNÉ RENFERMENT :											RELATION NUTRITIVE. 1 :
	MATIÈRE SÈCHE.	PRINCIPES BRUTS.				PRINCIPES NUTRITIFS DIGESTIBLES.				Y COMPRIS :		
		Protéine (matière azotée totale).	Matière grasse.	Extractifs non azotés.	Cellulose brute.	Protéine (MA).	Matière grasse (MG).	Matières hydrocarbonées (MH).	Somme des principes nutritifs digestibles ($MA + MG \times 2.4 + MH$)	Amides.	Cellulose.	
	1	2	3	4	5	6	7	8	9	10	11	12

(b) RÉSIDUS DES INDUSTRIES DE FERMENTATION.

DÉSIGNATION DES ALIMENTS.	1	2	3	4	5	6	7	8	9	10	11	12
Drèche de brasserie fraîche	23.8	5.1	1.7	10.7	5.1	3.7	1.4	8.8	15.9	0.1	2.0	3.3
Drèche de brasserie desséchée	90.5	20.6	7.0	42.2	16.0	14.4	5.7	32.8	60.9	0.9	6.2	3.2
Malt touraillé sans germes	92.5	9.4	2.3	69.8	8.7	7.5	1.8	67.2	79.0	2.0	4.4	9.5
Malt vert avec germes	52.5	6.5	1.5	38.5	4.3	5.2	1.2	36.9	45.0	1.3	2.2	7.6
Germes de maïs	85.7	24.9	12.2	37.2	5.3	20.8	11.2	35.3	83.0	7.3	3.2	3.0
Germes de malt (orge)	88.2	23.3	2.1	42.8	12.4	19.1	1.0	49.5	71.0	7.0	11.8	2.7
Drèche de distillerie desséchée	93.1	22.1	5.3	40.6	14.7	16.1	4.5	31.9	58.8	1.2	5.8	2.6
Résidus de distillerie de pommes de terre	5.6	1.4	0.2	2.7	0.6	1.4	0.2	3.2	5.1	0.4	0.6	2.6
Résidus de distillerie de pommes de terre desséchés	87.4	21.8	3.9	41.3	9.4	21.8	3.9	50.7	81.9	5.4	9.4	2.7

Résidus de distillerie de maïs.....	9.0	2.3	1.0	4.4	0.8	1.8	0.9	4.4	8.4	0.1	0.4	3.7
Résidus de distillerie de maïs des-séchés................	89.9	22.9	10.0	44.2	7.9	18.3	9.0	43.8	83.7	1.0	4.0	3.6
Résidus de distillerie de mélasse...	10.0	2.8	"	4.1	"	2.8	"	4.1	6.9	2.3	"	1.5
Résidus de distillerie de riz dessé-chés	85.1	14.2	0.5	68.8	1.0	12.8	0.5	65.9	79.9	0.5	0.5	5.2
Résidus de distillerie de seigle.....	9.0	2.3	0.5	4.8	0.9	1.8	0.4	5.1	7.9	0.4	0.5	3.4
Résidus de distillerie de seigle des-séchés................	90.5	23.0	5.1	48.2	9.2	18.4	4.6	51.0	80.4	4.0	4.9	3.4
Résidus de distillerie de seigle des-séchés (après fabrication de le-vure)................	5.2	1.0	0.3	3.1	0.4	0.8	0.2	3.0	4.3	0.2	0.2	4.4
Résidus de distillerie de froment...	9.5	2.7	0.5	5.0	0.8	2.2	0.4	4.9	8.1	0.4	0.4	2 7
Résidus de distillerie de froment désséchés................	88.0	25.0	4.7	46.1	7.4	20.0	4.2	45.2	75.3	3.0	3.7	2.8

(*c*) RÉSIDUS D'AMIDONNERIE.

Pulpe de pommes de terre.......	14.0	0.8	0.1	11.7	1.0	0.7	0.1	11.8	12.7	0.1	0.6	17.1
Pulpe de pommes de terre dessé-chée................	89.9	3.5	0.4	68.1	11.9	3.2	0.3	73.2	77.1	0.4	7.9	23.1
Pulpe de pommes de terre ensilée..	16.0	1.2	0.2	12.5	1.4	1.0	0.1	12.4	13.6	0.3	0.8	12.6
Gluten sec..................	88 4	68.6	5.0	12.9	0.3	66.8	4.2	12.8	89.7	6.5	0.1	0.3
Résidus de maïs secs	87.4	18.1	6.3	60.7	1.3	14.5	5.4	56.0	83.5	3.0	0.8	4.7
Résidus pressés de riz..........	44.2	12.3	1.3	29.5	0.5	9.8	1.1	27.2	39.6	2.8	0.3	3.0
Résidus pressés de riz secs.......	86.1	18.1	2.9	61.8	2.1	14.5	2.5	57.5	78.0	3.4	1.3	4.4
Enveloppes de grains de maïs.....	92.2	11.9	9.5	59.5	10.1	9.0	8.5	58.6	88.0	2.0	5 0	8.8

DÉSIGNATION DES ALIMENTS.	100 GRAMMES DE L'ALIMENT DÉSIGNÉ RENFERMENT :											RELATION NUTRITIVE : 1 :
	MATIÈRE SÈCHE.	PRINCIPES BRUTS.				PRINCIPES NUTRITIFS DIGESTIBLES.				Y COMPRIS :		
		Protéine (matière azotée totale).	Matière grasse.	Extractifs non azotés.	Cellulose brute.	Protéine (MA).	Matière grasse (MG).	Matières hydrocarbonées (MH).	Somme des principes nutritifs digestibles (MA+MG×2.4+MH).	Amides.	Cellulose.	
	1	2	3	4	5	6	7	8	9	10	11	12
(c) RÉSIDUS D'AMIDONNERIE (suite).												
Drèche d'amidonnerie (froment)...	28.6	4.2	1.1	20.2	2.8	5.6	0.9	19.0	24.8	0.6	1.4	5.9
Drèche d'amidonnerie (riz) desséchée................	92.2	36.3	1.1	52.6	0.5	29.0	0.9	47.7	78.9	5.0	0.3	1.7
(d) RÉSIDUS DE SUCRERIE DE BETTERAVES.												
Cossettes de diffusion fraiches.....	7.0	0.6	0.1	4.1	1.4	0.4	0.05	4.6	5.1	//	1.1	11.7
Cossettes de diffusion pressées....,	10.3	0.9	0.1	6.3	2.4	0.6	0.04	7.4	8.1	//	2.0	12.5
Cossettes de diffusion ensilées.....	11.5	1.1	0.1	6.4	2.8	0.7	0.1	7.8	8.7	0.2	2.4	11.4
Cossettes de diffusion pressées fraiches après addition de chaux...	35.0	3.2	0.5	17.8	9.6	1.9	0.3	23.0	25.6	//	8.0	12.5

Cossettes de diffusion desséchées...	89.5	7.8	1.2	55.0	18.9	4.9	1.0	62.4	69.7	_n_	15.3	13.2
Mélasse..................	80.7	9.0	_n_	61.3	_n_	9.0	_n_	61.3	70.3	4.6	_n_	6.8
Mélange de mélasse et de tourbe..	75.1	8.3	0.9	52.6	5.8	6.0	_n_	39.3	45.3	3.0	_n_	6.5
Mélange de mélasse et de farine de palme..................	80.0	10.4	0.8	55.6	4.4	9.9	0.8	60.5	72.3	4.8	3.4	6.3
Pulpes de presse fraiches........	27.0	1.9	0.2	17.3	5.4	1.2	0.2	18.9	20.6	_n_	4.4	16.2
Pulpes de presse ensilées........	21.7	1.6	0.3	12.8	4.3	1.0	0.2	13.8	15.3	0.3	3.0	14.3

(e) RÉSIDUS D'HUILERIE.

Tourteau de coton non décortiqué.	89.4	24.7	6.6	26.0	24.9	18.0	5.9	17.7	49.9	1.5	5.7	1.8
Tourteau de coton décortiqué.....	90.0	43.9	12.9	20.3	5.5	36.9	12.0	16.8	82.5	2.6	1.0	1.2
Farine de tourteau de coton décortiqué	91.2	43.2	14.6	21.1	5.2	37.0	13.7	17.1	87.0	1.4	1.0	1.3
Tourteau de faînes non décortiquées.	83.9	18.2	8.3	28.3	23.9	13.5	6.6	22.2	51.5	0.3	5.2	2.8
Tourteau de faînes décortiquées...	88.5	36.7	9.2	28.6	6.6	31.6	8.4	24.2	76.0	0.8	2.0	1.4
Tourteau d'arachides non décortiquées.	90.2	31.0	8.9	20.7	22.7	24.8	7.2	19.0	61.1	0.9	3.5	1.5
Tourteau d'arachides décortiquées..	88.5	47.0	7.3	24.1	5.2	40.4	6.5	23.5	79.5	1.2	1.3	1.0
Tourteau de chènevis...........	88.1	29.8	8.5	17.3	24.7	20.9	7.2	16.6	54.8	0.6	6.2	1.6
Tourteau de cacao	90.0	18.8	11.2	36.4	15.5	12.4	10.3	28.0	65.1	1.5	2.5	4.2
Tourteau de noix de Bancoul (aleurites triloba)...............	91.6	49.0	11.2	18.7	4.1	43.7	10.1	18.5	86.4	1.3	1.6	1.0
Tourteau de Kapok (eriodendrum anfractuosum)...............	86.7	26.3	5.8	19.9	28.2	19.5	5.2	15.6	47.6	0.6	5.6	1.4

DÉSIGNATION DES ALIMENTS	100 GRAMMES DE L'ALIMENT DÉSIGNÉ RENFERMENT :											RELATION NUTRITIVE : 1 :
	MATIÈRE SÈCHE.	PRINCIPES BRUTS.				PRINCIPES NUTRITIFS DIGESTIBLES.				Y COMPRIS :		
		Protéine (matière azotée totale).	Matière grasse.	Extractifs non azotés.	Cellulose brute.	Protéine (MA).	Matière grasse (MG).	Matières hydrocarbonées (MH).	Somme des principes nutritifs digestibles (MA+MG×2.4+MH).	Amides.	Cellulose.	
	1	2	3	4	5	6	7	8	9	10	11	12
(e) RÉSIDUS D'HUILERIE *(suite)*.												
Tourteau [1] de coprah	89.7	19.7	11.0	38.7	14.4	15.0	11.0	40.3	81.7	0.4	8.9	4.5
Farine [2] de coprah	87.4	22.1	6.8	38.8	13.4	17.7	6.8	41.7	75.7	0.5	9.1	3.3
Tourteau de graine de courge	90.1	36.1	22.7	11.5	14.1	32.5	20.4	16.4	97.9	1.2	6.3	2.0
Tourteau de cameline	88.2	33.1	9.2	27.4	11.6	26.5	8.3	26.6	73.0	0.8	4.7	1.8
Tourteau de lin	88.2	28.7	10.7	32.1	9.4	24.7	9.6	29.8	77.5	0.2	4.1	2.1
Farine de lin	89.0	35.3	3.6	34.3	9.6	29.6	3.3	32.3	69.8	2.0	4.8	1.3
Tourteau de madia	89.3	31.8	9.0	21.7	19.2	22.3	7.2	16.8	56.4	1.8	3.8	1.5
Tourteau de germes de maïs	89.0	13.7	9.4	50.5	8.8	10.6	7.9	49.1	78.7	4.2	5.6	6.4
Tourteau d'amandes	90.3	41.3	15.2	20.6	8.9	37.2	13.7	22.0	92.1	2.5	1.8	1.5
Tourteau d'œillette	89.3	36.5	9.6	20.1	11.0	28.8	8.8	19.6	69.5	0.4	6.7	1.4
Tourteau de Niger	88.5	33.1	4.4	23.4	19.6	26.5	3.3	24.0	58.4	2.0	5.3	1.2

Tourteau de Niger	88.5	33.1	4.4	23.4	19.6	26.5	3.3	24.0	58.4	2.0	5.3	1.2
Tourteau d'olive	88.3	7.2	13.8	28.1	33.7	4.3	11.1	30.8	61.7	0.3	11.1	13.3
Tourteau de palme	89.6	16.8	9.5	35.0	24.0	16.0	9.0	52.6	90.2	0.4	19.7	4.6
Farine de palme	89.1	17.4	4.5	36.9	25.9	16.6	4.2	56.0	82.7	1.5	21.2	4.0
Tourteau de colza	89.6	30.7	9.8	30.1	11.3	24.9	7.6	23.8	66.9	4.4	0.9	1.7
Farine de colza	91.5	33.1	5.0	32.1	13.4	26.5	2.4	27.2	59.5	4.5	1.3	1.2
Résidus d'anis	91.1	17.4	17.4	24.3	19.6	9.4	16.4	16.7	65.5	0.9	0.1	6.0
Résidus de fenouil	90.2	18.7	14.4	33.5	14.7	7.1	12.9	29.3	67.4	0.6	6.8	8.5
Résidus de cumin	84.8	20.6	15.8	27.7	14.3	12.3	15.3	33.2	82.2	1.2	12.1	5.7
Résidus de thym	94.3	17.1	25.0	13.2	27.1	6.8	22.5	15.9	76.7	0.6	8.1	10.3
Tourteau de sésame	88.9	37.2	12.8	20.5	7.5	33.5	11.5	15.5	76.6	0.4	2.3	1.3
Farine de sésame	94.0	46.4	2.4	26.7	7.7	41.8	2.1	19.2	66.0	0.6	2.4	0.6
Tourteau de soja	86.6	40.3	7.5	28.1	5.5	36.3	6.8	29.4	82.0	4.1	7.7	1.2
Tourteau de tournesol	90.7	34.7	12.5	23.7	13.9	31.2	11.0	22.5	80.1	3.3	4.3	1.6
Tourteau de noix	86.3	34.6	12.5	27.8	6.4	31.1	11.2	28.2	86.2	3.0	1.6	1.8

X. Aliments d'origine animale.

Sang desséché	89.8	82.6	1.5	1.3	//	59.5	1.5	1.3	64.4	9.0	//	0.1
Lait de beurre	9.9	4.0	1.1	4.1	//	4.0	1.1	4.1	10.7	//	//	1.7
Lait d'ânesse	10.3	2.2	1.6	6.0	//	2.2	1.6	6.0	12.0	//	//	4.4
Cretons	90.5	58.6	25.5	//	//	55.7	23.5	//	112.1	3.0	//	1.0

(1) On désigne sous le nom de *tourteau* le résidu de l'extraction de l'huile par l'emploi des presses.

(2) On désigne sous le nom de *farine* le résidu de l'extraction de l'huile par l'emploi d'un dissolvant.

DÉSIGNATION DES ALIMENTS.	100 GRAMMES DE L'ALIMENT DÉSIGNÉ RENFERMENT :											RELATION NUTRITIVE : 1 :
		PRINCIPES BRUTS.				PRINCIPES NUTRITIFS DIGESTIBLES.				Y COMPRIS :		
	MATIÈRE SÈCHE.	Protéine (matière azotée totale).	Matière grasse.	Extractifs non azotés.	Cellulose brute.	Protéine (MA).	Matière grasse (MG).	Matières hydrocarbonées (MH).	Somme des principes nutritifs digestibles (MA+MG×2.4+MH).	Amides.	Cellulose.	
	1	2	3	4	5	6	7	8	9	10	11	12

X. Aliments d'origine animale (suite).

DÉSIGNATION DES ALIMENTS.	1	2	3	4	5	6	7	8	9	10	11	12
Guano de poissons, de Norvège....	87.4	49.0	1.8	"	"	44.1	1.6	"	47.9	4.5	"	0.1
Farine de viande de poisson, pauvre en graisse..................	87.2	52.4	2.2	"	"	47.2	1.6	"	51.0	3.7	"	0.1
Farine de viande de poisson, riche en graisse..................	89.2	48.4	11.6	"	"	44.1	10.3	"	68.8	3.7	"	0.6
Farine de viande	89.0	71.3	3.0	0.3	"	65.7	12.7	0.3	96.5	3.5	"	0.5
Œufs de poule.................	26.3	12.6	12.1	0.6	"	12.6	12.1	0.6	42.2	"	"	2.3
Lait de vache.................	12.5	3.2	13.6	5.0	"	3.2	3.6	5.0	16.8	"	"	4.2
Lait de vache écrémé..........	10.0	3.5	0.7	5.0	"	3.5	0.7	5.0	10.2	"	"	1.9
Lait de vache centrifuge........	9.4	3.5	0.3	4.9	"	3.5	0.3	4.9	9.1	"	"	1.6

					Chi-tine.							
Hannetons frais	29.6	18.8	3.7	"	4.8	13.0	3.1	"	20.4	0.8	"	0.6
Hannetons desséchés	86.5	55.3	10.9	"	13.6	38.0	9.1	"	59.8	2.3	"	0.6
Petit-lait de vache	6.4	0.8	0.1	4.9	*	0.8	0.1	4.9	5.9	"	"	6.4
Crème	24.4	3.7	17.6	2.8	"	3.7	17.6	2.8	48.7	"	"	12.2
Lait de brebis	19.2	6.5	6.9	4.9	"	6.5	6.9	4.9	28.0	"	"	3.3
Lait de truie	15.4	6.4	4.7	3.2	"	6.4	4.7	3.2	20.9	"	"	2.3
Lait de jument	9.2	2.0	1.2	5.6	"	2.0	1.2	5.6	10.5	"	"	4.2
Albumine animale	88.2	63.3	13.4	"	"	60.5	12.4	"	90.3	3.5	"	0.5
Lait de chèvre	14.3	4.3	4.8	4.5	"	4.3	4.8	4.5	20.3	"	"	3.7

QUANTITÉS DE PRINCIPES NUTRITIFS À FAIRE ENTRER DANS LA RATION DES DIVERS ANIMAUX,
SUIVANT LEUR ÂGE ET LE BUT DE LEUR EXPLOITATION :

DÉSIGNATION DES ANIMAUX	MATIÈRE SÈCHE TOTALE	POUR 1,000 KILOGRAMMES DE POIDS VIF ET PAR JOUR				RELATION NUTRITIVE :
		Protéine (matière azotée) (MA).	Matière grasse (MG).	Matières hydrocarbonées (MH).	SOMME DES PRINCIPES NUTRITIFS digestibles (MA + MG × 2.4 + MH).	
	1	2	3	4	5	6
	kg.					
1. Bœufs.......... au repos à l'étable..................	18	0.7	0.1	8.0	8.9	11.7
fournissant un travail faible..........	22	1.4	0.3	10.0	12.1	7.6
fournissant un travail moyen..........	25	2.0	0.5	11.5	14.7	6.3
fournissant un travail fort............	28	2.8	0.8	13.0	17.7	6.3
2. Bœufs (ou vaches) à l'engrais. 1re période.....................	30	2.5	0.5	15.0	18.7	6.5
2e période.....................	30	3.0	0.7	14.5	19.2	5.4
3e période.....................	26	2.7	0.7	15.0	19.4	6.1
3. Vaches laitières donnant par jour 5 kilogrammes de lait.............	25	1.6	0.3	10.0	12.3	6.7
7 kilogr. 4 de lait..............	27	2.0	0.4	11.0	14.0	6.0
10 kilogrammes de lait............	29	2.5	0.5	13.0	16.7	5.7
12 kilogrammes de lait............	32	3.3	0.8	13.0	18.2	4.5
4. Moutons........ à laine grossière................	20	1.2	0.2	10.5	12.2	9.2
à laine fine...................	23	1.5	0.3	12.0	14.2	8.4
5. Brebis mères pendant l'agnelage et l'allaitement............	25	2.9	0.5	15.0	19.1	5.6
6. Moutons (ou brebis) à l'engrais. 1re période.....................	30	3.0	0.5	15.0	19.2	5.4
2e période.....................	28	3.5	0.6	14.5	19.4	4.5
7. Chevaux........ Travail modéré..................	20	1.5	0.4	9.5	12.0	7.0
Travail moyen...................	24	2.0	0.6	11.0	14.4	6.2
Travail fort....................	26	2.5	0.8	13.3	17.7	6.1
8. Truies mères............................	22	2.5	0.4	15.5	19.0	6.6
9. Porcs à l'engrais... 1re période.....................	36	4.5	0.7	25.0	31.2	5.9
2e période.....................	32	4.0	0.5	24.0	29.2	6.3
3e période.....................	25	2.7	0.4	18.0	21.7	7.0

DÉSIGNATION DES ANIMAUX.	MATIÈRE SÈCHE TOTALE.	POUR 1.000 KILOGRAMMES DE POIDS VIF ET PAR JOUR				
		PRINCIPES NUTRITIFS digestibles.			SOMME DES PRINCIPES NUTRITIFS digestibles ($MA + MG \times 2.4 + MH$)	RELATION NUTRITIVE 1 :
		Protéine (matière azotée) (MA).	Matière grasse (MG).	Matières hydrocarbonées (MH).		
	1	2	3	4	5	6
10. Bêtes bovines pendant la période de croissance :						
(Races plus particulièrement exploitées pour le lait)						
Âge en mois. — Poids vif moyen par tête.						
2 à 3 — 70 kilogrammes	23	4.0	2.0	13.0	21.8	4.4
3 6 — 140	24	3.0	1.0	12.8	18.2	5.1
6 12 — 230	27	2.0	0.5	12.5	15.7	6.8
12 18 — 3?0	26	1.8	0.4	12.5	15.3	7.5
18 24 — 400	26	1.5	0.3	12.2	14.2	8.5
(Races plus particulièrement exploitées pour la viande).						
2 à 3 — 75 kilogrammes	23	4.2	2.0	13.0	22.0	4.2
3 6 — 150	24	3.5	1.5	12.8	19.9	4.7
6 12 — 250	25	2.5	0.7	13.2	17.4	6.0
12 18 — 340	24	2.0	0.5	13.5	15.7	6.8
18 24 — 425	24	1.8	0.4	12.0	14.8	7.2
11. Bêtes ovines pendant la période de croissance :						
(Races plus particulièrement exploitées pour la laine).						
Âge en mois. — Poids vif moyen par tête.						
4 à 6 — 28 kilogrammes	25	3.4	0.7	15.4	20.5	5.0
6 8 — 34	25	2.8	0.6	13.8	18.0	5.4
8 11 — 38	23	2.1	0.5	11.5	14.8	6.0
11 15 — 41	22	1.8	0.4	11.2	14.0	6.8
15 20 — 45	22	1.5	0.3	10.8	13.0	7.7
(Races plus particulièrement exploitées pour la viande).						
4 à 6 — 30 kilogrammes	26	4.4	0.9	15.5	22.1	4.0
6 8 — 38	26	3.5	0.7	15.0	20.2	4.8
8 11 — 46	24	3.0	0.5	14.3	18.5	5.2
11 15 — 55	23	2.2	0.5	12.6	16.0	6.3
15 20 — 70	22	2.0	0.4	12.0	15.0	6.5
12. Bêtes porcines pendant la période de croissance :						
(Animaux destinés à la reproduction).						
Âge en mois. — Poids vif moyen par tête.						
2 à 3 — 20 kilogrammes	44	7.6	1.0	28.0	38.0	4.0
3 5 — 45	35	5.0	0.8	23.1	30.0	5.0
5 6 — 55	32	3.7	0.4	21.3	26.0	6.0
6 8 — 80	28	2.8	0.3	18.7	22.2	6.9
8 12 — 120	25	2.1	0.2	15.3	17.9	7.5

DÉSIGNATION DES ANIMAUX.	POUR 1,000 KILOGRAMMES DE POIDS VIF ET PAR JOUR.					
	MATIÈRE SÈCHE TOTALE.	PRINCIPES NUTRITIFS digestibles.			SOMME DES PRINCIPES NUTRITIFS digestibles $(MA + MG \times 2.4 + MH)$.	RELATION NUTRITIVE : 1 :
		Protéine (matière azotée) (MA).	Matière grasse (MG).	Matières hydrocarbonées (MH).		
	1	2	3	4	5	6

12. Bêtes porcines pendant la période de croissance (*suite*) :

(Animaux destinés à l'engraissement).

Âge en mois.	Poids vif moyen par tête.						
2 à 3	20 kilogrammes	44	7.6	1.0	28.0	38.0	4.0
3	5o	35	5.0	0.8	23.1	3o.0	5.0
5	65	33	4.3	0.6	22.3	28.0	5.3
6	9o	3o	3.6	0.4	20.5	25.1	6.0
9	13o	26	3.0	0.3	18.3	22.0	6.3

FIN.

TABLE ALPHABÉTIQUE DES MATIÈRES

TABLE DES MATIÈRES

ALIMENTS

ALIMENTATION DES ÉQUIDÉS

ALIMENTATION DES BOVIDÉS

ALIMENTATION DES OVIDÉS

ALIMENTATION DES SUIDÉS

TABLES

relatives à la composition chimique des aliments et au rationnement des animaux domestiques

Dressées par Mallèvre,
Professeur à l'Institut national agronomique.

Pages 451 à 488.